中國圖案

CHINA GRAPHICS

编著　陈原川

中国建筑工业出版社

图书在版编目（CIP）数据

中国图案/陈原川编著.—北京：中国建筑工业出版社，2009
ISBN 978-7-112-11232-6
Ⅰ.中… Ⅱ.陈… Ⅲ.图案-中国-图集 Ⅳ.J522
中国版本图书馆CIP数据核字(2009)第151629号

责任编辑：陈小力
责任设计：崔兰萍
责任校对：李志立 王雪竹

中国图案
编著 陈原川

中国建筑工业出版社出版、发行(北京西郊百万庄)
各地新华书店、建筑书店经销
北京圣彩虹制版印刷技术有限公司制版
北京方嘉彩色印刷有限责任公司印刷

开本：850×1168毫米 1/12 印张：19 字数：570千字
2009年10月第一版 2009年10月第一次印刷
定价：128.00元
ISBN 978-7-112-11232-6
(18454)

目录

CONTENTS

004 概述
Summarize

012 皮影
Shadow

060 剪纸
Paper Cut

098 年画
New Year Pictures

120 服饰
Fashion

146 意匠文字
Chinese Characters

172 面具·脸谱
Mask & Face

208 木雕
Wood Carving

概述
Summarize

中国图案的起源

从人类第一次以图画的方式记录下周遭事物开始，“图”就融入人类文明的发展史册中。

生活在公元后现代文明时代的我们，通过石、木、骨、金属等古老物件上留下的那些图形符号来解读那些发生在过去的事情，并通过它们来认知自己、认知这个世界。图形和符号经过时间的不断流逝，形成了现在的图案和文字，并在各自的领域中变得更加丰富，相互影响，生生不息。

中国是世界四大文明古国之一，同古埃及、古印度、古巴比伦文化构成了世界文明的基础。即使是在现代文明社会，仍然有很多东方国家表现出中国文明对其根深蒂固的历史影响，并通过各自的民族特性将中国文化发扬光大。

中国图案经历近8000年的历史洗礼，形成了具有各个时期独特文化风貌和地域风俗的共同体。

随着时代的演变，中国图案在各时期原始图形的基础上又形成了各具特色的分支，从而进一步体现了中国历史的源远流长，民族文化的丰富多样。反之，我们也可以通过各种图案的具体表现来感知历史、感知民族文化。按照中国图案的发展过程来说，通常可以将其分为四个阶段：萌芽阶段、成长阶段、成熟阶段、现代化阶段。

萌芽阶段

萌芽阶段是指三四万年前的旧石器时代晚期，与其年代相对应的考古发现有山西峙峪文化、山西下川文化和北京周口店文化遗址等。

这一时期用于宗教、装饰等用途的人体饰物、雕刻品以及岩画的出现，标志着我国原始社会

的艺术及其图案的真正诞生。

从各处遗址的痕迹和出土文物上可以看出，这一阶段的图案在表现手法上，能根据不同工艺品种及材料采取多种加工工艺。如玉、石、骨、角、牙、贝器等的装饰，已有阴刻、浅浮雕和高浮雕等形式，而陶器的装饰则有刻划、拍印、堆塑以及彩绘等多种手法。

在图案的形象表现上，早期的彩陶图案多为仿生，大量出现鱼、鸟、蛙、鹿等形象，通过菱形方格、圆点直线、水波、弧线、符号纹等识别符号来构成鸟兽游鱼、植物气候、人类活动等的轮廓形态。

绘图手法略微显笨拙，却又表现生动，具备很强的概括能力。

同时，在结构上也出现了以二方连续式的延续性图案。色彩表现在这一阶段只有单纯的天然色应用。

成长阶段

成长阶段是指从5000多年前大汶口文化中晚期（山东大汶口父系氏族）到春秋战国时期，期间经历了来自黄河流域的“炎黄子孙”的始祖华夏祖时期，经过尧、舜、禹的部族时期，进入了夏、商、周的奴隶社会。

在这一阶段中最具代表意义的当属商朝的青铜器。

青铜器的出现是中国图案发展史上的巨大转折，也代表了中国图案从简单的平面符号，逐渐形成立体、复杂的创新式图形。同时期甲骨文的出现，也将中国图案推向了一个新的发展道路，铺垫了

中国图案画中有字、字中有画的特有组合方式。

图案的艺术表现手法也更加灵活、生动、精致，结构上也处理得更为立体和繁复，并添加了抽象的手法来表现意象化的瑞兽及神权，如动物纹有饕餮纹、夔龙纹、鱼纹、凤鸟纹、鹿纹、象纹、虎纹、龟纹等；人物纹有人形纹、人面纹等；植物纹有花瓣纹；几何纹有云雷纹、圆涡纹、弦纹、方格纹、乳钉纹等。这些装饰图案多用在礼器、法器等表现政治权威的物件上，正是阶级性在人类文明中的深刻表现。

色彩表现在这一阶段得到了长足的发展，晕染、套色、混合色等多种方式使色彩在图案上的应用逐步走向多元化。

成熟阶段

成熟阶段是指从公元前221年起的秦王朝到1912年清王朝结束，期间经历了开辟丝绸之路的大汉王朝，出现了大批优秀绘画、雕刻作品的两晋、南北朝时期，中国文化远渡重洋的隋、唐盛世，文人画师辈出的五代、宋、元，创造了中国封建统治的最高点也是走向灭亡的明、清王朝，共同构成了中国长达2000多年的封建社会。正是这个阶段中积累下来的大量书画、雕刻、建筑、园林、手工作品使得

中国图案的发展逐步走向成熟并在不同的民族文化、朝代变迁及海外交流中变得更加稳定，图案的表现也更为多样、典型。

承接了抽象图形的夸张，新的抽象图案变得更为华丽和柔美，线条处理上更为精确；具有写实性图案的出现，体现了人们追求表现现世的真实生活，也因此对描述事物刻画得极为细致，力求达到物画一致；图案化的几何符号和简易纹样在这一时期也变得更加丰富多样，辅助性的目的也更为明确；寓意吉祥、图形文字相结合的图案出现，体现了人们对生活越来越高的精神追求。图案的结构方式也从原先单一的单向延续，发展成大面积的延续性构成（主要反映在织物、建筑等上），旋转的立体式构成（主要反映在陶瓷器皿、石柱雕刻等上）。在当时手工业和制造业高速发展、社会需求层次越来越高的情况下，各式各样的图案通过处于当时社会最底层工匠的高超技艺表现，在陶瓷、织物、雕刻、建筑、金玉等介质上呈现出流芳百世的效果。

色彩表现也在这一阶段达到了鼎盛的状态。

各种绘画手法将颜色运用到了极致，大处见小、小处见大，似有或无、似无或有的效果均在图案作品中有所体现。赋予阶级的色彩也确立了金、朱、紫色至高无上的权力象征，使得相当于现在奢侈品的那些皇室用品璀璨耀眼、令人神往，这正是中国图案的魅力所在。印刷术的出现，使得图案在保存和绘制方式上也有了突破性的进展。

现代化阶段

现代化阶段是指现代社会。近百年间中国经历了无数的坎坷和波折，中国的传统艺术从大量被破坏，慢慢走向了恢复，也在渐渐走向世界。

在这一阶段，图案的表现手法、表现方式、表

达技巧和依附载体都发生了很大变化。

随着人们审美观念的不断转变和前进，传统意义上的中国图案也已经在各方的影响下发生了微妙的变化：几何形符号加大了单元线条的夸张；卷草纹的曲线和纹路变得更加优美流畅；动物形态修饰了以往的粗犷繁复而变得更加简单和柔和；丰富多变的色彩被大胆地采用，突破了阶级意识的垄断性，使得图案更具亲和力，也更为人们所喜爱。

传统的手绘图案，逐渐被电脑绘图和手绘并存所代替；印刷技术的不断完善，使得图案效果更为丰富和美观。

总的来说，中国现代化图案保留了中国图案的一贯基础元素，并通过先进的绘图技术和色彩调和，使其在保持原有风格特性的基础上更具时代感。

民间美术图案

不同于宫廷或文人美术及图案，民间美术图案出自劳动大众和民间艺人之手，

与劳动人民的生产生活、风俗习惯、宗教信仰、思想情趣息息相关。

如用于对神、鬼、祖先的信仰以及祭祀活动的神像、供品和礼仪用品等；用于民间风俗、岁时节令的年画、剪纸、刺绣、彩灯等；用于生产生活的建筑、工具、家具、器皿、穿戴衣饰等；用于娱乐活动的皮影、木偶、泥人、面塑、脸谱面具等。

民间图案追求意境美，注重吉祥含义的表达，

以比喻象征、夸张变形、率真随意的表现手法，阐述免灾驱邪、风调雨顺、和平安宁、子孙繁衍、阖家幸福的永久主题。加上地域风格的多样性，通过在金属、泥、石、木、布等材质上进行塑、雕、剪、绘、绣、染等方式，形成了种类繁多、形式多样、风格迥异的民间美术图案。

本书着重介绍了民间美术图案中的皮影、剪纸、年画、服饰、意匠文字、面具脸谱和木雕。

在中国的民间美术中，没有一种艺术种类能像皮影那样与小说、戏曲的关系如此密切。

皮影戏，是傀儡戏的一种，

是利用畜皮刻制成活动的人像、物像，染色后投影于白色布幕上，由人操纵演出戏文，并与乐器

伴奏和唱腔相结合的表演艺术。皮影是指皮影戏中的道具，其雕镂精细、造型夸张、色彩明快、个性鲜明，成为一种精美而独特的民间工艺美术品。

剪纸在我国有着悠久的历史，是我国民间美术中最常见和最具民族特色的品种。

距今1400年左右就有剪纸作品出现。近代的民间剪纸继承了明清时期的表现手法和风格形式，品种更为复杂多样，有窗花、喜花、挂笺、刺绣花样、鞋花、扇花、墙花、灯花等。题材内容十分广泛，除常用的吉祥题材外，还有反映地区、民族习俗的内容，以及历史传说、神话故事、戏剧人物等。剪纸图案最常见的纹样是与人们生活息息相关的动物与植物，表现出人们对身边事物的热爱，对美好生活的向往。

民间年画是一种应时即景的具有独特内容和表现形式的民间绘画。

相传汉代已经出现，先是画鸡于户、画虎于门，而后又出现了神荼、郁垒的门神形象，唐代变为钟馗和尉迟恭等作门神。宋元开始以木版印制年画，时称“纸画”。明清木版年画已相当普及，明代称“画贴”，到了清代改叫“年画”。民间年画的绘制方法因地而异，各具特色，概括起来有以下几种：手工绘制；木版套色印制；在彩色纸上以墨线版印制；木版印制与手工相结合。色彩上多以墨线印出人物及景物轮廓，再套印青、黄、红、绿等色，用色少则一二种，多则不过四五种，色彩艳丽却沉稳，形象朴拙，富有装饰性。

民间服饰印染织绣工艺在我国可谓源远流长，

如刺绣、蓝印花布，云南、贵州少数民族的蜡染和织锦，不仅历史悠久而且流传至今。刺绣，俗称“绣花”、“扎花”，是我国流行最广的工艺品种。绣品种类繁多，衣服配饰有领缘花边、云肩、挽袖、鞋花、鞋垫，以及香囊、荷包、褡裢等。蓝印花布在宋代称为“浆水缬”或“药斑布”，明代称为“浇花布”。其印染工艺简便易行，容易推广。蓝印花布是把镂空花版铺在白布上，把防染糊刮入花纹空隙，漏印于布面，干后浸染靛蓝，刮去糨糊，显现出蓝地白花或白地蓝花的图案。织锦工艺在我国比较突出的代表是壮锦、苗锦、傣锦和侗锦。壮族织锦风格方中见圆，规则对称，色彩艳丽又浓淡相宜。苗锦图案多为二方连续，花纹繁复细腻，设色浓艳强烈。傣锦做工精细，常以几何形为构成格式，填充几何形人物、动植物，构成四方连续图案，色彩明快。侗锦两面起花，结实耐用，用色较少，给人素雅朴实的美感。

意匠文字是以汉字为基础发展而来。

将汉字用于图案装饰在我国由来已久，特别是以吉祥文字作为装饰。近代吉祥图案中，有单纯用文字组成的图案和由文字与纹样结合的图案这两种表现形式。如以福、禄、寿、喜、吉、财、和等吉祥文字组成单字图形或复字图形；以吉祥语句组成多字图形；将吉祥文字与其他纹样组成图文复合图形等。

中国是世界上面具历史最悠久、品类最丰富的国家之一。

面具品类繁多，功用广泛。有：傩神面具、祭祀面具、镇慑面具、丧葬面具；戏剧面具、舞蹈面具、娱乐面具、工艺面具。作为历史、宗教、艺术及民俗等多种意义的复合体，虽经发展变化，仍可从中窥视到中国各民族不同历史阶段的文化内涵与精神风貌。

木雕图案在清代建筑装饰中应用十分普遍。

从门窗、斗栱、额枋到隔扇、屏风等建筑细部无所不施。木雕图案的构图因装饰部位的不同而有小型的独花纹样和花边纹样，也有大型的具有主题内容、故事情节的、形象众多、构图复杂的独幅式图案。其精美程度超过了石雕和砖雕。

纵观中国图案的发展历史，我们可以发现，几何形、花卷纹、吉祥图案（文字符号）、人类形态、动植物形态等，在任何一个阶段都是不可或缺的图案元素，只是在各阶段社会生产力的作用下所产生的效果和时代意义不同而已。有人说颜色可以展现一个人的内心世界，那么图案表现的就是一个社会和时代的缩影，我们通过对自己本土文化图案的学习来更深层次地分析和了解历史，也在研究历史的同时更加深入地揣摩并感受中国图案的独特魅力。

在本书中，我们将通过皮影、剪纸、年画、服饰、意匠文字、面具和木雕七个方面，向您展现中国图案的亘古魅力，在欣赏图案作品的同时，也可以感受

我们国家深厚的历史文化底蕴。

希望能够通过图案资料的展示，使您对中国图案有更进一步的了解，做出更多更好的设计作品。

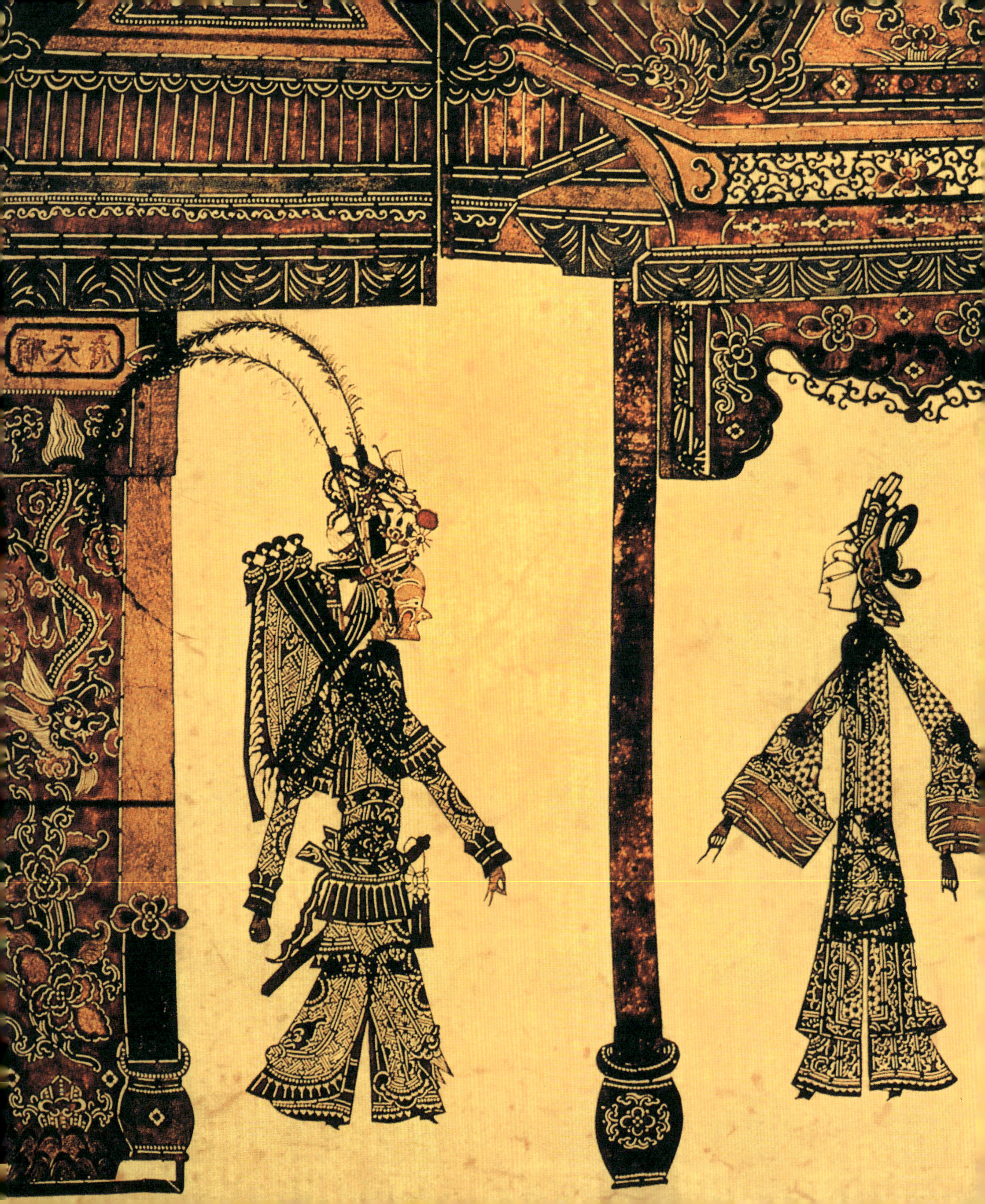

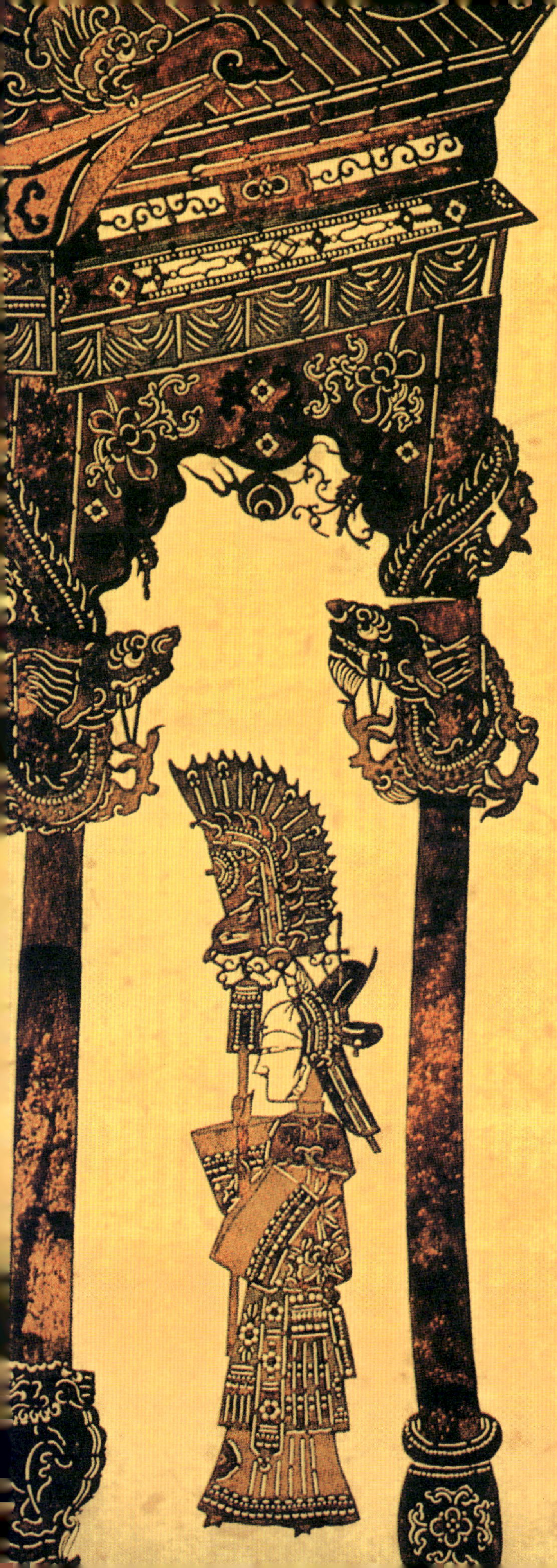

皮
SHADOW
影

皮影
Shadow

皮影戏起源

皮影戏最早诞生在两千年前的西汉，又称“羊皮戏”，俗称“人头戏”、“影子戏”、“灯影戏”、“土影戏”，有的地区叫“皮猴戏”、“纸影戏”等，是用灯光照射兽皮或纸版雕刻成的人物剪影以表演故事的戏剧。剧目、唱腔多同地方戏曲相互影响，由艺人一边操纵一边演唱，并配以音乐。

皮影戏发源于中国陕西，成熟于唐宋时代的秦、晋、豫，极盛于清代的河北。顾名思义，皮影是采用皮革为材料制成的，出于坚固性和透明性的考虑，又以牛皮和驴皮为佳。上色时主要使用红、黄、青、绿、黑等五种纯色的透明颜料。正是由于这些特殊的材质，使得皮影人物及道具在后背光照耀下投影到布幕上的影子显得瑰丽而晶莹剔透，具有独特的美感。沿袭传统戏曲的习惯，皮影人物被划分为生、旦、净、末、丑五个类别，更加特别的是，每个人物都由头、上身、下身、两腿、两上臂、两下臂和两手11件连缀组成，表演者通过控制人物脖领前的一根主杆和在两手端处的两根耍杆来使人物做出各式各样的动作。在中国，不少的地方戏曲剧种都是从皮影戏中派生出来的，而皮影戏所用的幕影演出原理，以及表演艺术手段，对近代电影的发明和现代电影美术片的发展也起到了重要的先导作用。如今，中国皮影被世界各国的博物馆争相收藏，同时也是中国政府与其他国家领导人相互往来时的馈赠佳品。由此可见，皮影艺术在中国乃至世界上拥有很高的艺术价值。

据说，中国皮影艺术从13世纪元代起，随着军事远征和海陆交往，相继传入了波斯（伊朗）、阿拉伯、土耳其、暹罗（泰国）、缅甸、马来群岛、日本，以及英、法、德、意、俄等亚欧各国。从世界范围看，18世纪的歌德到后来的卓别林等世界名人，对中国的皮影戏艺术都曾给予高度的评价。可以说皮影戏是我国历史悠久、流传很广的一种民间艺术。

从清入关至清末民初，中国皮影戏艺术发展到鼎盛时期。很多皮影艺人子承父业，数代相传。当时很多官第王府、豪门旺族、乡绅大户，都以请名师刻制影人、蓄置精工影箱、私养影班为荣。大大小小皮影戏班比比皆是，一乡一镇有二三十个影班也不足为奇。无论逢年过节、喜庆丰收、祈福拜神、嫁娶宴客、添丁祝寿，都少不了搭台唱影。连本戏（连续剧）要通宵达旦或连演十天半月不止，一个庙会可出现几个影班搭台对擂唱影，热闹非凡，其盛状可想而知。

皮影戏分类

皮影有唐山皮影戏、冀南皮影戏、孝义皮影戏、复州皮影戏、海宁皮影戏、江汉平原皮影戏、陆丰皮影戏、华县皮影戏和华阴老腔、阿宫腔、弦板腔、环县道情皮影戏及凌源皮影戏等。

由于皮影戏在我国流传地域广阔，在不同区域的长期演化过程中，其音乐唱腔的风格与韵律都吸收了各自地方戏曲、曲艺、民歌小调、音乐体系的精华，从而形成了异彩纷呈的众多流派。在秦、晋、豫一带的各路皮影流派中，有弦板腔、阿宫腔、碗碗腔、老腔、秦腔、南北道情、安康越调、商路道情、吹腔等十多种，曲牌甚多。演唱时，还常用和声接腔、帮腔和鼻哼余韵的唱法，拖腔婉转悠扬，非常动听。

而河北、北京、东北、山东一带的各路皮影唱腔，虽同源于冀东滦州的乐亭影调，但各自的唱腔分别在京剧、落子、大鼓、梆子和民间歌调的滋润之下，又形成了不同的流派。流畅的平调、华丽的花调、凄哀的悲调不一而足。而其中唐滦地区的掐嗓唱法十分独特。其他如湖南、湖北、江浙、福建各地，皮影戏音乐及唱腔也都带有本地地方特色。

表演形式

演皮影戏的操耍技巧和唱功是皮影戏班水平高低的关键，而操耍和演唱都是经师父身传口授和长期勤学苦练而成的。在演出时，艺人们都有操纵影人、乐器伴奏和道白、配唱同时兼顾的本领。有的一人能同时操耍七八个影人。武打场面是紧锣密鼓，影人枪来剑往、上下翻腾，热闹非常。而文场的音乐与唱腔却又是音韵缭绕、优美动听，或激昂或缠绵，有喜有悲、声情并茂、动人心弦。

由于皮影戏中的车船马轿、奇妖怪兽都能上场，飞天入地、隐身变形、喷烟吐火、劈山倒海都能表现，还能配以各种皮影特技操作和声光效果，所以演出大型神话剧的奇幻场面之绝，在百戏中非皮影戏莫属。

皮影戏的演出，有历史演义戏、民间传说戏、武侠公案戏、爱情故事戏、神话寓言戏、时装现代戏等，无所不有。常见的传统剧目有“白蛇传”、“拾玉镯”、“西厢记”、“秦香莲”、“牛郎织女”、“杨家将”、“岳飞传”、“水浒传”、“三国演义”、“西游记”、“封神榜”等。从革命战争年代起到新中国成立后，新发展出的时装戏、现代戏和童话寓言剧，有“兄妹开荒”、“白毛女”、“刘胡兰”、“小二黑结婚”、“小女婿”、“林海雪原”、“红灯记”、“龟与鹤”、“两朋友”、“东郭先生”等。

“一口叙说千古事，双手对舞百万兵”，皮影戏以优美的雕刻造型与动听的地方唱腔相结合，并用当地乡土方言道白，“戏中有画，画中有戏”，深受各地群众的欢迎。

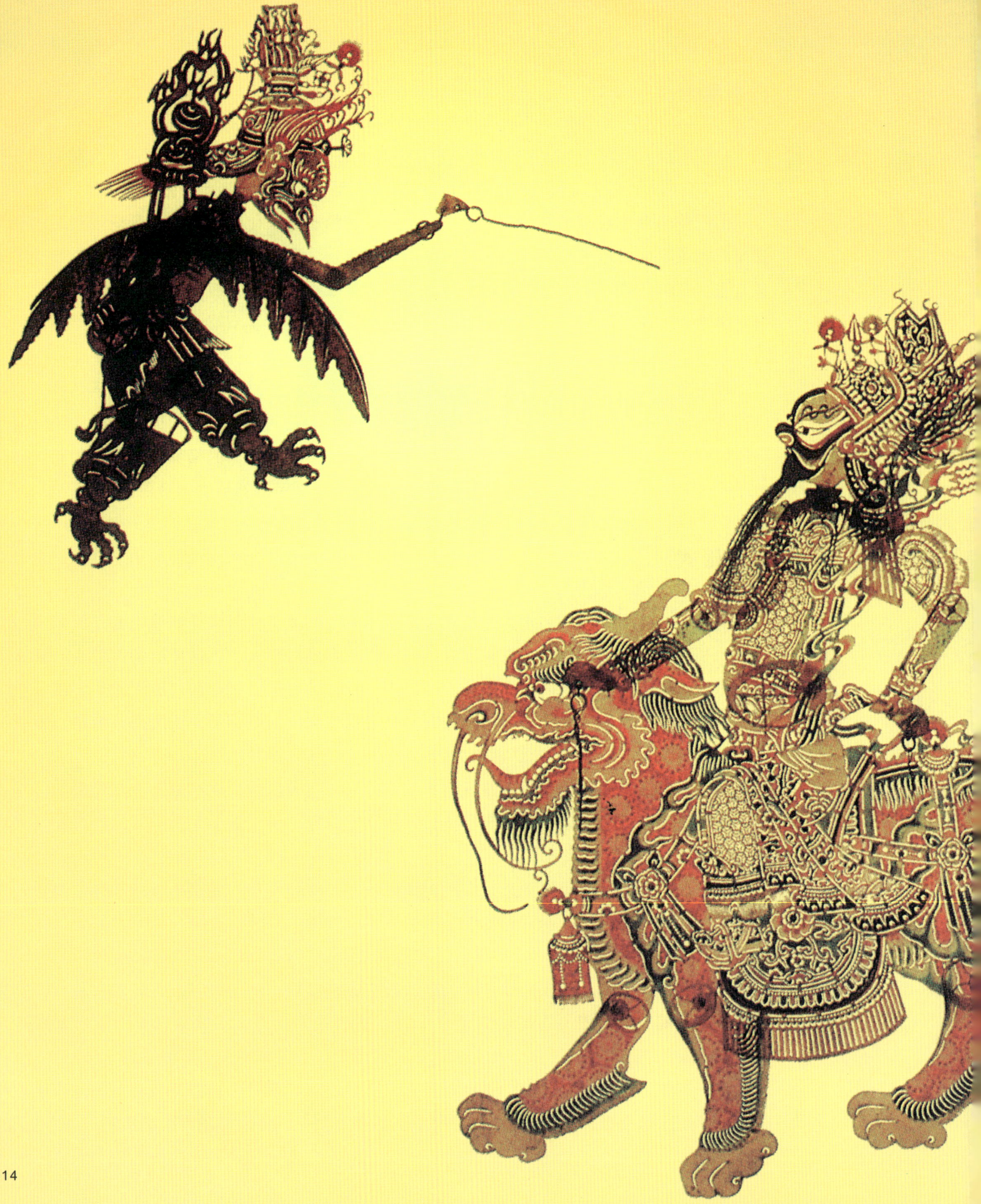

皮影的制作及造型

皮影的制作是极为复杂的，从选皮到影人成形上戏，有许多工艺技巧。传统的制作工序可分为选皮、制皮、画稿、过稿、镂刻、敷彩、发汗熨平、缀结合成等八个基本步骤。

皮影造型不仅受到古代帛画，特别是汉画像石的影响，而且还受到民间剪纸和绘画的影响。同时，影响皮影造型的还有古代宗教壁画（变相）和宗教雕塑。如果说皮影的“旦”类和“生”类角色在一定程度上吸取了佛像、菩萨的造型特点，那么“净”类角色和皮影中的妖怪动物则是吸取了古代宗教雕塑中的金刚力士、诸天、鬼神和祥禽瑞兽等的造型特点。

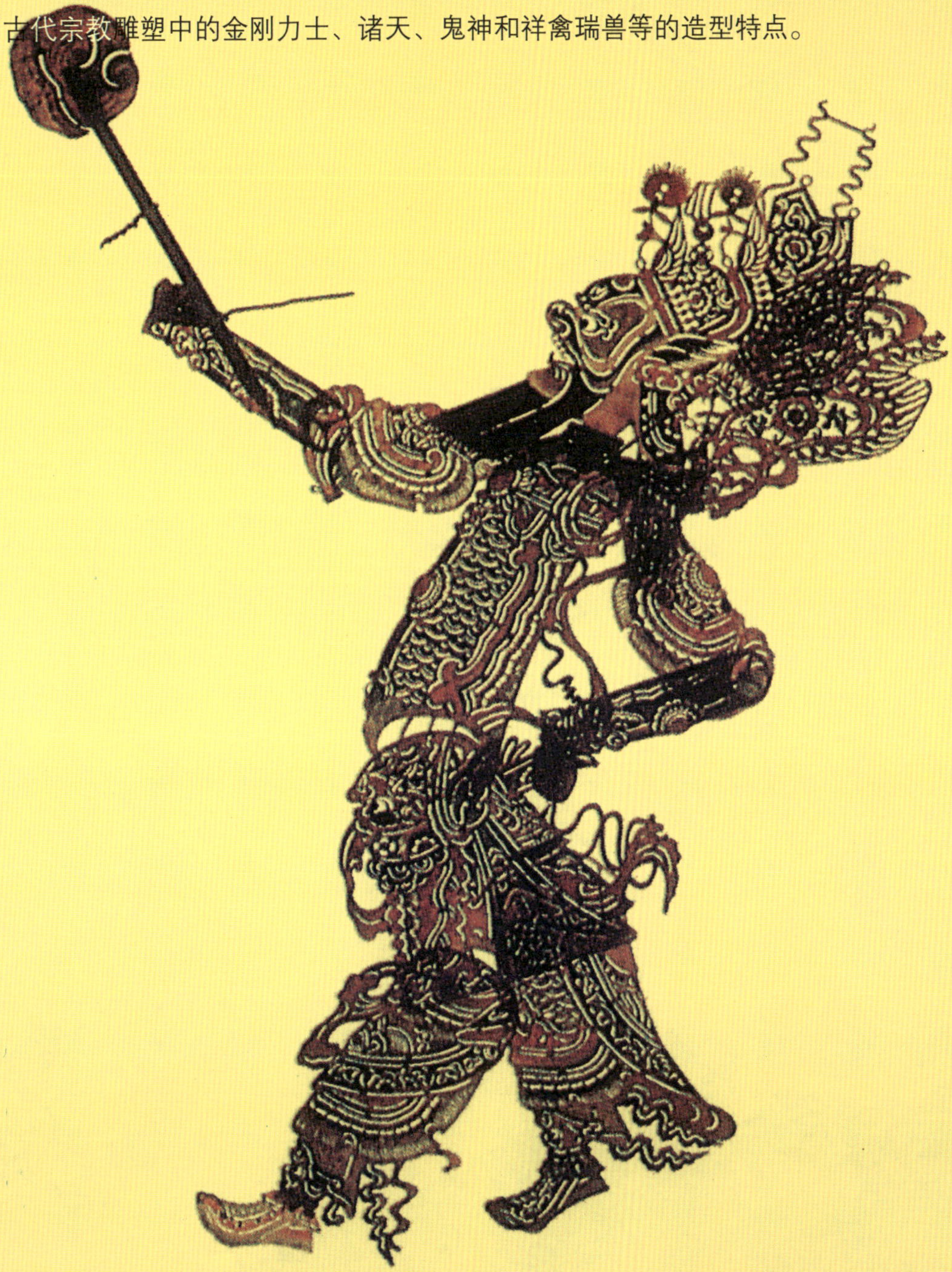

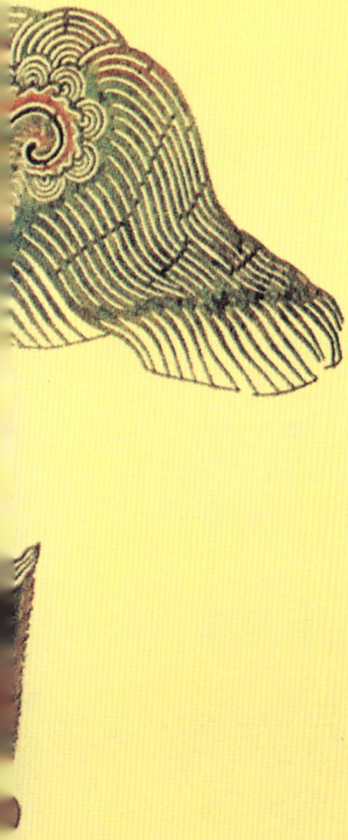

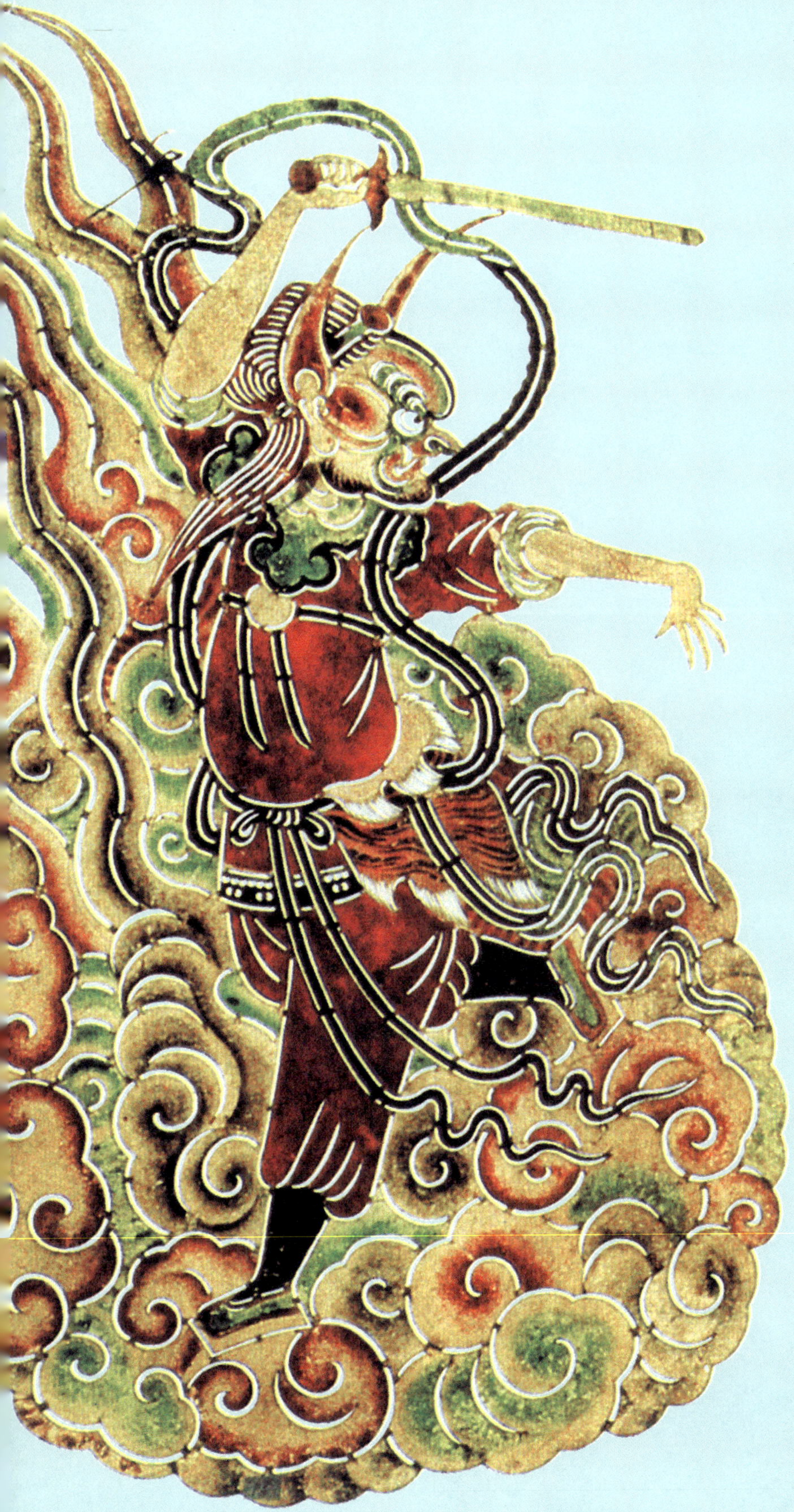

哼哈二将

牛皮 纵45厘米 横10厘米
陕西省华阴县

据《封神演义》记述，哼将叫郑伦，鼻子一哼便响若洪钟，并喷出二道白光，吸人魂魄。哈将叫陈奇，练就腹内一道黄气，张嘴一哈，黄气喷涌，对手魂魄惊散。哼哈二将形象多为力士模样，体魄精壮，上身裸露，一位用力鼓鼻，一位急张大口，手持金刚杵，形态狰狞，神情可畏。

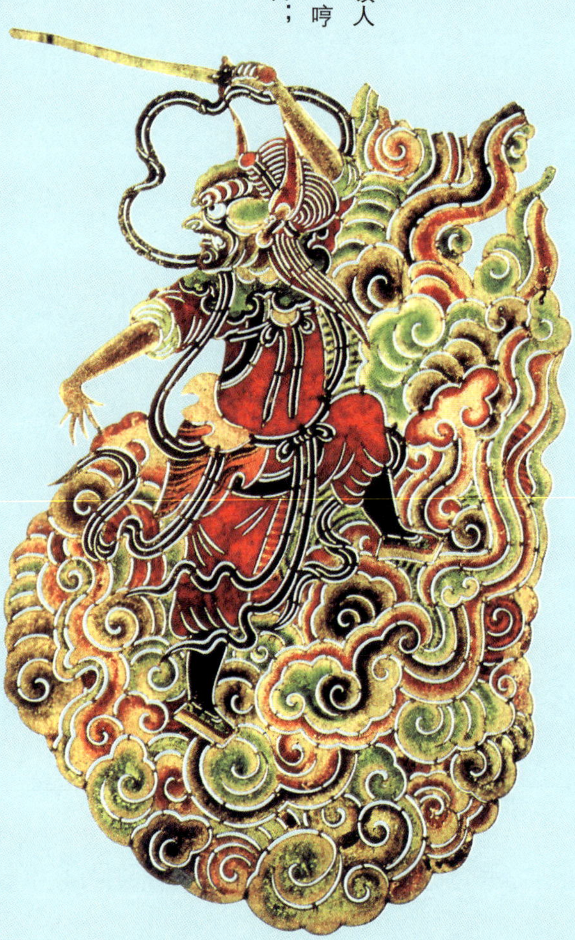

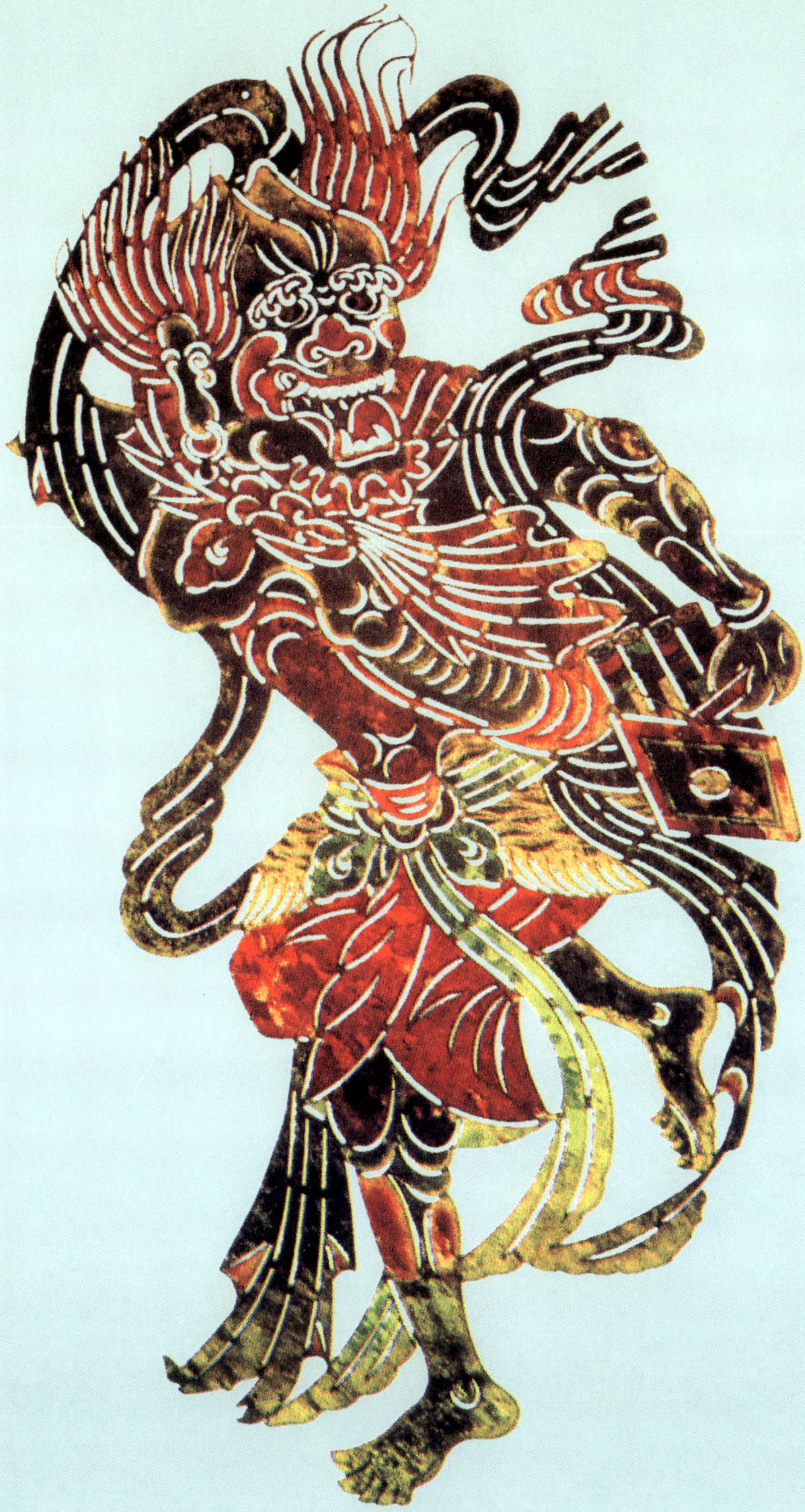

魁星点斗

牛皮 纵48厘米 横27厘米
甘肃省宁县

古代读书人除祭祀文昌帝君（文曲星）外，还要祭祀魁星。魁星是『奎星』的俗称，原为古代天文学中二十八宿之一，名『奎宿』。道教尊其为主宰文运的神。魁星的典型形象为一赤发蓝面鬼，一脚站立于鳌头之上，一脚向后翘起，如魁字的大弯钩；一手捧斗，象征魁字中的斗字；一手执笔，表示用笔点定科举中试者的名字。所谓『魁星点斗，独占鳌头』，其寓意即在此。

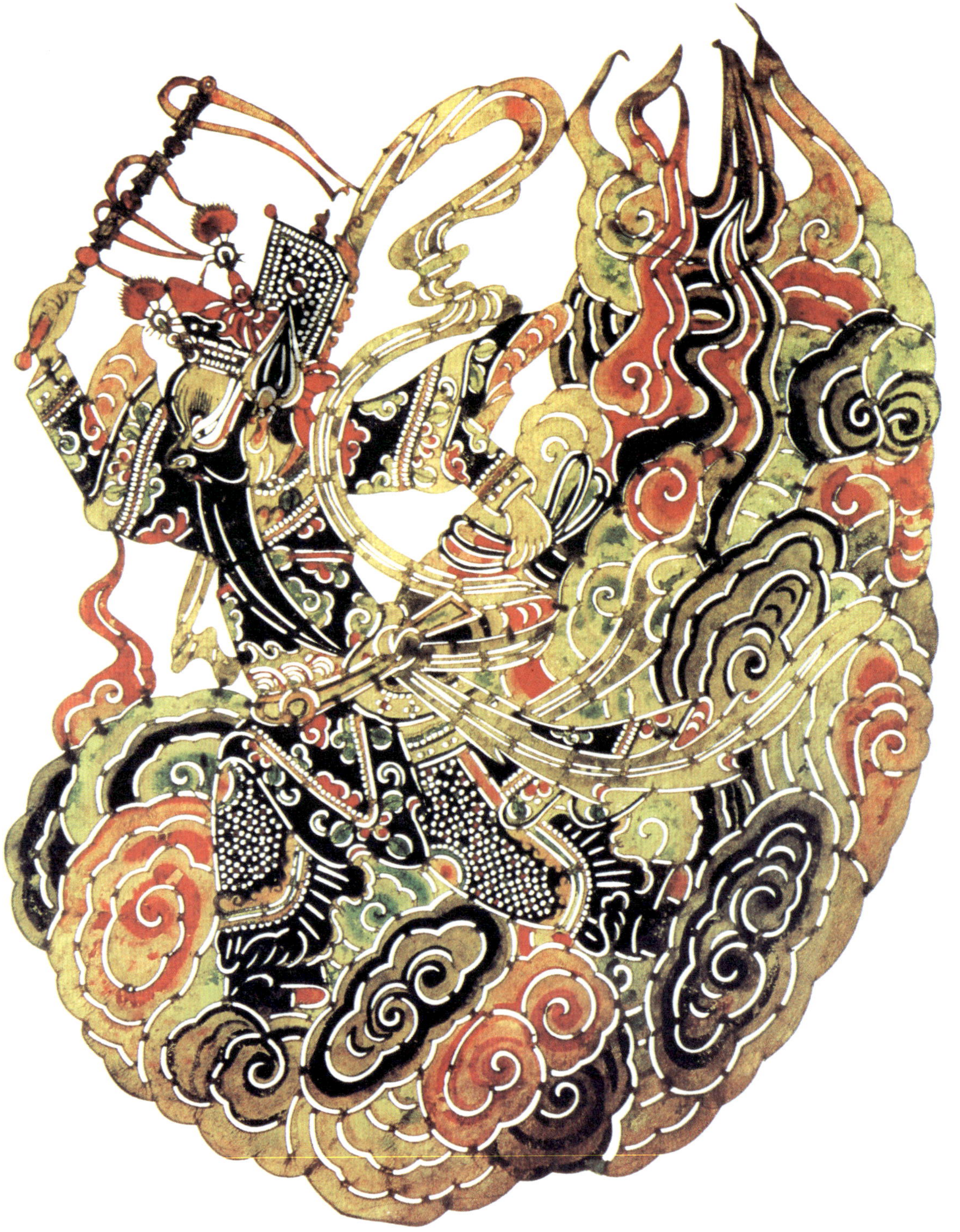

赵灵官

牛皮 纵42厘米 横35厘米
陕西省华阴县

赵灵官即『赵公元帅』。道教所奉的财神，民间称其为武财神。相传姓赵名公明，秦时得道于终南山。张天师（张道陵）修炼仙丹，曾命他守护丹炉；后又命其守护道教斋坛——玄坛，被玉皇大帝封为『正一玄坛元帅』，因而又称赵玄坛。因传说赵公明曾做过鬼帅，有除瘟去疟、消病避灾的神威，所以过去农村又将其奉为镇宅之神。

王灵官

牛皮 纵42厘米 横35厘米
陕西省华阴县

王灵官亦称『玉枢火府天将』，道教奉祀的护法神。其形象威武凶猛，火红脸膛，双目圆睁，额上还有一目，三目炯炯，披甲执鞭，杀气腾腾。道观内塑王灵官像。因他曾被封为『玉枢火府天将』，人们又把他看成火神，有的灵官像就是一副火神爷模样，故有的火神庙也供奉王灵官。

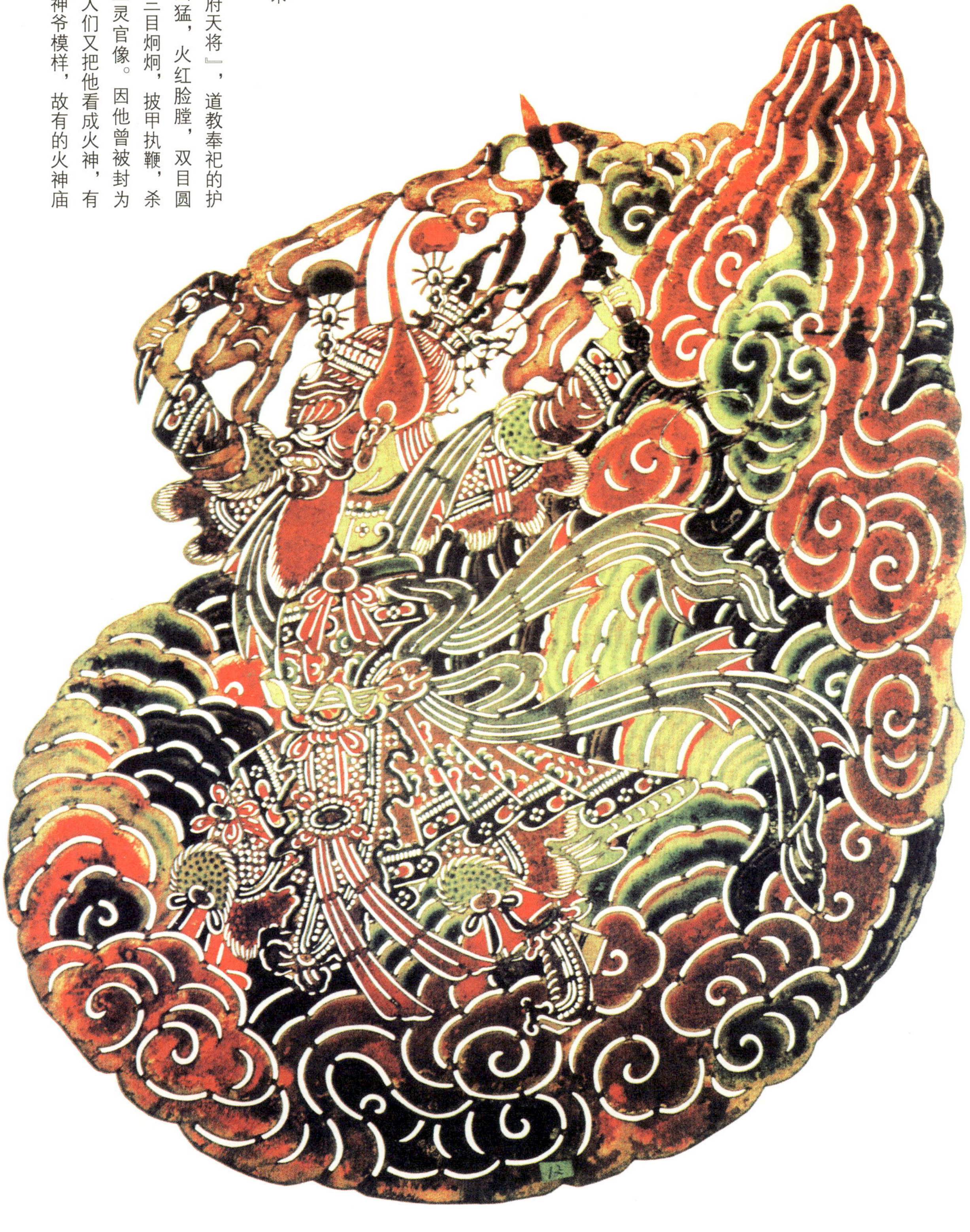

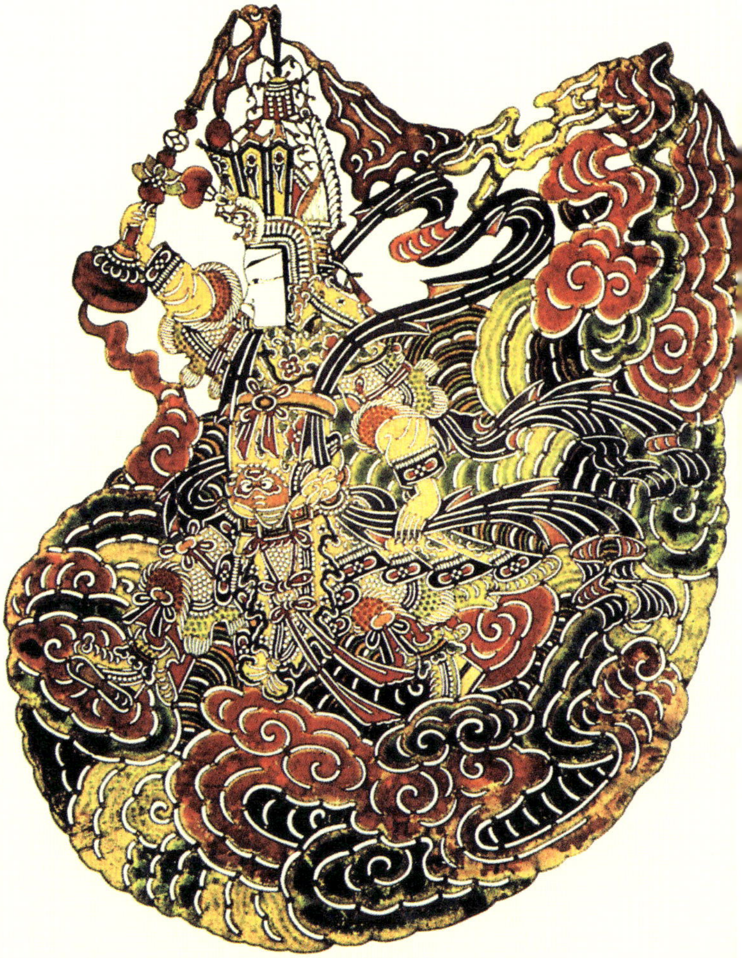

韦驮

牛皮 纵45厘米 横35厘米
甘肃省宁县

韦驮与哼哈二将、四大天王一样，同为佛教护法神。传说韦驮姓韦，名琨，又称韦驮天、韦驮菩萨，为南方增长天王的八大神将之一。四大天王部下各有八大神将，韦驮居三十二神将之首。其塑像一般穿古代武将盔甲，手持金刚杵。

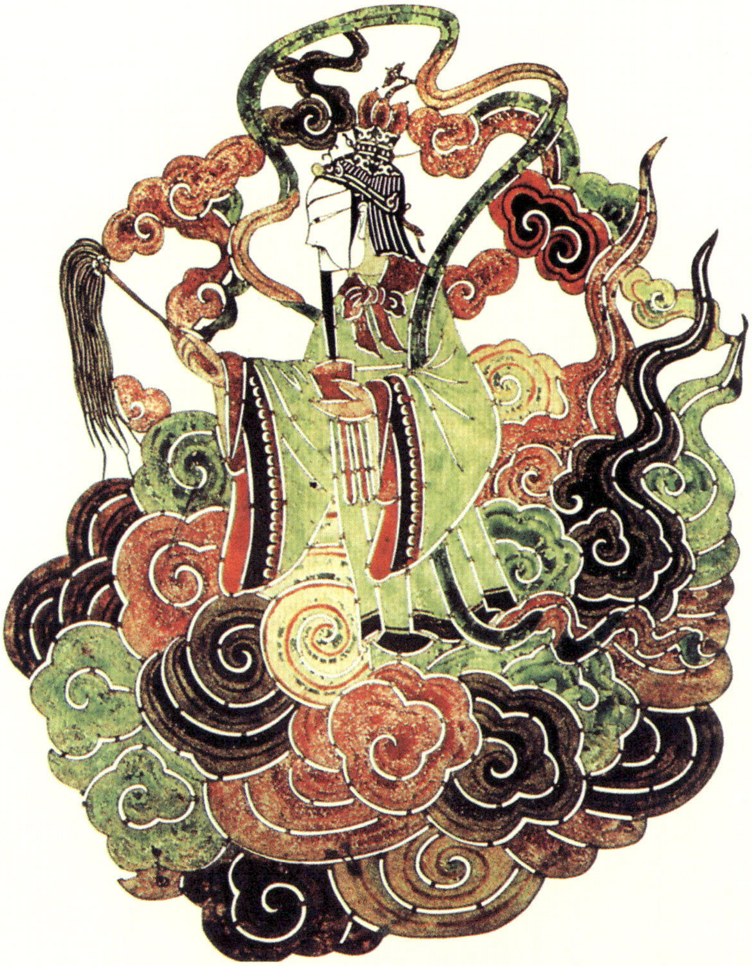

元始天尊

牛皮 纵45厘米 横37厘米
甘肃省宁县

道教最尊的天神。《道经》指出，元始天尊居于天界最高的『玉清』仙境，为三清首席，全称『玉清元始天尊』。生于太元之先，故称『元始』。又称他『常存不灭』，每至天地初开，便以秘道授诸仙，谓之『开劫度人』。道书多认为他是比道教始祖老子地位更尊的天神。

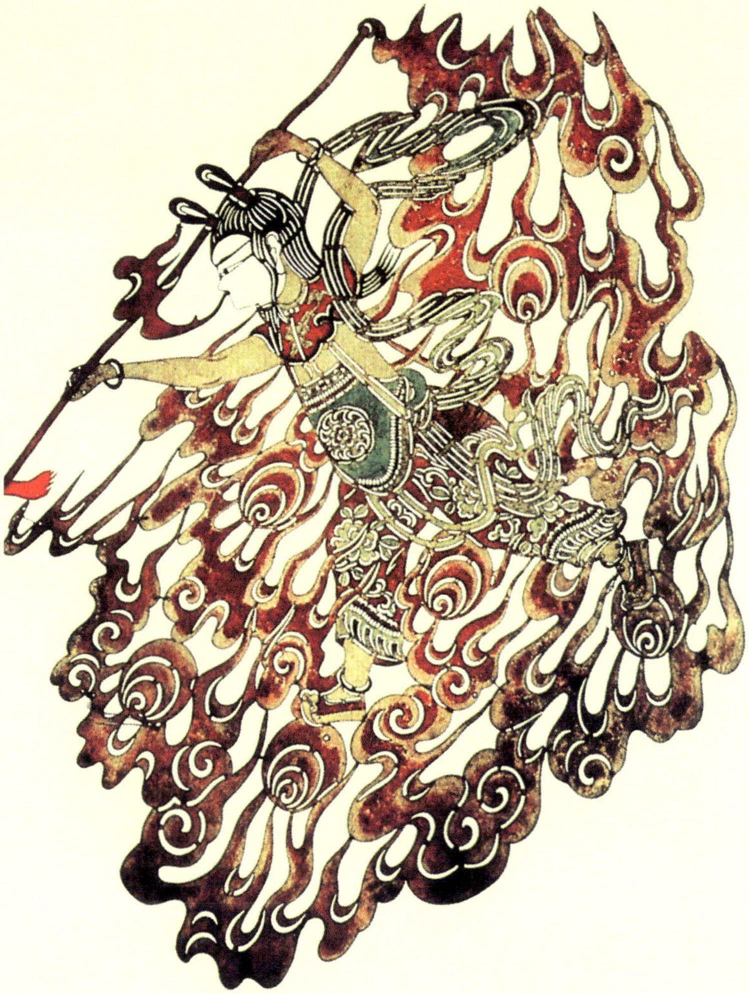

哪吒闹海

牛皮 纵46厘米 横40厘米
陕西省华阴县

《西游记》第八十三回云：『原来(李)天王生此子时，他左掌上有个「哪」字，右掌上有「吒」字，故名「哪吒」。这太子三朝儿就下海净身闯祸……天王……欲杀之。哪吒……将刀在手，割肉还母，剔骨还父……一点灵魂，竟到西方极乐世界告佛……佛慧眼一看，知是哪吒之魂，即将碧藕为骨，荷叶为衣，念动起死回生真言，哪吒遂得了性命。运用神力，法降九十六洞妖魔，神通广大。』

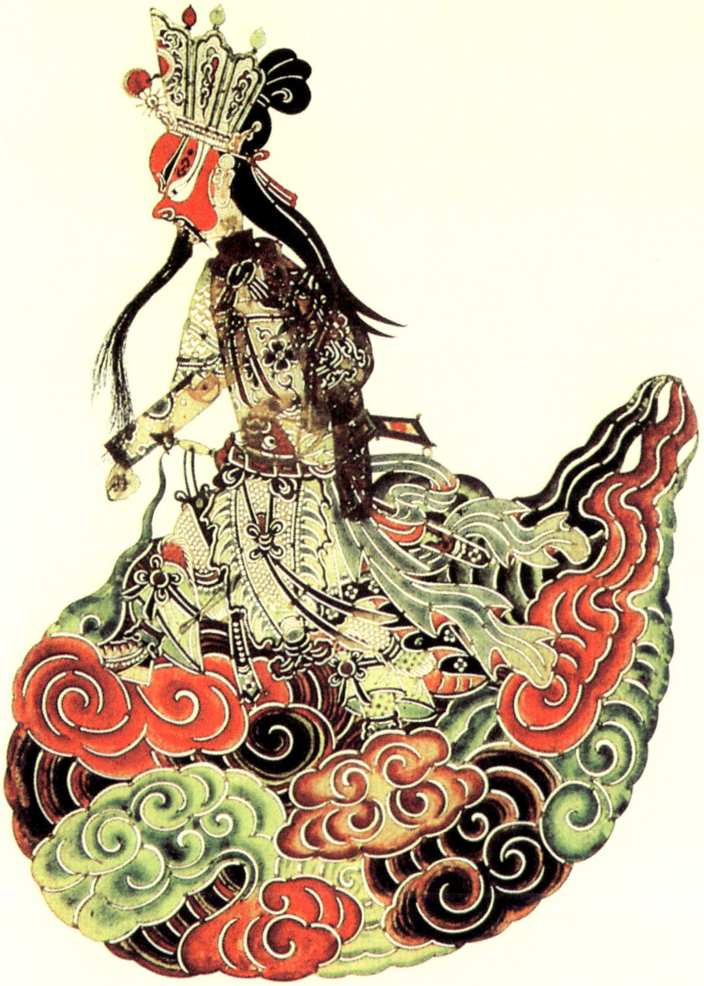

托塔天王李靖

牛皮 纵45厘米 横36厘米
甘肃省宁县

李靖，本名药师，京北三原(今陕西三原东北)人。唐代名将，封卫国公，精熟兵法，著有《李卫公兵法》。相传，李靖三子哪吒，自幼顽皮，大闹东海，屡屡闯祸。李靖无法管教，佛赐给李一个空塔，这才制伏了哪吒。李靖被佛封为北方天王，统领天兵天将，保卫天界。五代时，又被封为灵显王。元末杨景贤有诗云：『天兵百万总归降，金塔高擎镇北方；四海尽知名与姓，毗沙门下李天王。』

雷震子

牛皮 纵39厘米 横38厘米
陕西省华阴县

《封神演义》中的神仙人物。西伯侯姬昌因受纣王宣召赴朝歌，行至燕山时忽遇暴雨，他道：『雷过生光，将星出现。』果然雷震巨石得一子。取名雷震子，师从终南山云中子学艺。雷震子艺成，吃了两枚仙杏，两肋生出一对肉翅，『鼻子高了，面如青靛，发似朱砂，眼睛暴湛，牙齿横生。出于唇外，身躯长有二丈』。

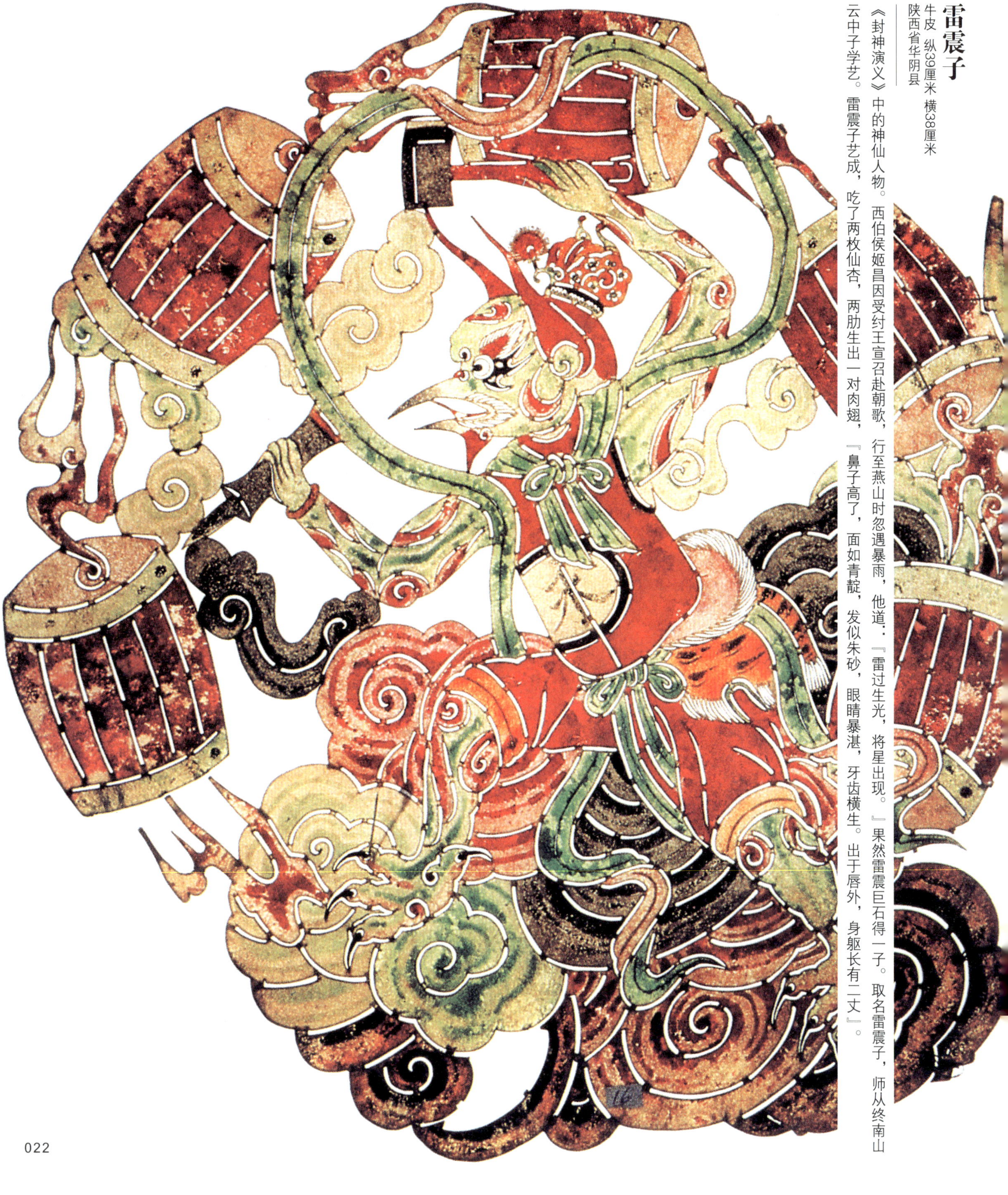

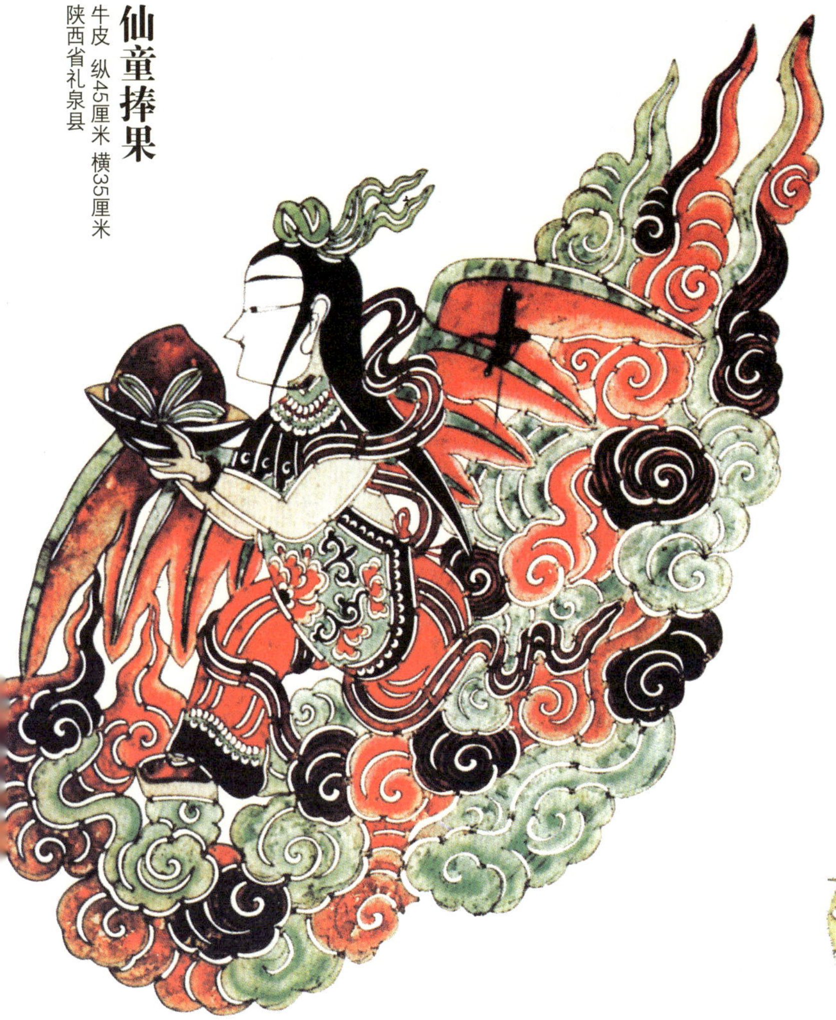

仙童捧果

牛皮 纵45厘米 横35厘米
陕西省礼泉县

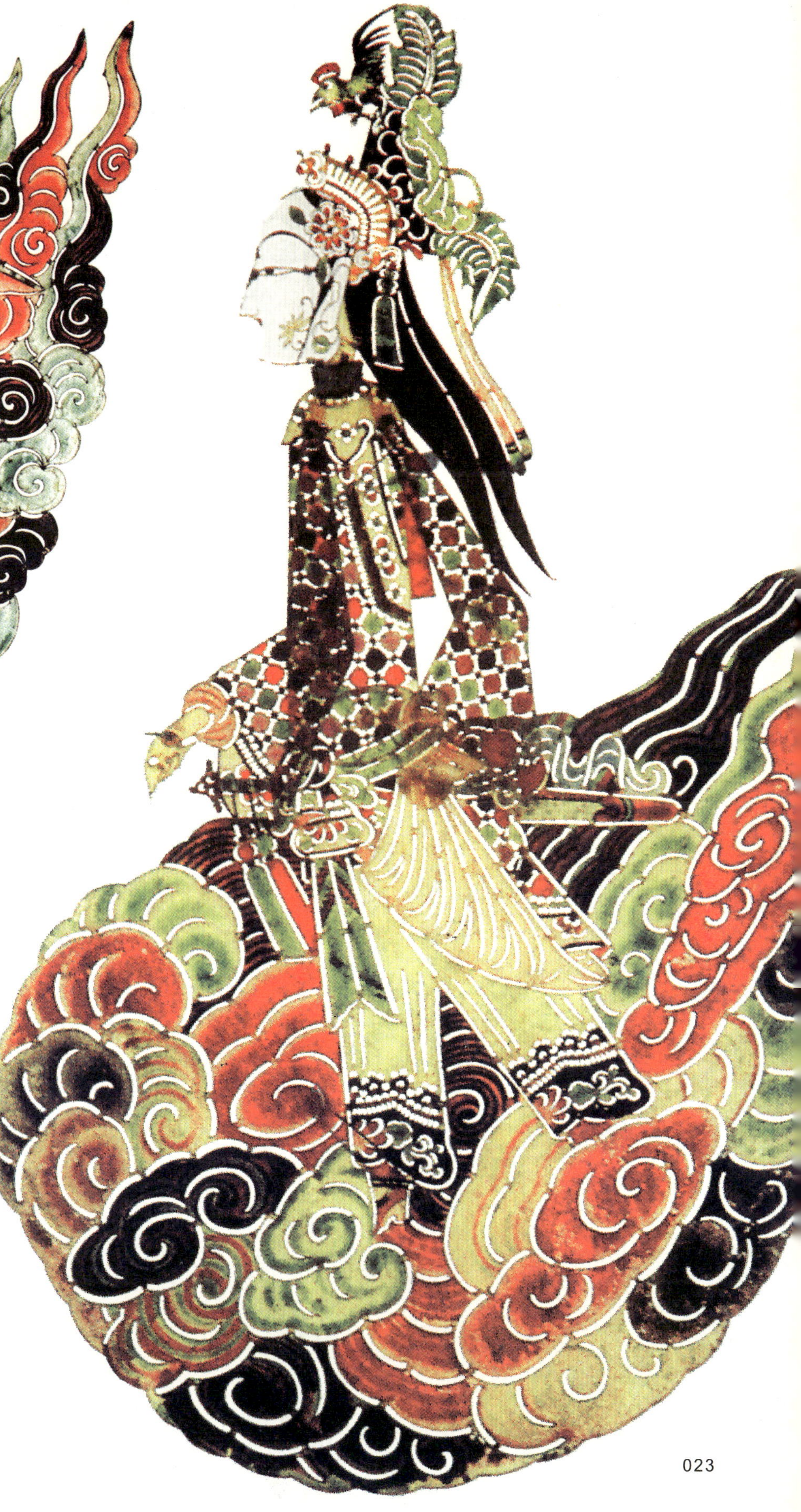

石矶娘娘

牛皮 纵40厘米 横37厘米
甘肃省宁县

《封神榜》神话人物。影戏《哪吒闹海》写哪吒在陈塘关城楼，不慎将骷髅山白骨洞石矶娘娘侍女碧云射死。哪吒之师太乙真人劝石矶息事宁人，石矶不从，定欲哪吒偿命。太乙真人大怒，用火龙罩将石矶炼成顽石。

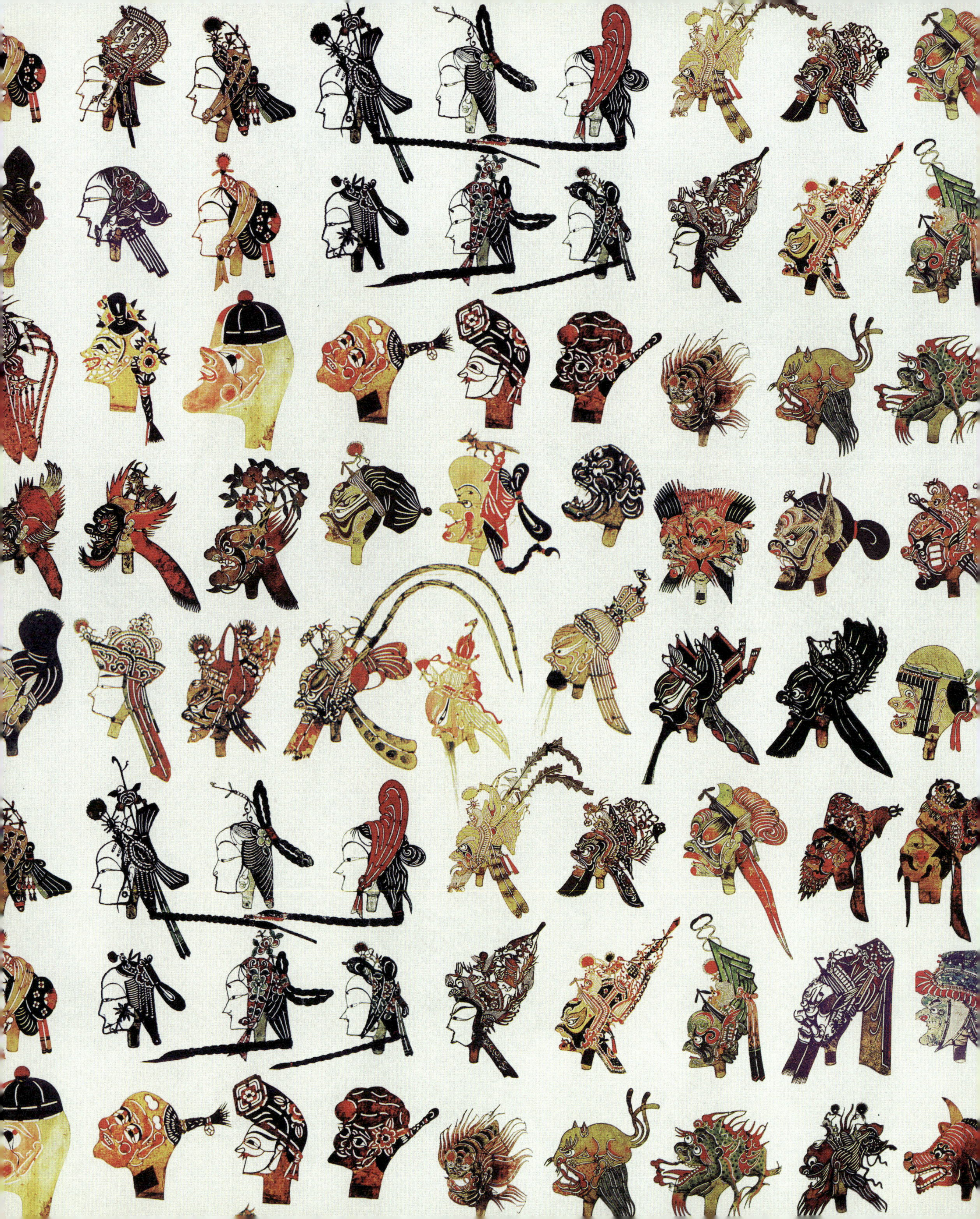

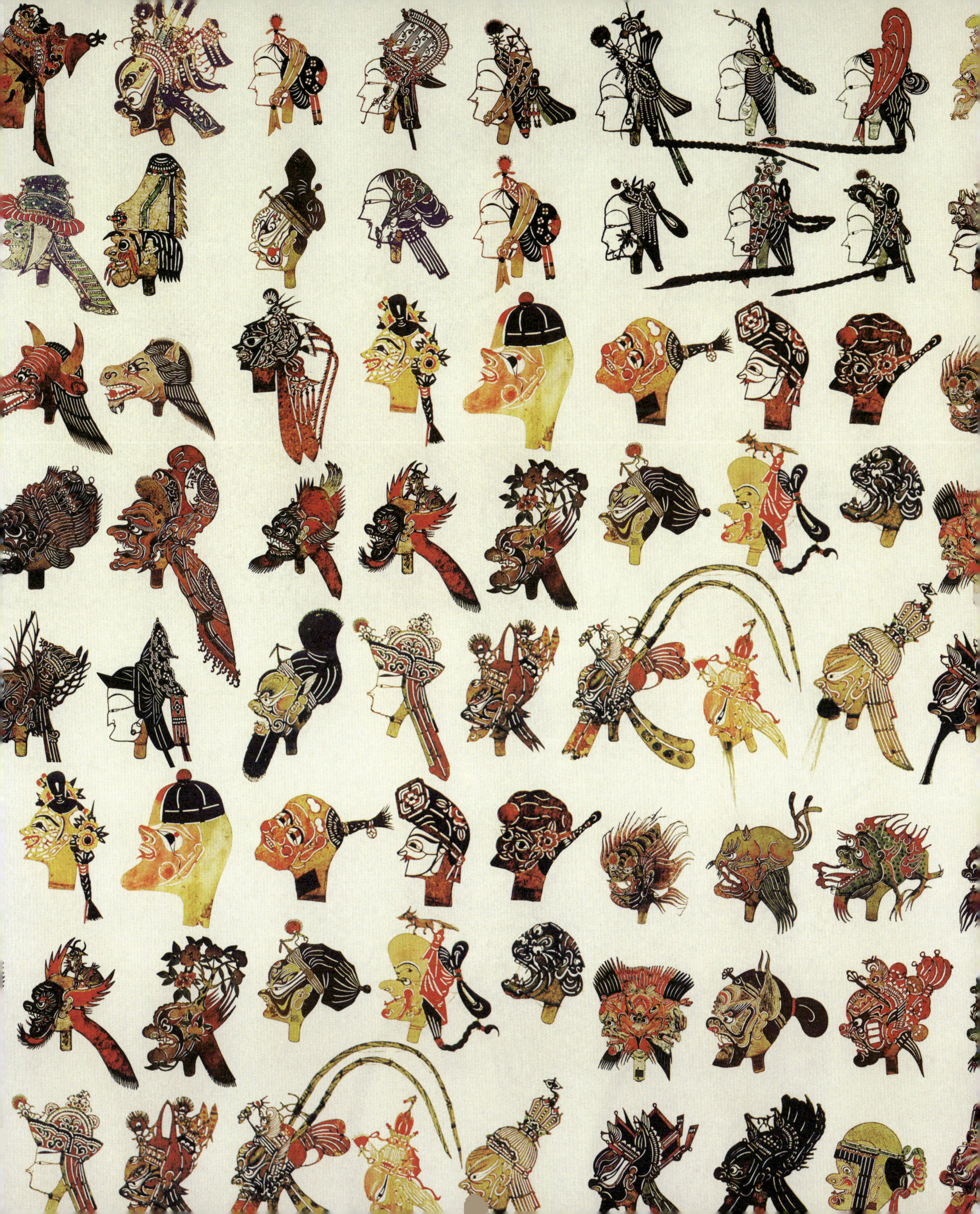

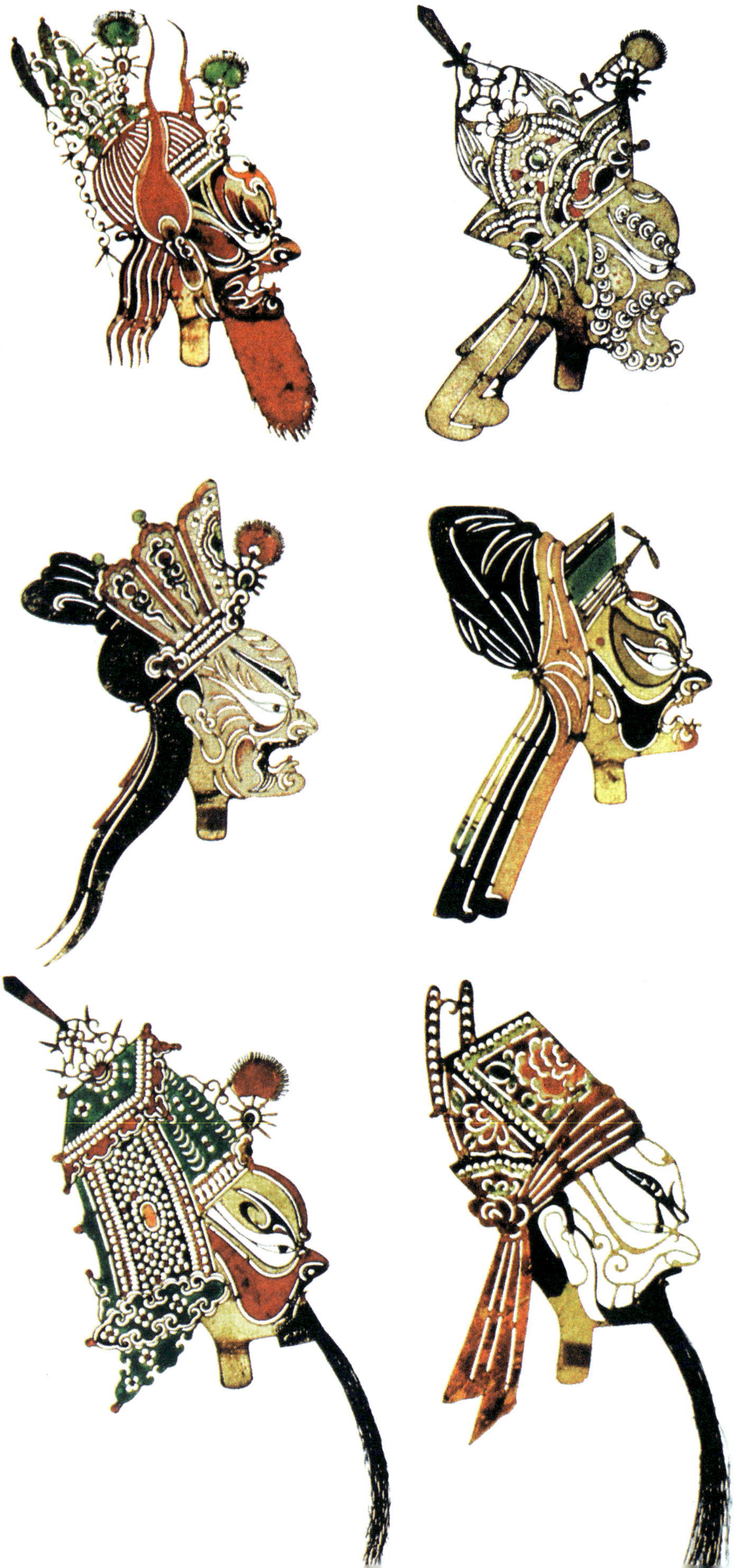

各类净角头茬

牛皮 纵2厘米
陕西省大荔县

作为戏曲人物的皮影人，其形象的塑造与传统戏曲有直接的联系。不同角色由于身份、年龄、性格的区别，又各有不同的脸谱程式。由于影人头茬必须做充分的镂空，同时受侧面像的局限，它不能完全按照脸谱模式进行勾勒。这种限制所带来的结果，不是使影人形象简单化，而是使它更有了自身的特色，形象更概括、更鲜明。以净角为例，西北皮影艺人一般把它归纳为『红脸』、『黑脸』、『杂脸』和『掐丝脸』四种。这说明艺人不是完全以戏曲脸谱的图案谱式作依据，而是依靠各种色块的组合，以及变化有致的镂空线条来塑造形象，从而加强影人表演的戏剧效果，加强影人的艺术感染力。在细节刻画上，艺人讲究传神的手法，尤其对影人的眼嘴着意雕琢。他们把影人的眼睛分为『线眼』、『豆眼』两种，嘴分为『张口子』、『捂嘴子』两种，使人物的内在精神与外貌得以神形兼备。

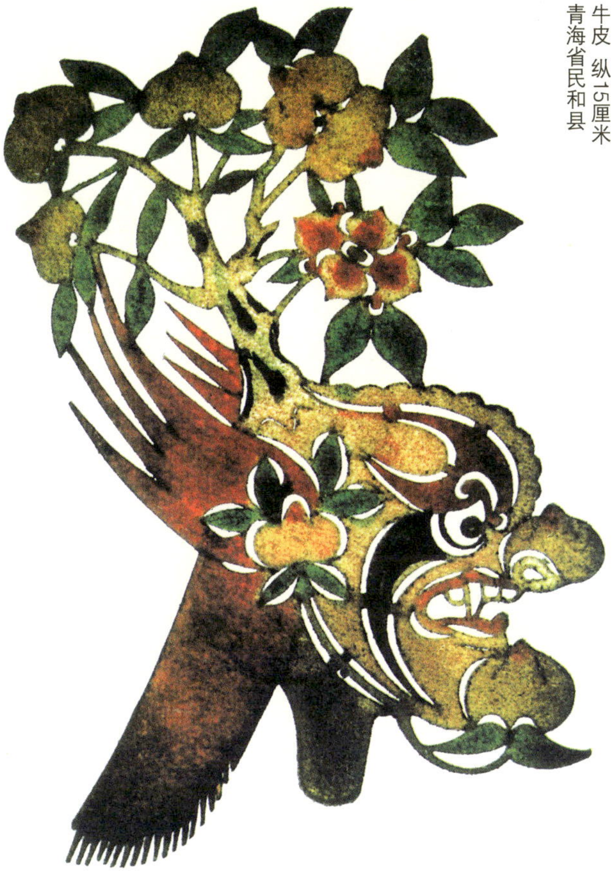

三手仙头茬
牛皮 纵15厘米
青海省民和县

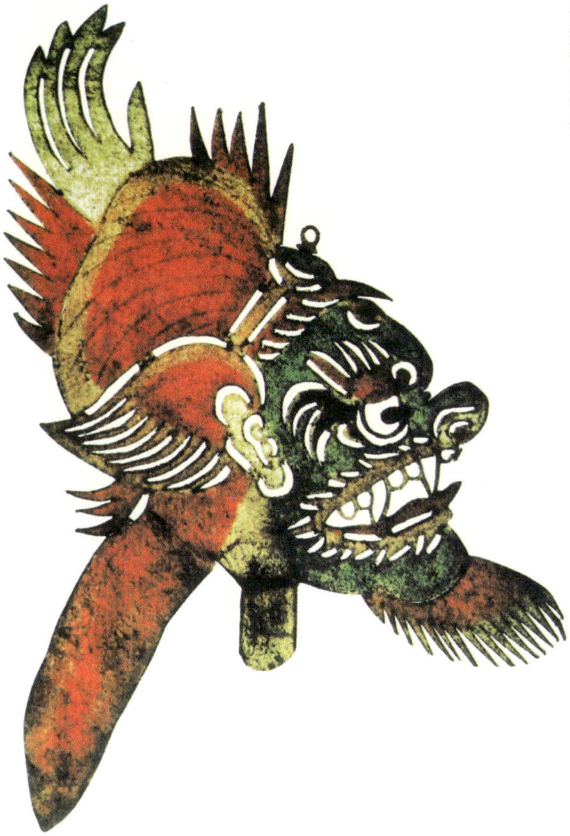

桃树仙头茬
牛皮 纵14厘米
青海省民和县

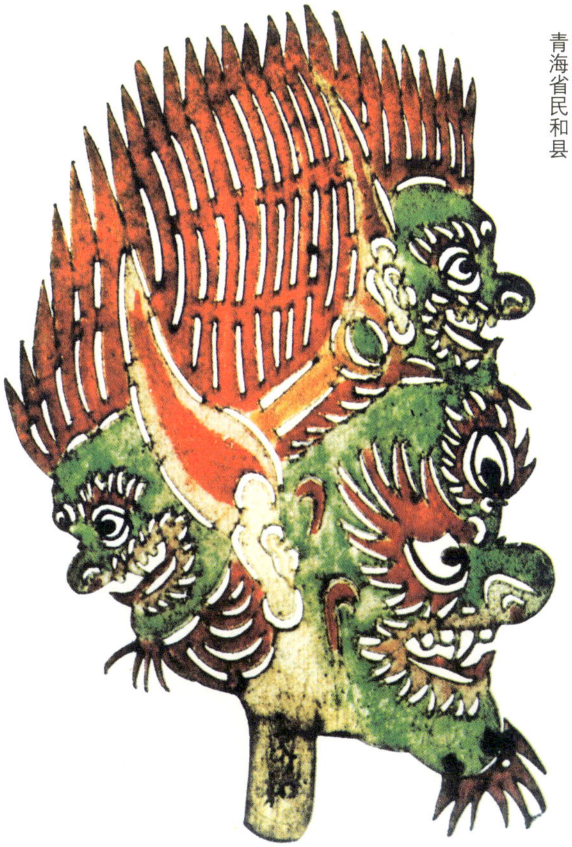

殷郊头茬
牛皮 纵14厘米
青海省民和县

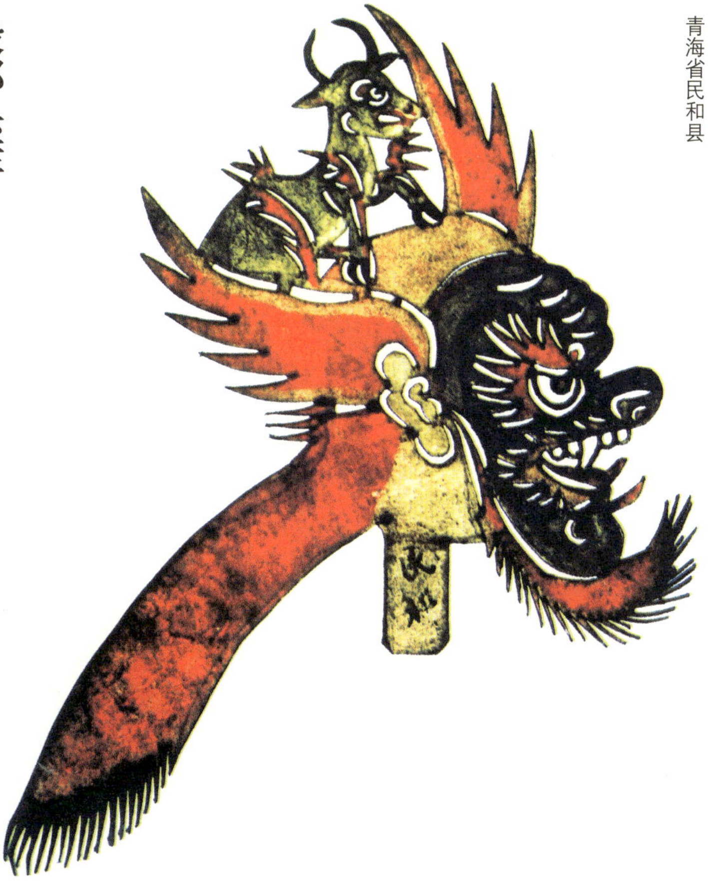

羊角大仙头茬
牛皮 纵14厘米
青海省民和县

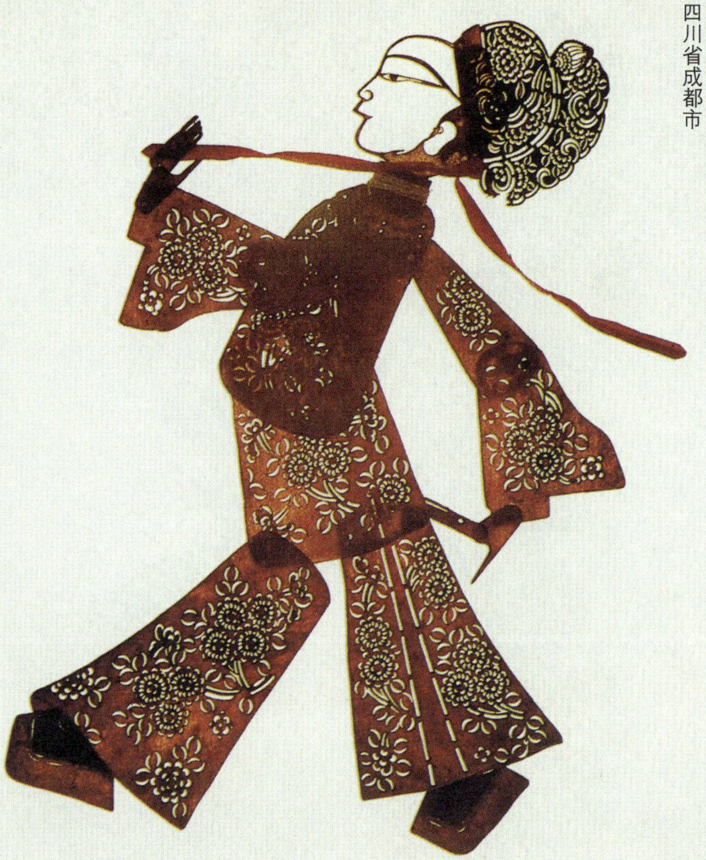

跨桥灯影《香罗帕》欧阳子秀

牛皮 纵65厘米 横40厘米

四川省成都市

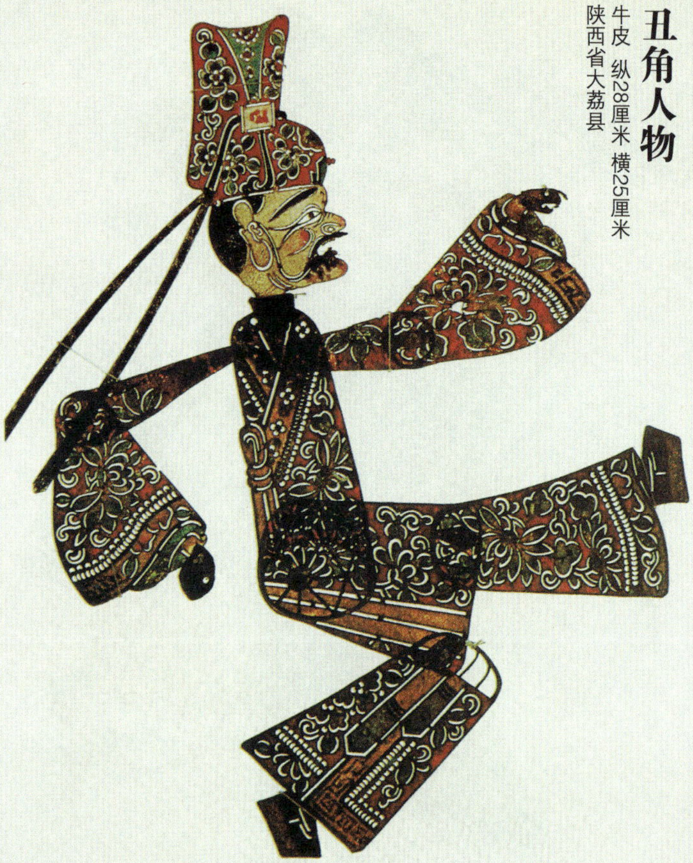

丑角人物

牛皮 纵28厘米 横25厘米

陕西省大荔县

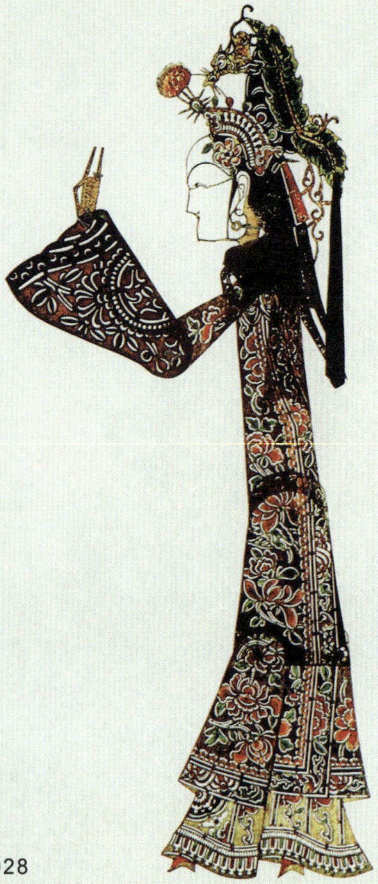

妖旦

牛皮 纵37厘米 横15厘米

陕西省富平县

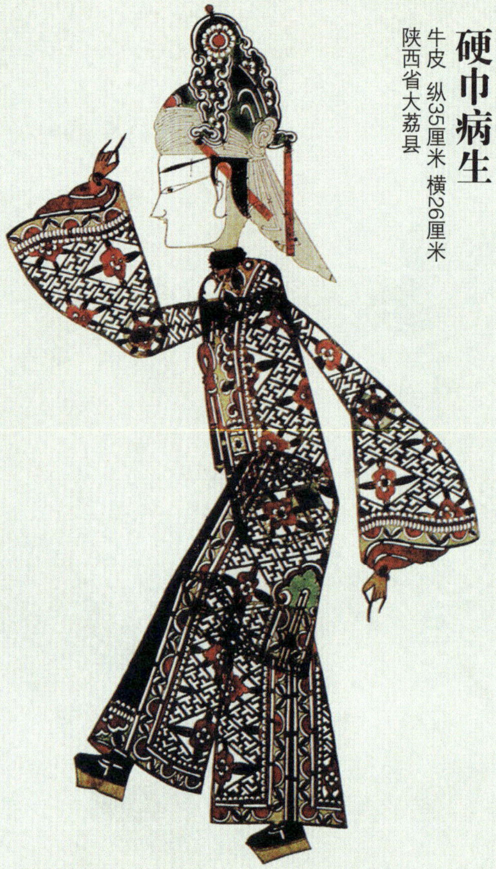

硬巾病生

牛皮 纵35厘米 横26厘米

陕西省大荔县

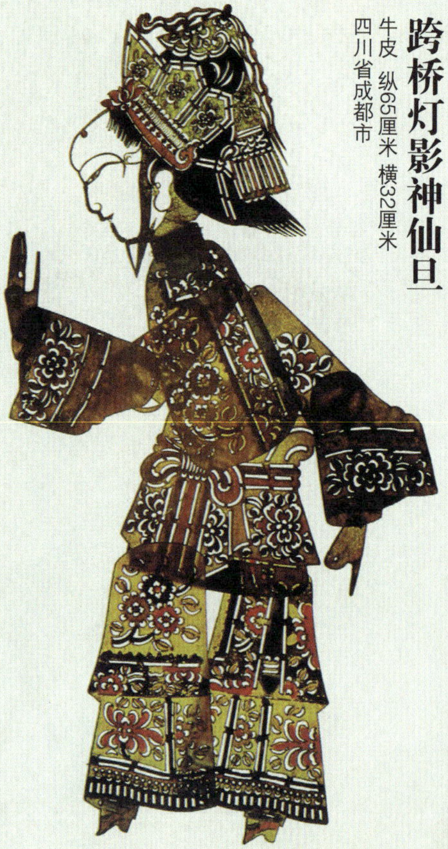

跨桥灯影神仙旦

牛皮 纵65厘米 横32厘米

四川省成都市

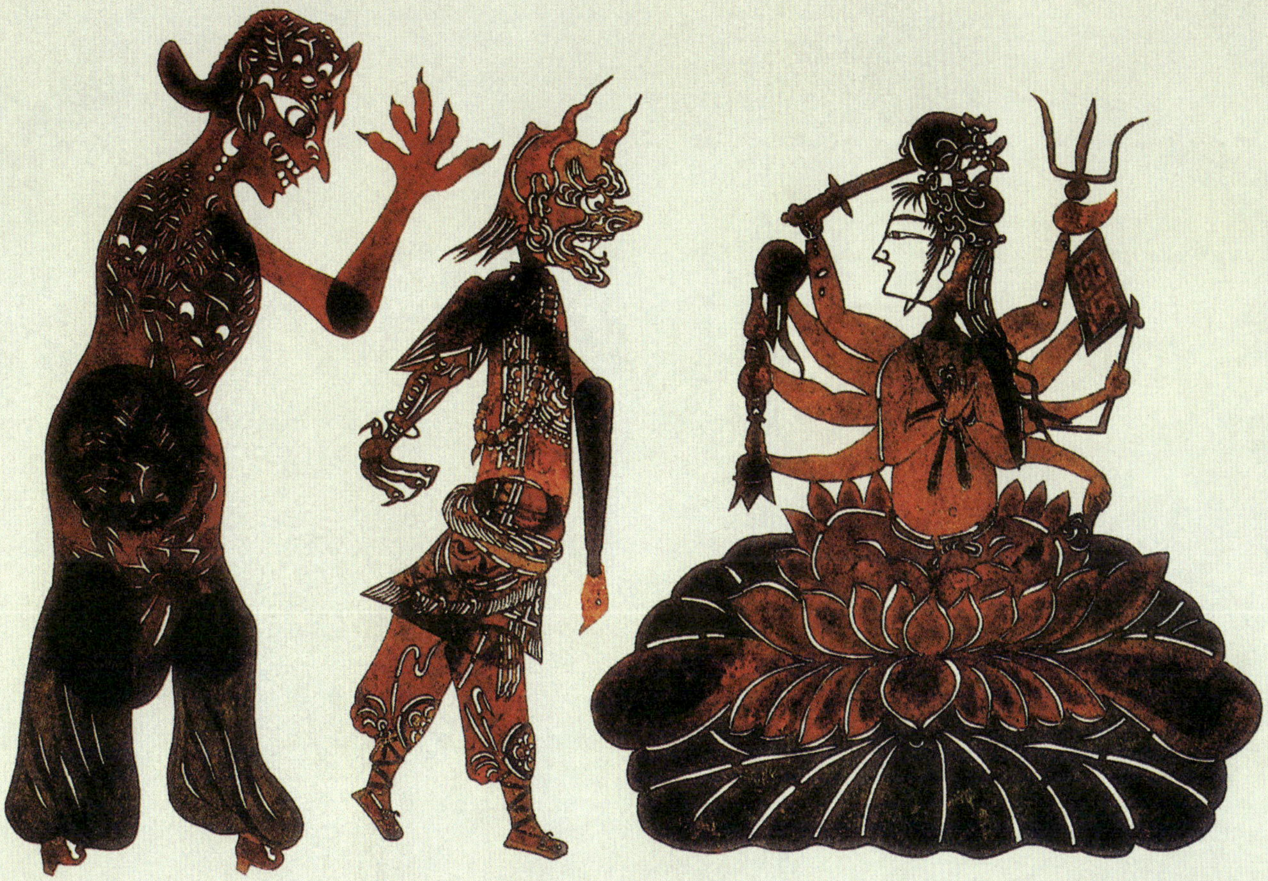

准提道人降妖
牛皮 纵37厘米 横52厘米
甘肃省庆阳县

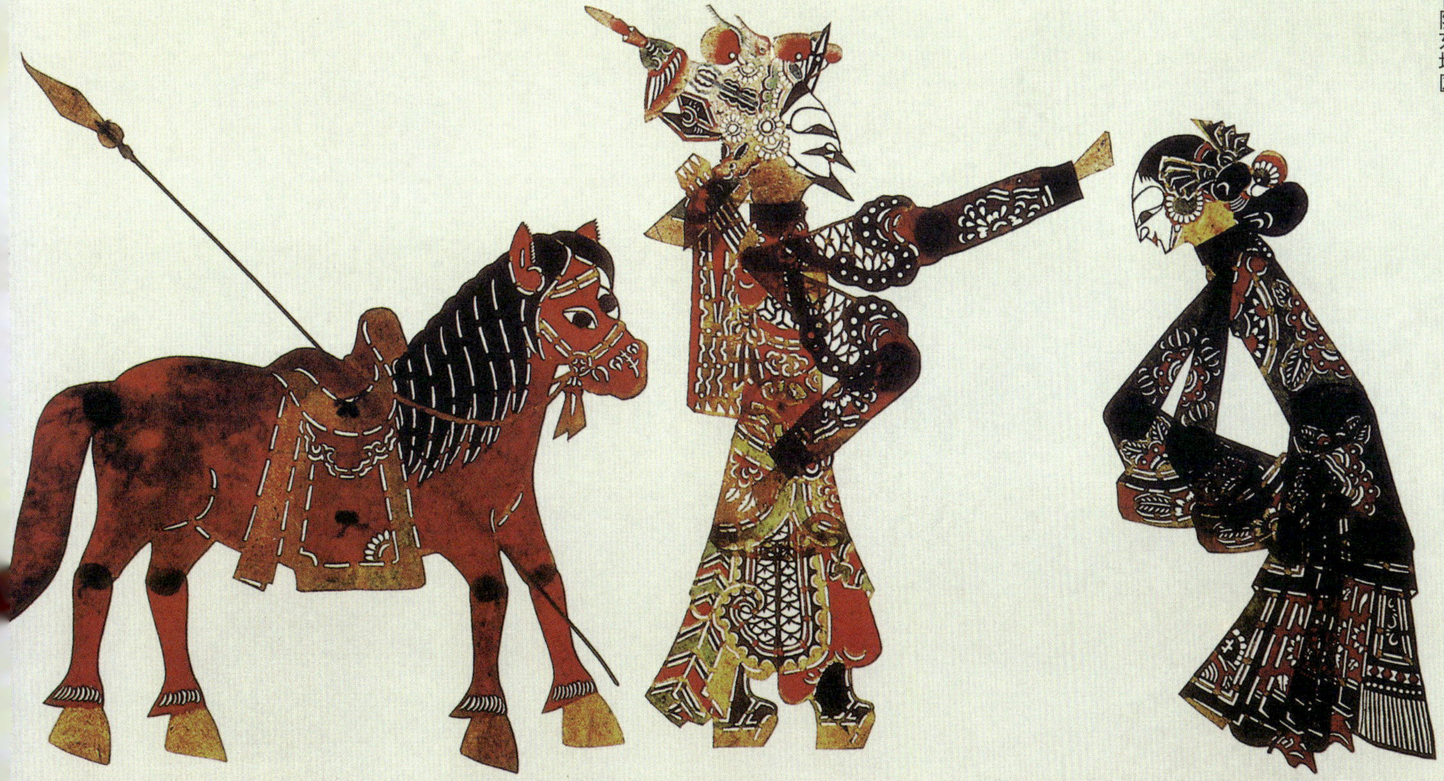

皮影《武家坡》
牛皮 纵14厘米
甘肃省陇东地区

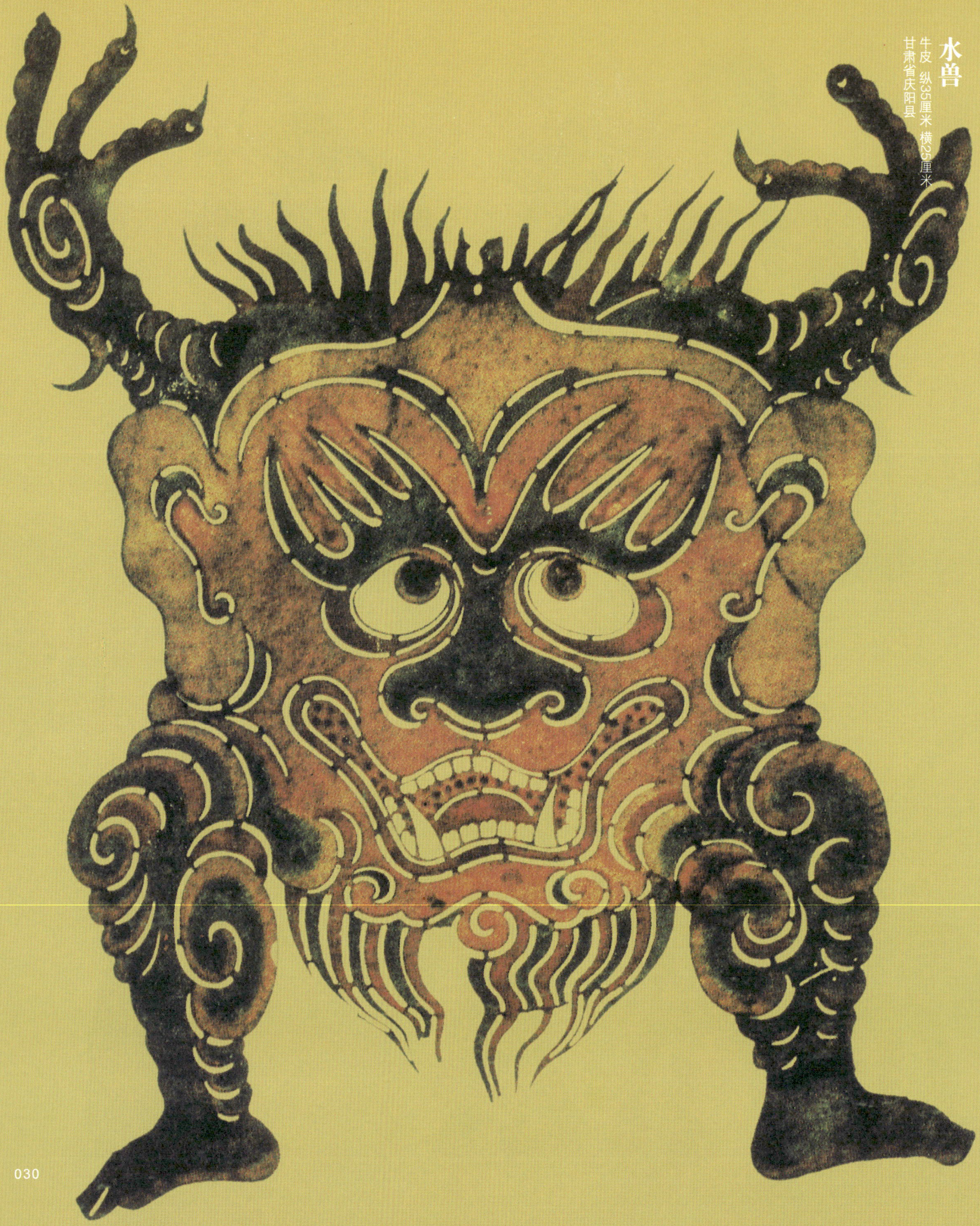

水兽

牛皮 纵35厘米 横25厘米
甘肃省庆阳县

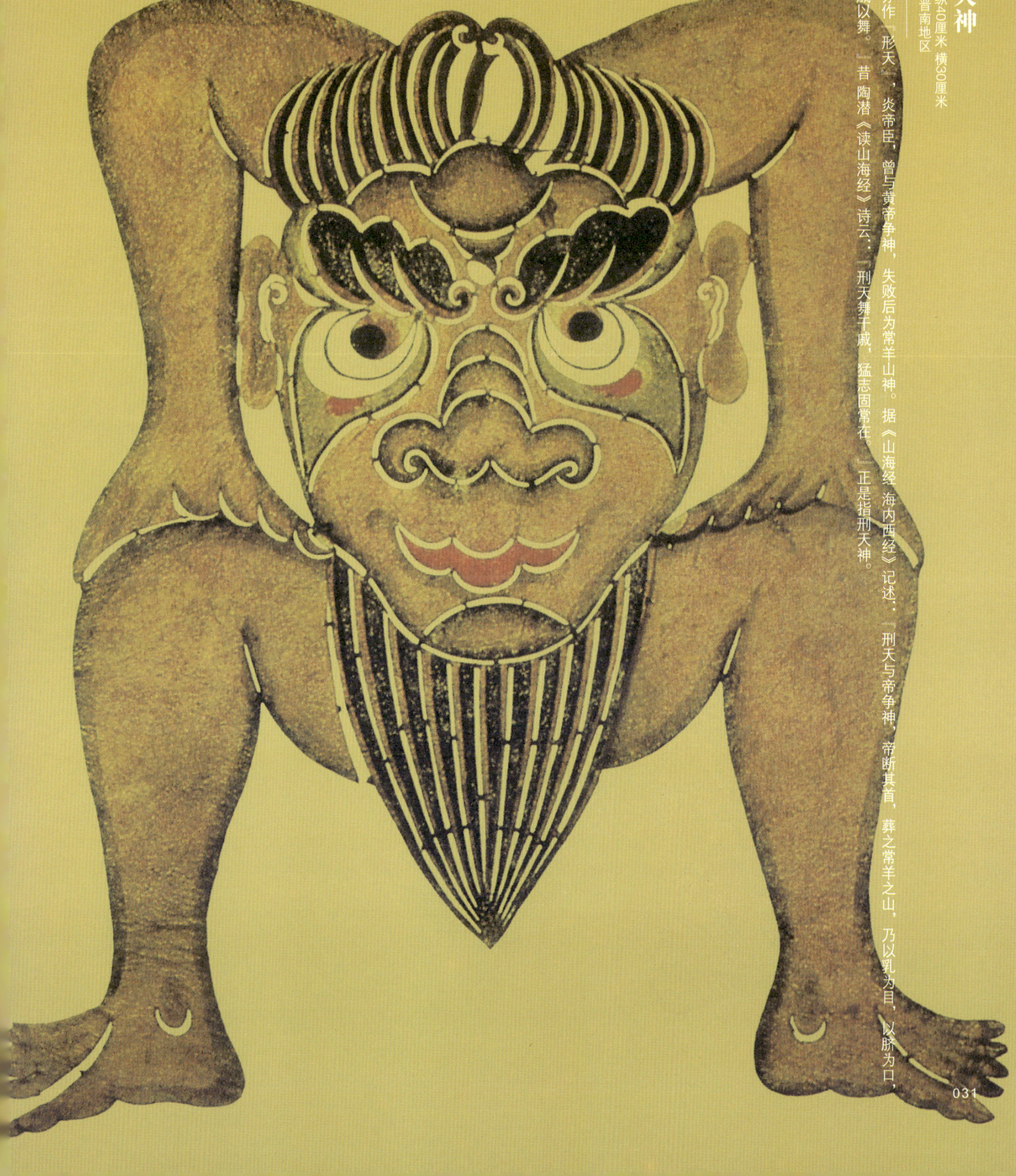

刑天神

牛皮 纵40厘米 横30厘米

山西省晋南地区

刑天亦作「形天」，炎帝臣，曾与黄帝争神，失败后为常羊山神。据《山海经·海内西经》记述：「刑天与帝争神，帝断其首，葬之常羊之山，乃以乳为目，以脐为口，操干戚以舞。」昔陶潜《读山海经》诗云：「刑天舞干戚，猛志固常在。」正是指刑天神。

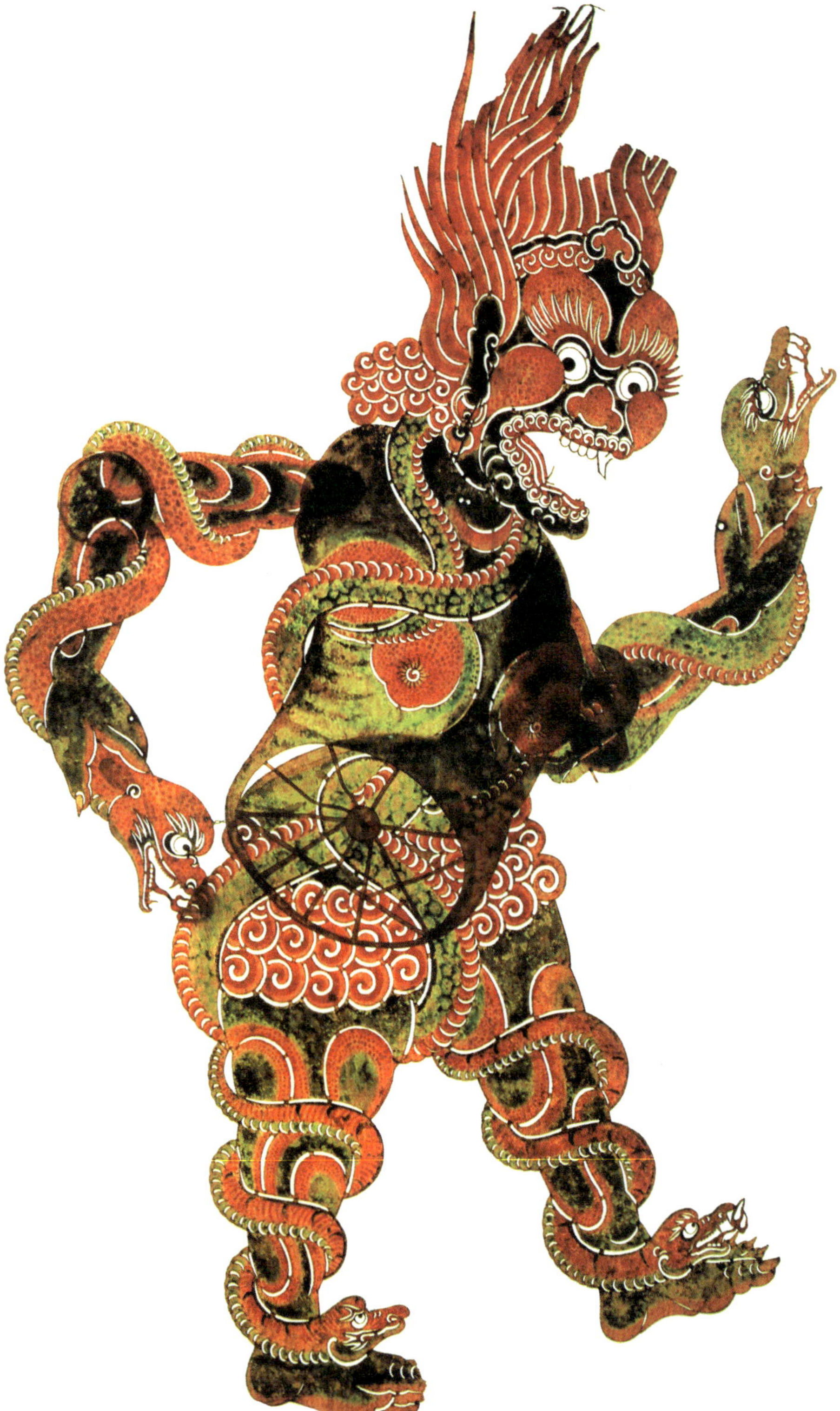

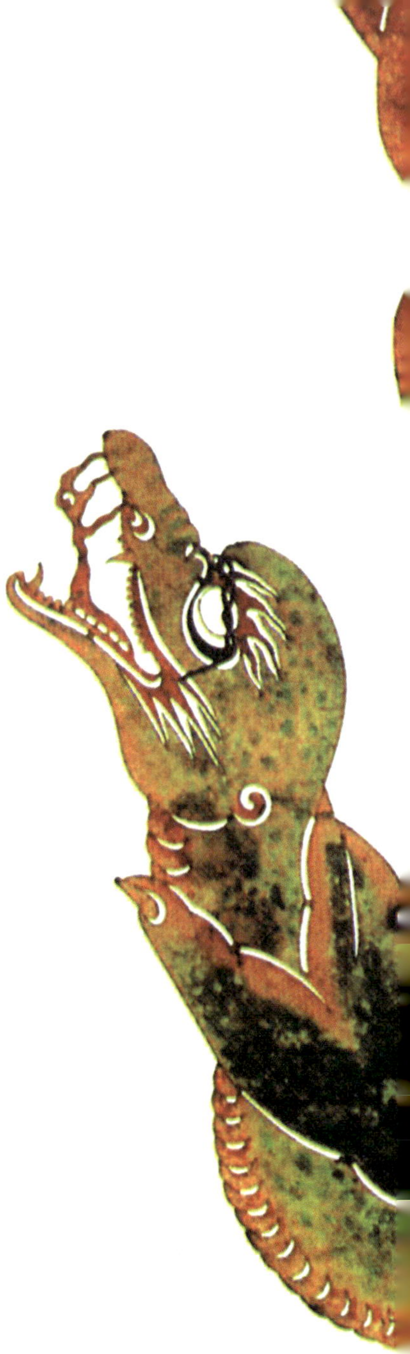

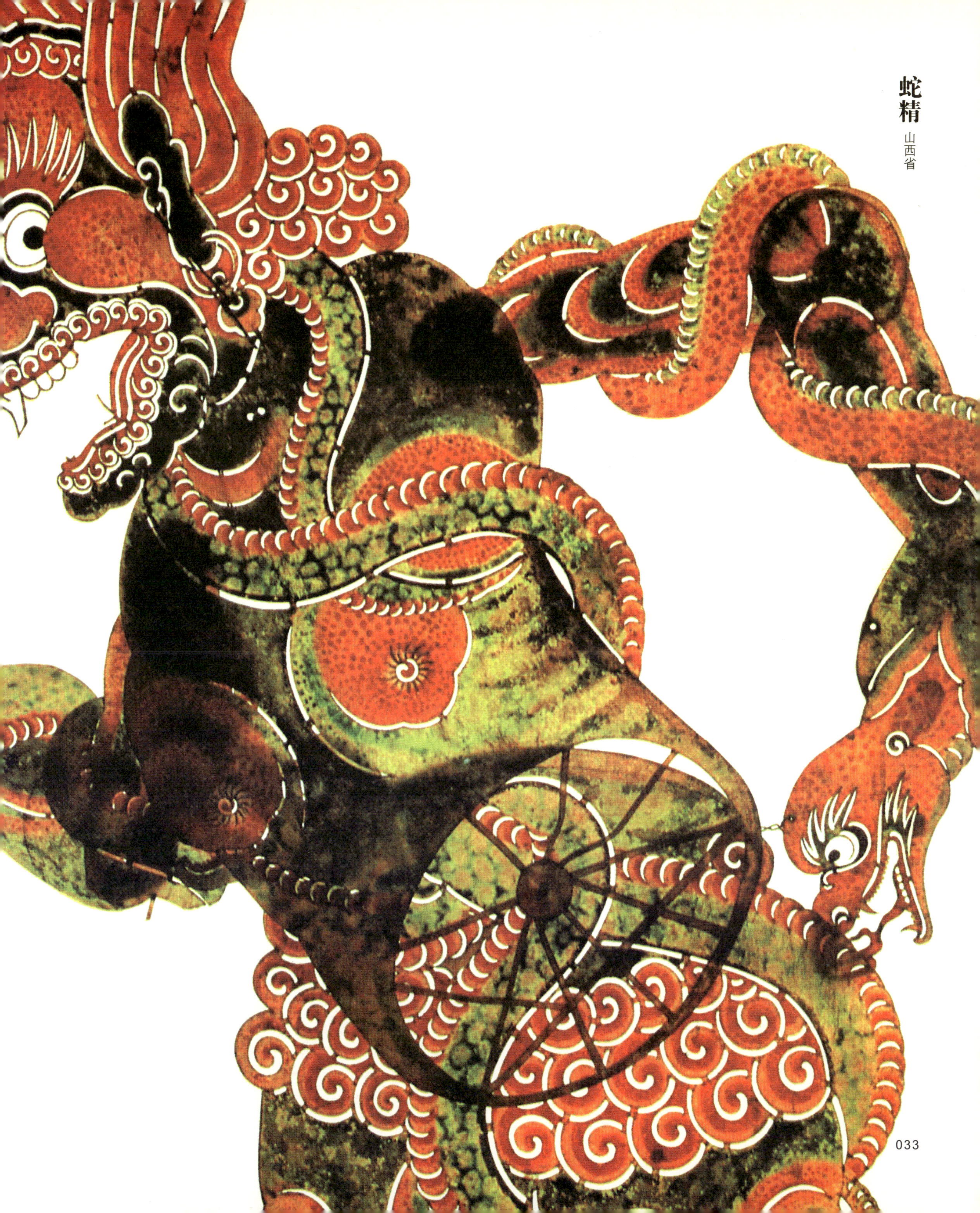

蛇精

山西省

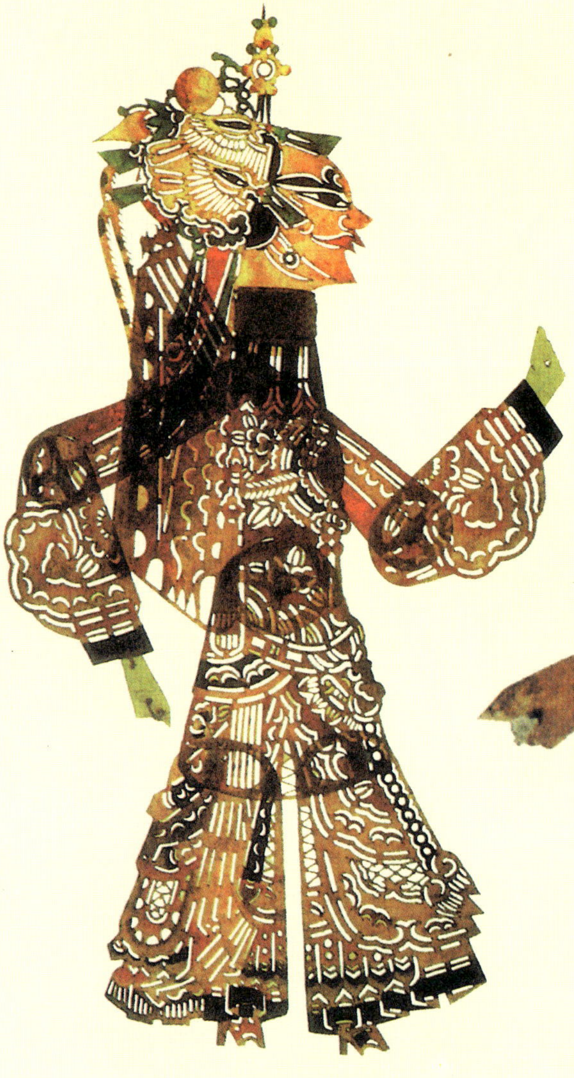

武生人物

牛皮 纵32厘米 横20厘米

河北省唐山地区

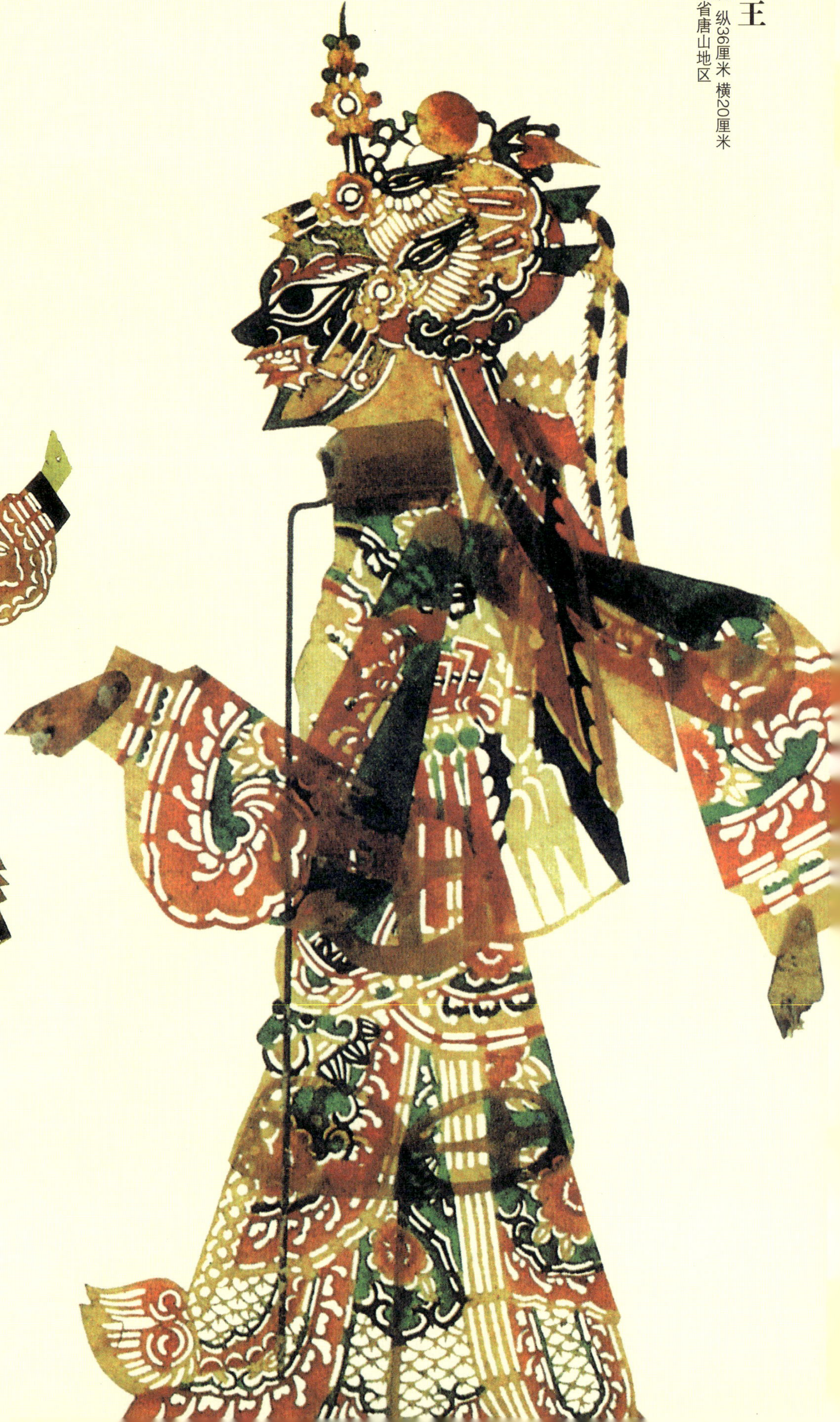

番王

牛皮 纵36厘米 横20厘米

河北省唐山地区

于儿神

牛皮 纵40厘米 横28厘米
甘肃省庆阳县

于儿神即夫山神。《山海经 中次十二经》云：『夫夫之山，神于儿居之，其状人身而身操两蛇，常游于江渊，出入有光。』

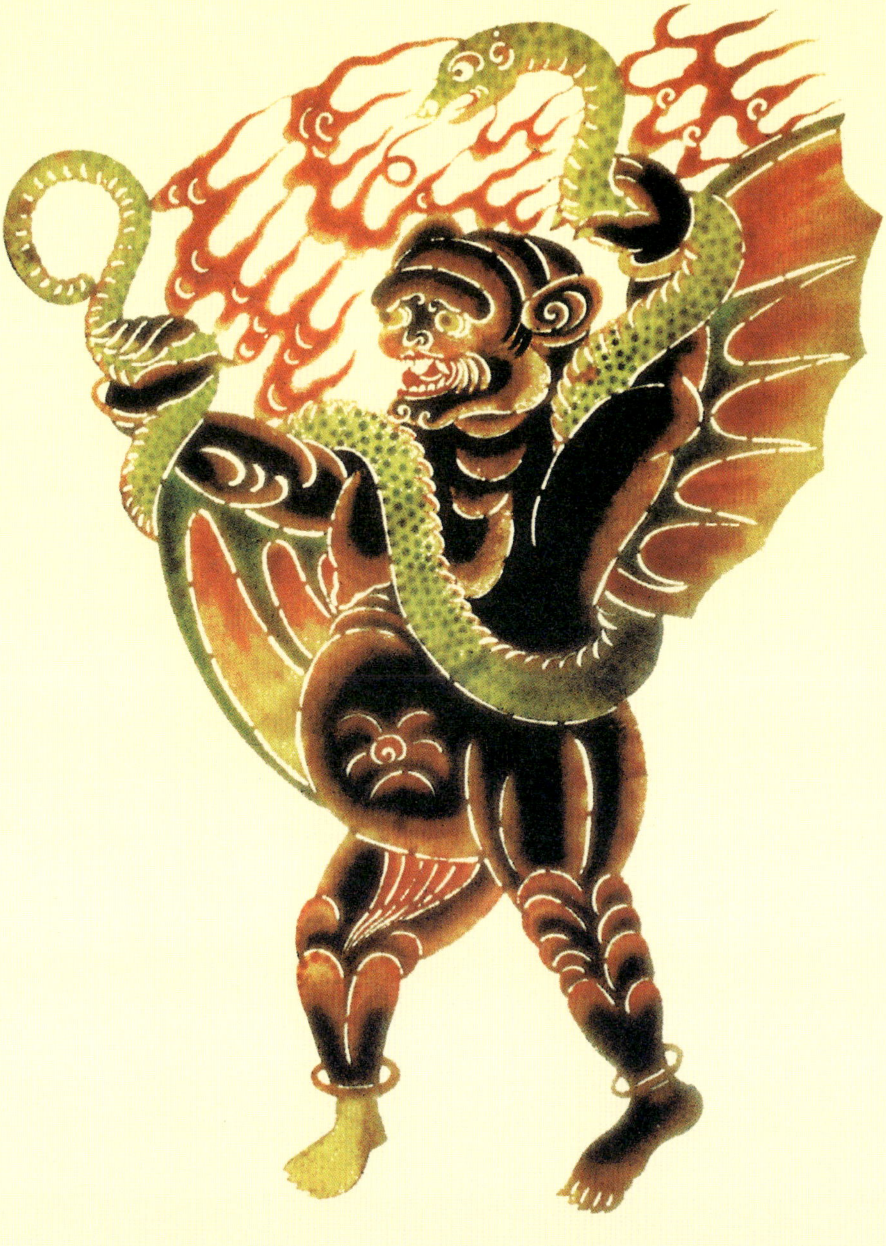

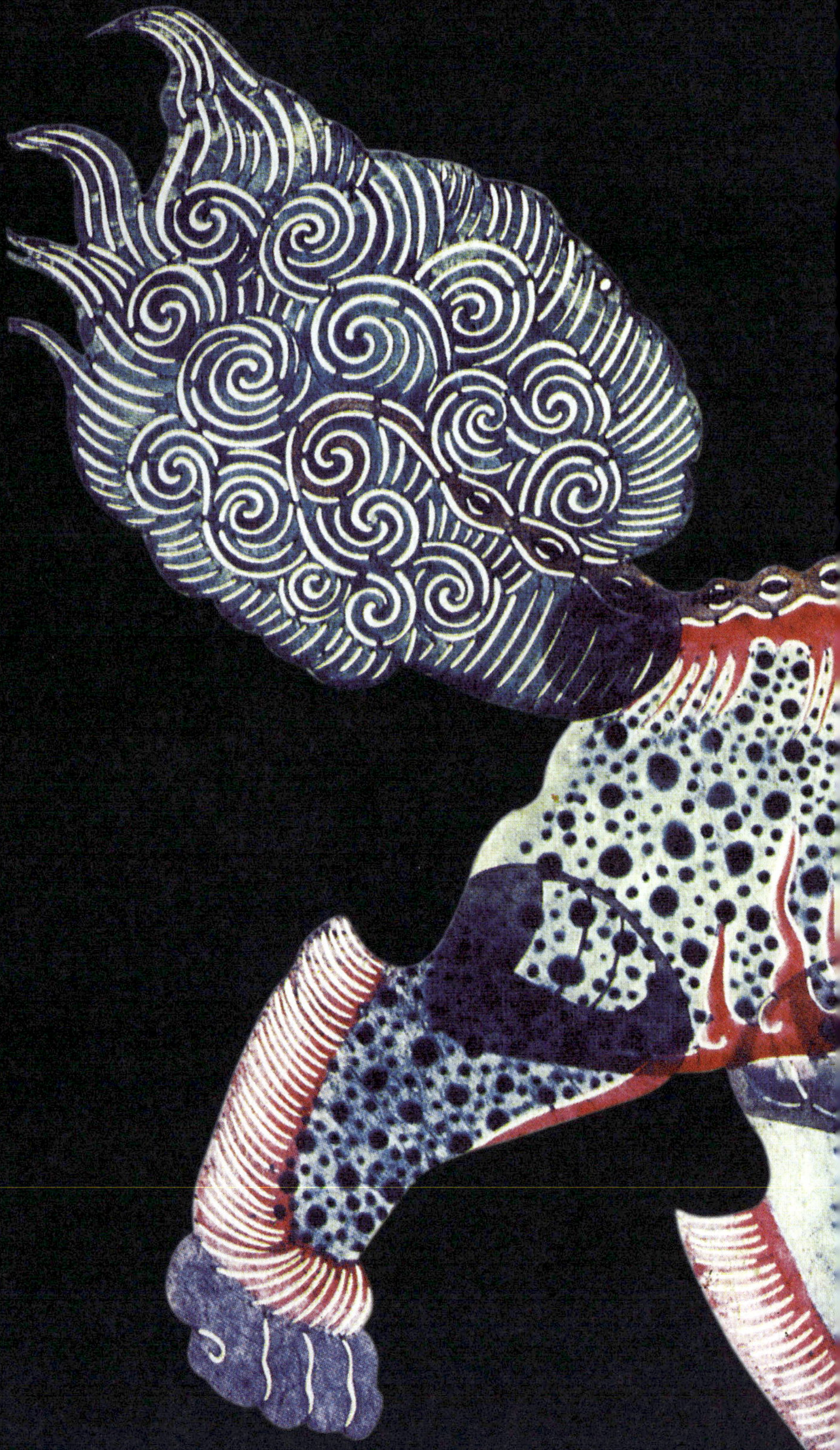

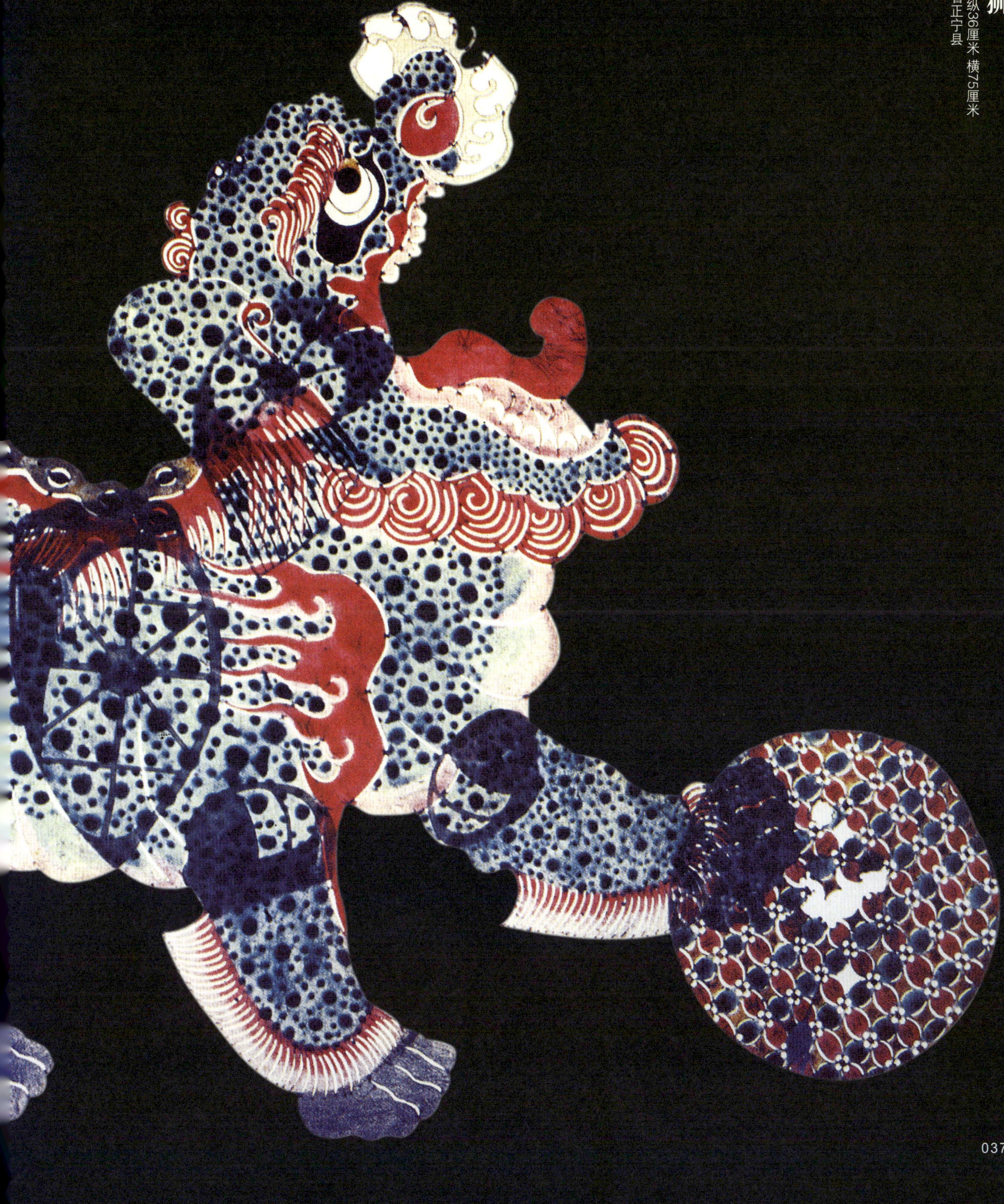

青狮

牛皮 纵36厘米 横75厘米

甘肃省正宁县

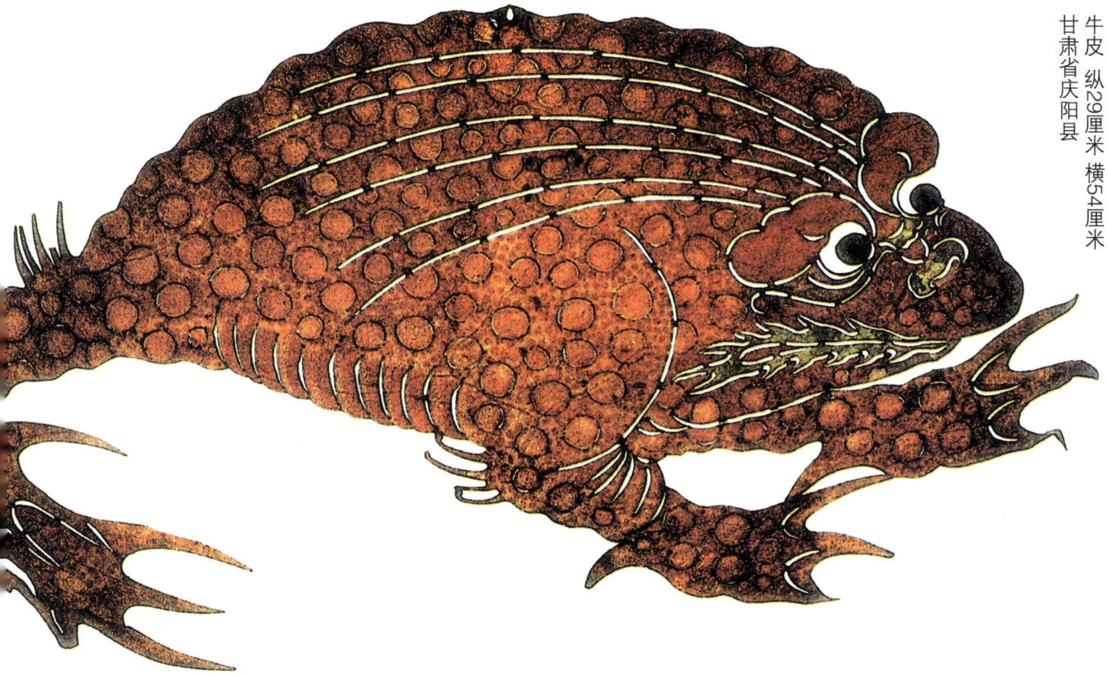

金蟾

牛皮 纵29厘米 横54厘米
甘肃省庆阳县

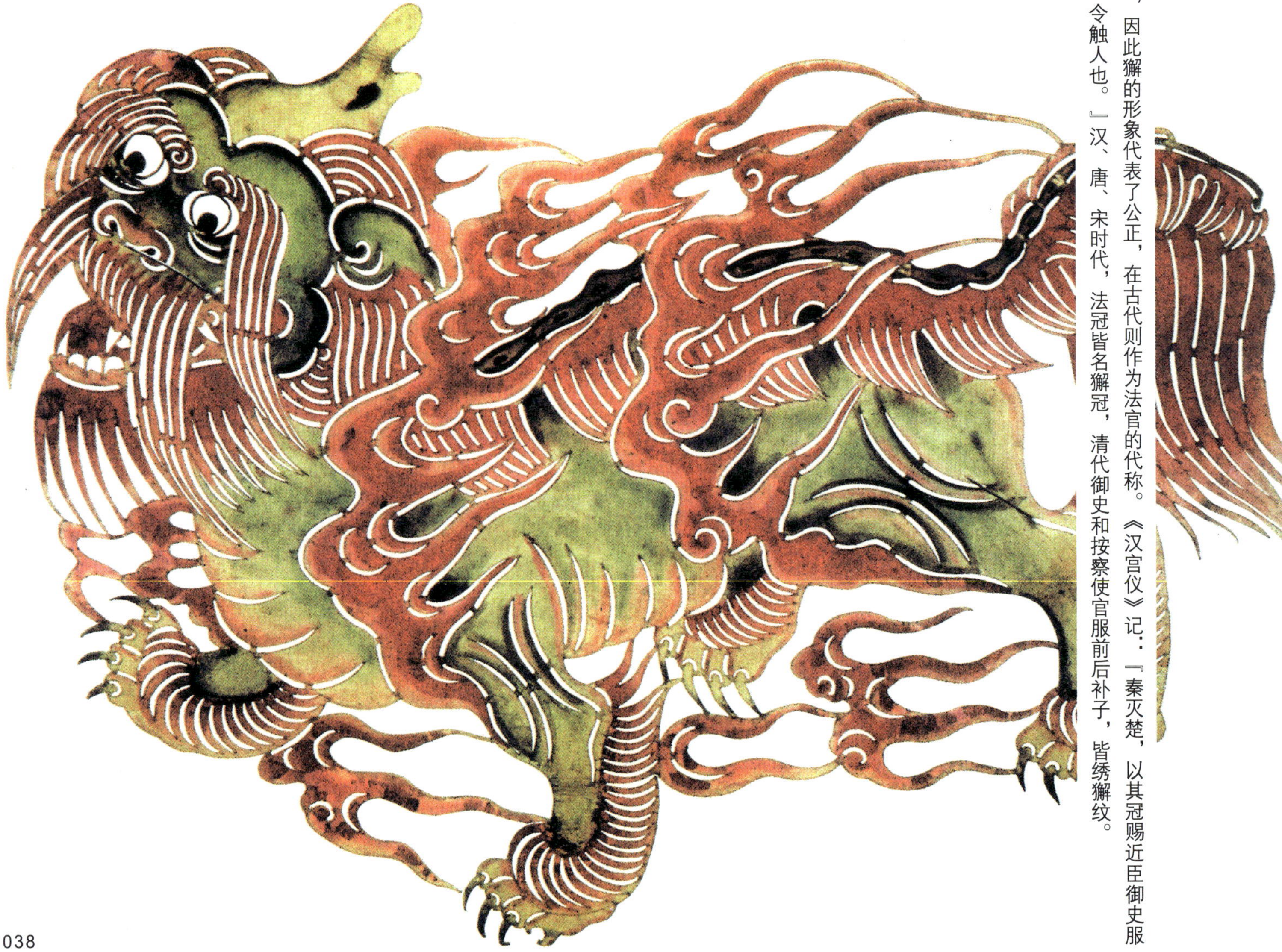

独角兽

牛皮 纵25厘米 横43厘米
甘肃省陇东地区

独角兽是古代传说中的一种神兽，名獬。古有『獬决讼』之说，因此獬的形象代表了公正，在古代则作为法官的代称。《汉宫仪》记：『秦灭楚，以其冠赐近臣御史服之，即今獬冠也。古有獬兽，触不直者，故执宪以其形用为冠，令触人也。』汉、唐、宋时代，法冠皆名獬冠，清代御史和按察使官服前后补子，皆绣獬纹。

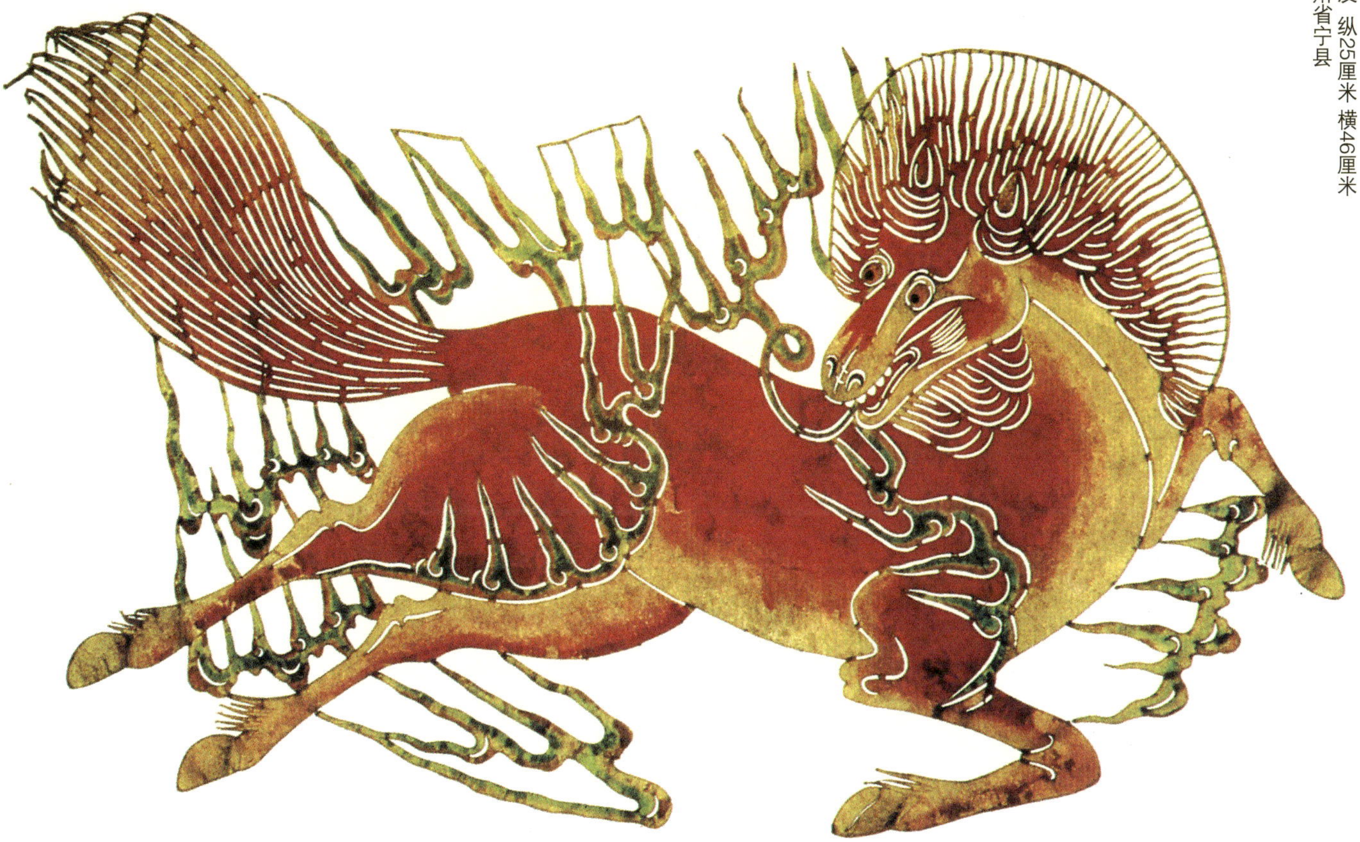

妖马
牛皮 纵25厘米 横46厘米
甘肃省宁县

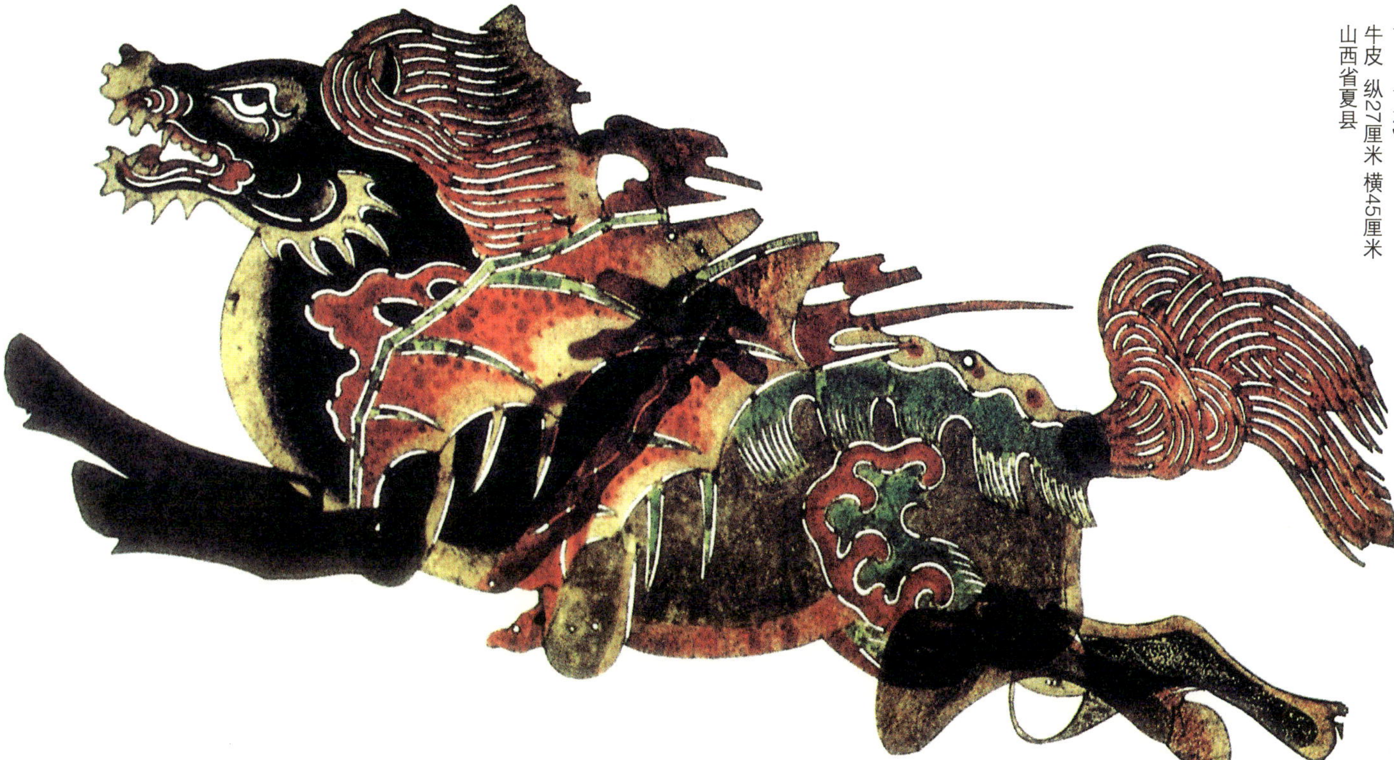

飞马斩
牛皮 纵27厘米 横45厘米
山西省夏县

龙王头茬

牛皮 纵9厘米
山西省晋南地区

龙王是传说中司兴云降雨之神。佛教《华严经》载有无量诸大龙王，如毗楼博叉龙王、娑竭罗龙王等，兴云布雨，莫不勤力，令众生热恼消除。道教亦有此说，谓有诸天龙王、四海龙王、五方龙王等，遵元始天尊、太上大道君旨意，领施雨、安坟之事。《太上洞渊请雨龙王经》载：遇天旱或遭火灾，诵经召龙王，即可普降大雨。《太上召诸神龙安镇坟墓经》载：安置先人坟墓犯了『天星地禁』，子孙会遭祸，诵经请龙王，即可去灾致福。

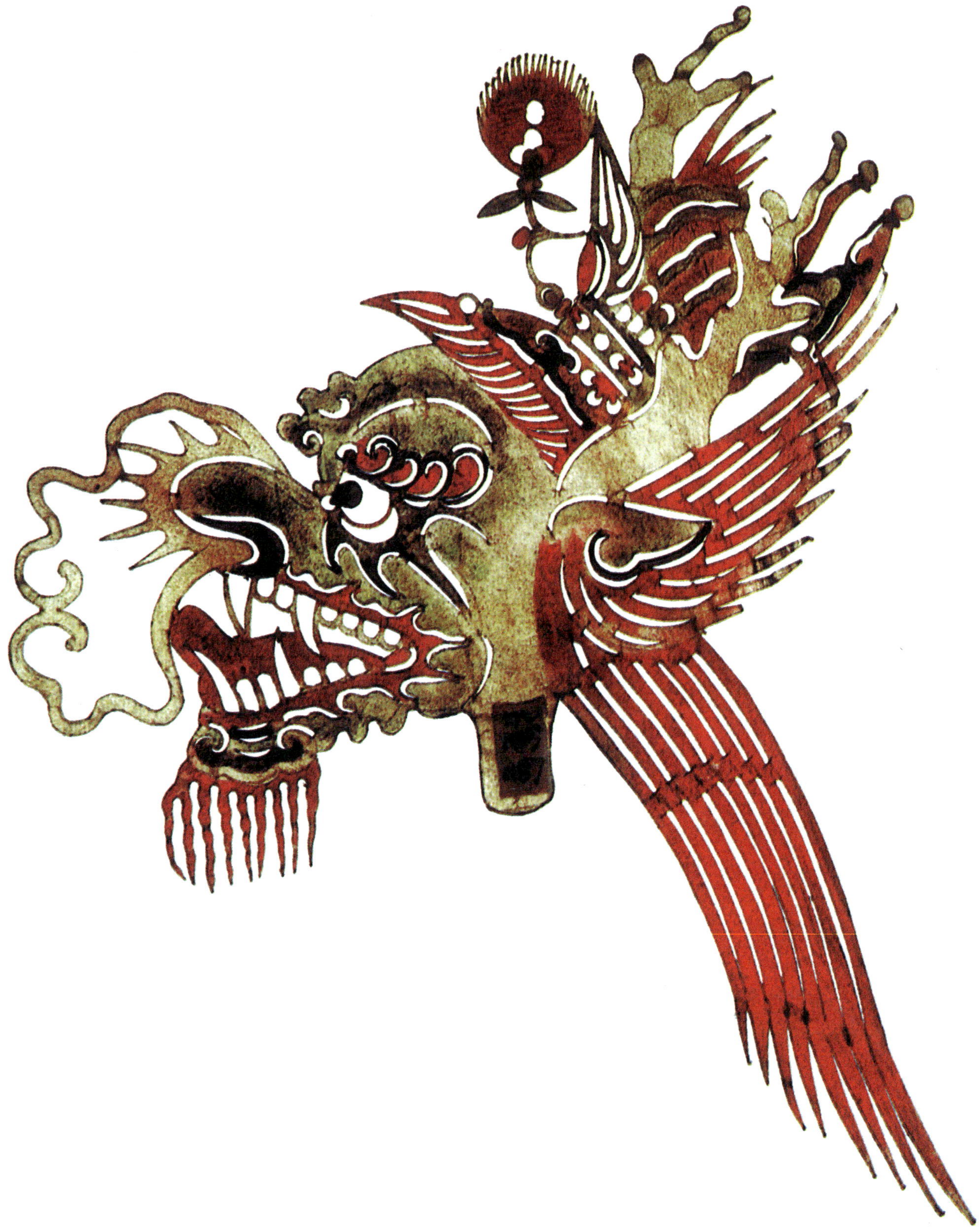

龙

牛皮 纵30厘米 横55厘米
河南省桐柏地区

旧时的中国有祭龙王求雨的民俗。农作物在栽种成长期都需要适量的雨水。民谚有『二月二，龙抬头』，『大旱不过五月十三』等，说明这时的气候与农业生产的需要基本上是一致的。但是，如果在需要雨水的季节发生了干旱，这对农民来说，可是生死攸关的大问题。在那时，没有现代的抽水设备和灌溉技术，只要有几天不下雨，就会威胁到一年的收成，再长一点时间干旱，池塘干涸，吃水都成问题。而人们只有依赖于上苍。早些时候，主要是祈拜水神，后来，则慢慢演变为祈拜龙王爷了。以祭拜龙王为中心的求雨活动，一般是全村人或几个村子联合进行的。若干旱区域较大、持续时间较长，有时官府甚至皇帝都参与祭龙祈雨活动。我国北方地区，在祭龙求雨活动时有演出皮影戏的习俗。

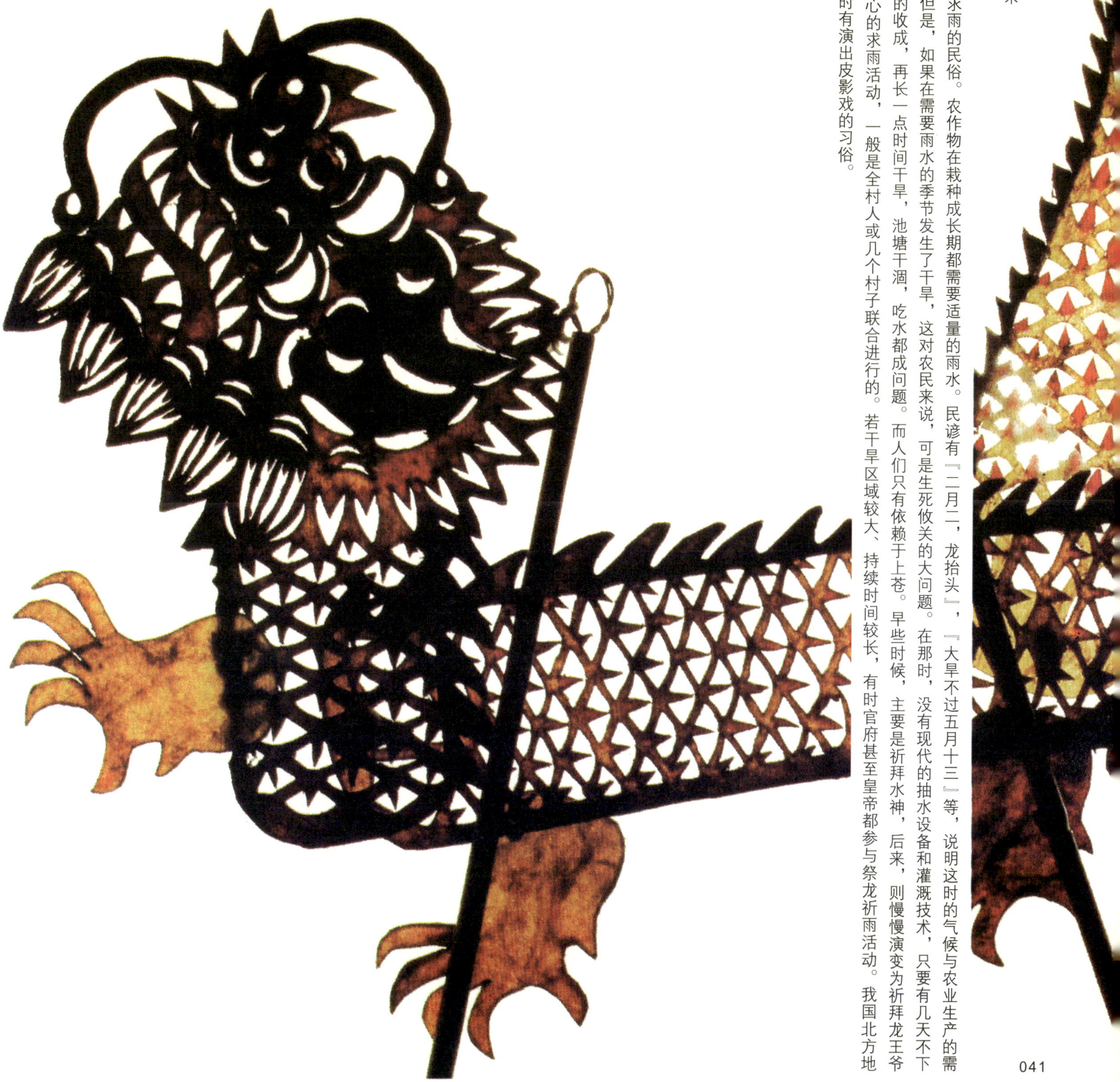

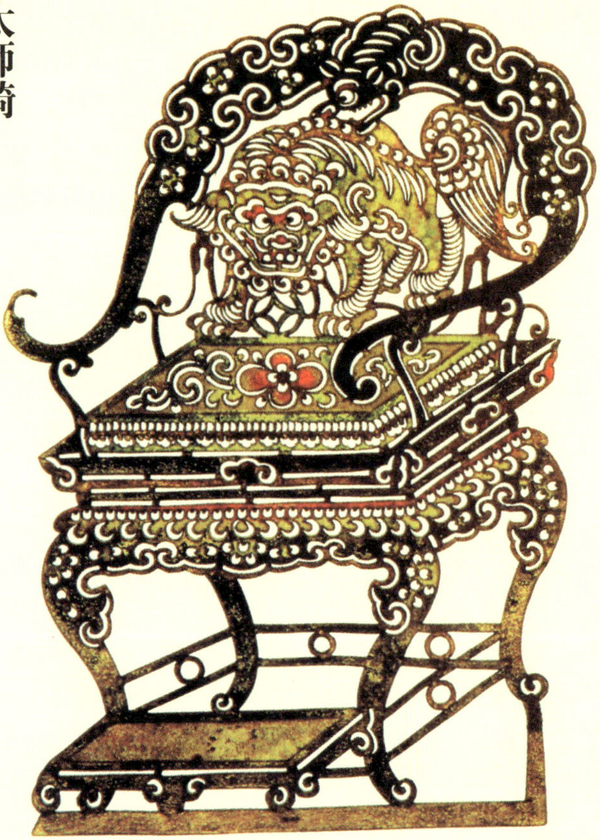

太师椅

牛皮 纵19厘米 横13厘米

甘肃省平凉地区

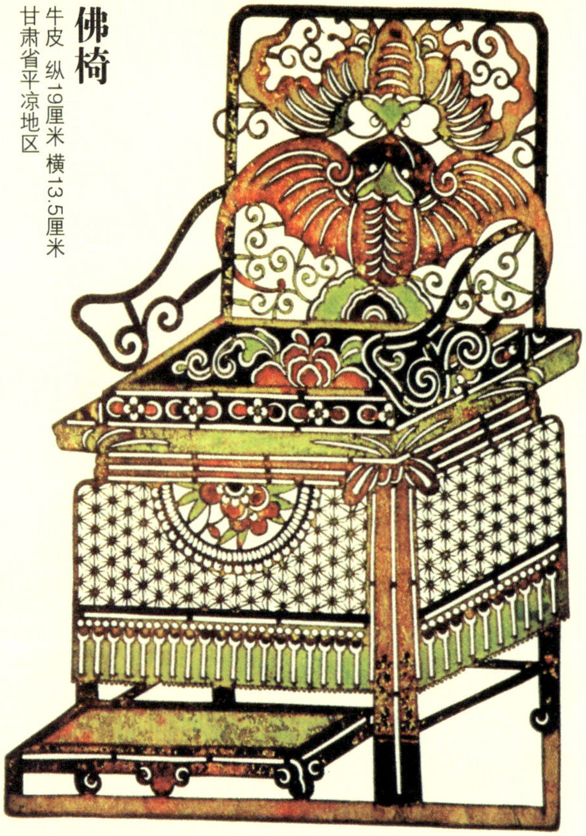

佛椅

牛皮 纵19厘米 横13.5厘米

甘肃省平凉地区

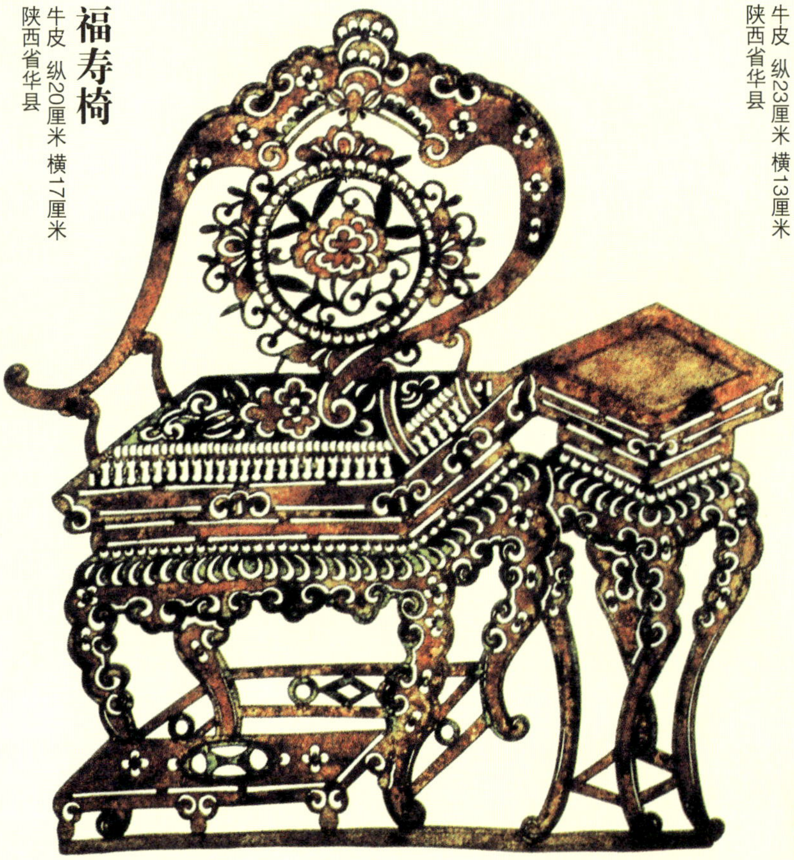

福寿椅

牛皮 纵20厘米 横17厘米

陕西省华县

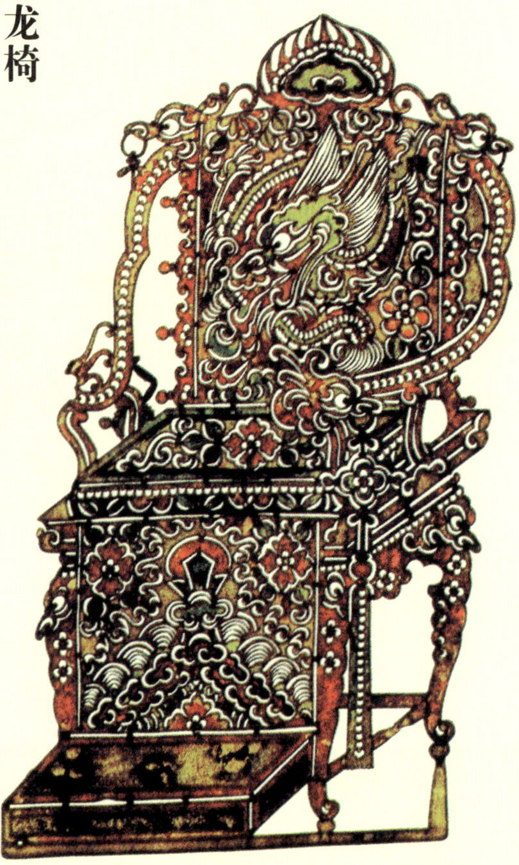

龙椅

牛皮 纵23厘米 横13厘米

陕西省华县

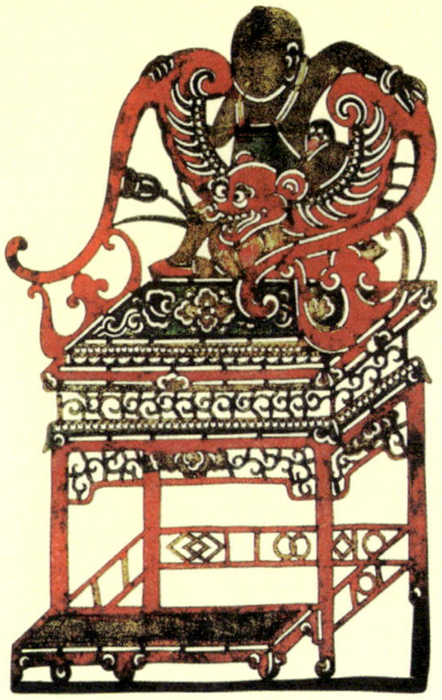

太师椅

牛皮 纵21厘米 横13厘米

甘肃省庆阳县

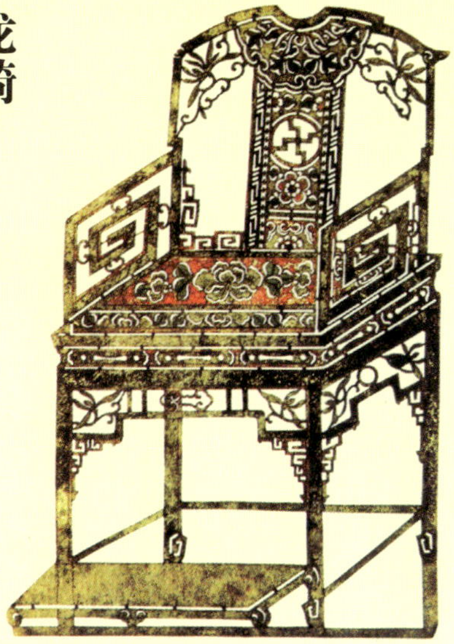

官椅

牛皮 纵22厘米 横14厘米

甘肃省宁县

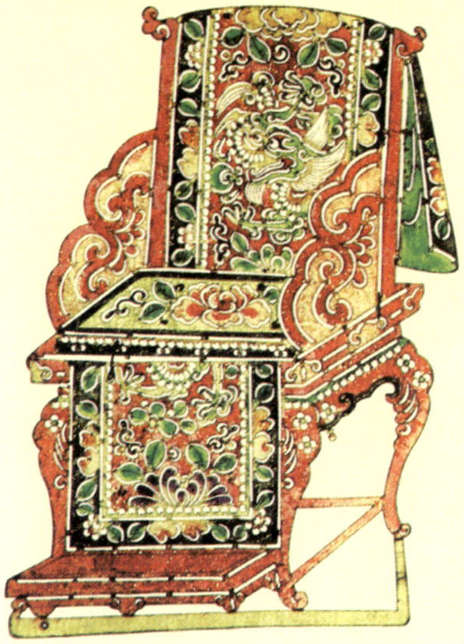

龙椅

牛皮 纵22厘米 横14厘米

甘肃省宁县

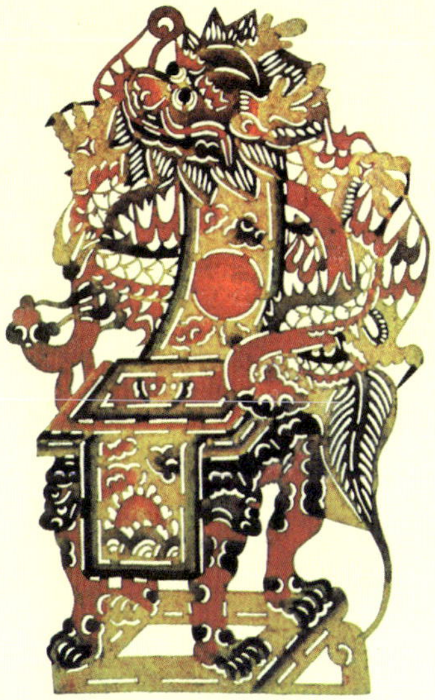

龙墩座

牛皮 纵23厘米 横15厘米

河北省唐山地区

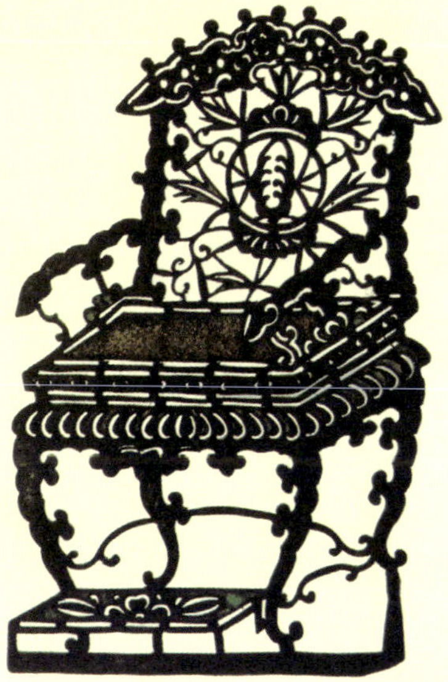

便椅

牛皮 纵18厘米 横13厘米

甘肃省宁县

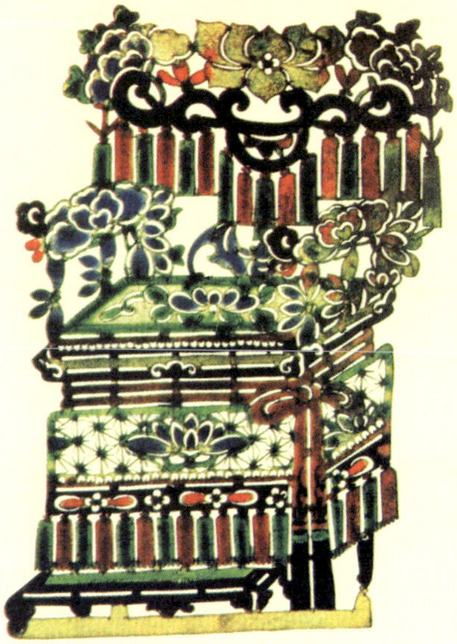

宫椅

牛皮 纵18厘米 横13厘米

甘肃省宁县

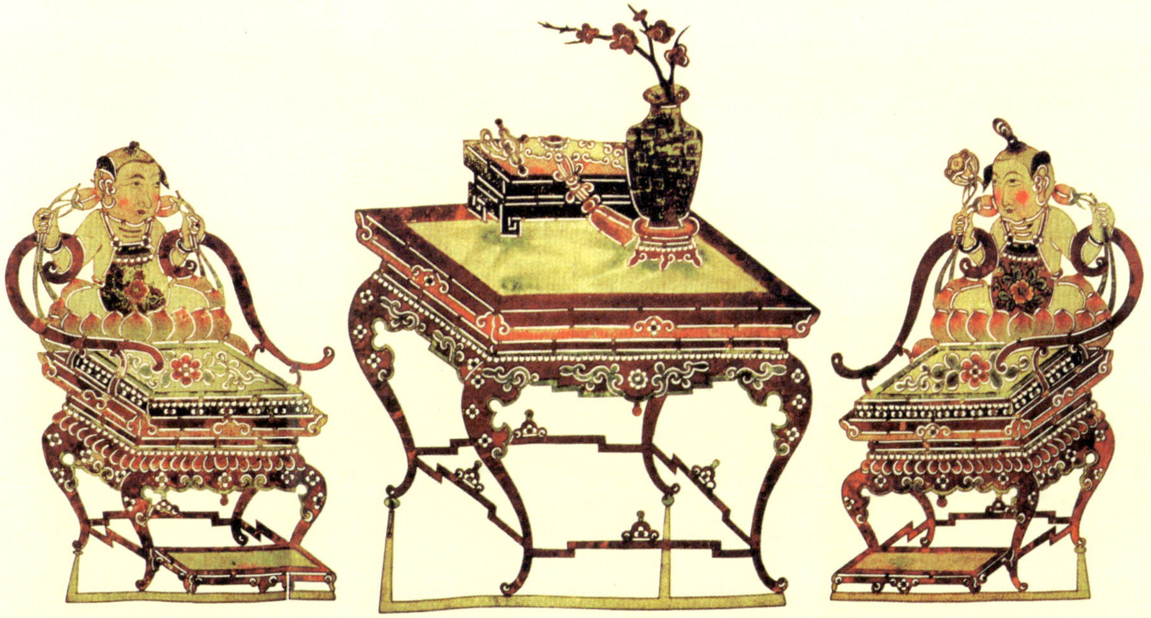

莲生贵子桌椅

牛皮 纵21厘米 横55厘米

陕西省彬县

莲生贵子桌椅四周镶嵌螺钿，桌面铺大理石板，上置梅瓶、如意。椅子背为荷花童子、莲（连）年有余，童子两臂各勾连一个椅子臂，造型奇特，构思巧妙，寓意吉祥。

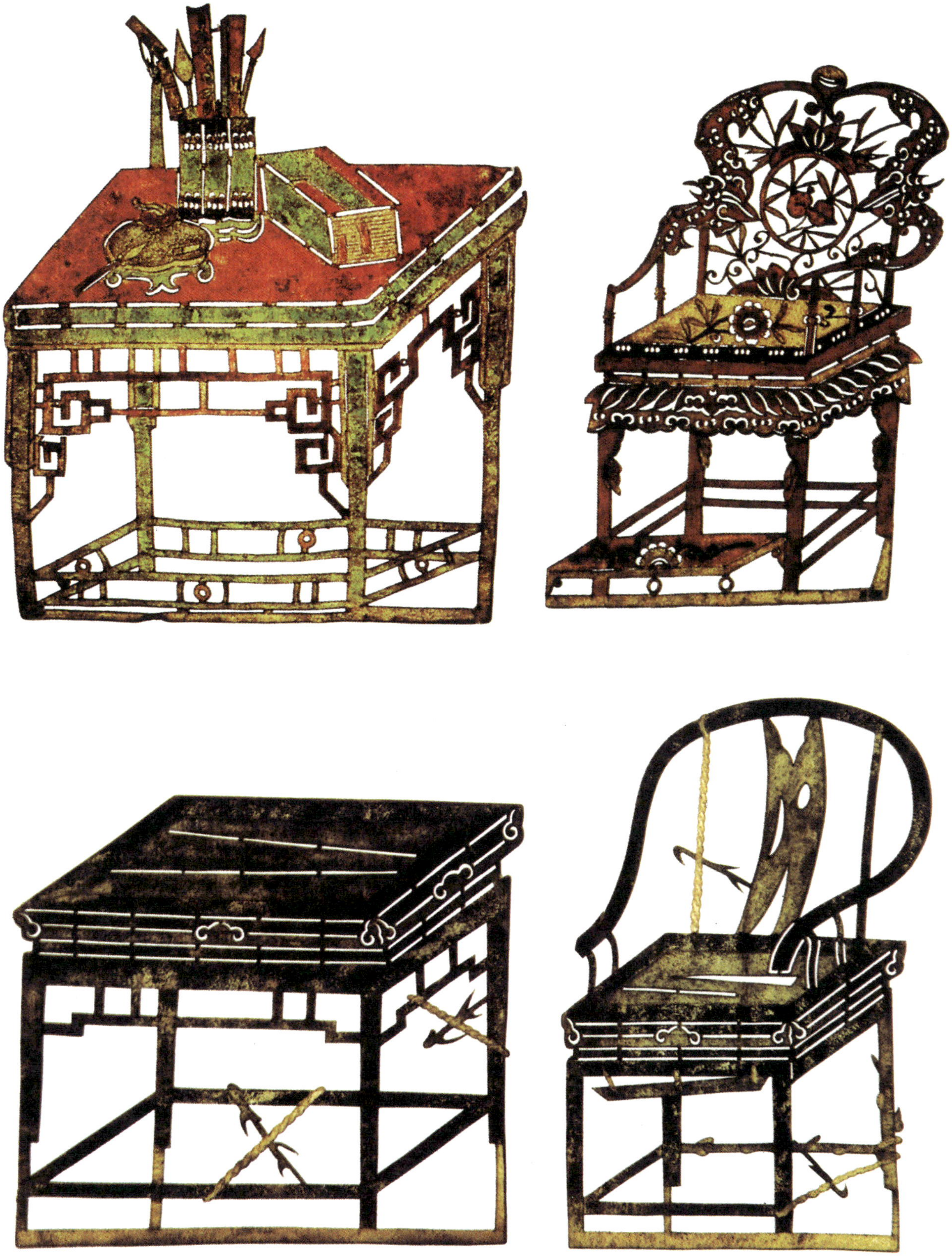

书桌　双蝠椅

牛皮　纵23厘米　横21厘米　纵20厘米　横13厘米

甘肃省泾川县

这些桌椅道具全是采用半侧透视的三维立体结构，使人惊奇的是前辈民间艺人们竟能够这样准确地掌握透视原理。有些桌椅的造型十分奇特，谐音寓意。无论是桌子上的罩帘还是椅子垫、靠背、踏凳等，上面的纹样设计都十分精美。

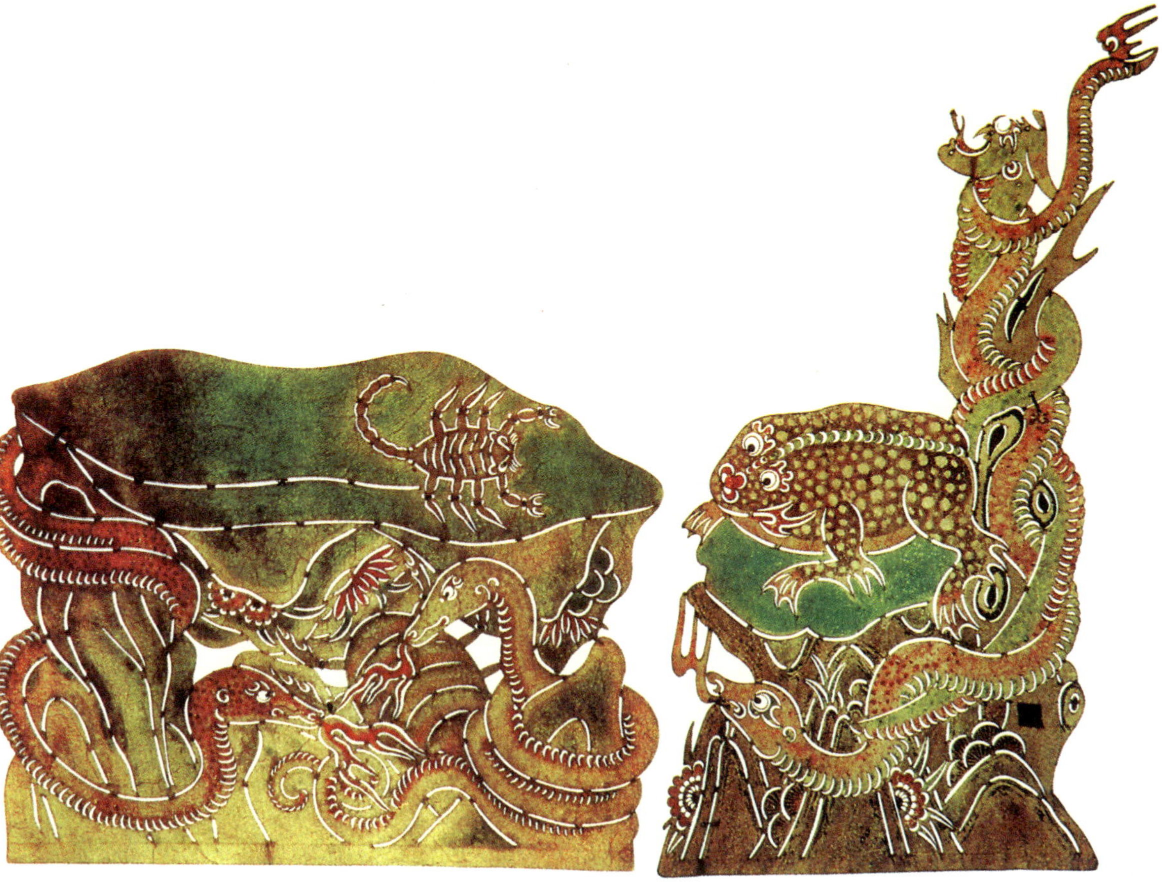

蛇蝎洞石桌椅

牛皮 纵29厘米 横40厘米
甘肃省宁县

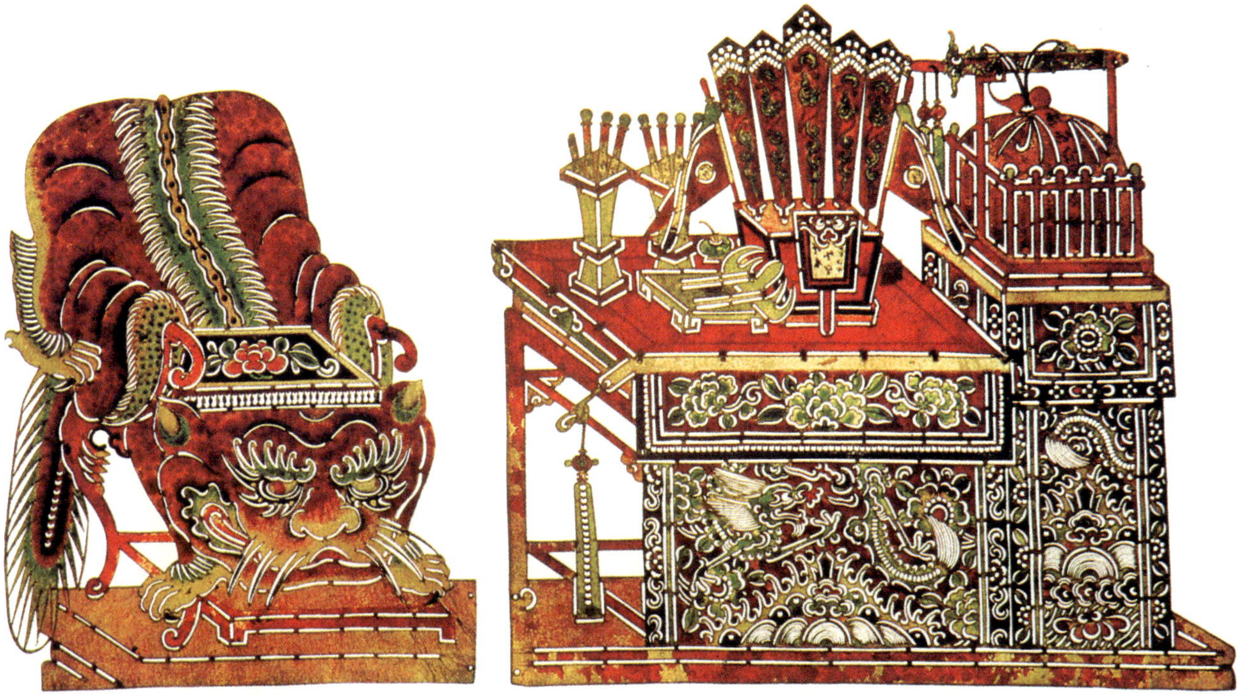

师桌椅

牛皮 纵26厘米 横48厘米
甘肃省平凉地区

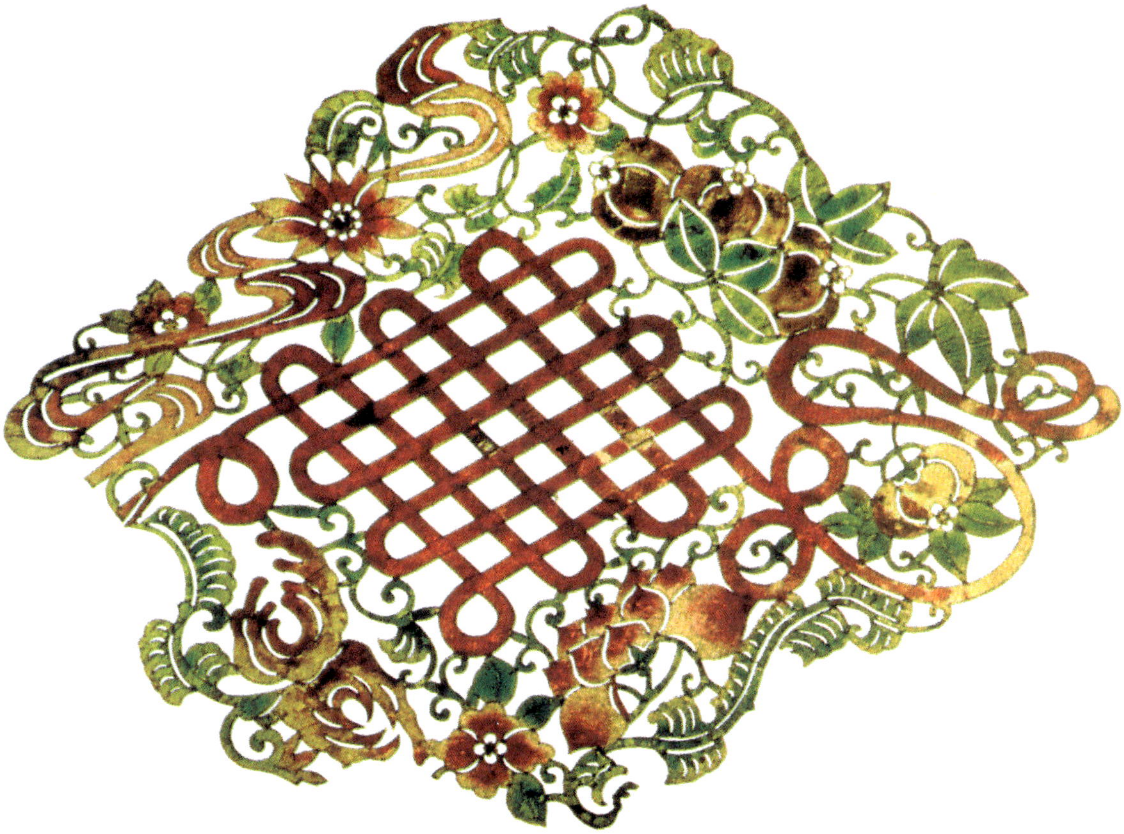

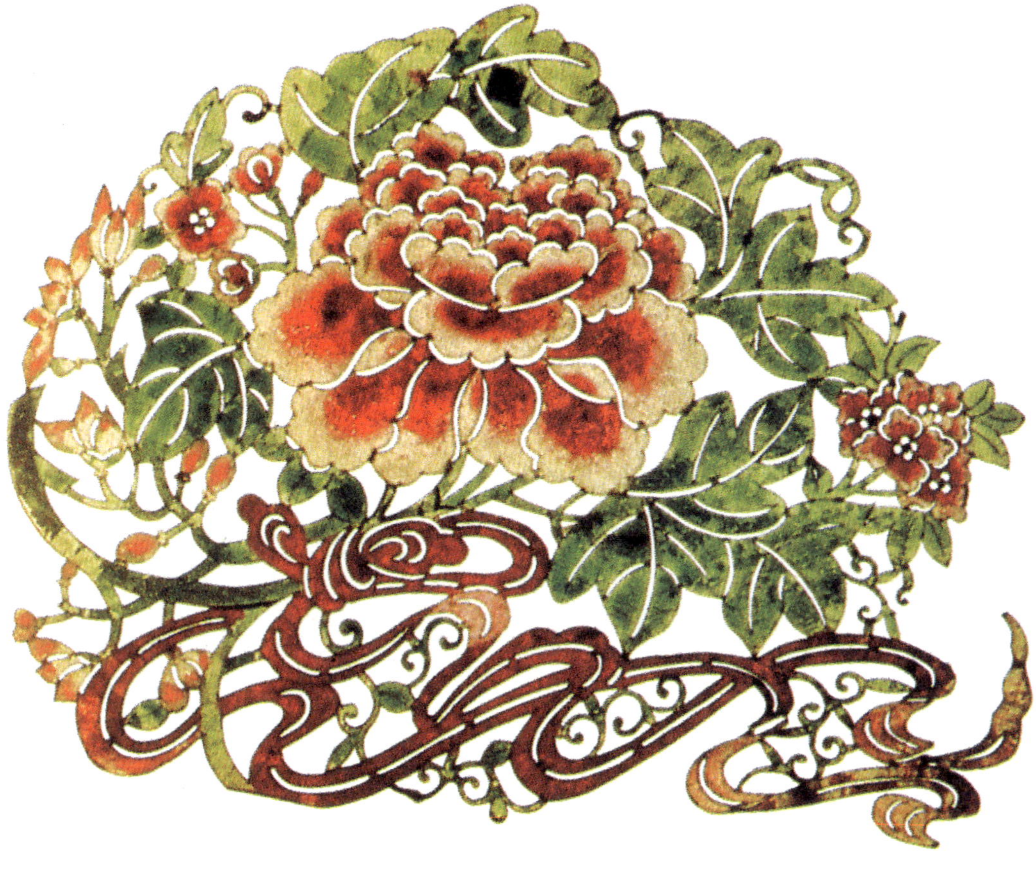

皮影窗花富贵不断头　窗花鲤鱼闹莲　窗花牡丹

窗花福寿平安

甘肃省平凉地区

衬景道具是皮影戏主要的布景，每一出戏、每一个场景都有不同的衬景道具。衬景景片体积较大，大者宽200厘米以上，纵亦有100厘米。衬景道具雕造细密，是皮影艺术造型的重要组成部分。

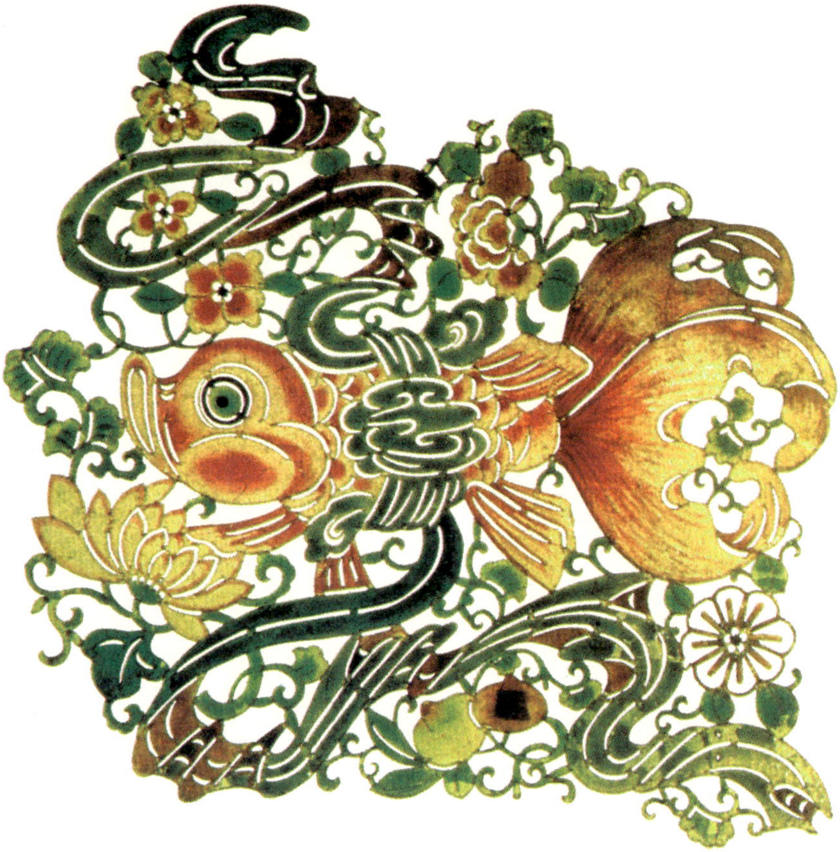

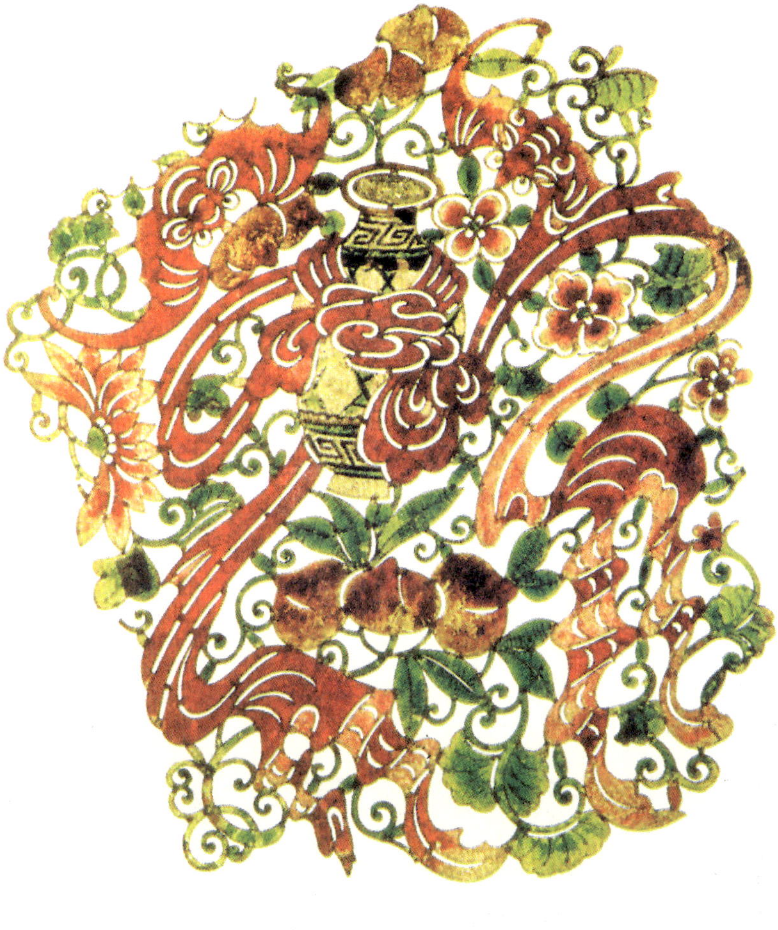

龙王闹海

驴皮 纵50厘米 横108厘米

甘肃省宁县

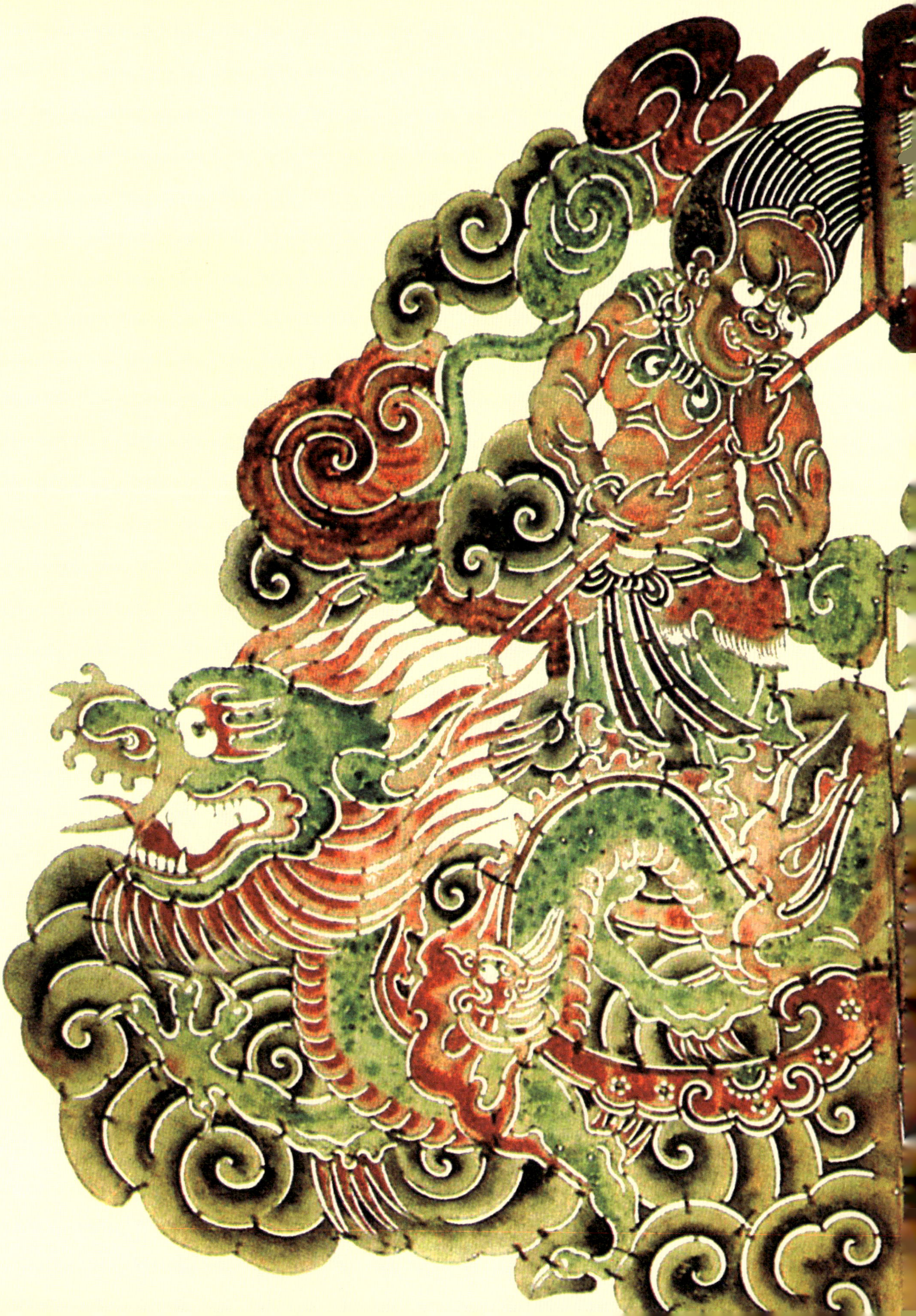

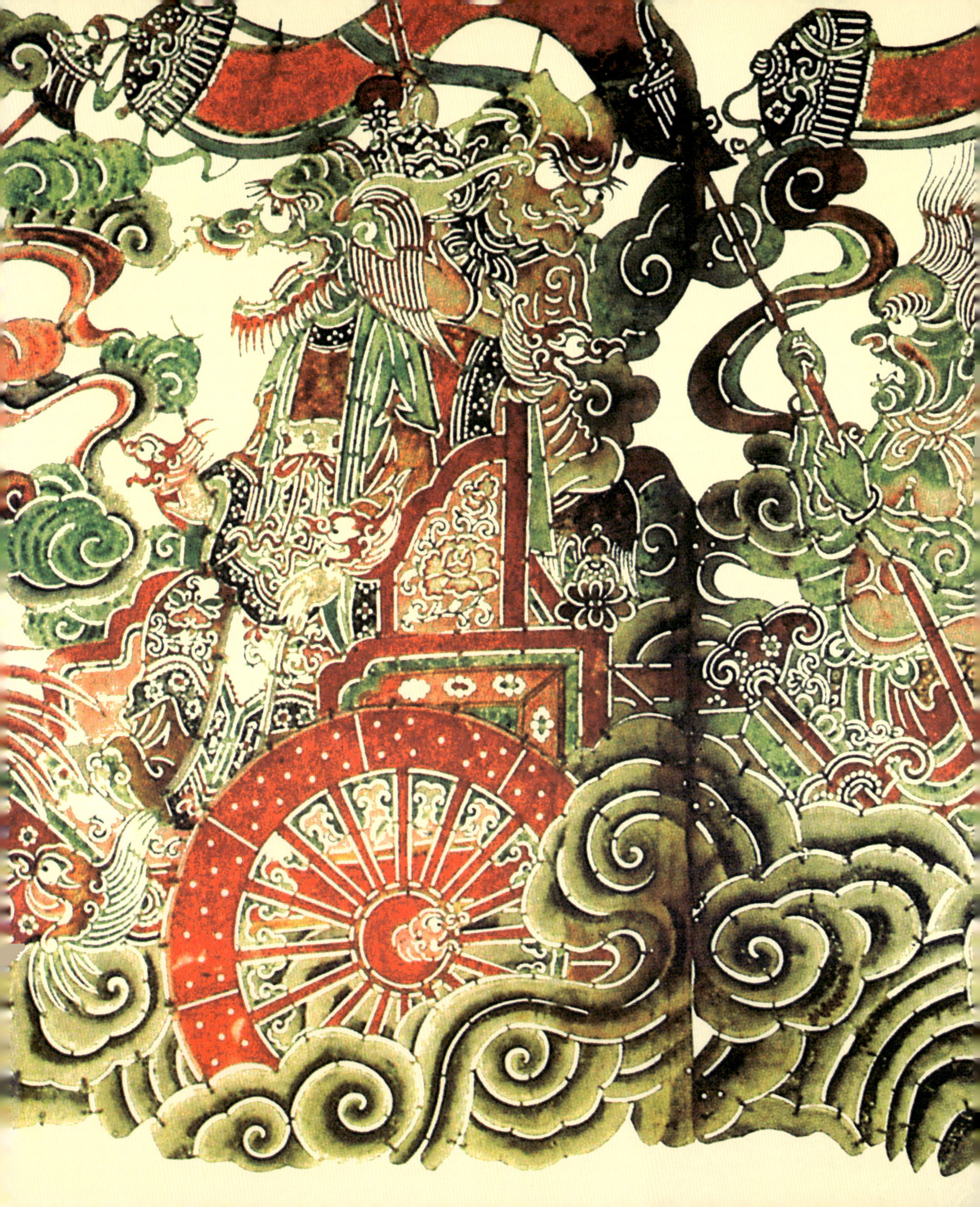

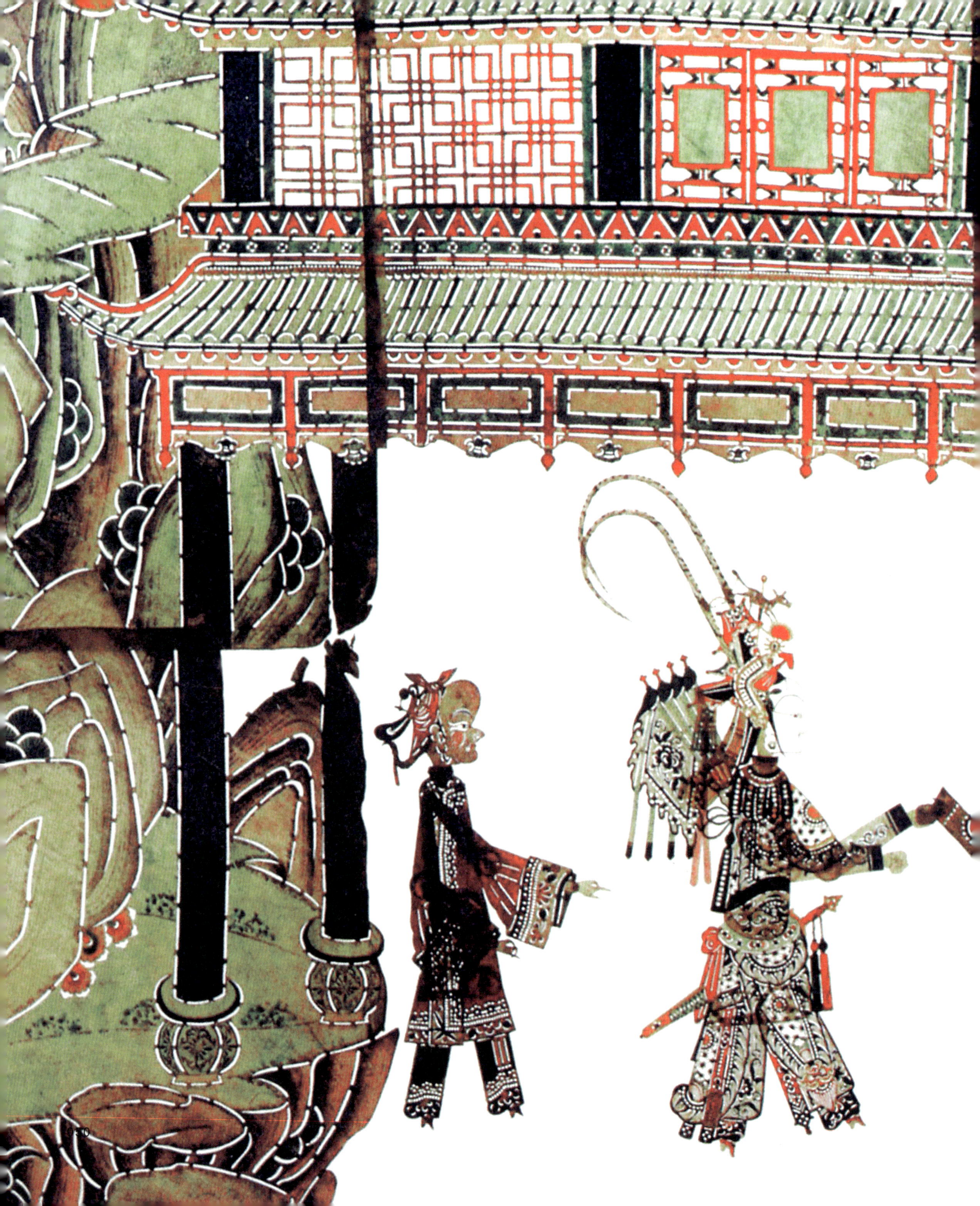

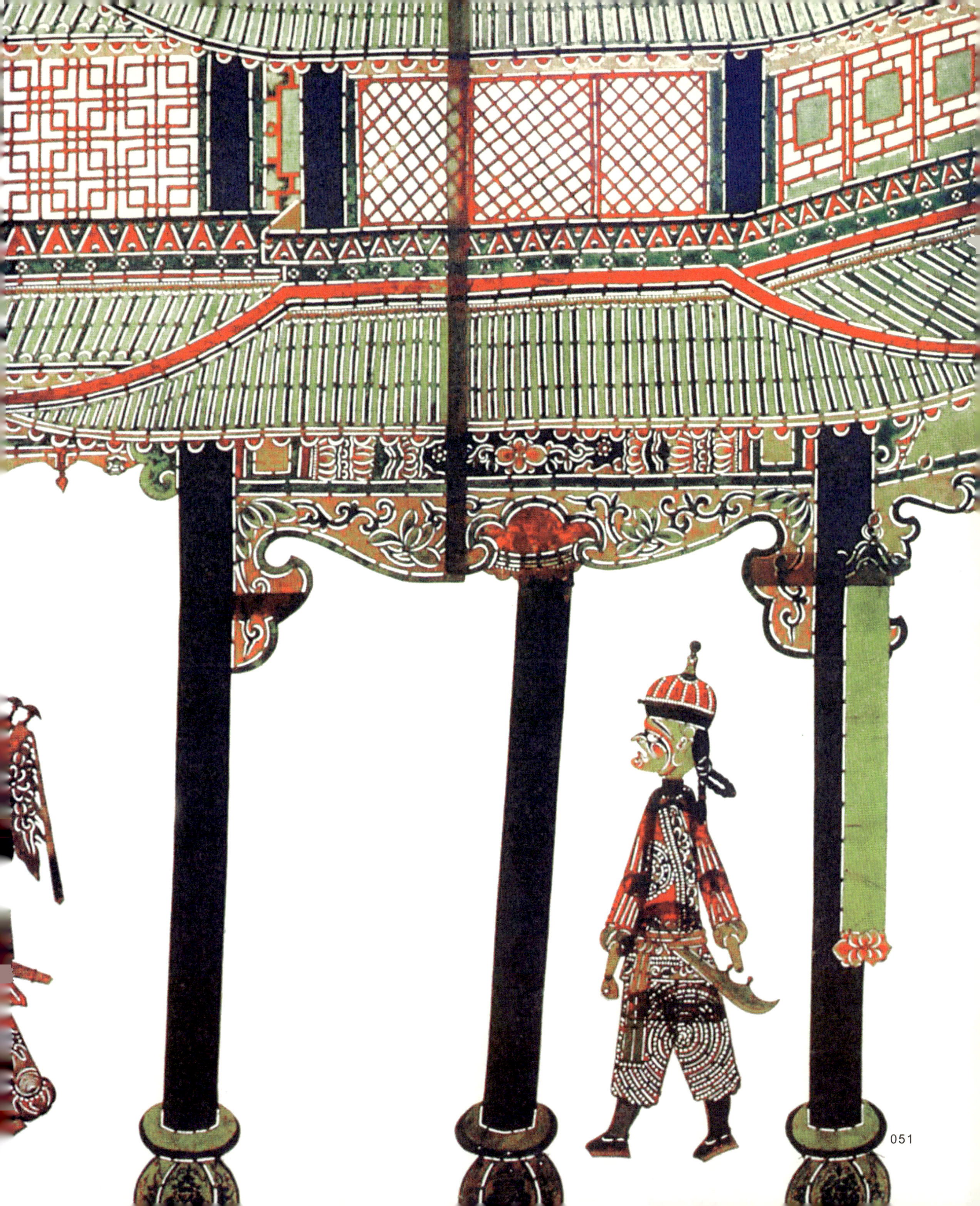

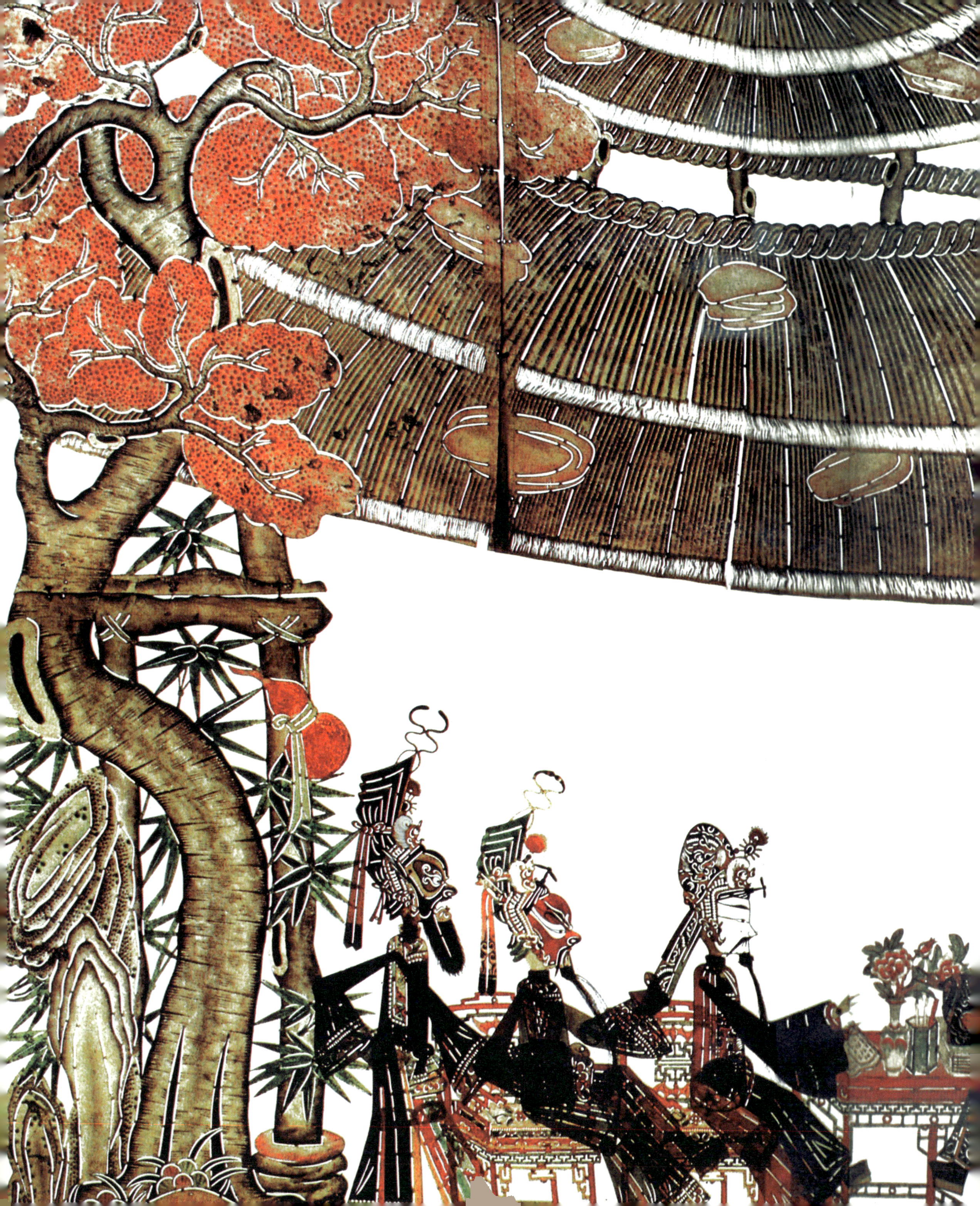

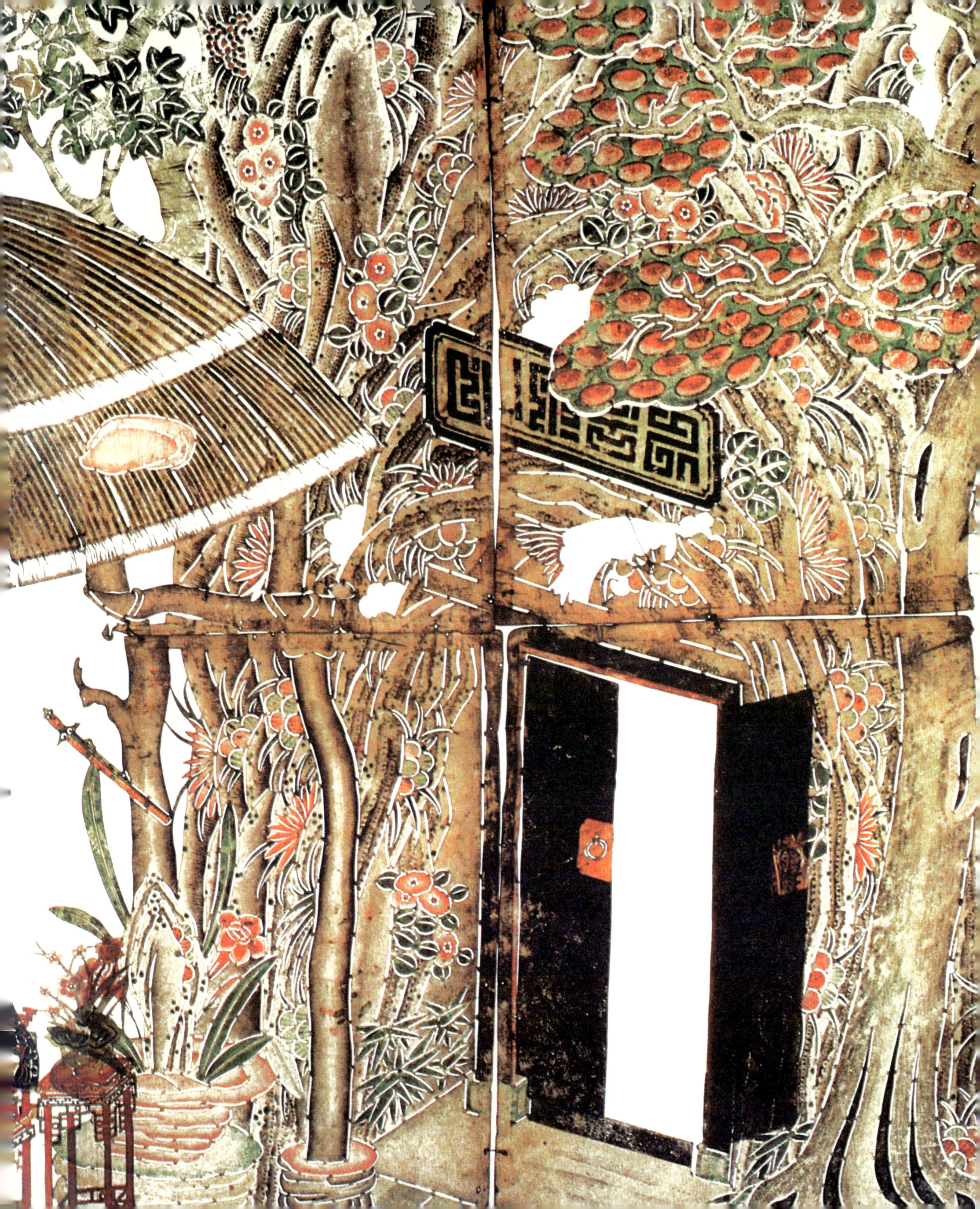

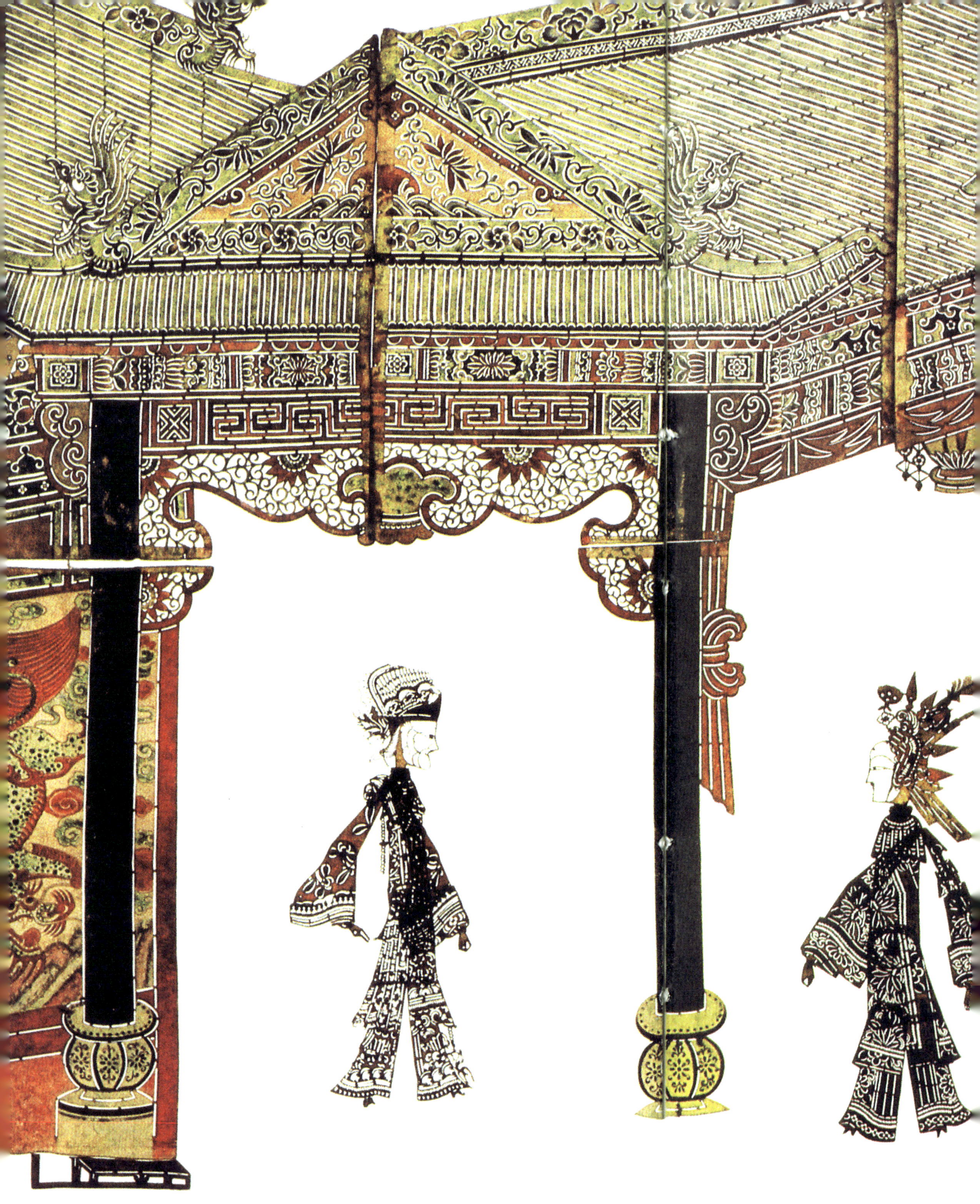

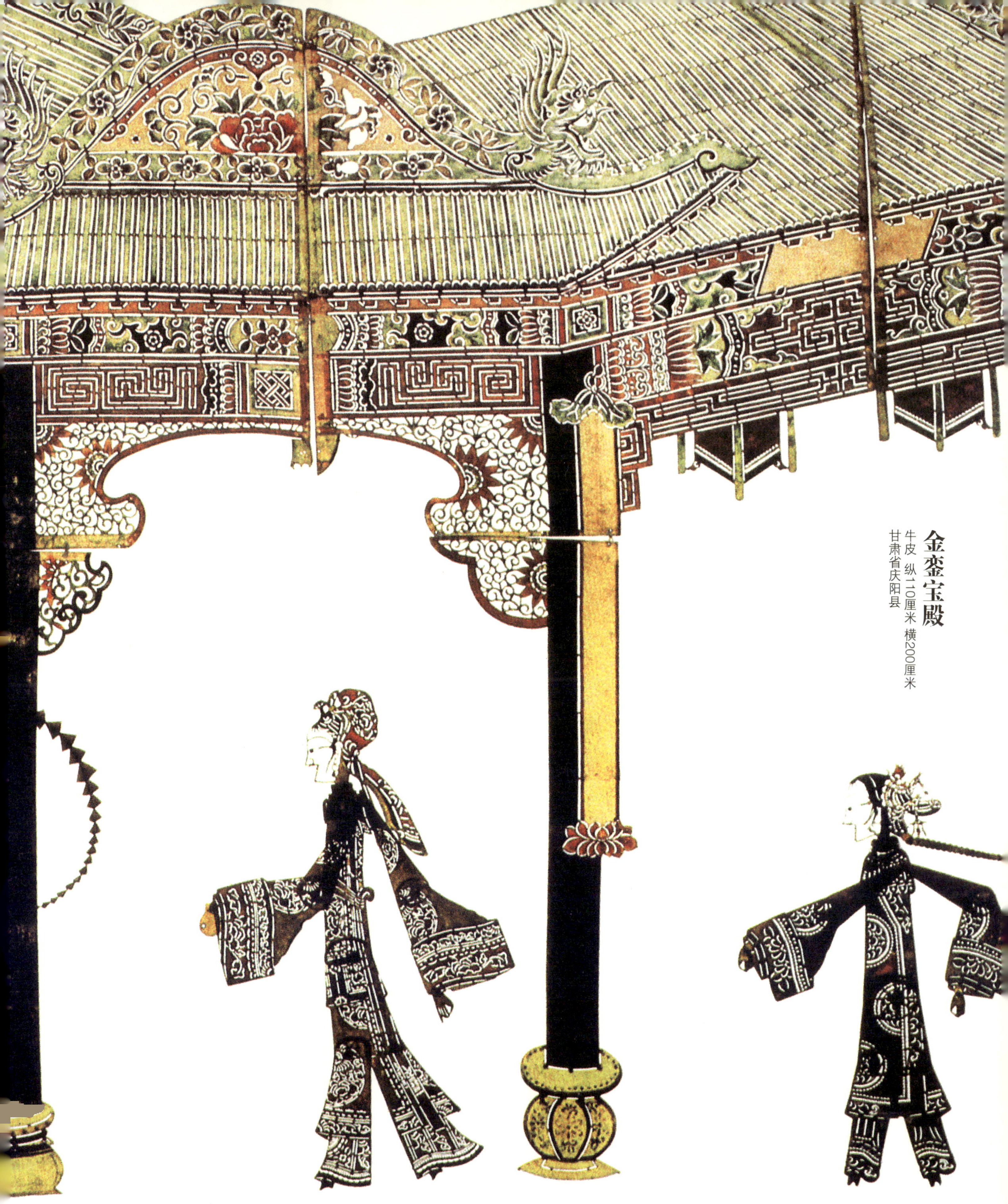

金銮宝殿

牛皮 纵110厘米 横200厘米

甘肃省庆阳县

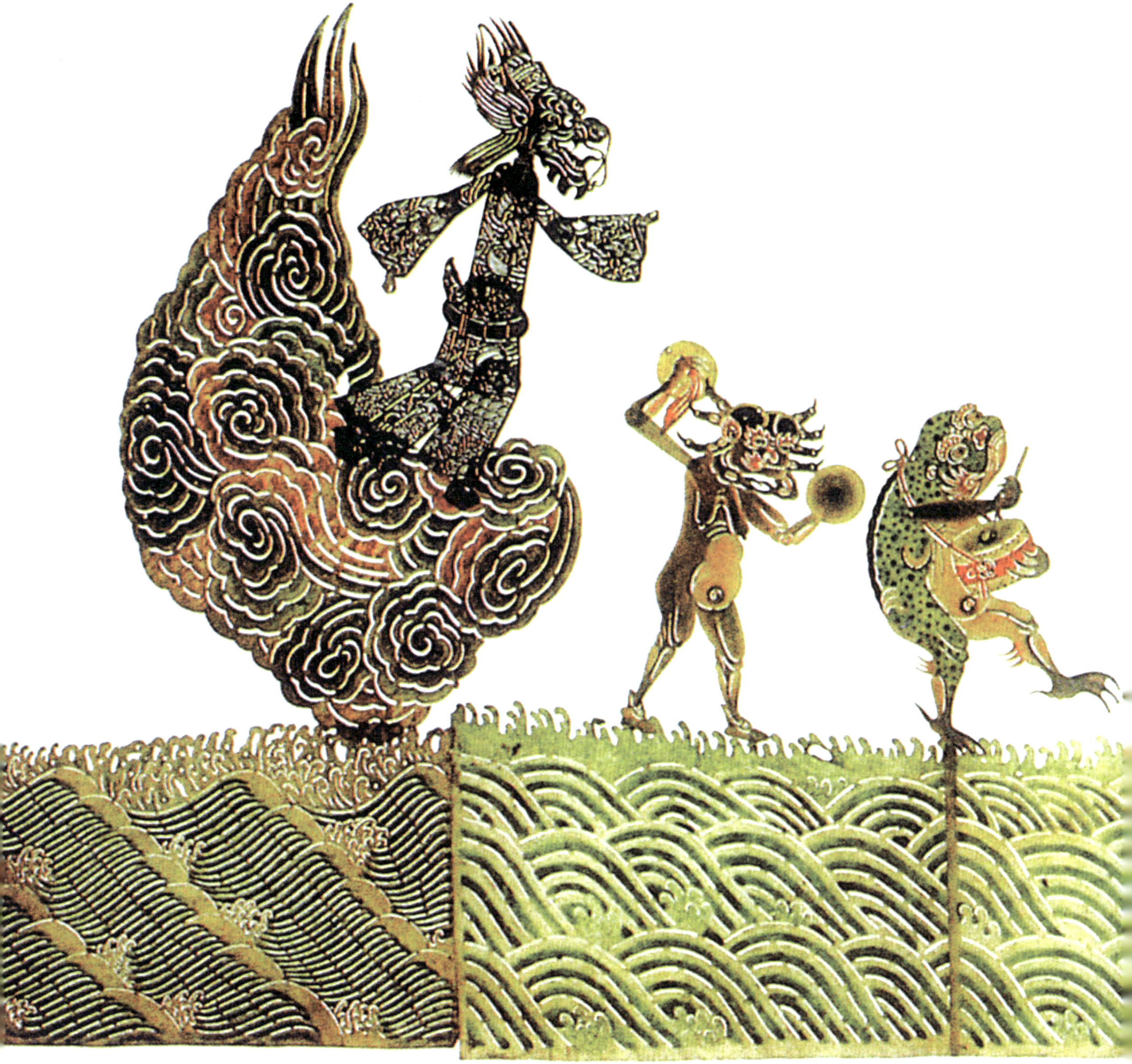

龙王行雨

驴皮 纵60厘米 横160厘米
陕西省华阴县

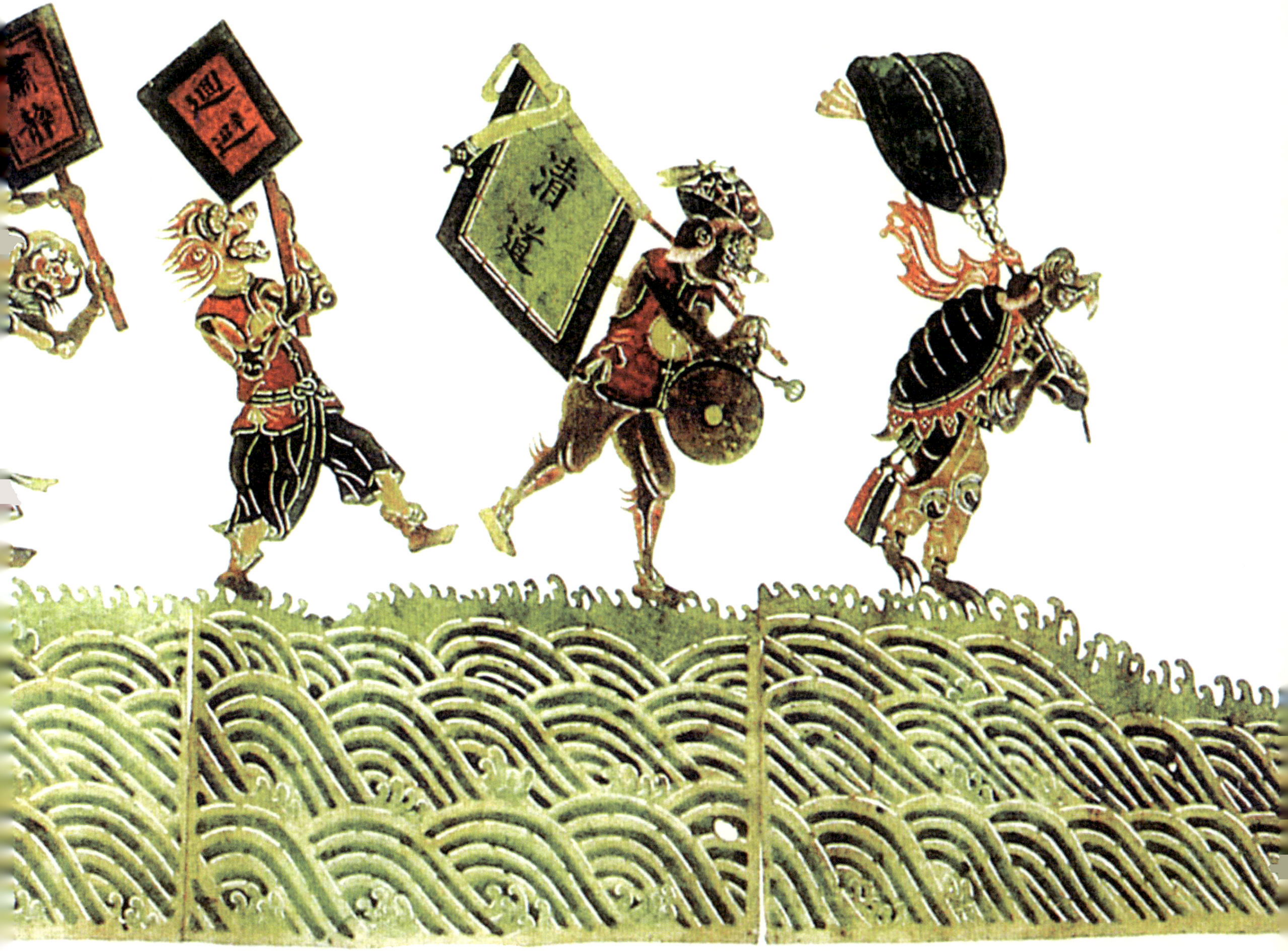

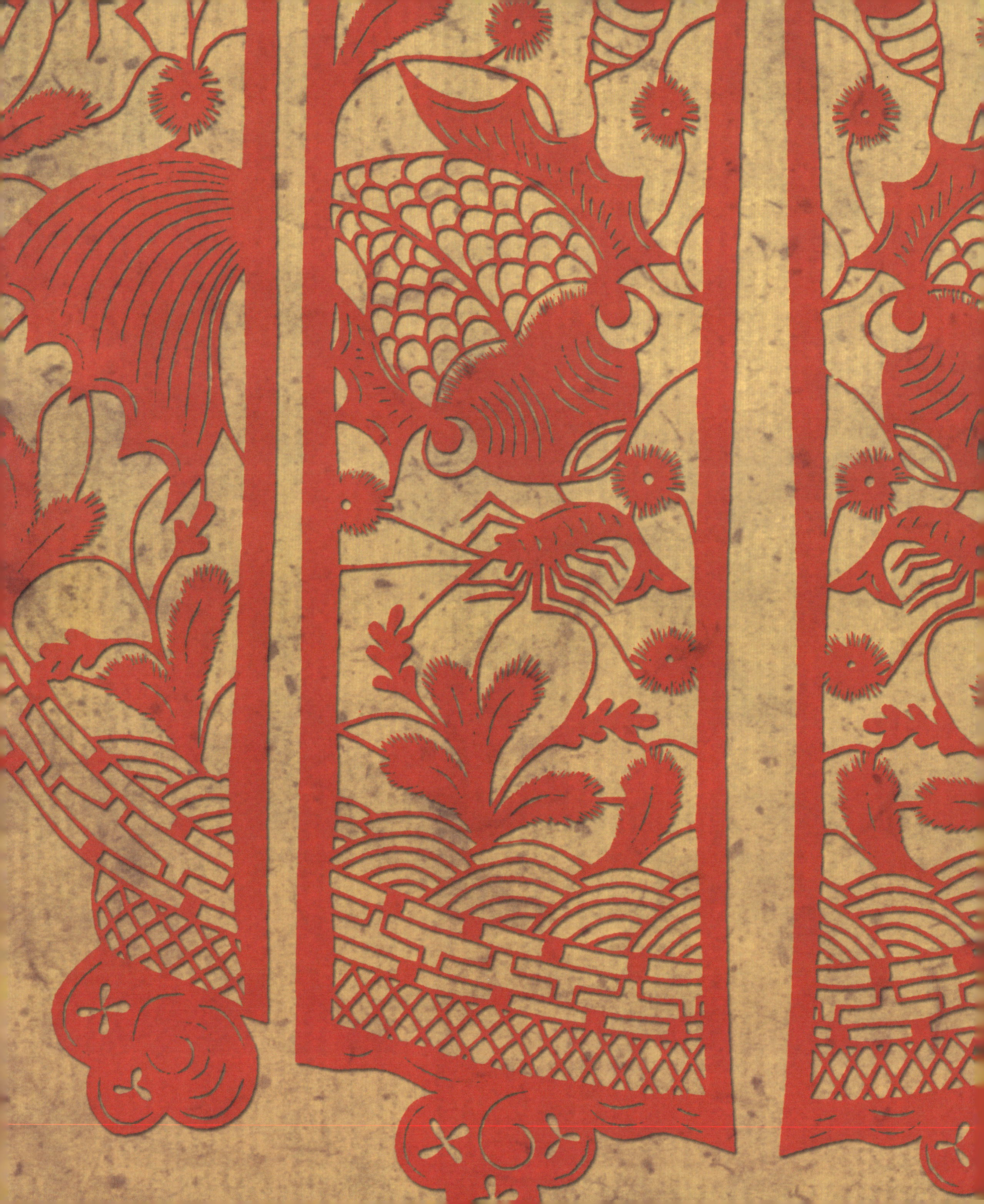

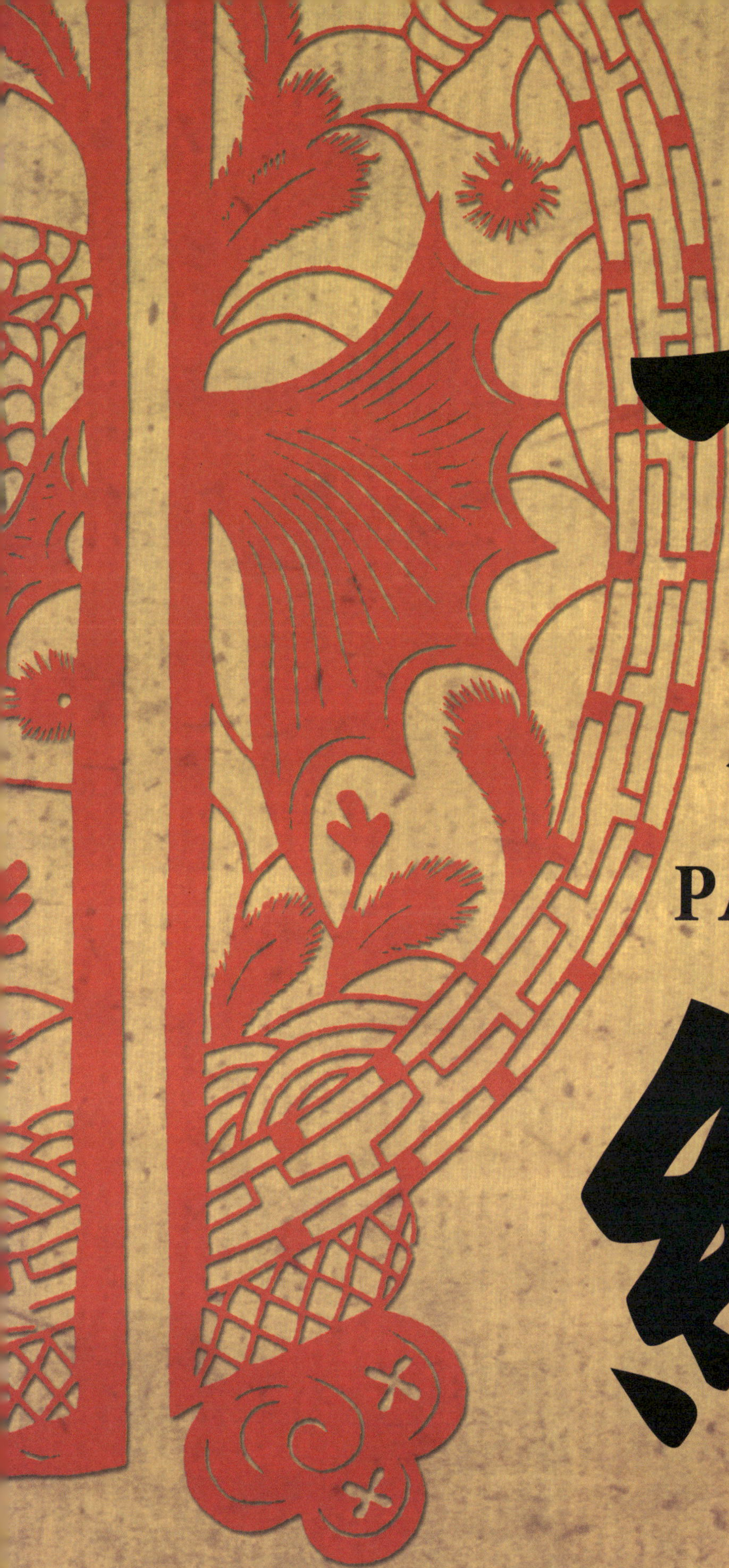

剪

PAPER CUT

紙

剪纸
Paper Cut

剪纸的起源

我国的民间剪纸有它自身的形成和发展过程，我国纸的发明是在公元前的西汉时期，因此，之前是不可能有剪纸艺术出现的，但人们运用薄片材料，通过镂空雕刻的技法制成工艺品，却早在未出现纸时就已流行，即以雕、镂、剔、刻、剪的技法在金箔、皮革、绢帛，甚至在树叶上剪刻纹样。《史记》中的剪桐封弟记述了西周初期成王用梧桐叶剪成“圭”赐其弟，封姬虞到唐为侯。战国时期就有用皮革镂花（湖北江陵望山一号楚墓出土文物之一）、银箔镂空刻花（河南辉县固围村战国遗址出土文物之一），都与剪纸同出一辙，它们的出现都为民间剪纸的形成奠定了一定的基础。我国最早的剪纸作品，是1967年我国考古学家在新疆吐鲁番盆地的高昌遗址附近的阿斯塔那古北朝墓群中发现的，发现的两张团花剪纸采用的是麻料纸，都是折叠形祭祀剪纸，它们的发现为我国的剪纸形成提供了实物佐证。

关于剪纸手工艺术的历史，即真正意义上的剪纸，应该从纸的出现开始。汉代纸的发明促使了剪纸的出现、发展与普及。纸张是一种很容易霉烂的材料，在我国东南部地区气候湿润，再加上当地每年五六月是梅雨天，时间一长纸张制品就霉烂，而民间剪纸又是一种大众化的东西，可以失而再剪，因此少为人们收藏。而在我国西北地区天旱少雨，气候干燥，纸张也不易霉烂，这也可能是新疆吐鲁番地区发现北朝剪纸的一个重要原因。

唐代剪纸已处于大发展时期，杜甫诗中有“暖水濯我足，剪纸招我魂”的句子，以剪纸招魂的风俗当时就已流传民间。从现藏于大英博物馆的唐代剪纸可看出当时剪纸手工艺术水平已极高，画面构图完整，表达一种天上人间的理想境界。唐代流行颉，其镂花木版纹样具有剪纸特色，如现藏日本正仓院的“对羊”，其羊的纹样就是典型的剪纸手工艺术表现手法。唐代民间还出现了利用剪纸形式制作的漏版印花板，人们用厚纸雕刻成花版，将染料漏印到布匹上，形成美丽的图案。

宋代造纸业成熟，纸品名目繁多，为剪纸的普及提供了条件。如成为民间礼品的“礼花”，贴于窗上的“窗花”，或用于灯彩、茶盏的装饰。宋代民间剪纸的运用范围逐渐扩大，江西吉州窑将剪纸作为陶瓷的花样，通过上釉、烧制使陶瓷更加精美；民间还采用剪纸的形式，用驴、牛、马、羊等动物的皮，雕刻成皮影戏的人物造型；蓝印花布工艺制作的镂花制版是用油纸板雕镂成纹，刮浆印花的花版纹样就是采用剪纸的技法，有阴、阳刻之分，长线要割断，以点分虚实。

明、清时期剪纸手工艺术走向成熟，并达到鼎盛时期。民间剪纸手工艺术的运用范围更为广泛，举凡民间灯彩上的花饰，扇面上的纹饰，以及刺绣的花样等，无一不是利用剪纸作为装饰再加工而成的。而更多的是我国民间常常将剪纸作为装饰家居的饰物，美化居家环境，如门笺、窗花、柜花、喜花、棚顶花等都是用来装饰门窗、房间的剪纸。

除南宋以后出现的纸扎花样工匠外，中国民间剪纸手工艺术的最基本队伍，还是那些农村妇女。她们从前辈或姐妹那里要来学习剪纸的花样，通过临剪、重剪、画剪，描绘自己熟悉而热爱的自然景物——鱼虫鸟兽、花草树木、亭桥风景，以至最后达到随心所欲的境界，信手剪出新的花样来。在我国的民间手工艺术中，这样的剪纸能手为数不少，她们是美的创造者，也是民间手工艺术的传承者。

剪纸的表现方法

剪纸的表现方法很多，这里重点归纳为单色和彩色两种，单色剪纸又分：

阳刻剪纸

通常是采用红纸黑纸或其他颜色的材料剪刻出来的单色剪纸作品。阳刻剪纸的特征是保留原稿的轮廓线，剪去轮廓线以外的空白部分。它的每一条线都是互相连接的，牵一发将动全身。

阴刻剪纸

阴刻剪纸的特点与阳刻剪纸恰恰相反，就是刻去原稿的轮廓线，保留轮廓线以外的部分。所以阴刻剪纸的特征是它的线条不一定是互连的，而作品的整体是块状的。

剪纸种类及内容

剪纸种类繁多，用途不一，有春节时为了增强节日气氛的门笺、窗花、墙花，有正月十五的灯笼花，新屋里的顶棚花，胶东的纸斗、笸箩花，还有送礼用的礼花、喜花，用于刺绣底样的鞋花和兜兜花、枕头花、衣花等。

剪纸的题材是很广泛的，它不仅表现了群众喜闻乐见的事物，也反映了人们对美好生活的向往，有文字图案、鸟兽鱼虫、花卉蔬果、山水风景、民间传说、戏曲人物、历史典故、宗教民情等。

剪纸的内容很多，寓意很广。祥和的图案企望吉祥避邪；娃娃、葫芦、莲花等图案象征多子，中国农民认为多子便会多福；家禽家畜和瓜果鱼虫等因与农民生活息息相关，也是剪纸表现

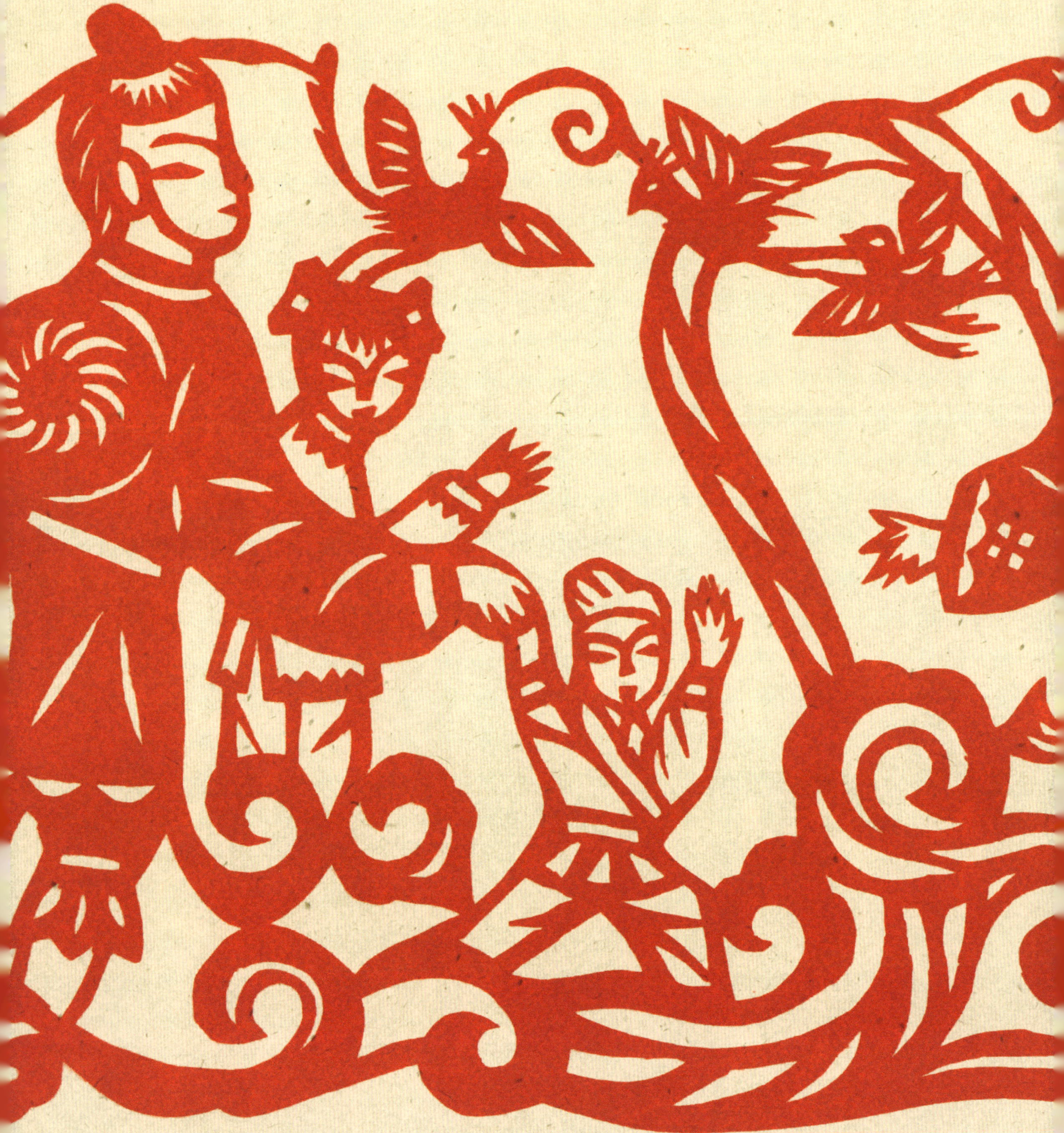

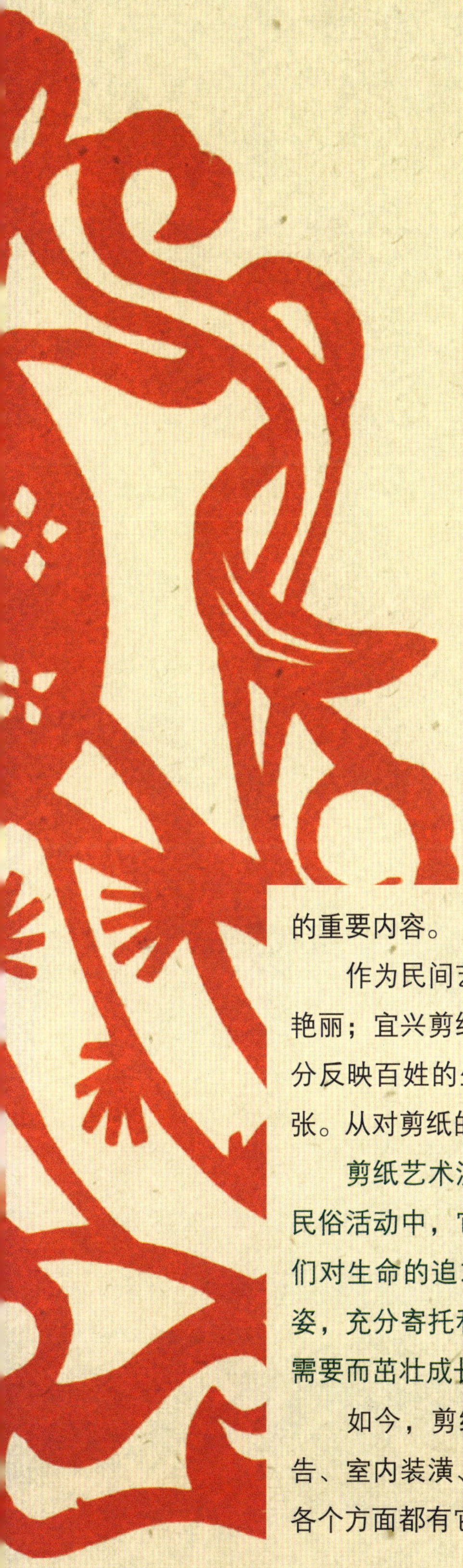

的重要内容。

作为民间艺术的剪纸，具有很强的地域特点：陕西窗花风格粗朴豪放；河北和山西剪纸秀美艳丽；宜兴剪纸华丽工整；南通剪纸秀丽玲珑……剪纸虽然制作简便，造型单纯，由于其能够充分反映百姓的生活内涵，具有浓郁的民俗特色，因而是中国农村众多民间美术形式的浓缩与夸张。从对剪纸的了解中，可以便捷地了解中国民间美术的其他方面。

剪纸艺术流传面之广、数量之大、样式之多、基础之深比任何一种艺术都更加突出。在各种民俗活动中，它无时不在、无处不有，附丽于生活，充实了生活，以它特有的方式默默地唤起人们对生命的追求、对生活的信念、对国富民康的企盼；它将人们平凡的生活点缀得如此瑰丽多姿，充分寄托和体现了我们中华民族对真善美的追求和向往；它为满足人们更高的社会性的精神需要而茁壮成长。

如今，剪纸已走出了庄户人的小院，走入现代设计的广阔天地，在产品包装设计、商标广告、室内装潢、服装设计、书籍装帧、邮票设计、报刊题花、连环画、舞台美术、动画、影视等各个方面都有它的倩影；它也走向世界，名扬四海，成为全人类的文化财富与艺术瑰宝。

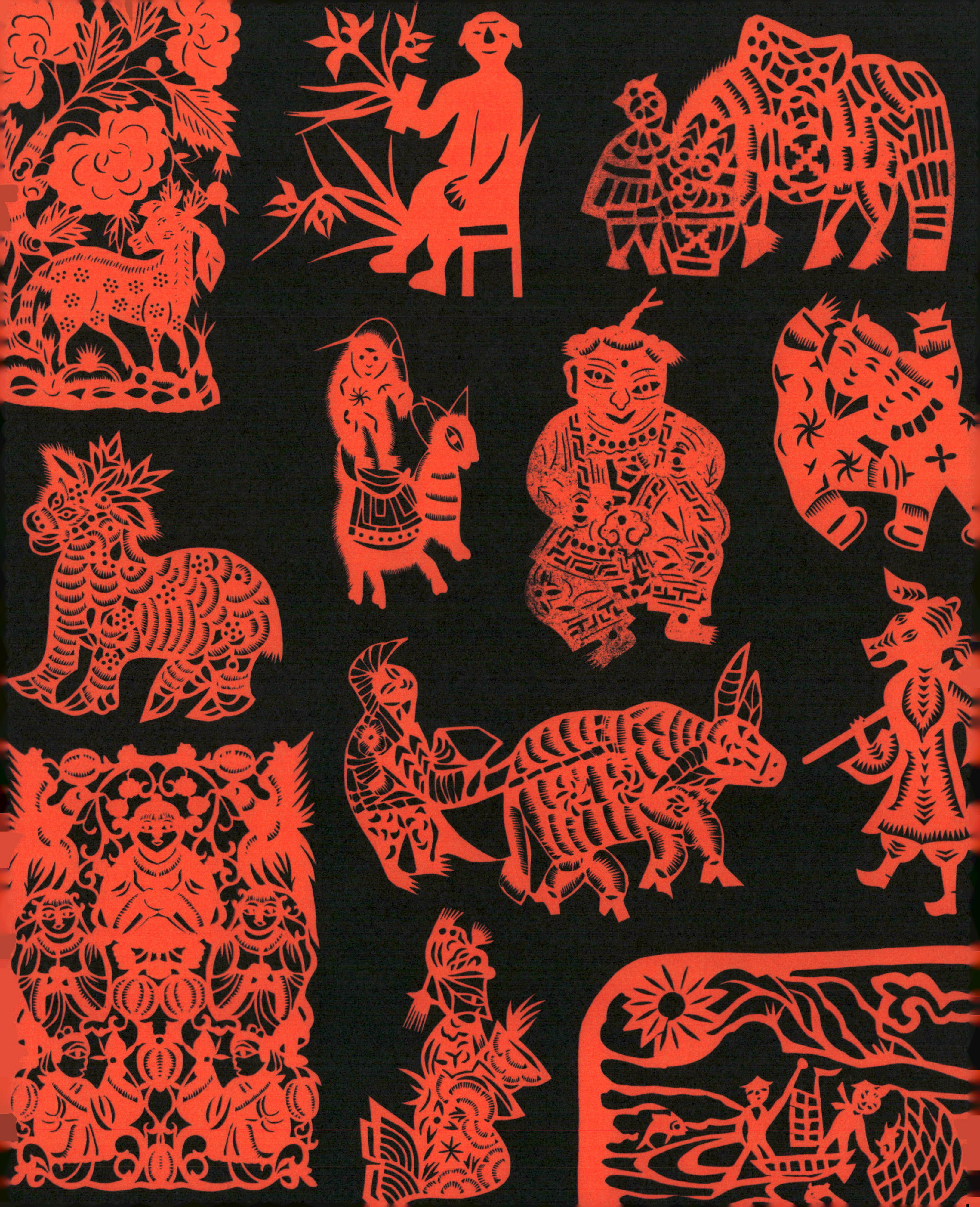

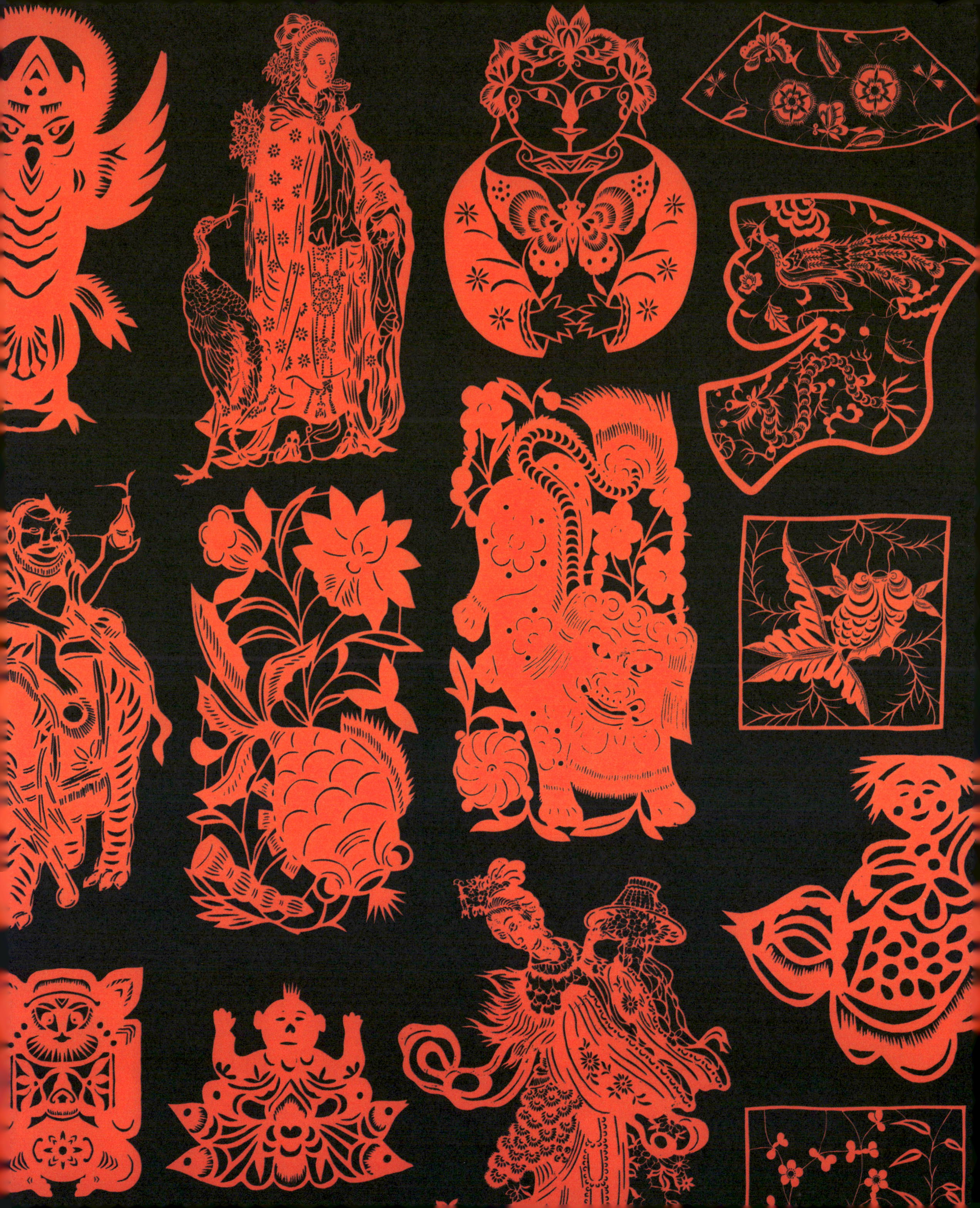

纸菩萨

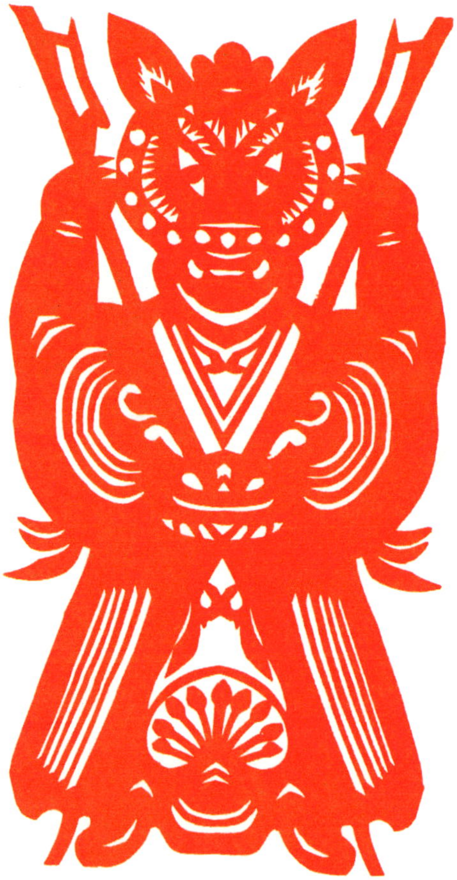

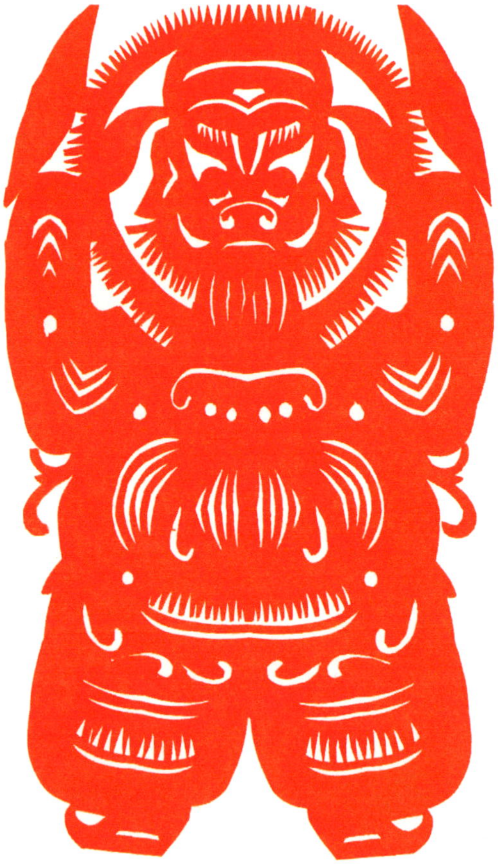

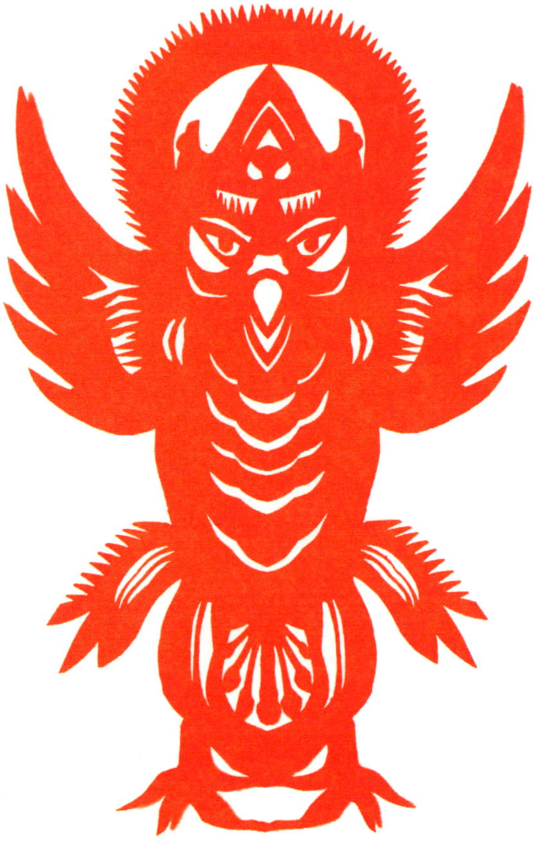

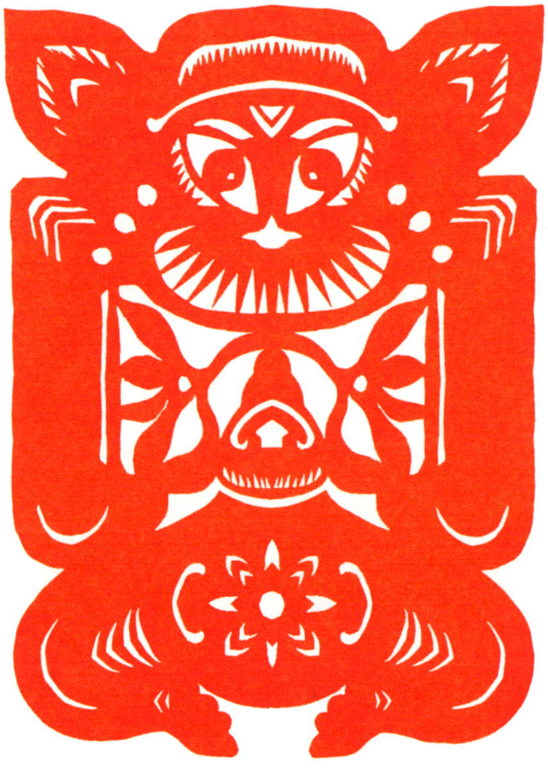

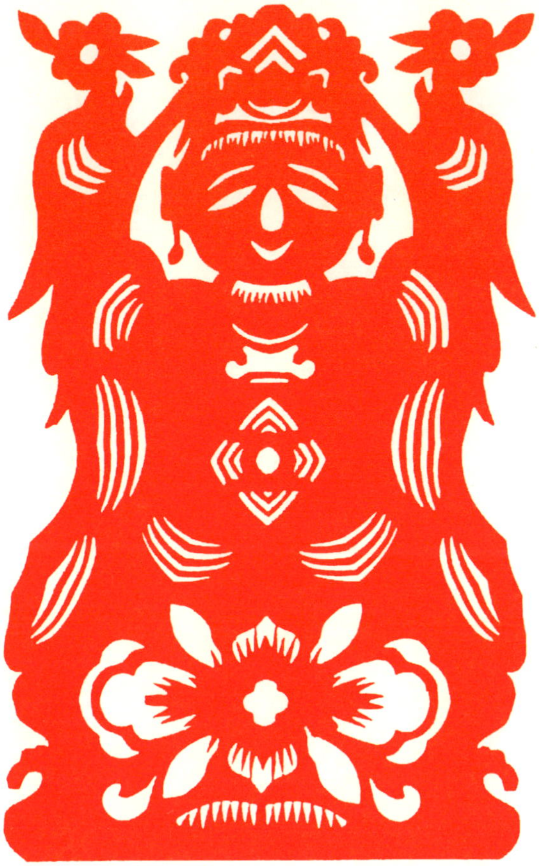

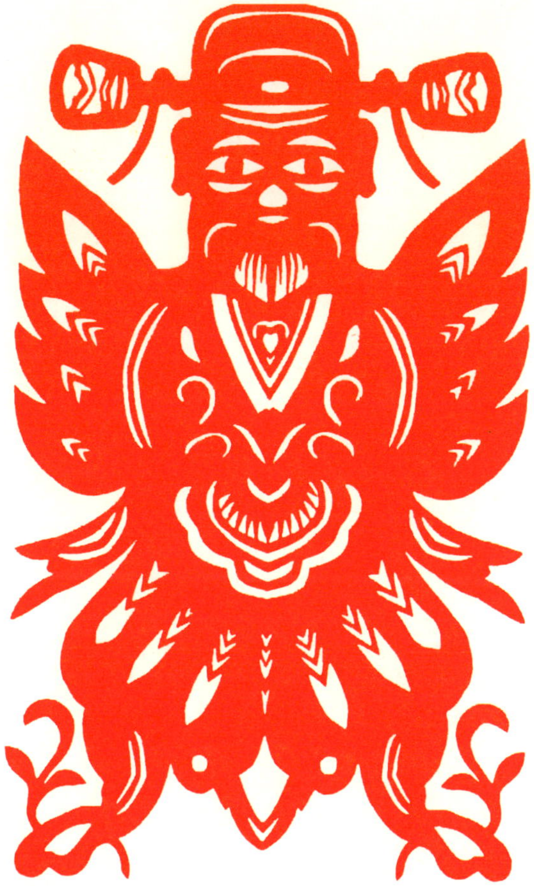

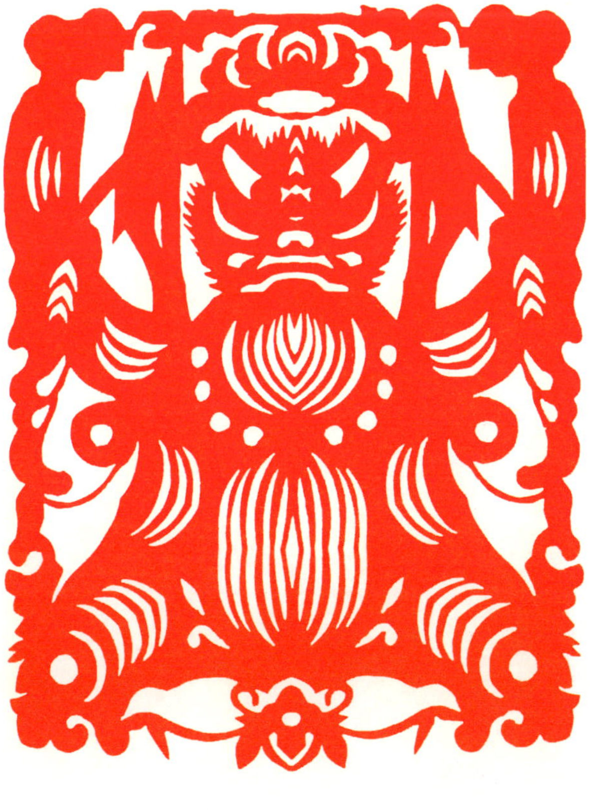

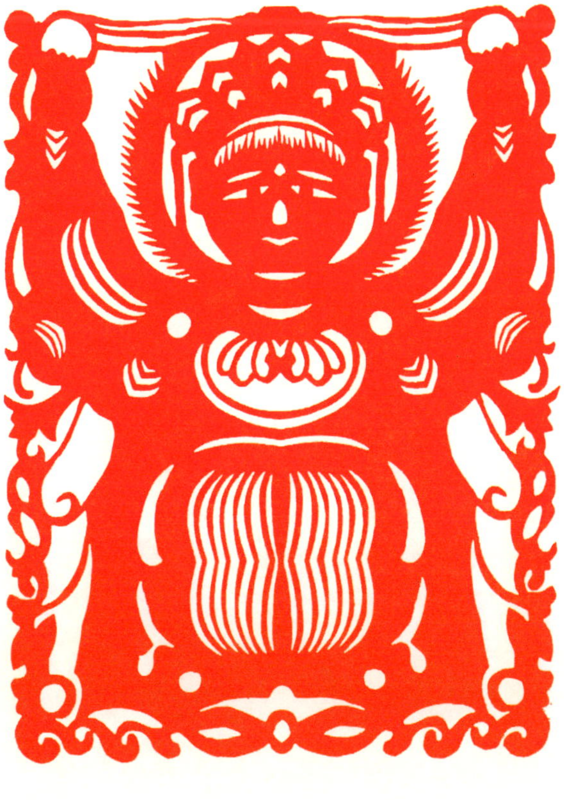

《穆柯寨》杨宗保 穆桂英

窗花

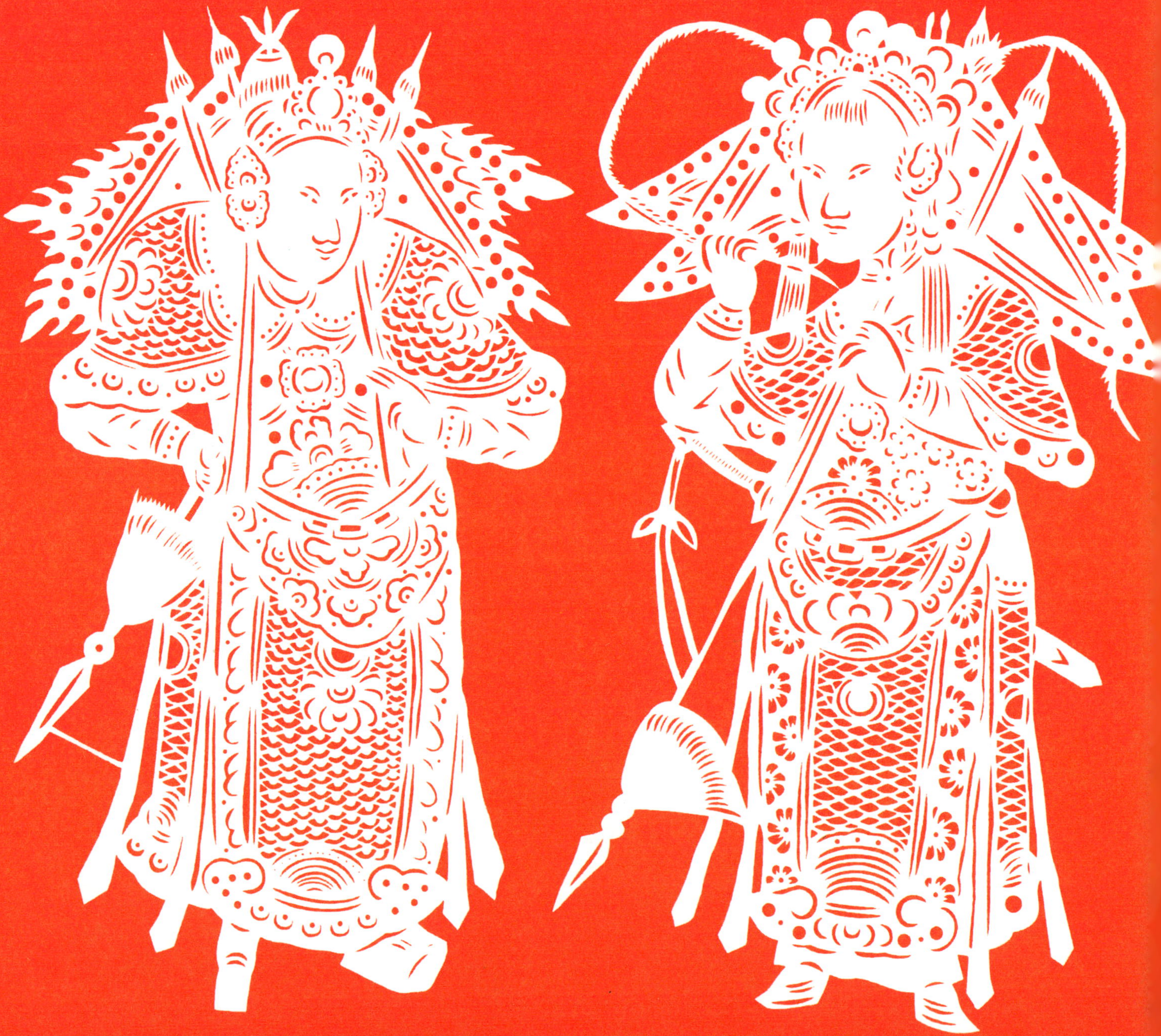

盆花

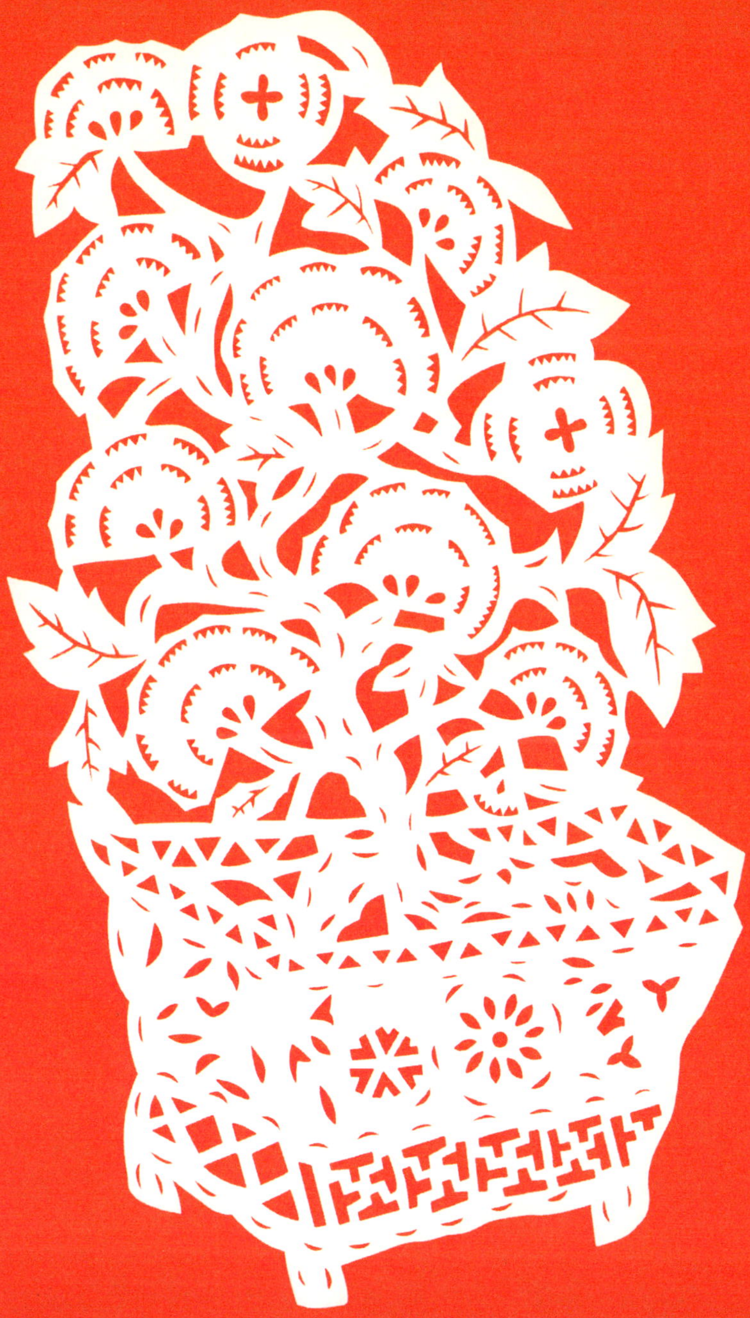

童子献寿

窗花

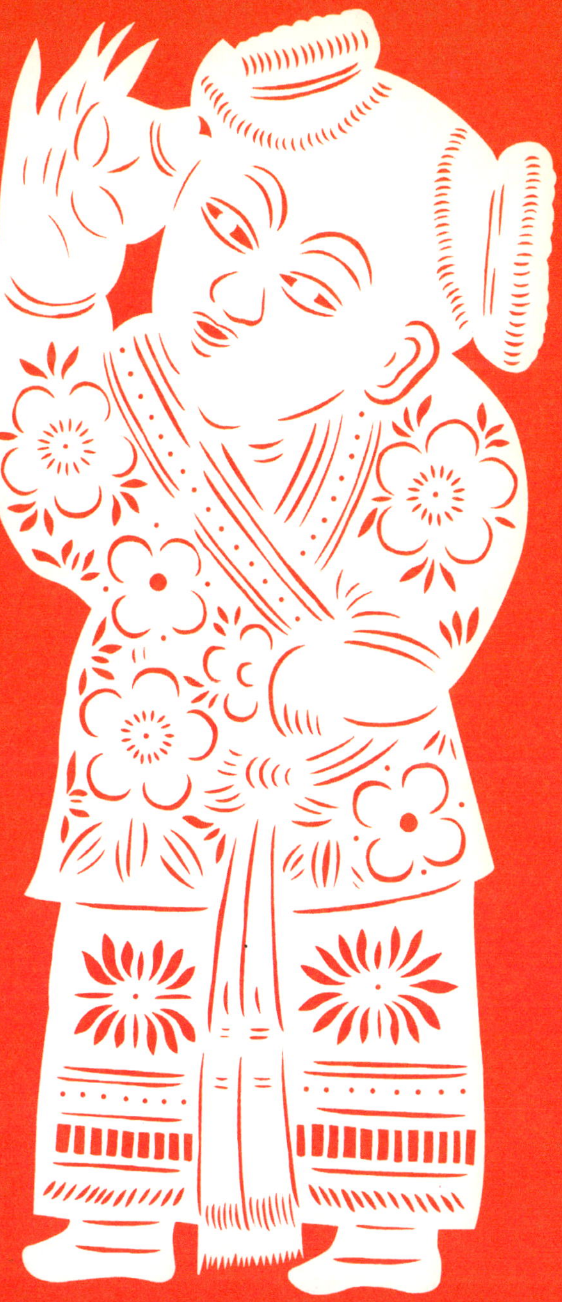

赵云 员外 李白 青花

人物

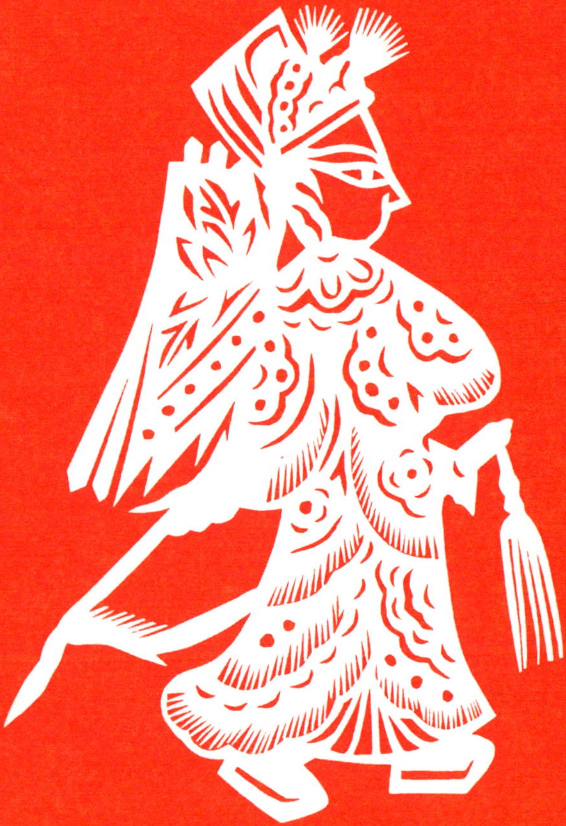

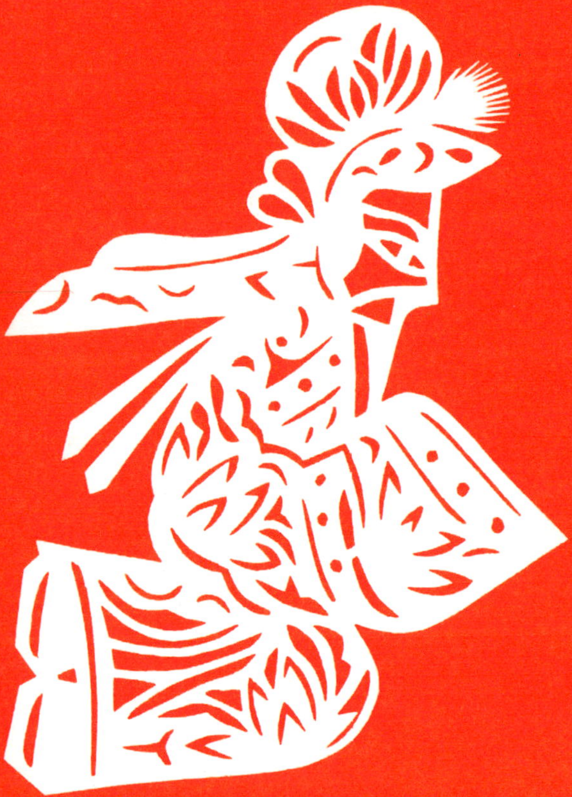

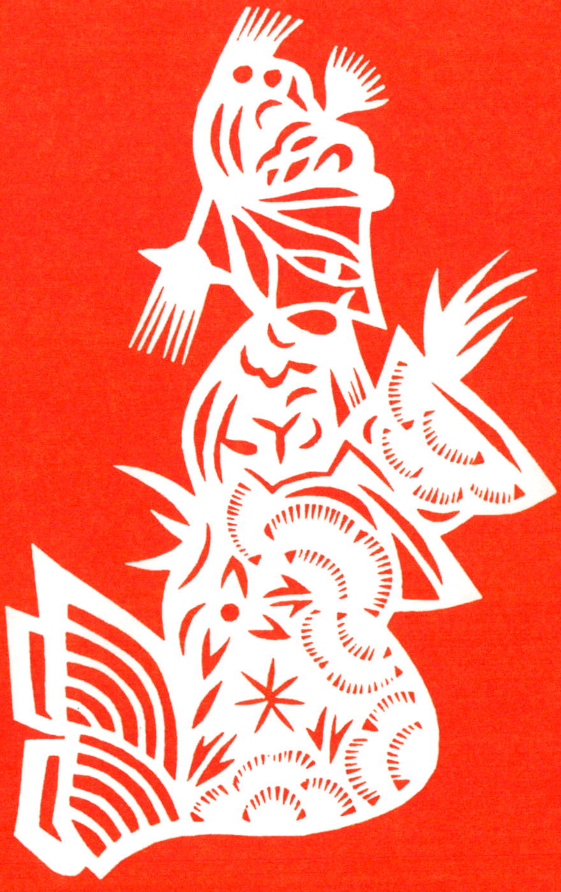

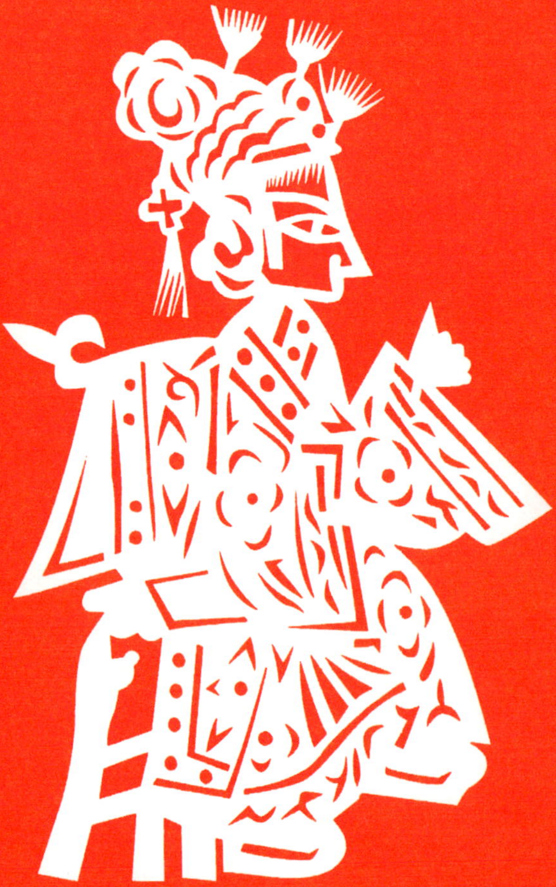

西游记人物

纸菩萨

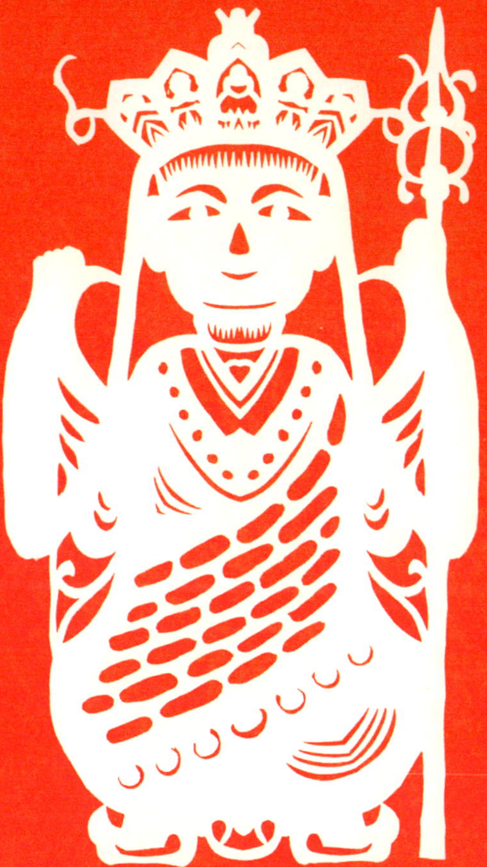

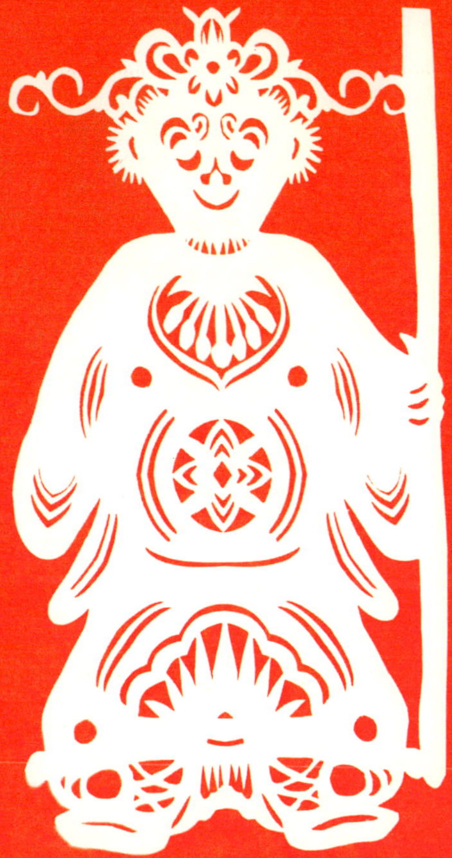

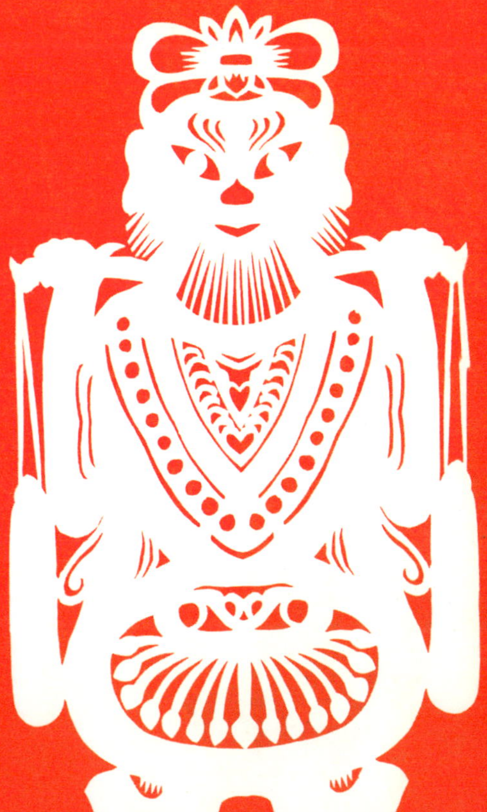

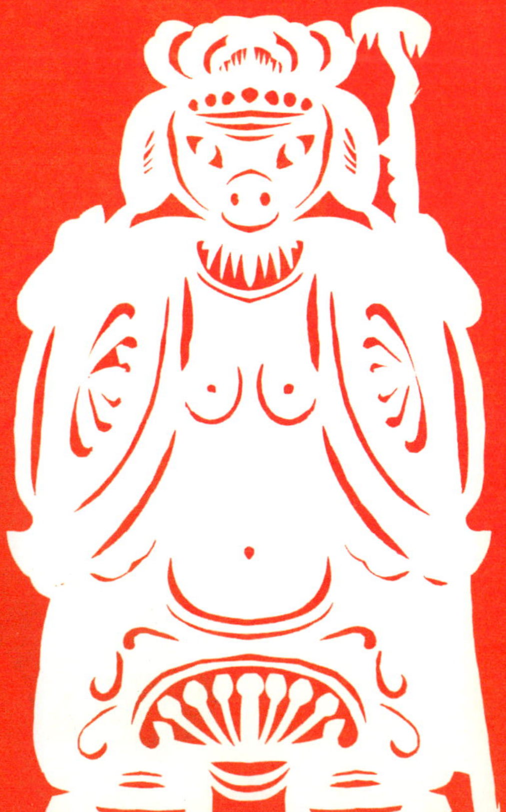

婴戏莲花

窗花

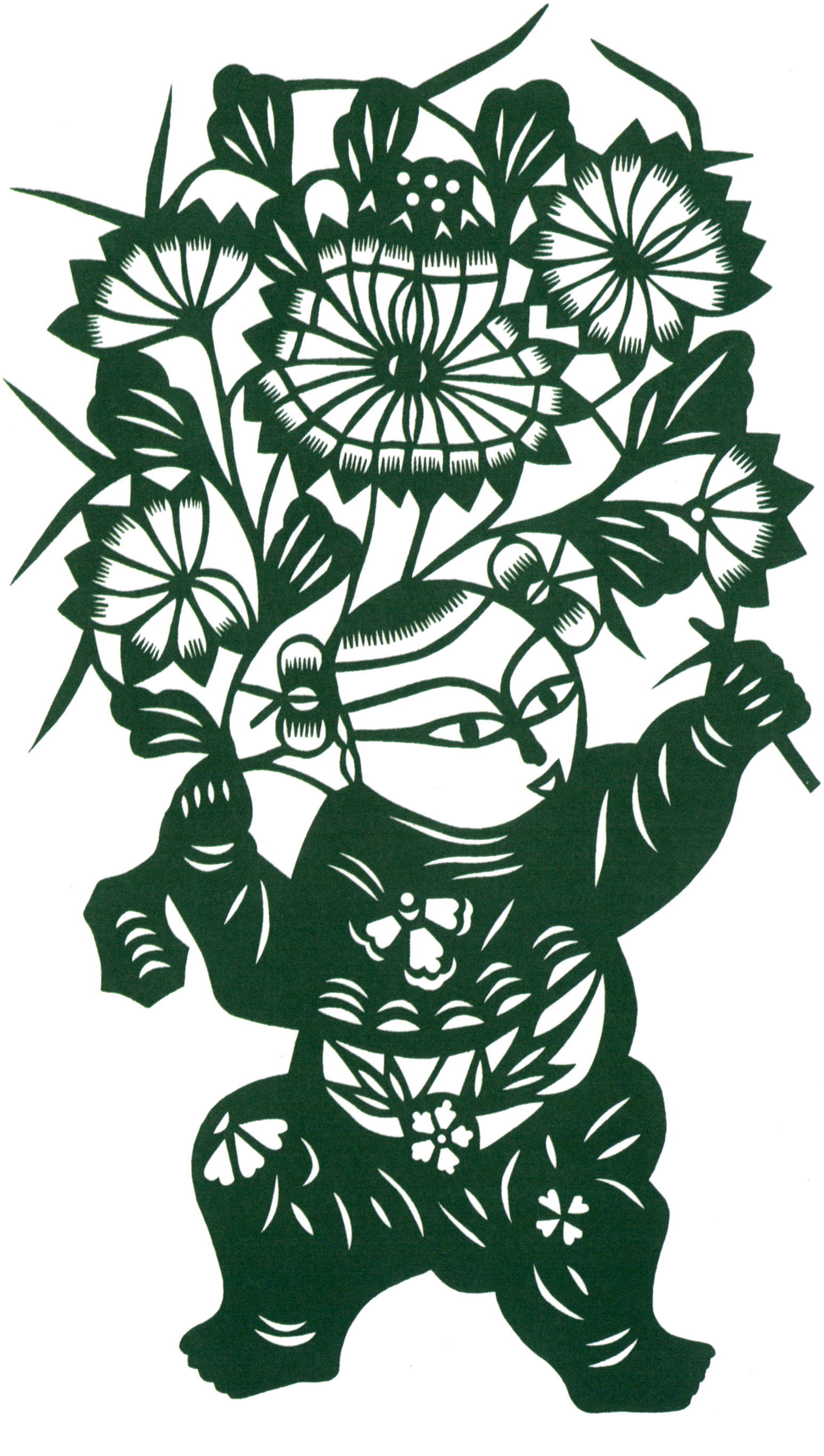

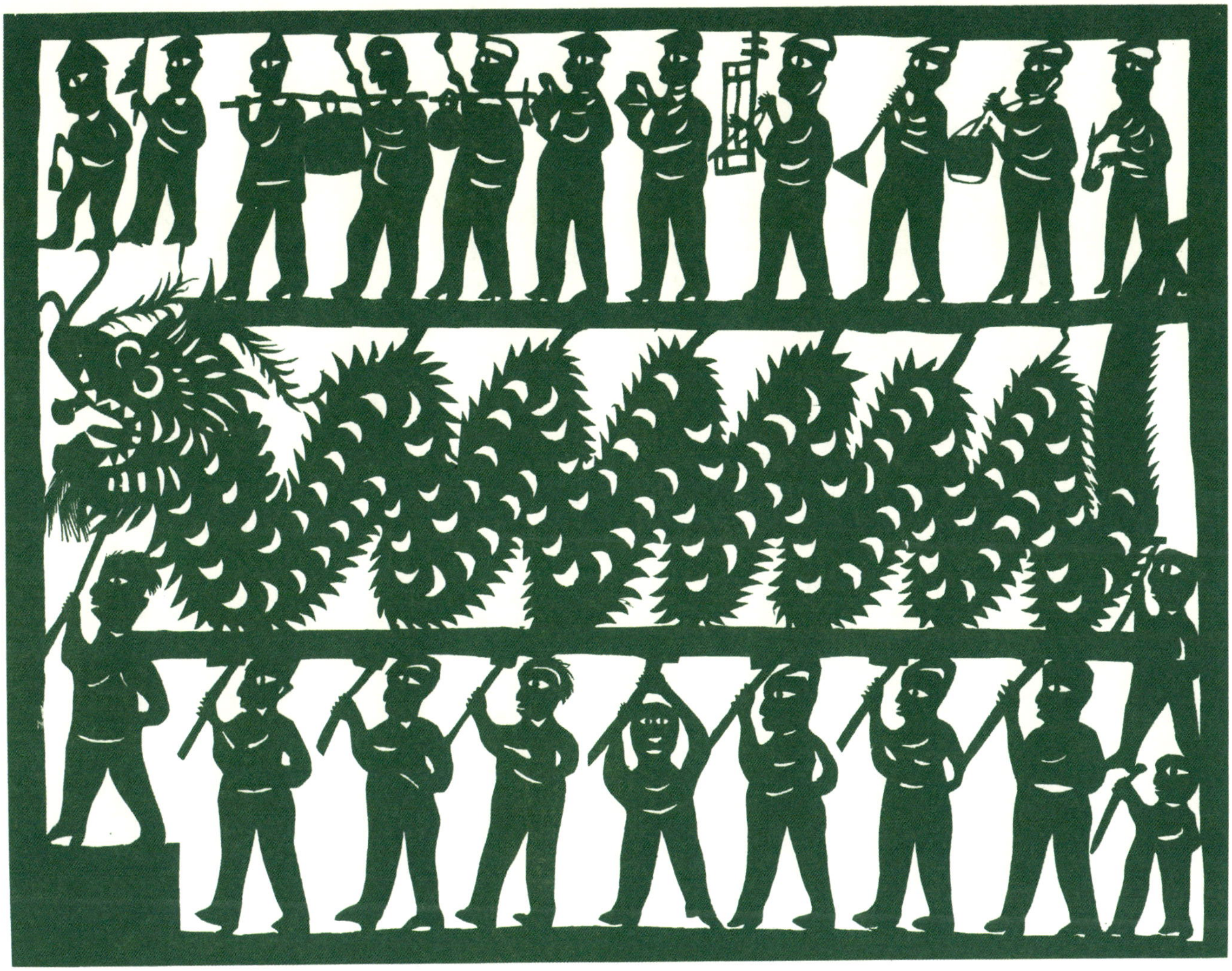

舞龙图

墙花

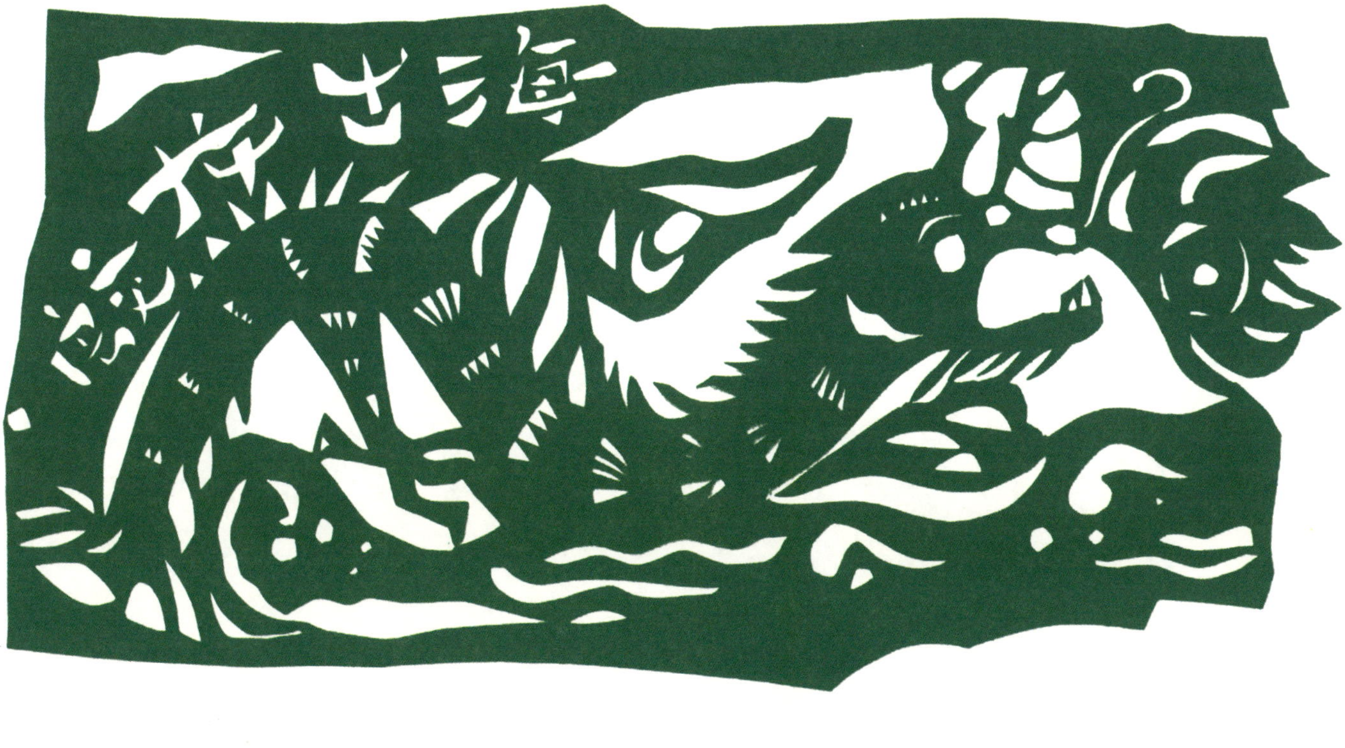

蛟龙出海

墙花

娃娃 读 榴莲百子图

剪纸

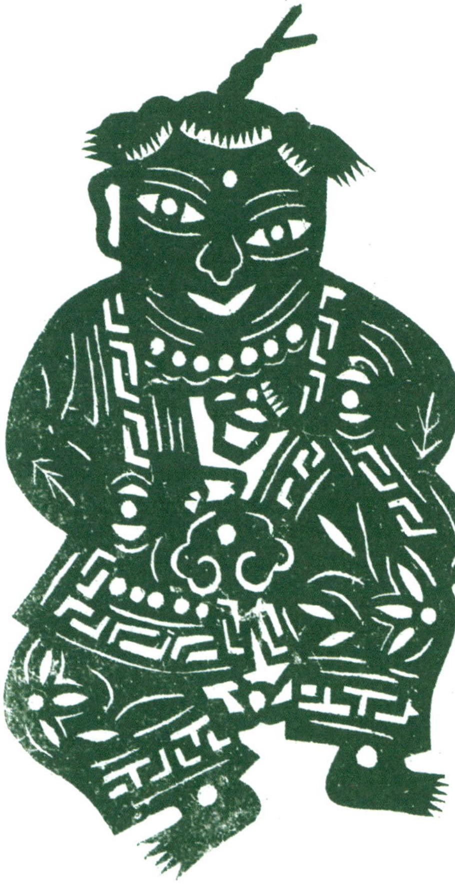

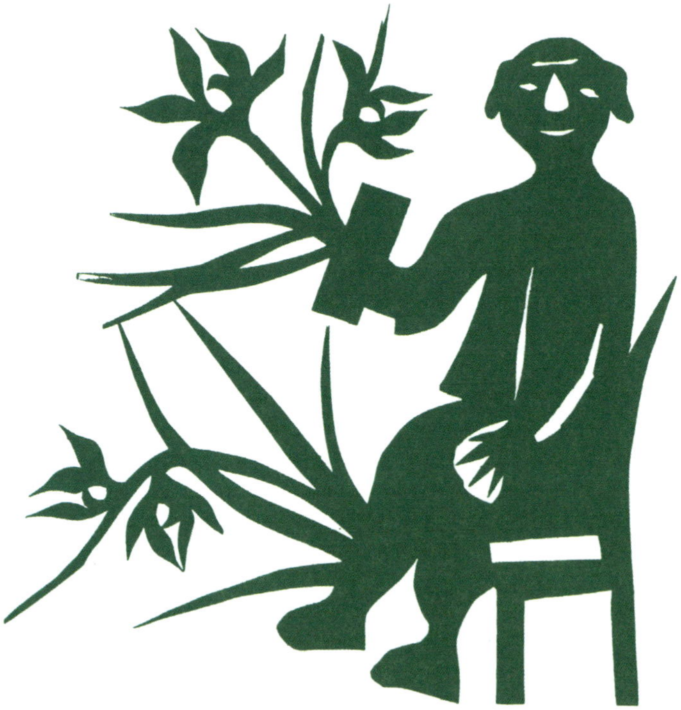

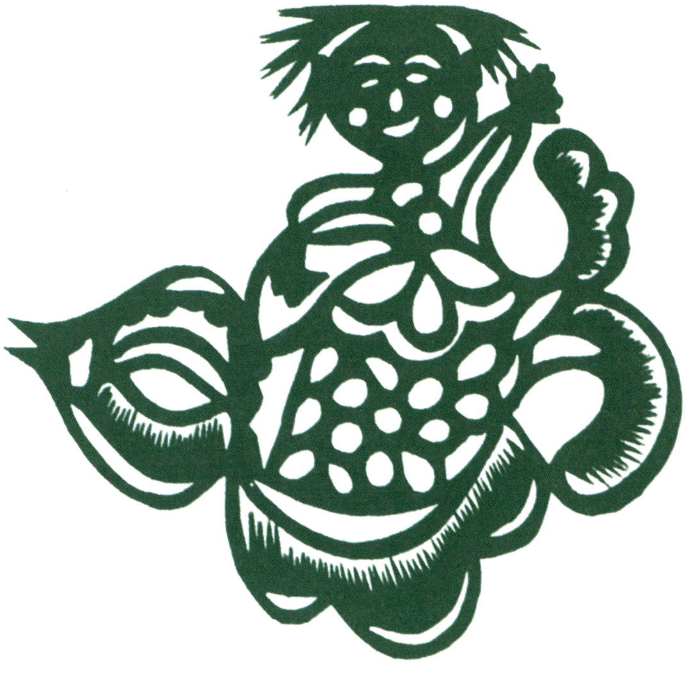

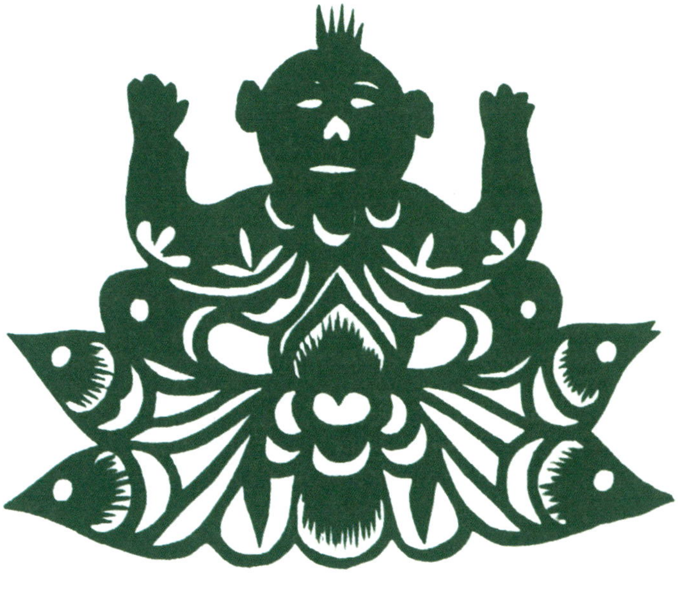

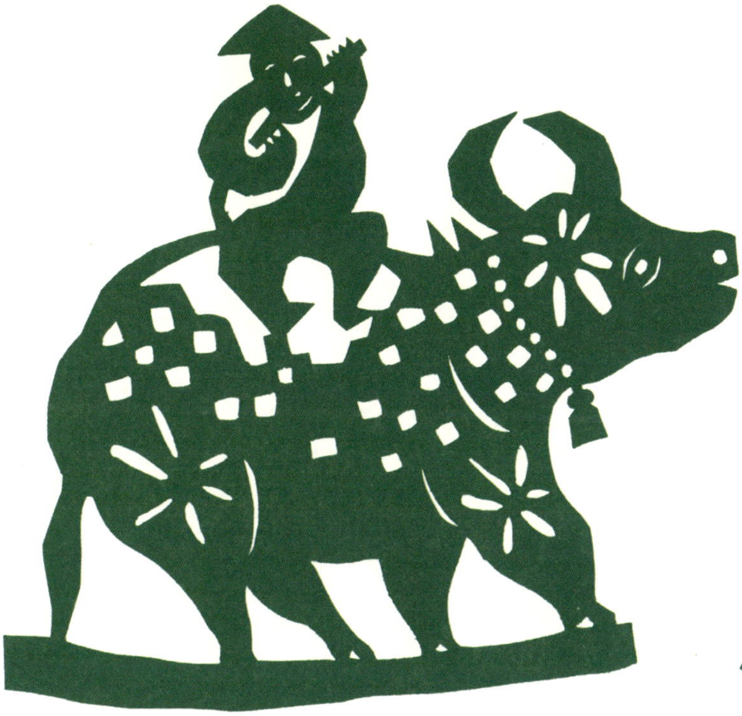

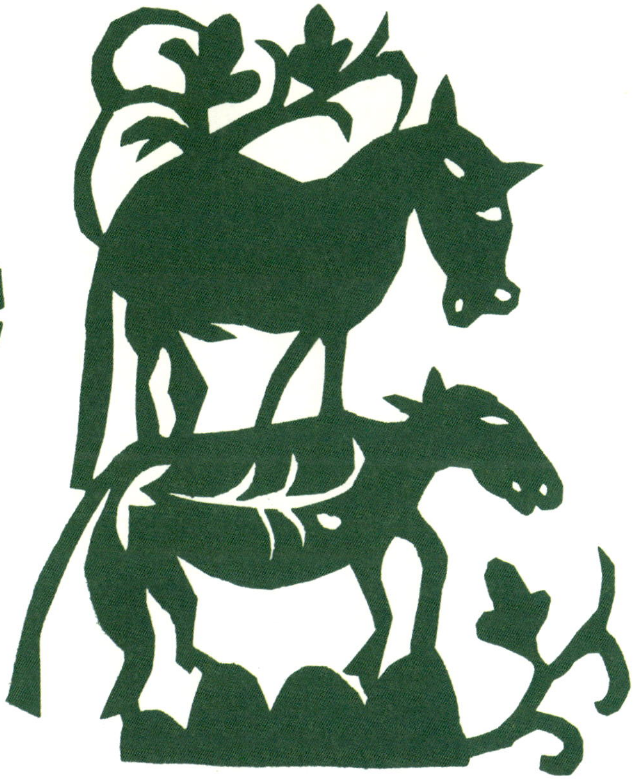

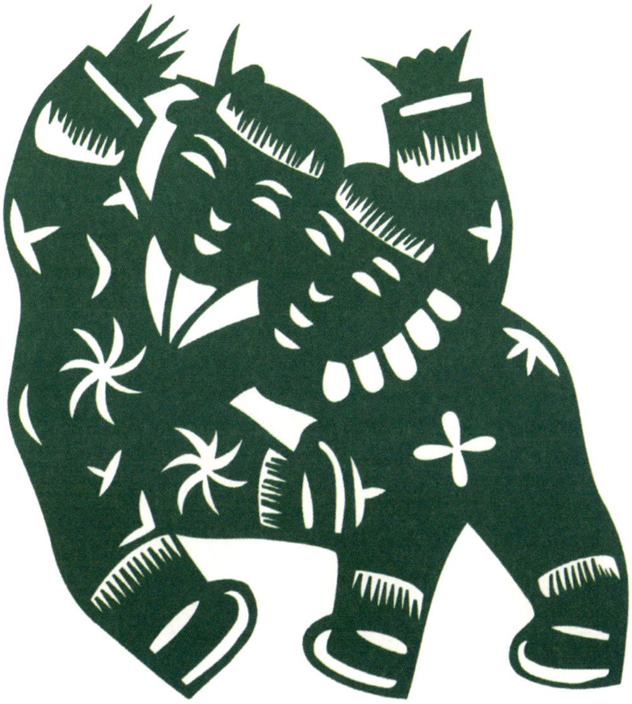

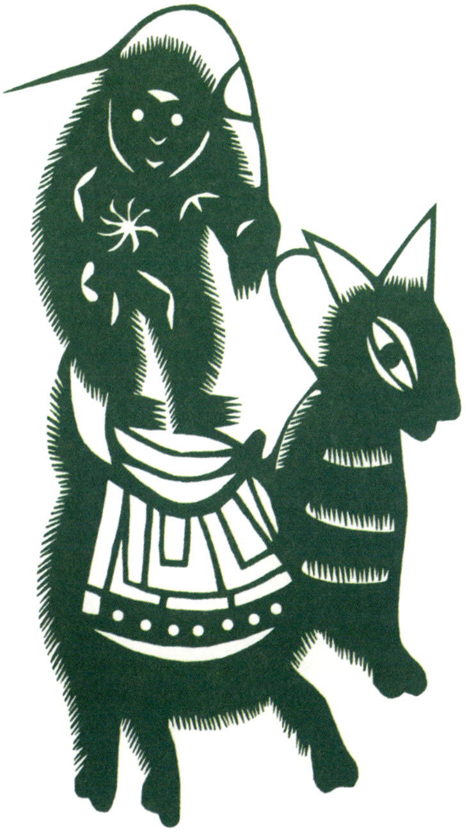

牧童吹笛　双马　婴戏图　猴子骑驴

剪纸

《龙虎斗》呼延赞

人物

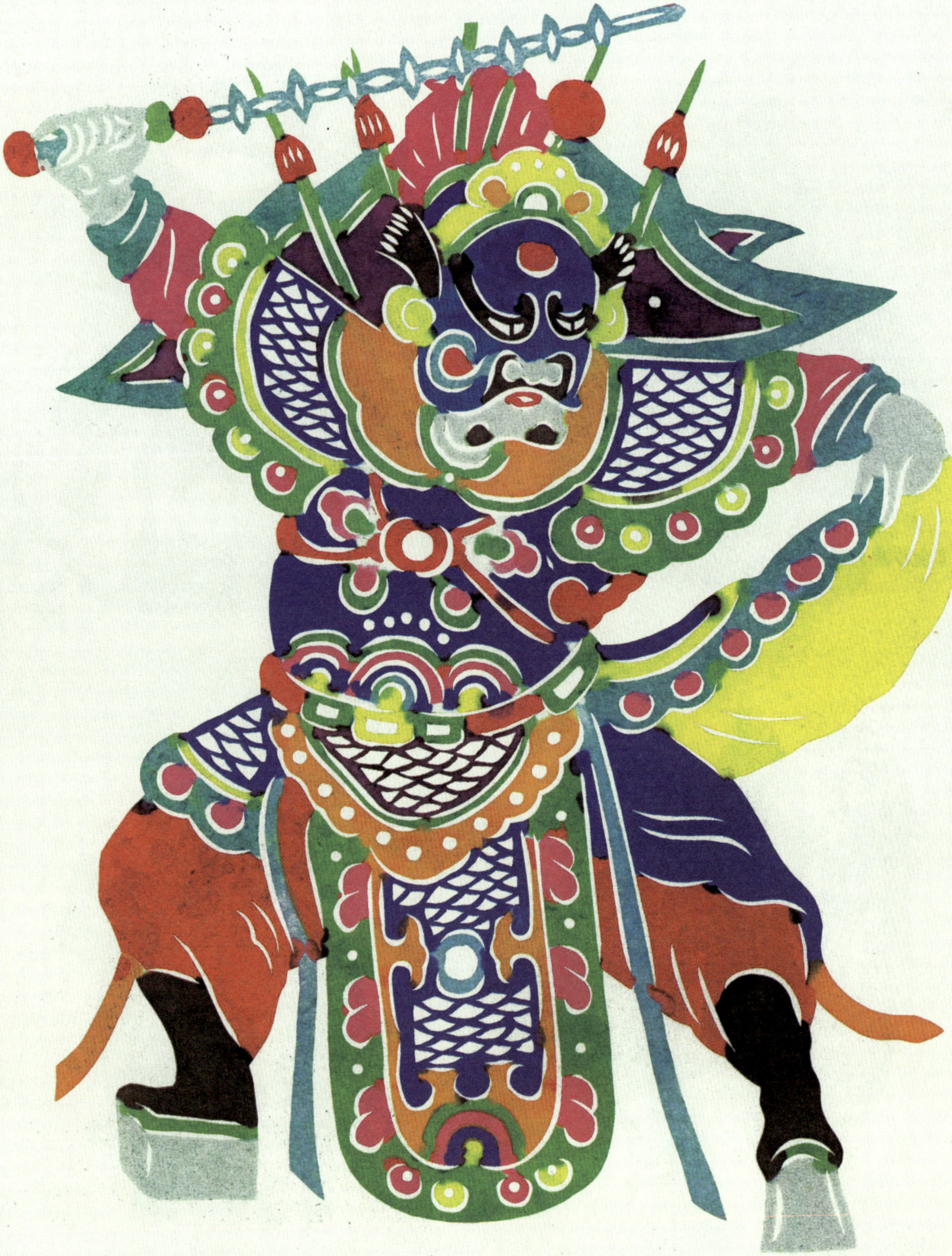

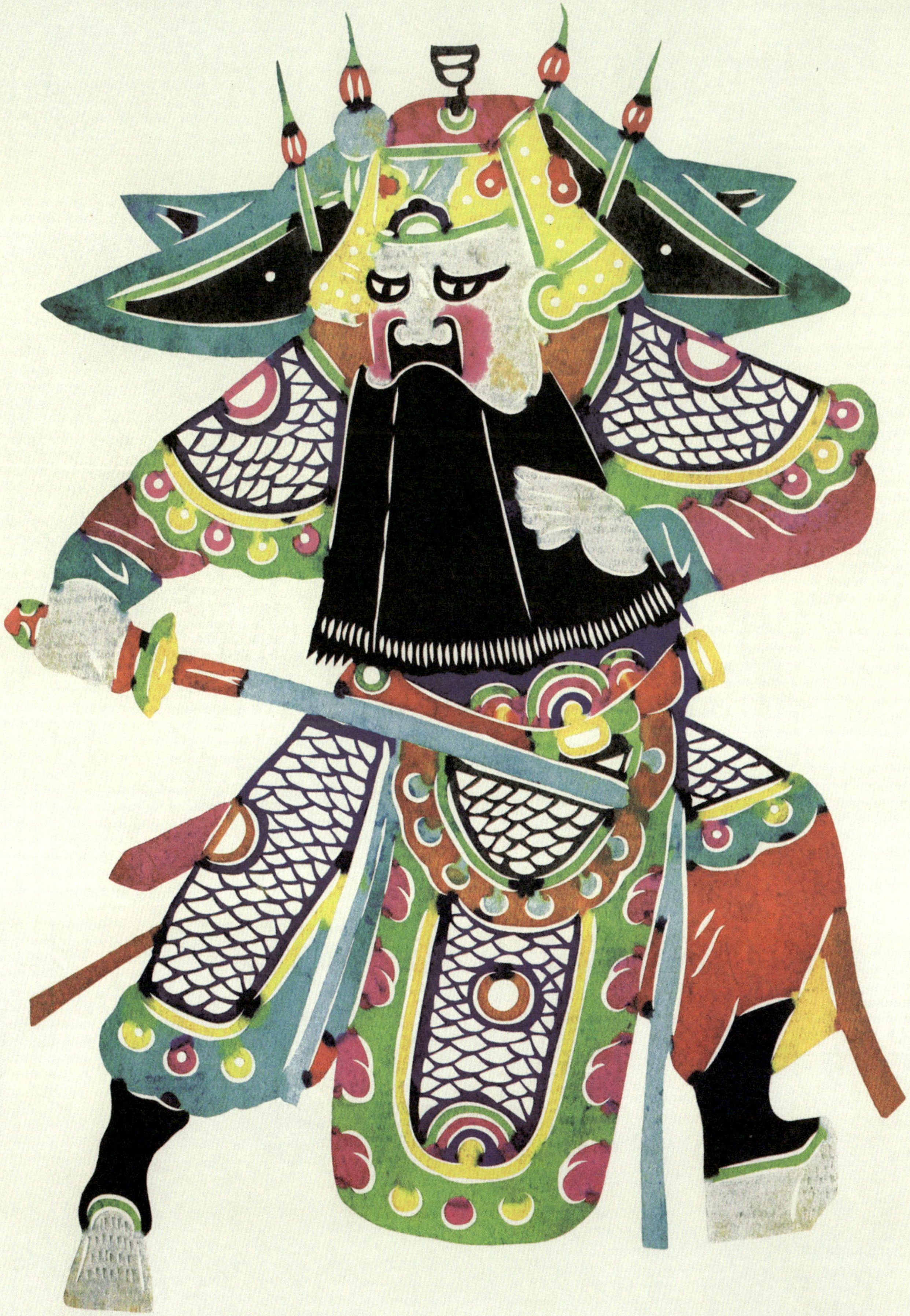

《吴汉杀妻》吴汉

人物

《除三害》周处

人物

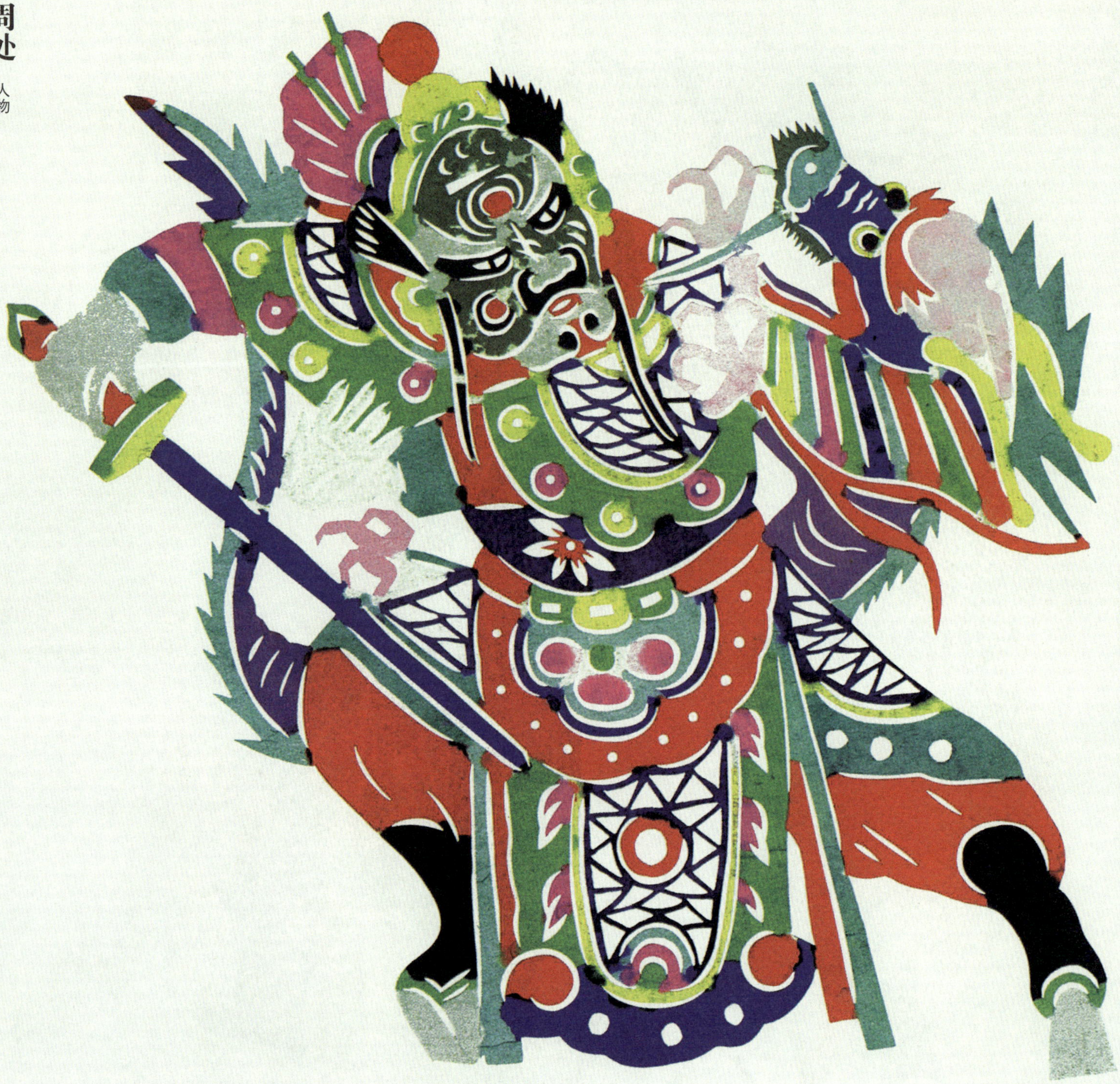

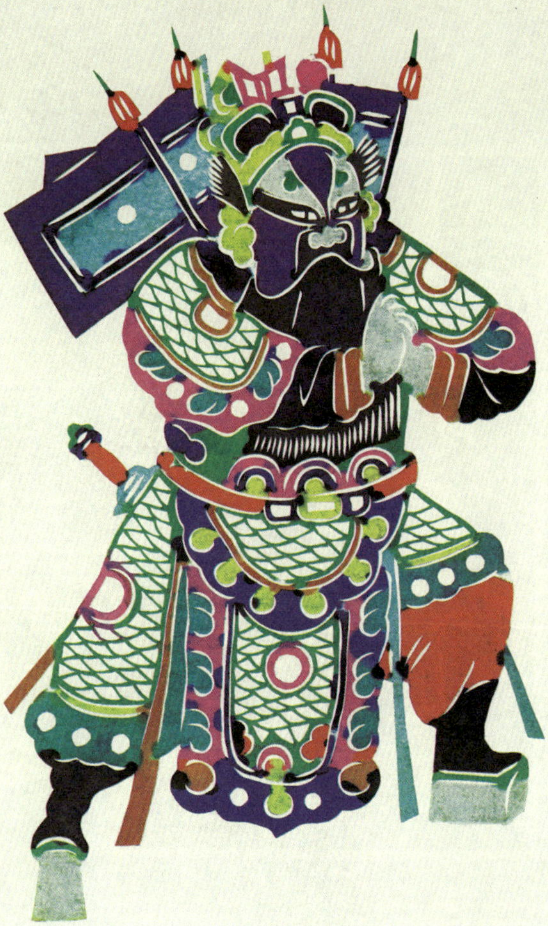

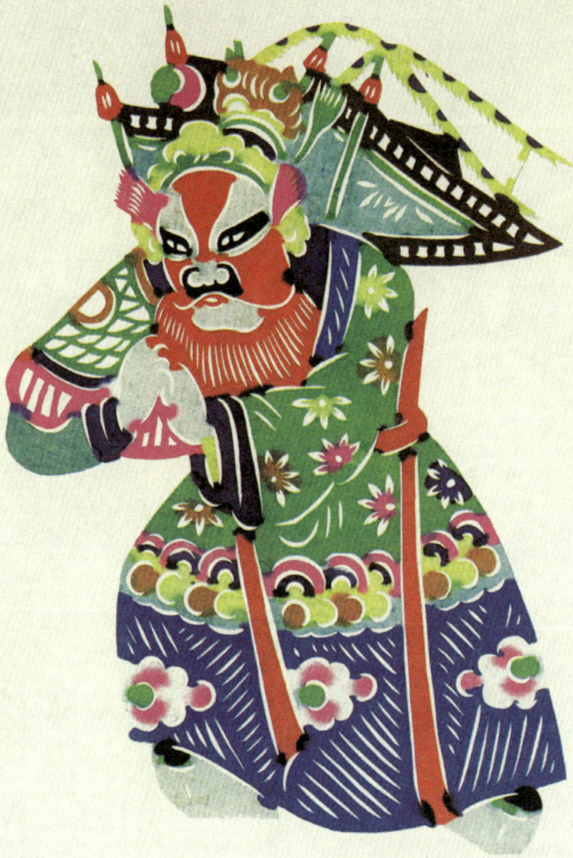

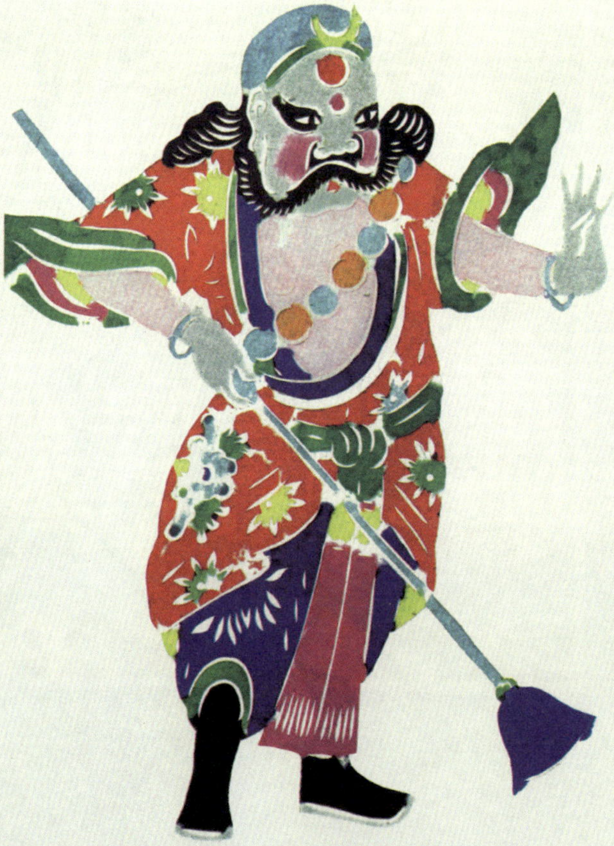

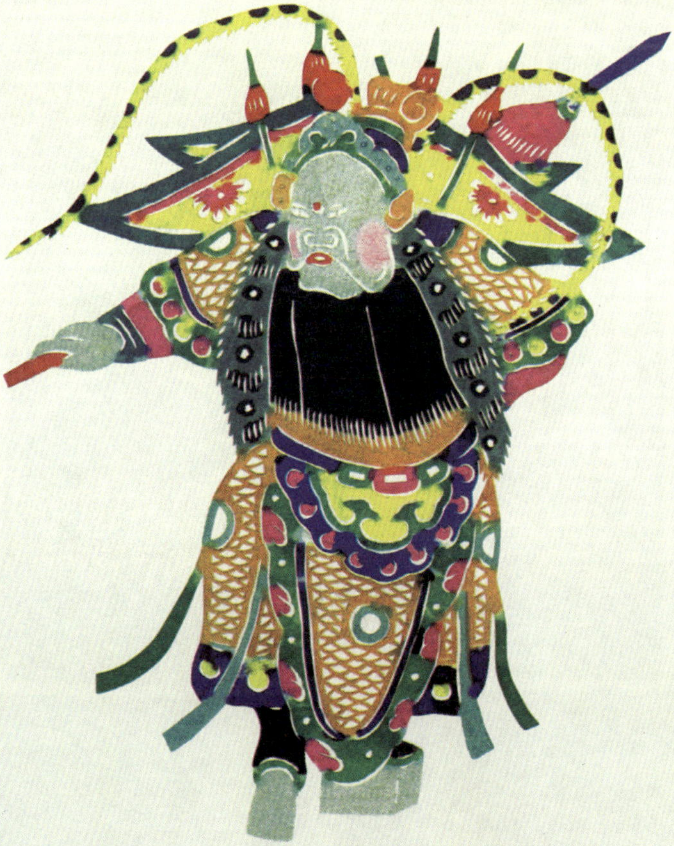

《白良关》尉迟恭

《完璧归赵》廉颇

《五台会兄》杨延德

《绝龙岭》闻仲

人物

连生贵子 锦鸡报春 婴儿戏鱼 宝贵呈祥

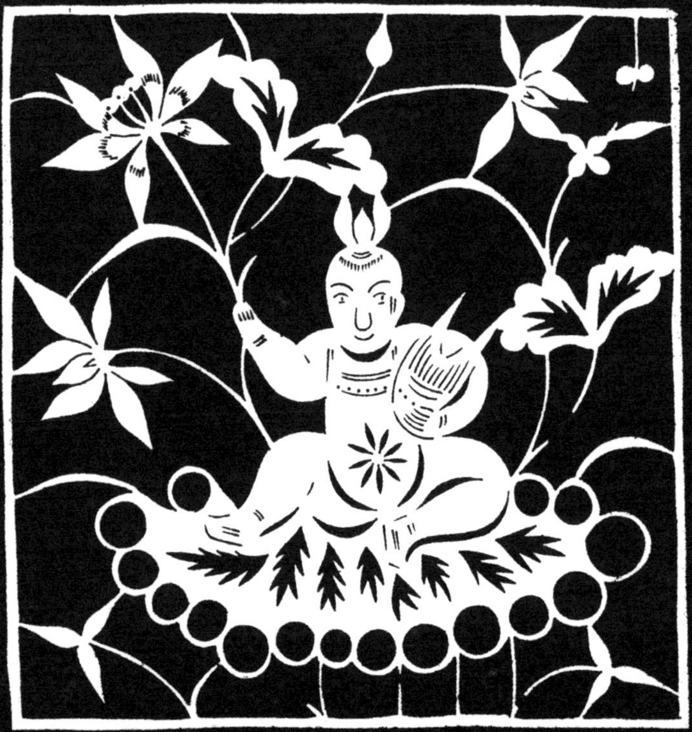

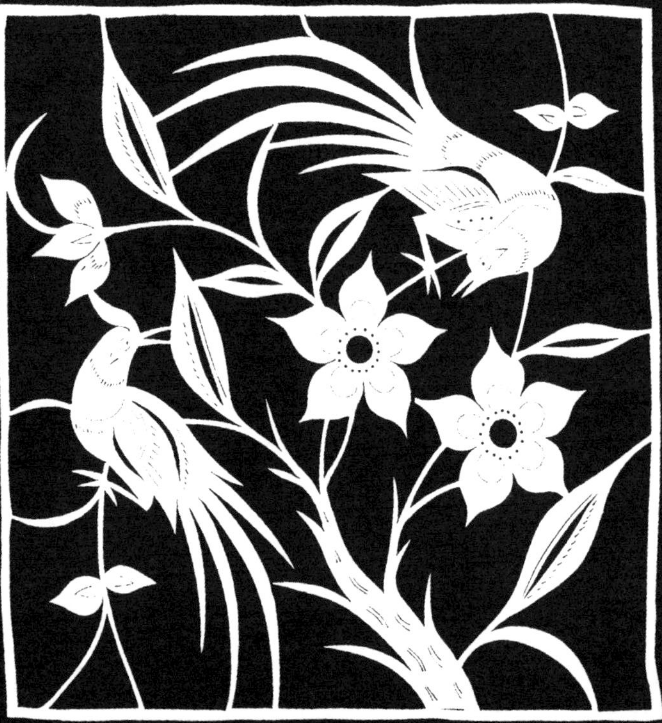

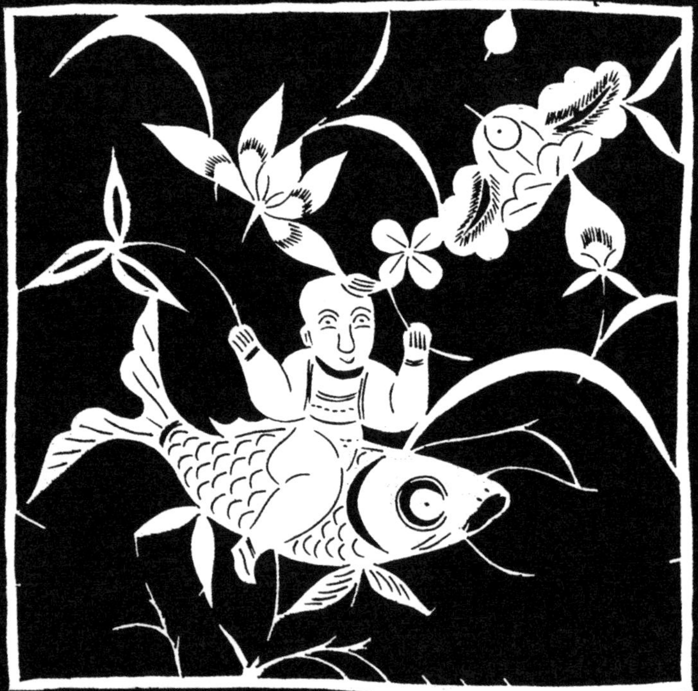

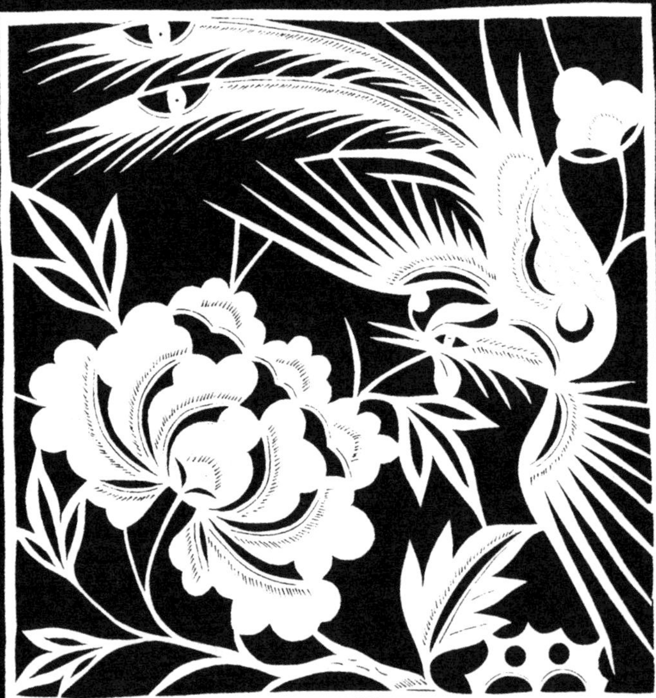

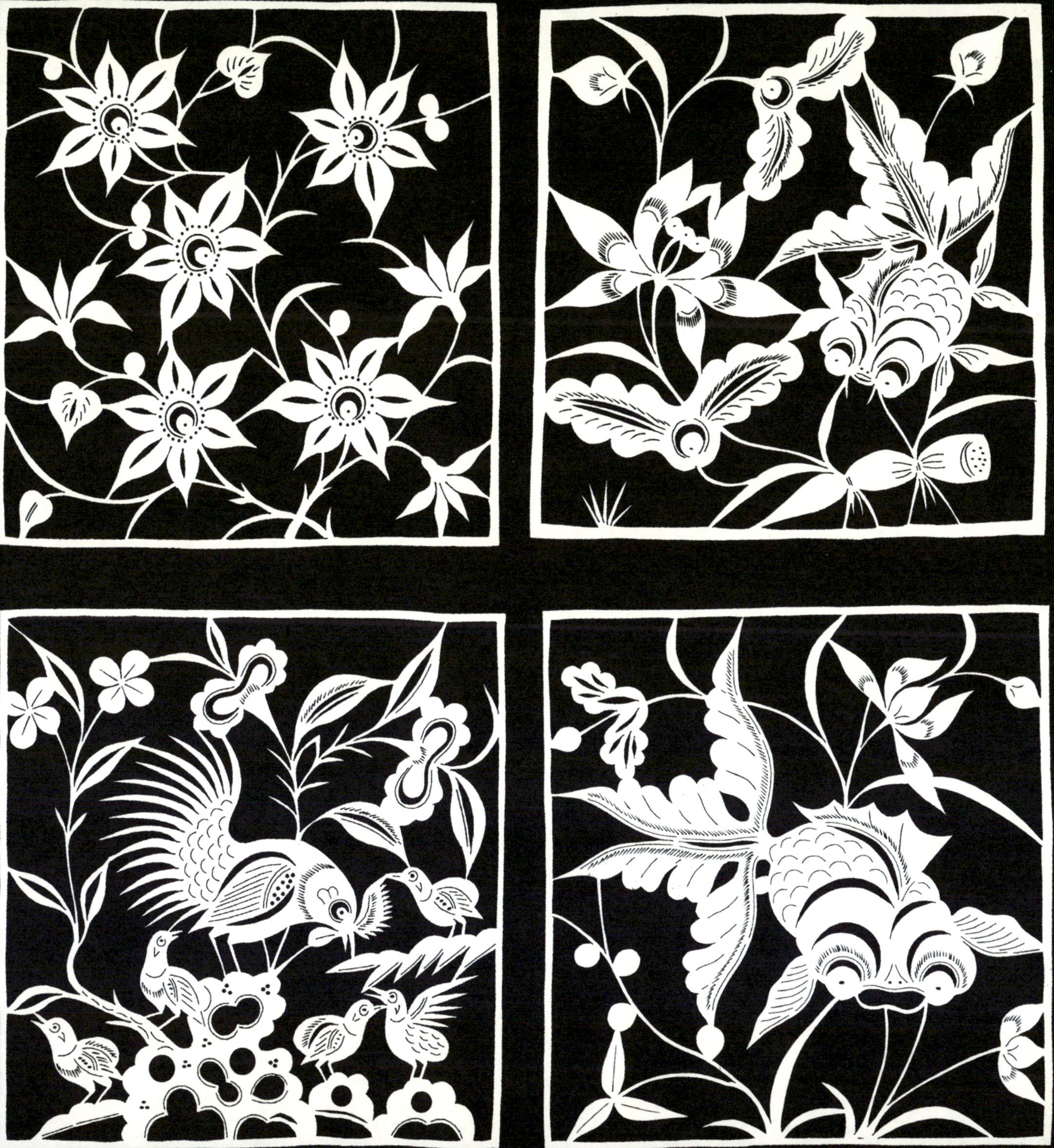

五子登科　金鱼

刺绣剪纸样

八仙之吕洞宾　蓝采和　钟离权

花样

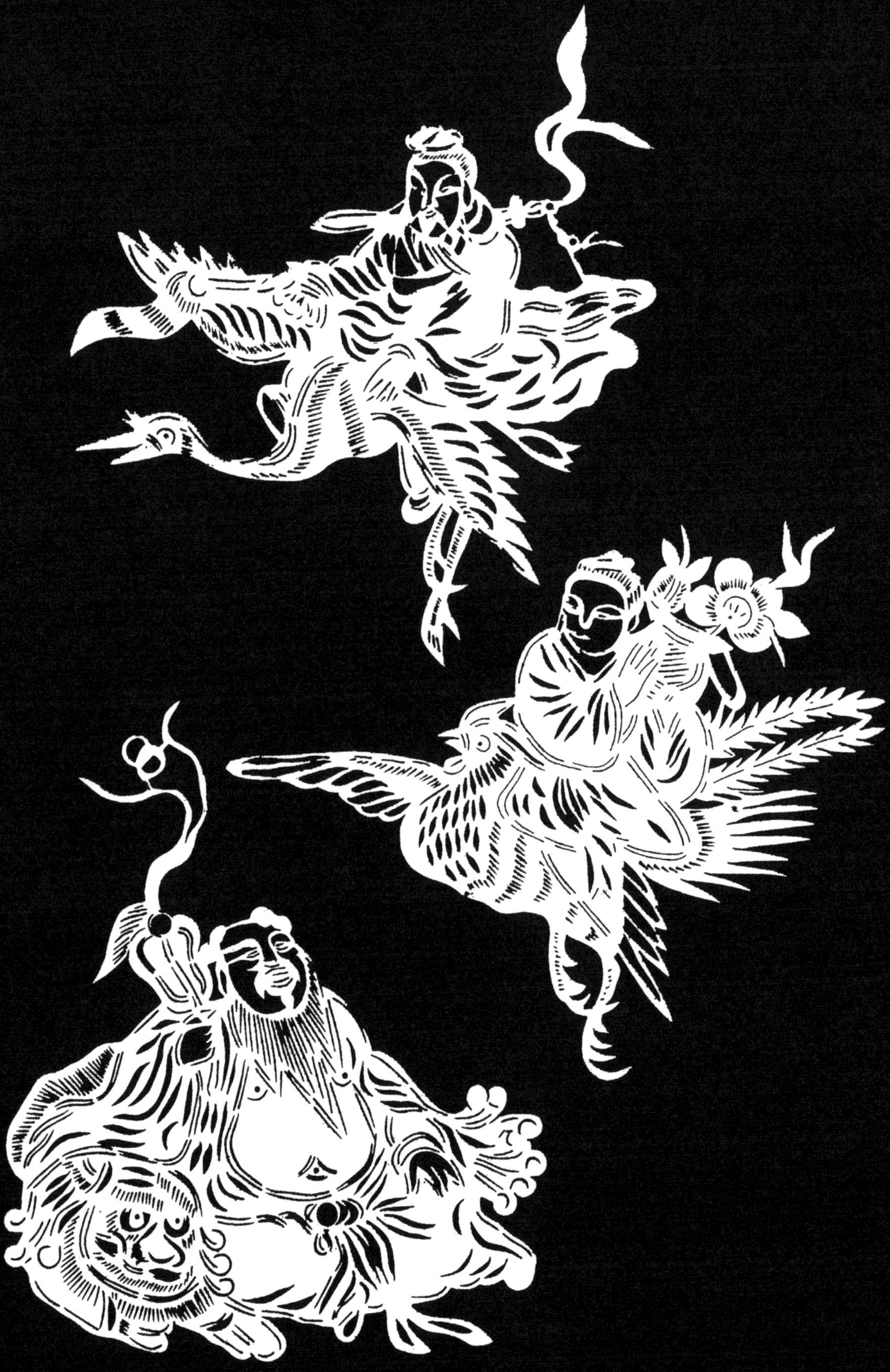

八仙之何仙姑 张果老 曹国舅

花样

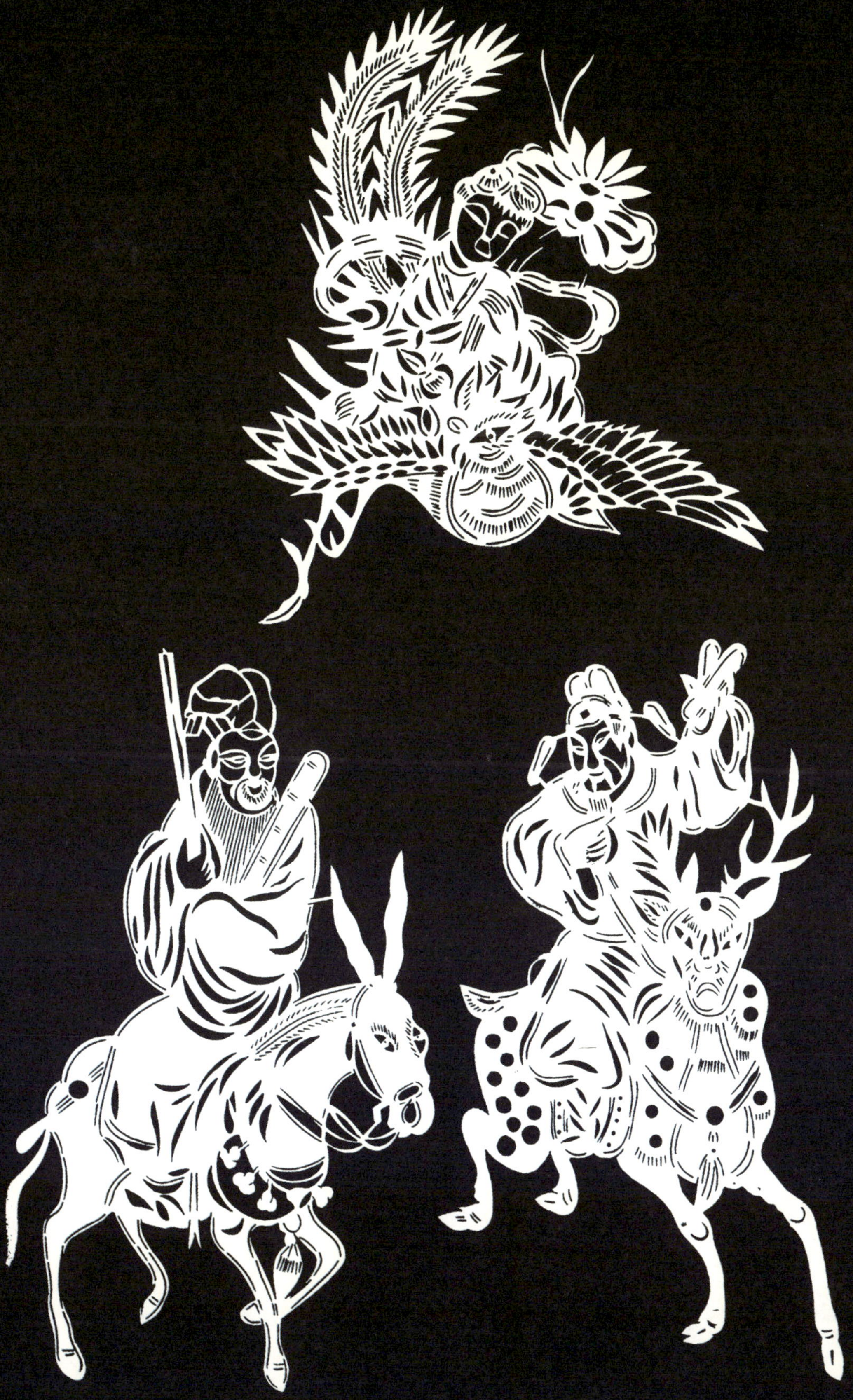

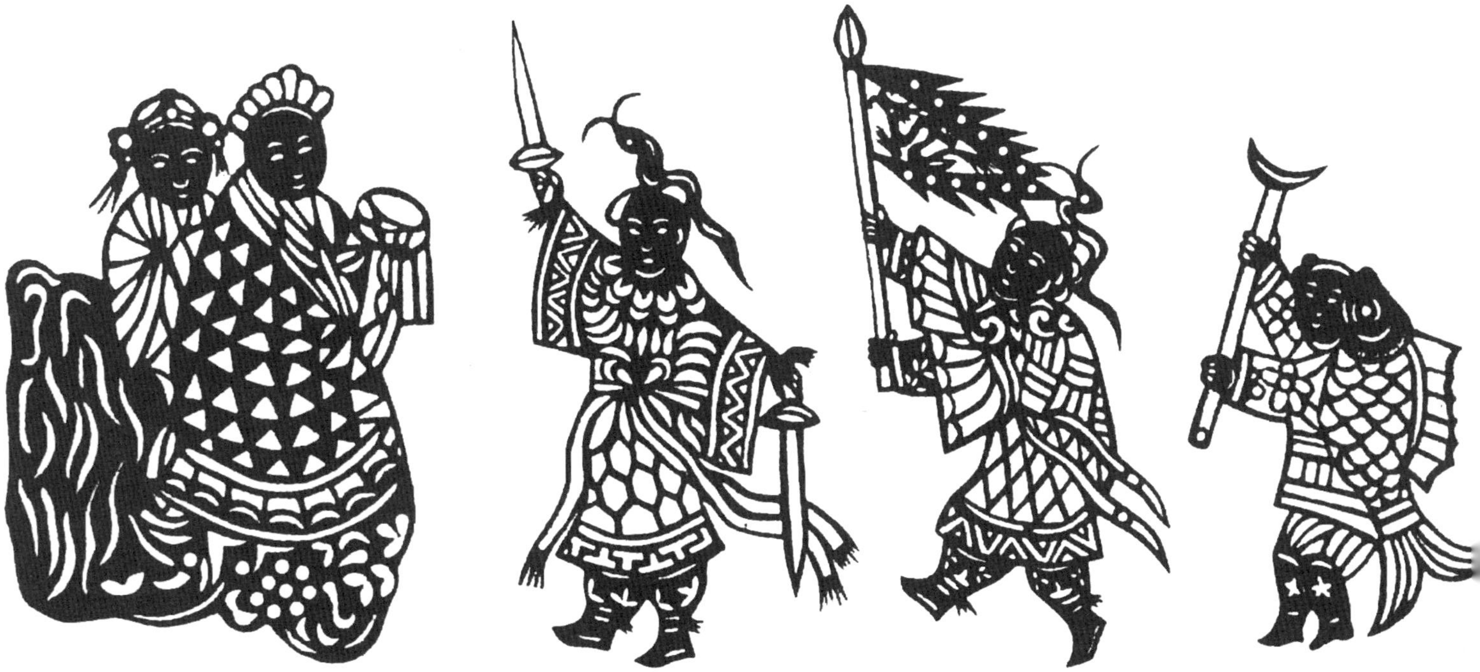

龙宫图

剪纸

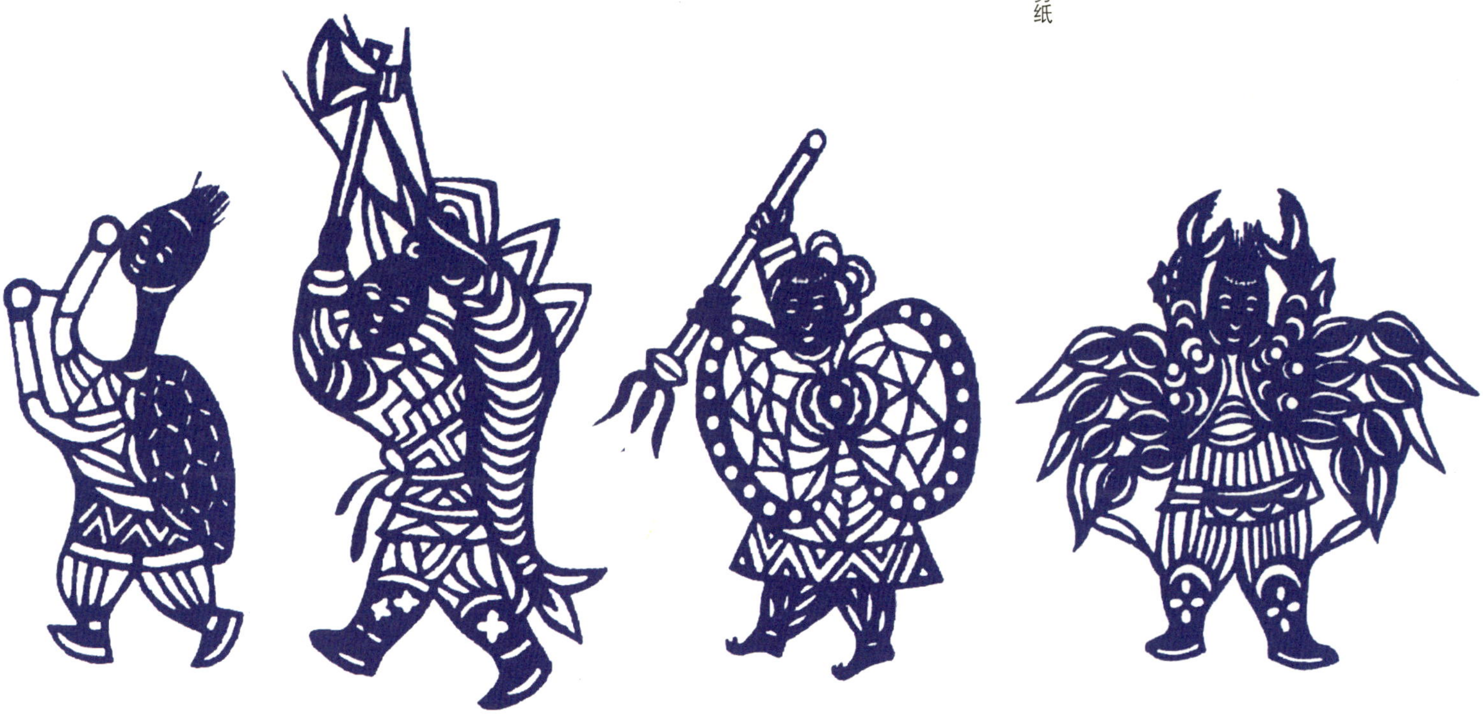

子鼠　丑牛　寅虎　卯兔　辰龙　巳蛇

十二生肖图

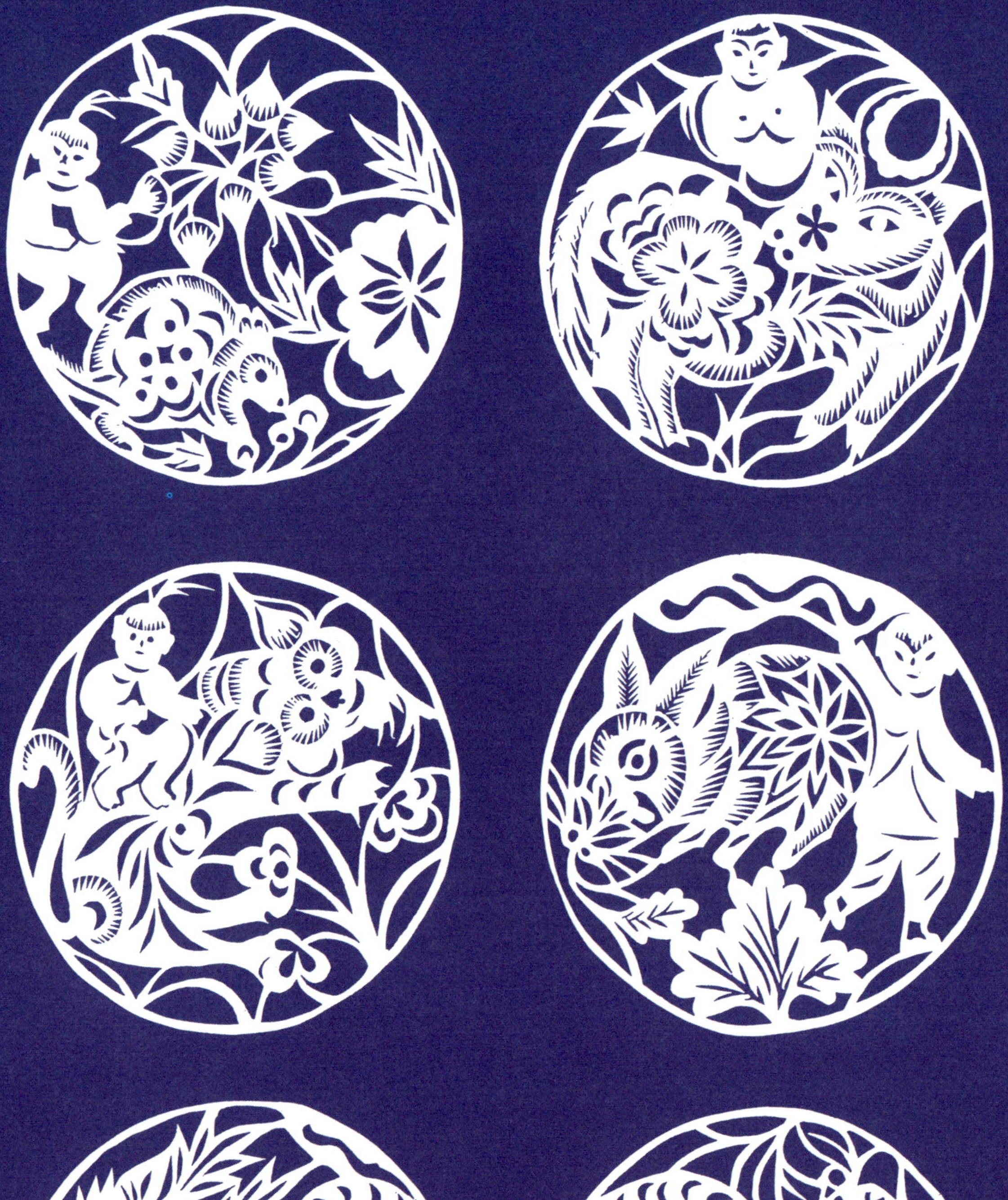

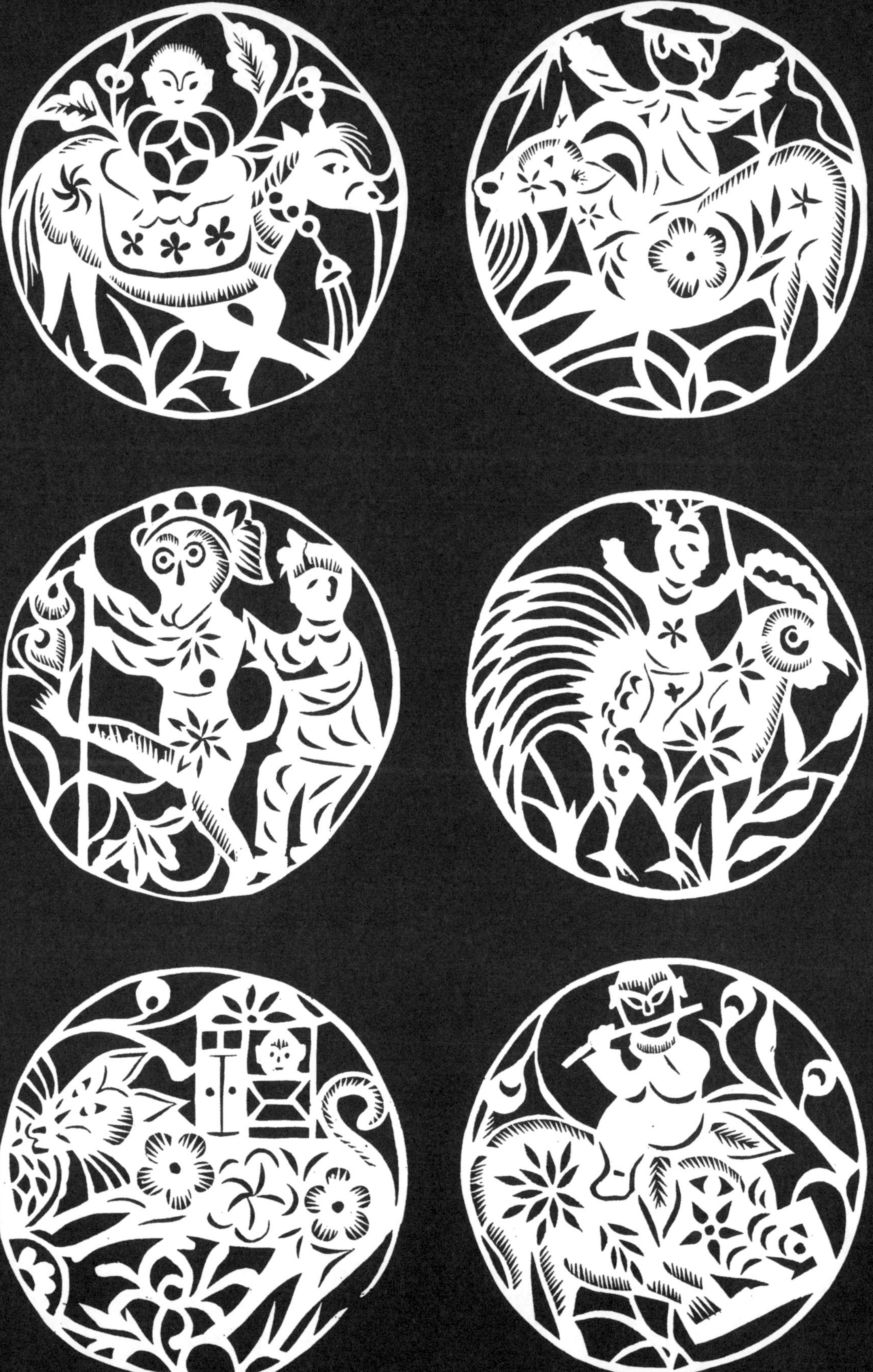

午马 未羊 申猴 酉鸡 戌狗 亥猪

十二生肖图

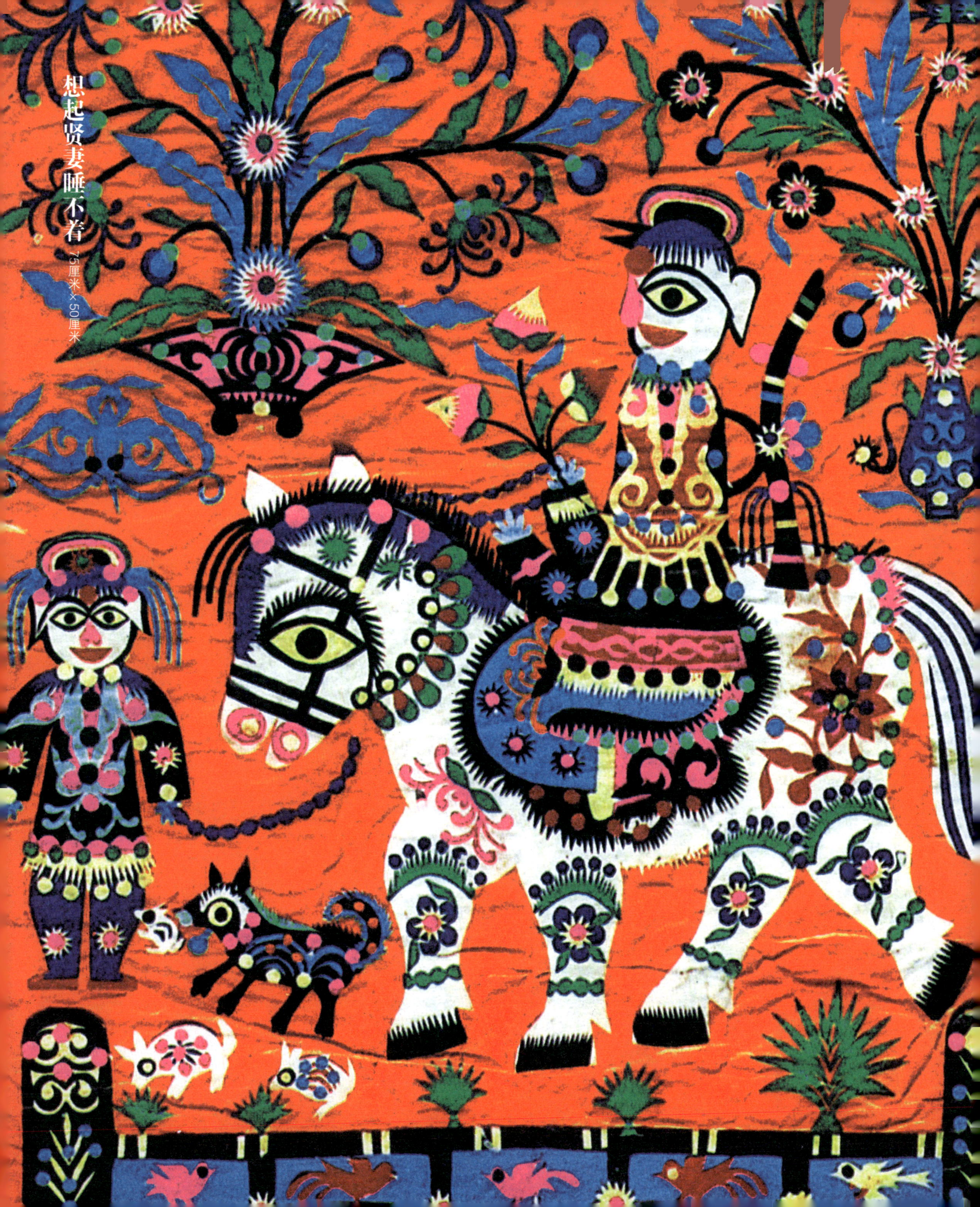

想起贤妻睡不着 75厘米×50厘米

团花六福

直径25厘米

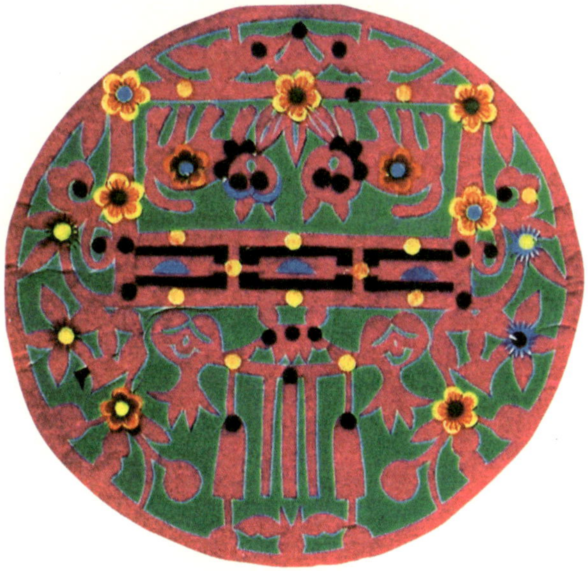

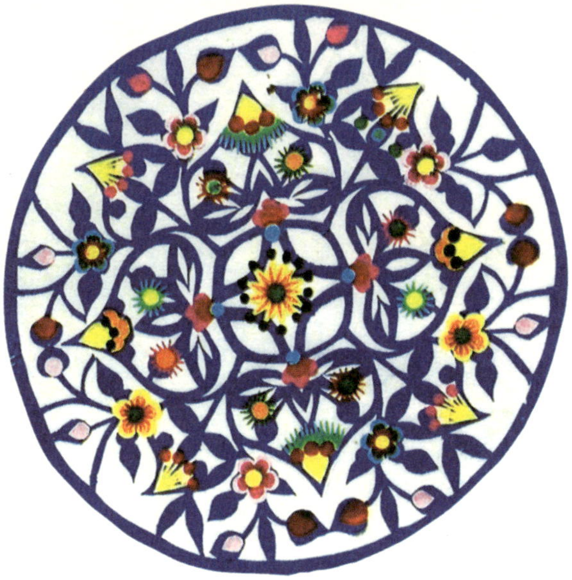

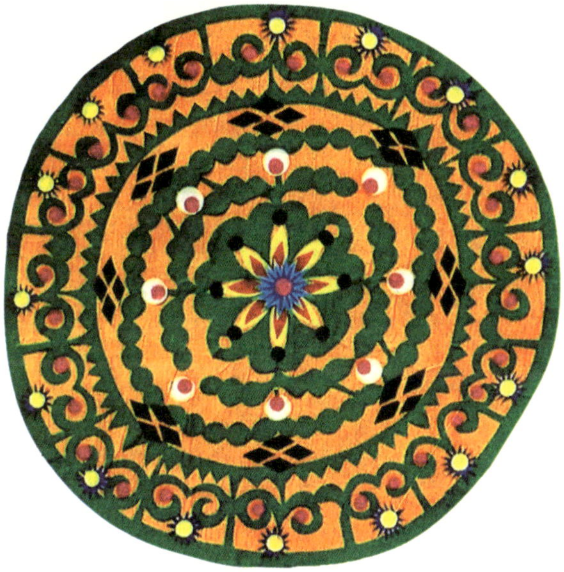

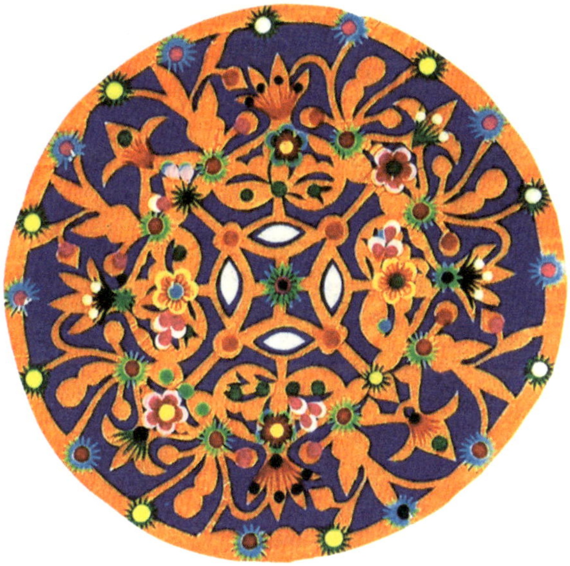

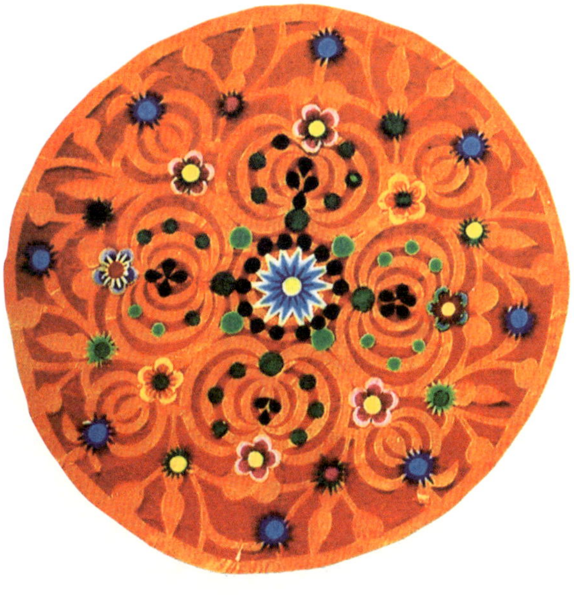

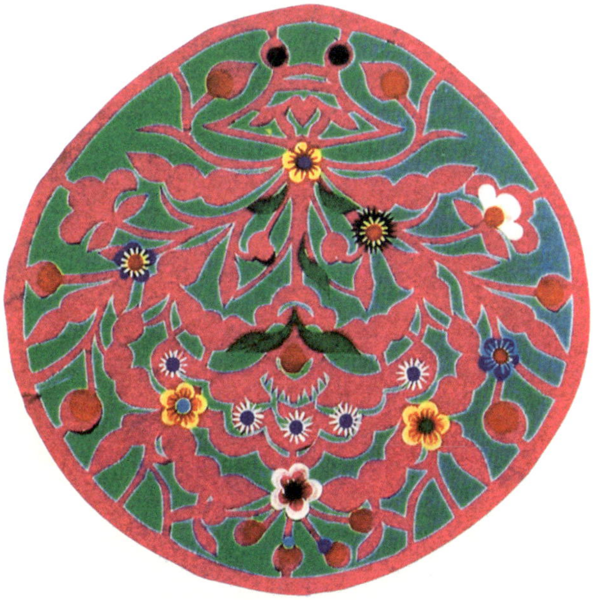

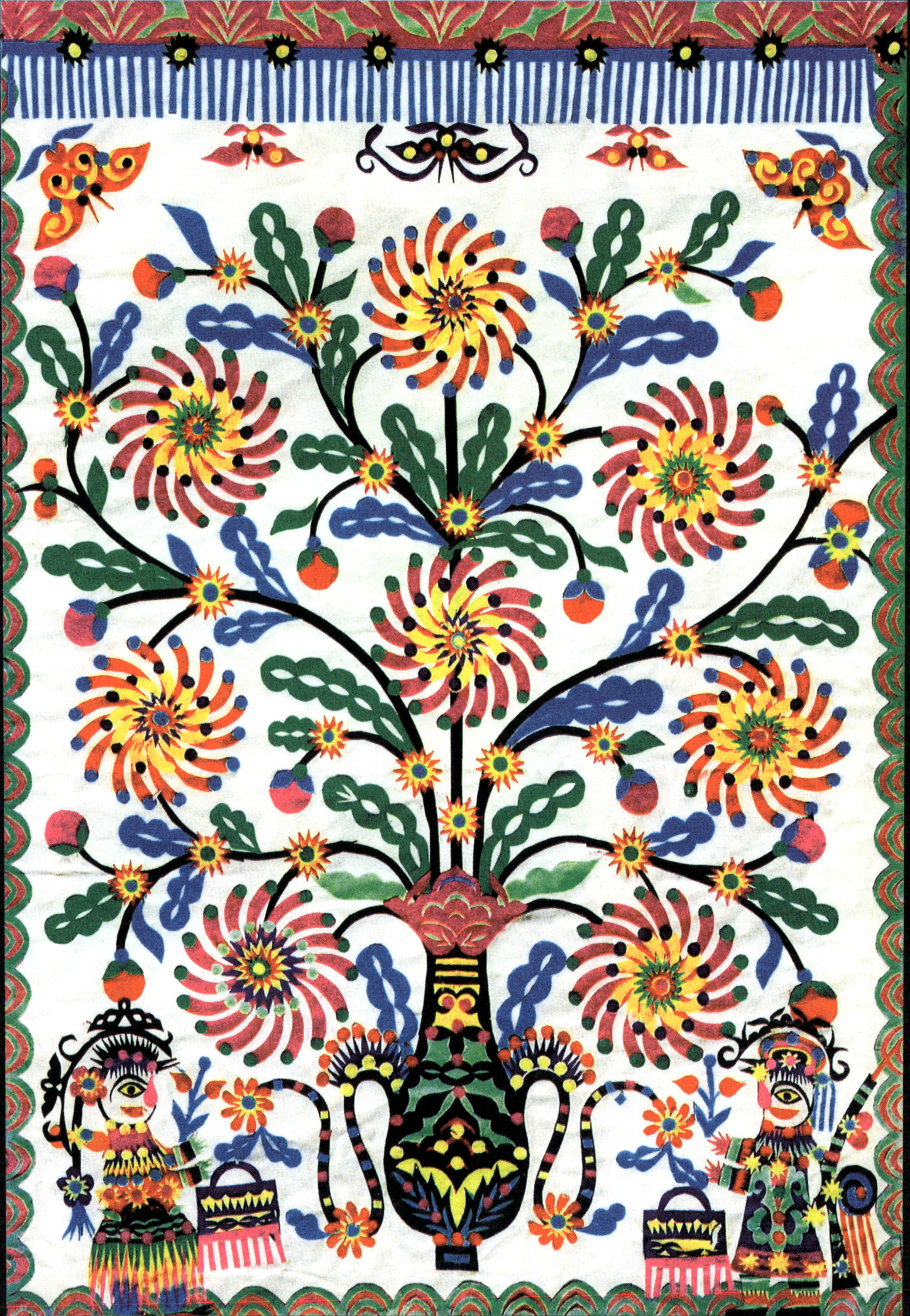

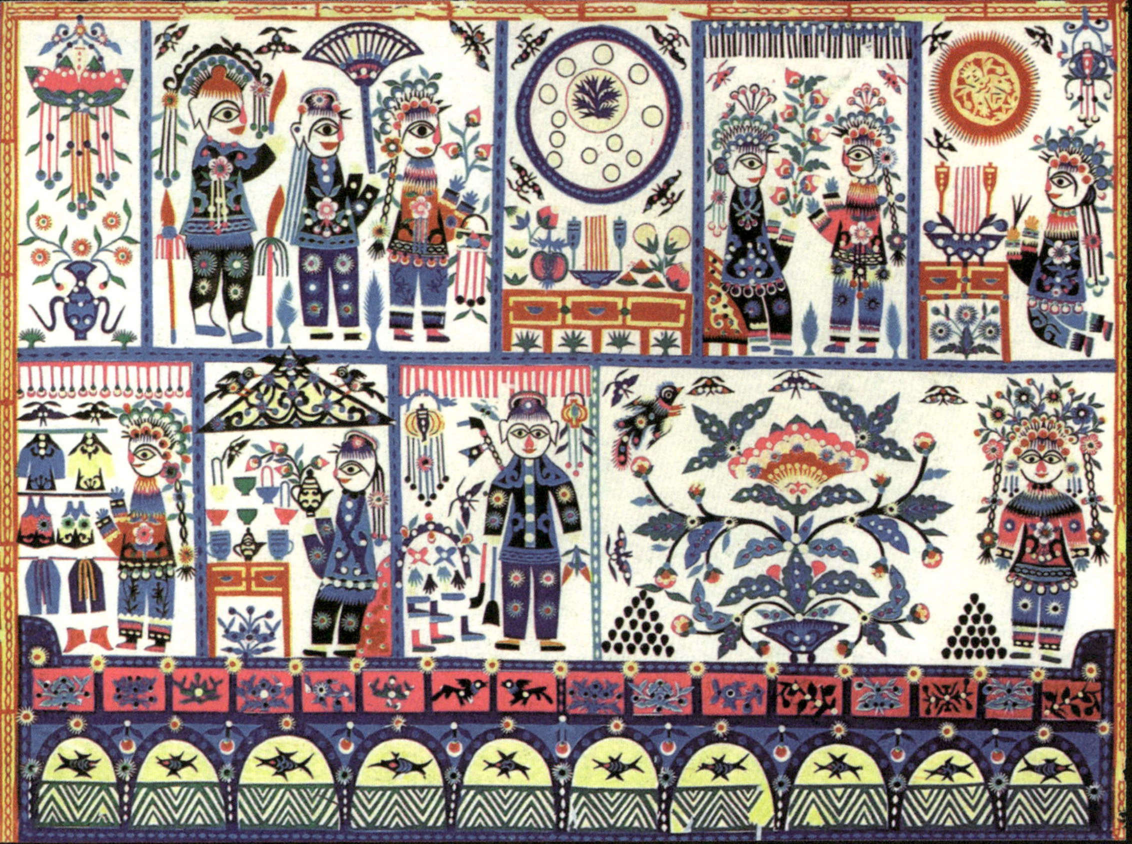

人教我太阳星（右上）到东井做宰相（左上）大姐娃（下）

78厘米×108厘米

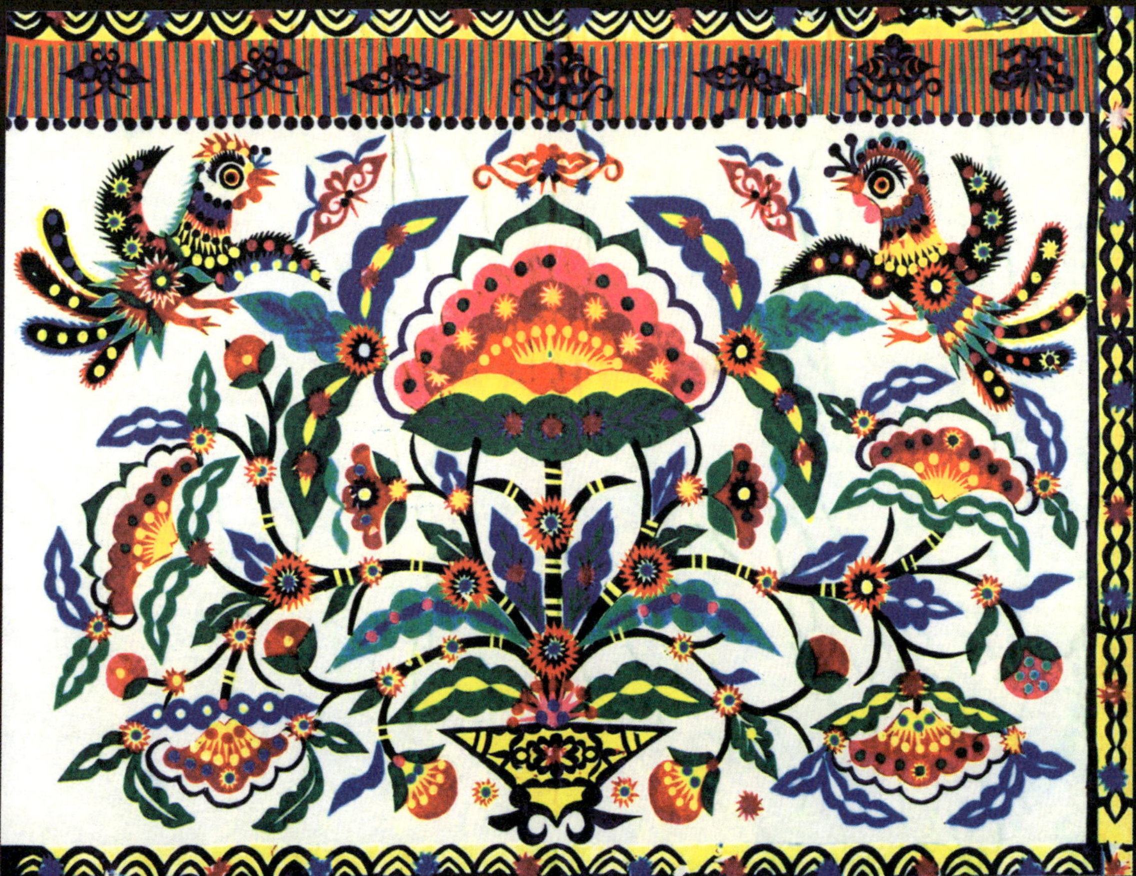

凤凰牡丹

38厘米×53厘米

剪花娘子
130厘米×125厘米

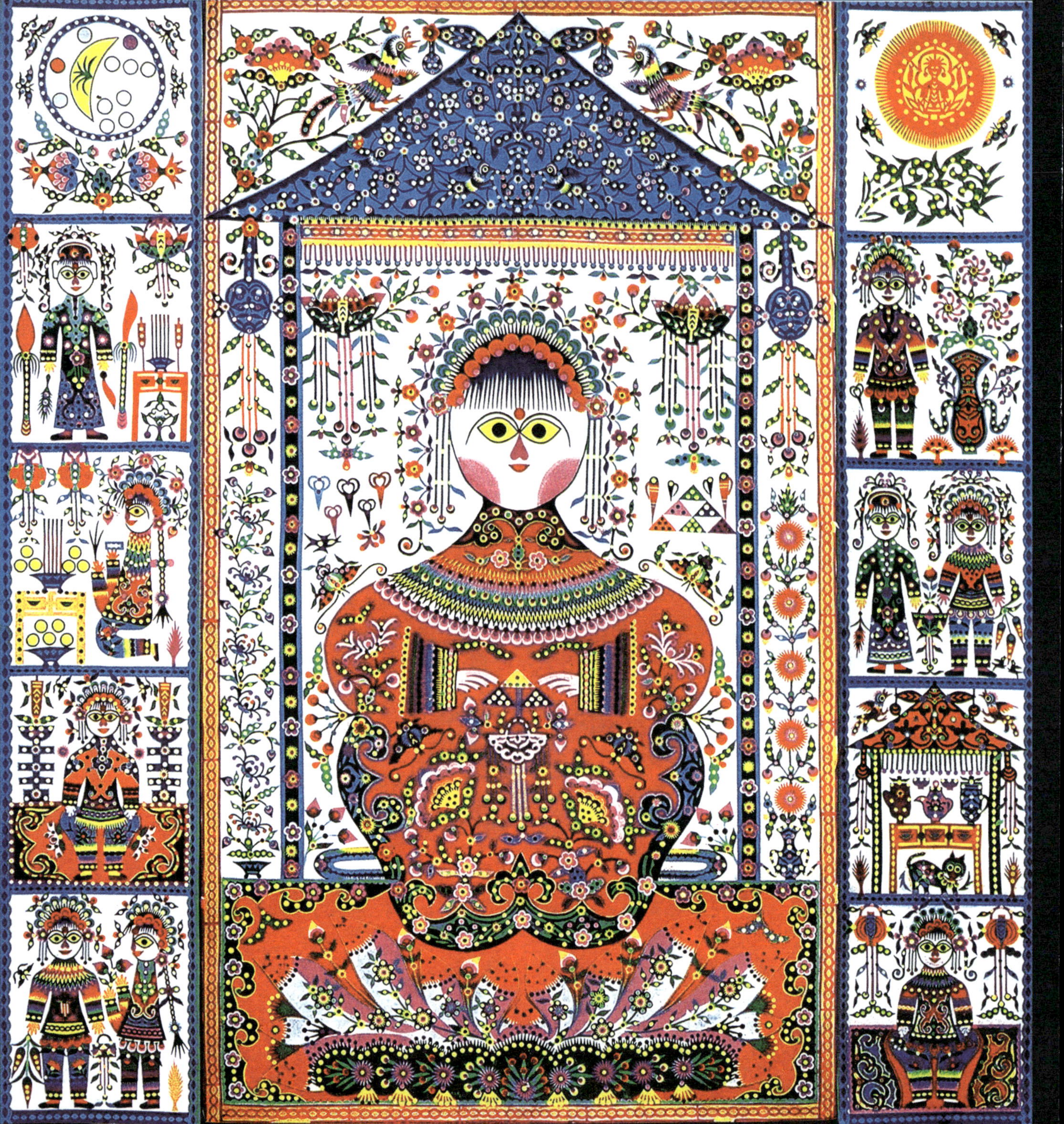

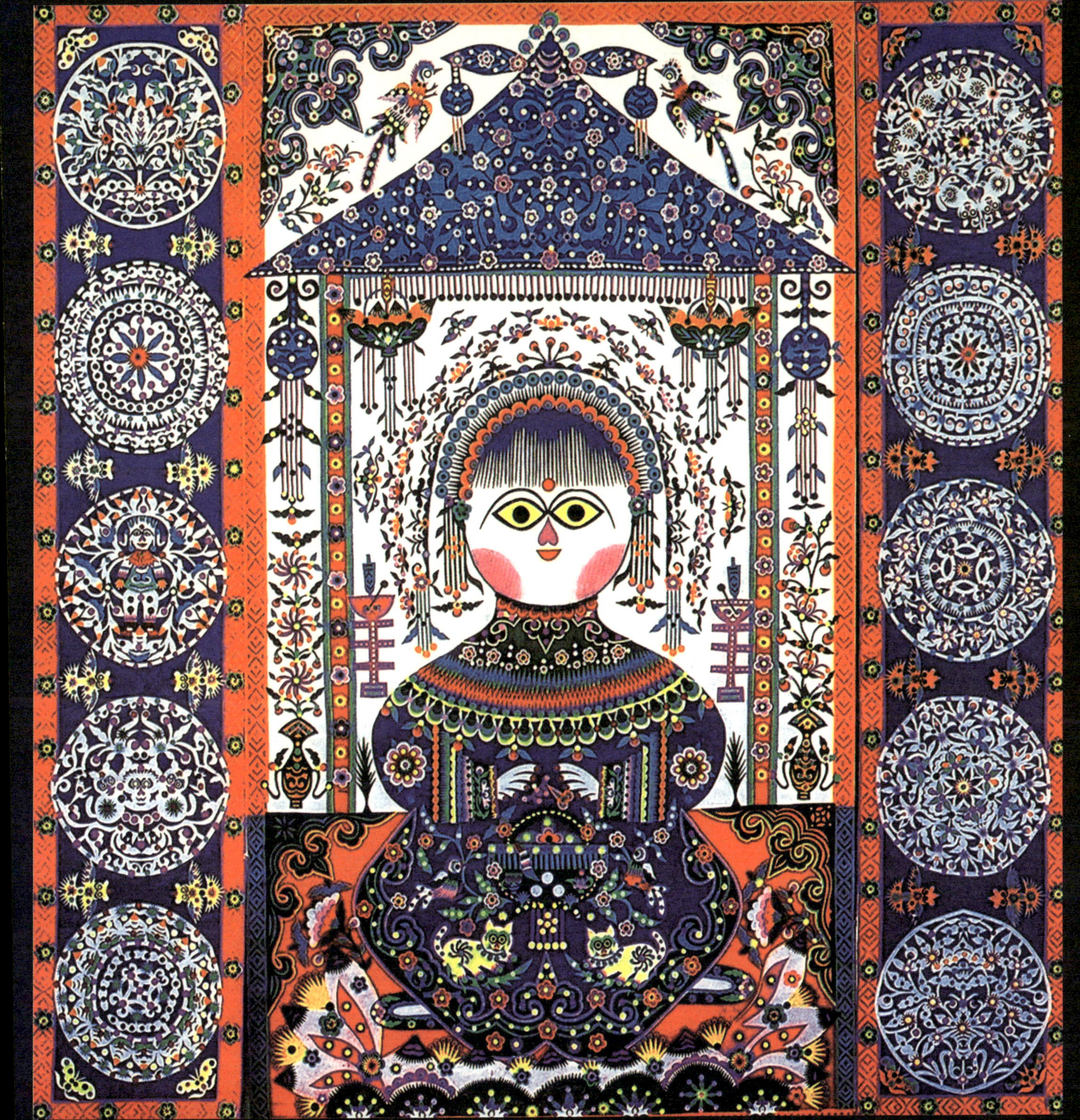

剪花娘子

130厘米×125厘米

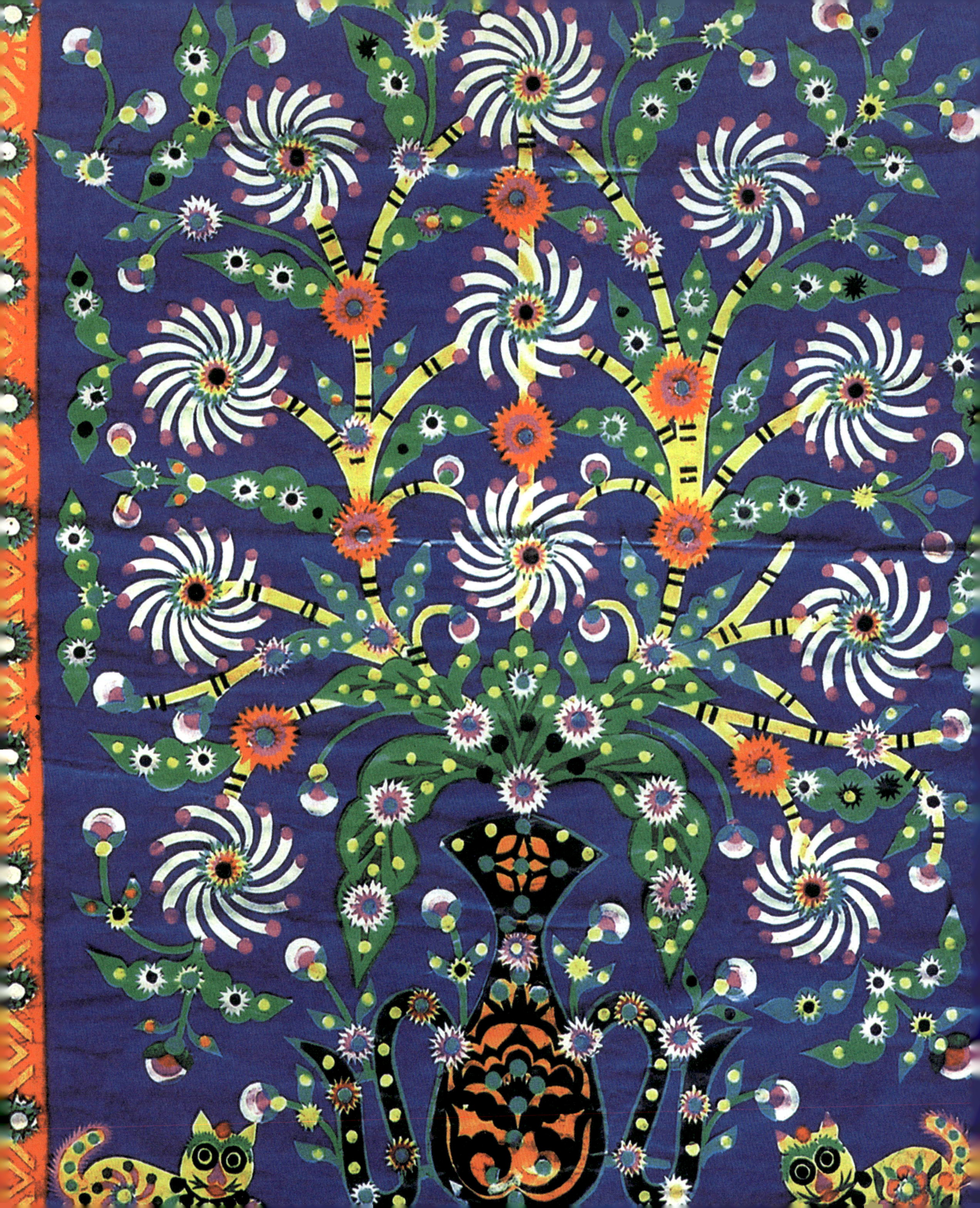

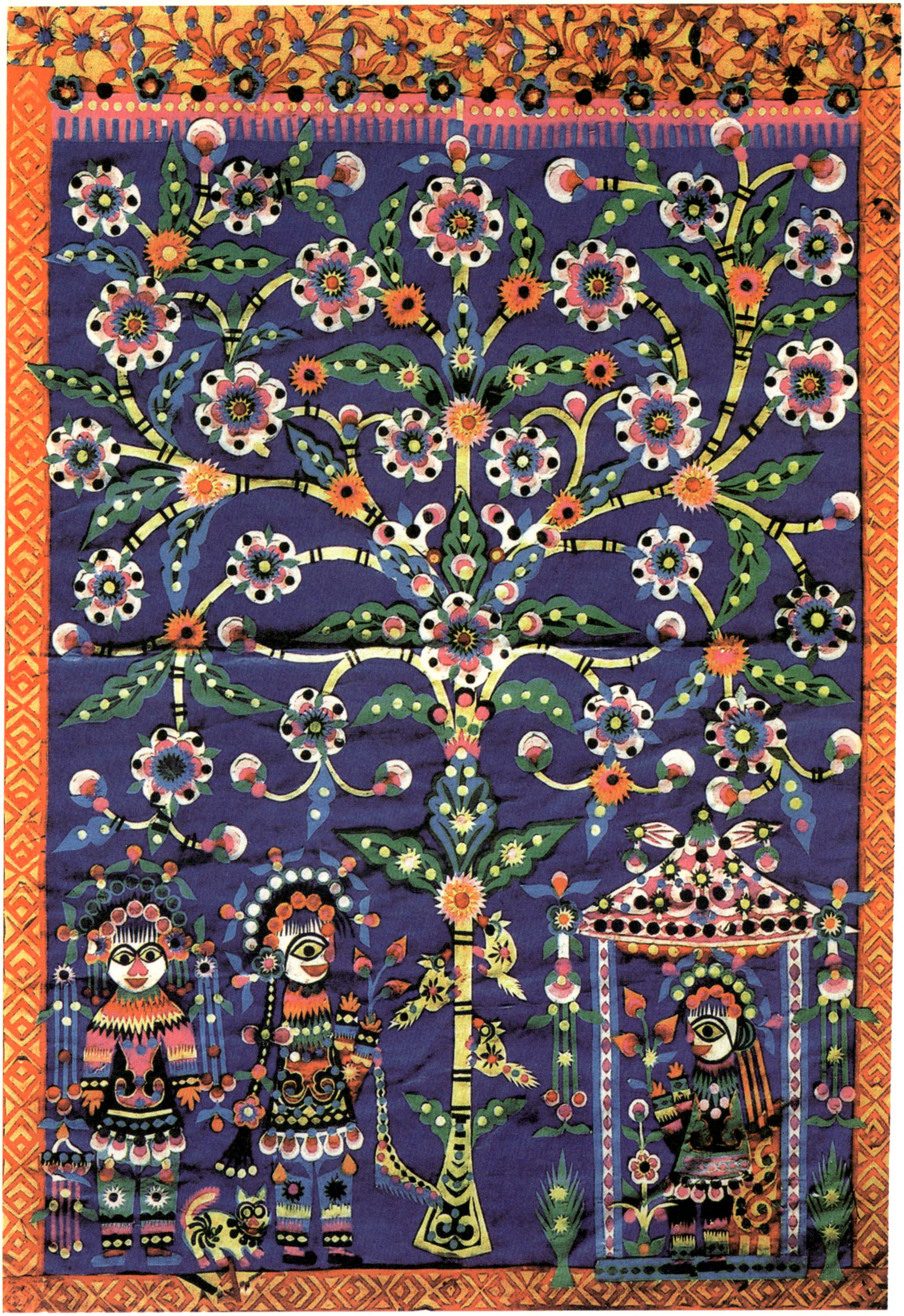

一树梨花靠粉墙　菊花

78厘米×54厘米

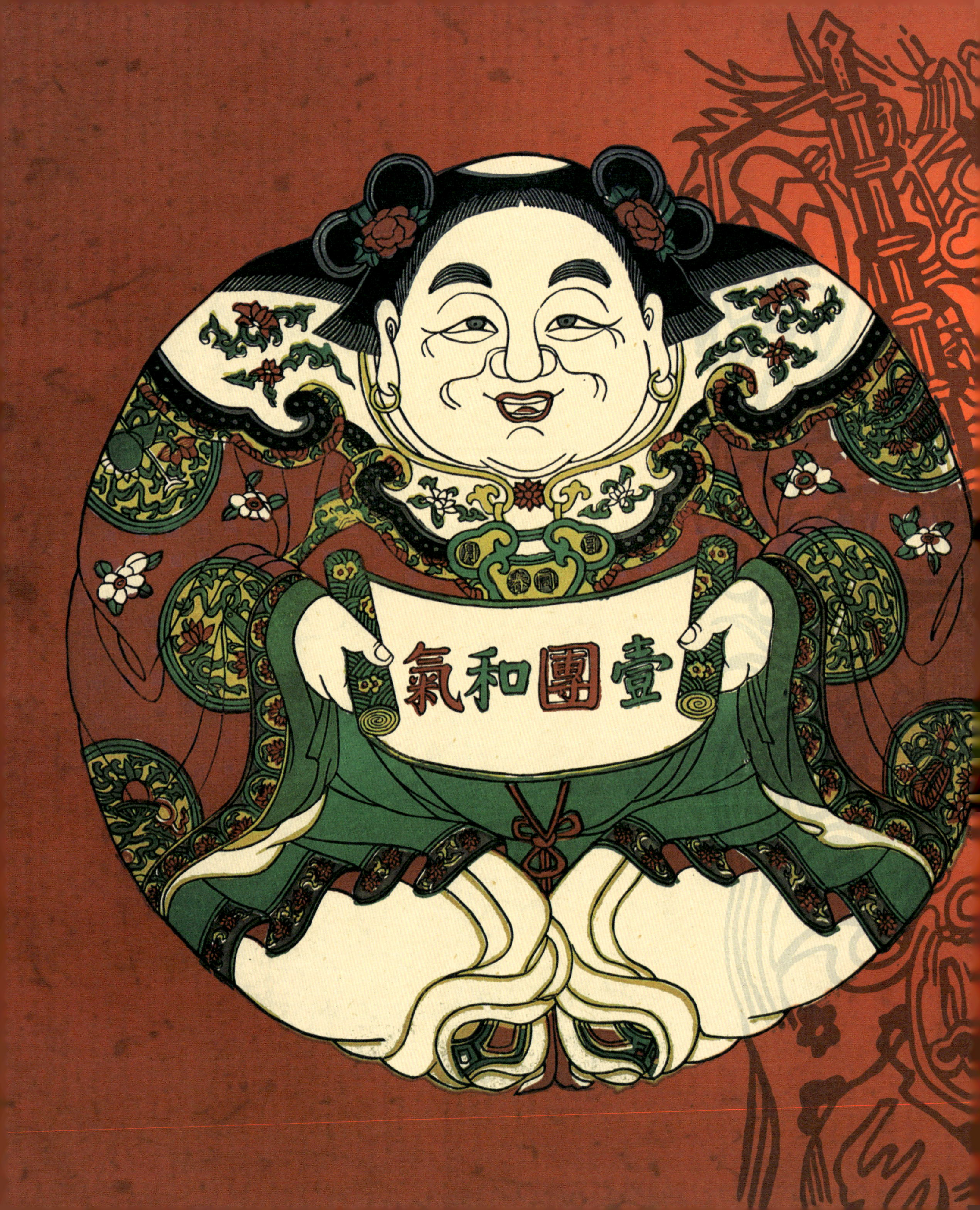
壹團和氣

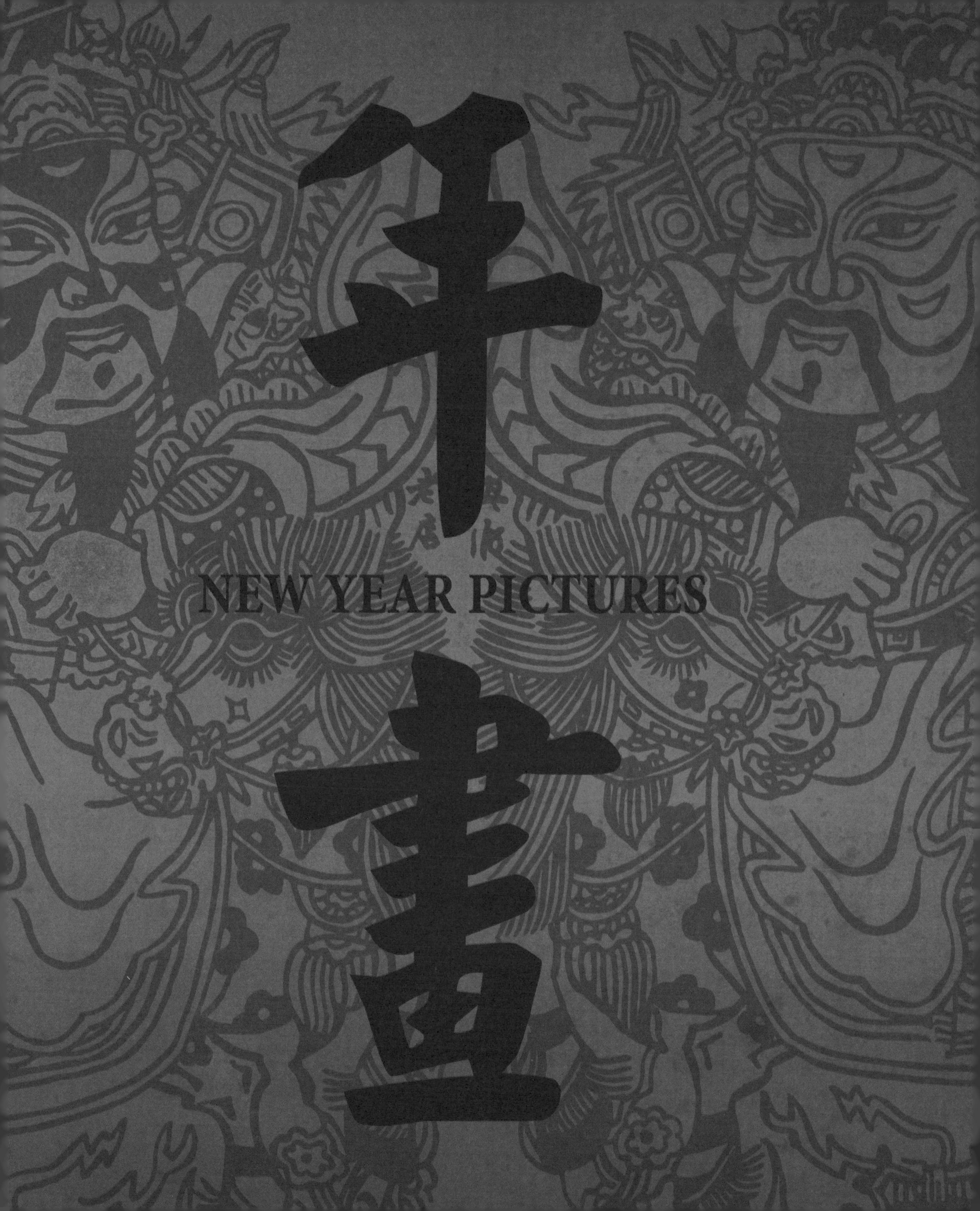

年畫

NEW YEAR PICTURES

年画
New Year Pictures

年画的起源

木版年画是我国历史悠久的传统民间艺术形式,有着1000多年的发展历史。门神、灶君是最早的年画形式，其滥觞于远古，定型于汉代。汉《荆梦岁时记》有“正月一日，绘二神贴门户左右；左神荼，右郁垒，俗谓之门神”之记。汉代已经出现“守门将军”的雏形。后世沿袭贴门神画以驱邪。至明朝后期，门神画的题材逐渐多变，除绘有武官，也出现文官，寓意富贵吉祥。随之反映民俗民风的木版年画逐步形成和发展起来。唐代佛经版画的流行和雕版技术的成熟，宋代市民文化的发展，都大大促进了木版年画的繁荣。北宋时期出现了专门售卖年画的“画市”，当时称为“画纸儿”。年画的不同叫法在民间还有很多，明代的画贴、清初北京的卫画、杭州的欢乐图、四川绵竹的斗方等指的都是年画。清道光三十年，学者李光庭撰《乡言解颐》一书，提及年画一事，言：“扫舍之后，便贴年画，稚子之戏耳。然如《孝顺图》、《庄稼忙》，令小儿看之，为之解说，未尝非养正之一端也”。“年画”一词的含义，由此而起。从此，所谓“年画”就有了固定含义，即是指木版彩色套印的、一年一换的民俗装饰品。

年画经过千年的发展，到了清代中晚期，民间年画达到了鼎盛阶段。不仅内容包罗万象，形式多样，还出现了大大小小几十个产地，著名的有天津杨柳青、陕西凤翔和汉中、山西临汾、河北武强、山东潍坊和高密、河南开封朱仙镇、江苏扬州、苏州桃花坞、四川绵竹和夹江、重庆梁平、湖南隆回、福建漳州、广东佛山、云南大理等地。年画的民间流派风格各异，使用地区覆盖除西藏以外的全国各地。在民间，年画就是年的象征，不贴年画就不算过年，年画不仅是节日的装饰品，同时具有一定的文化价值和艺术价值。

年画的寓意

中国人几千年来有着一个不变的追求，即对福、善、长寿、喜庆、富贵的追求，以“蝠”代“福”，以“鹿”代“禄”，以“鱼”代“余”，以松柏岁寒而后凋喻长生，以榴结百子喻子孙满堂等。中国传统文化中诸多谐音与吉祥喻意是年画中常见的题材。谐音、借代等象征寓意手法是传统年画惯用的表达方式，一只猴子骑立马背，喻“马上封侯”；一束莲蓬喻“连生贵子”；一缸金鱼喻“金玉满堂”。谐音、借代的年画创作约定俗成。年画的另一种创作表现方式是吉祥寓意，在中国传统文化中，“吉祥”的观念很早就有出现。《周易·系辞》中有曰：“吉事有祥”，意思是吉祥的事都会有征兆。吉祥二字的组合较早出于《庄子·人世间》：“虚室生白，吉祥止止”。中国的吉祥寓意模式源于秦汉，发育于唐宋，成熟于明清。人们期望改变现状，寄希望于带来好运的吉祥寓意，在众多的艺术门类中，吉祥寓意的年画是一种较为典型的创作，所有的吉祥寓意都能通过年画进行表现。

寄予纳福招财的吉祥观念表现有：恭喜发财、年年有余、五谷丰登、连中三元、鱼跃龙门、春风得意等。延年增寿的吉祥观念表现有：寿比南山、松鹤延年、鹿鹤同春、福禄寿星、群仙祝寿、杞菊延年等。结婚子嗣的吉祥观念表现有：花好月圆、龙凤呈祥、百年好合、双喜鸳鸯、和合二仙、牛郎织女、早生贵子等。

年画的分类

年画取材于世俗社会生活，题材无所不包，有历史故事、神话传说、讽喻劝诫、仕女娃娃、花鸟鱼虫、吉祥喜庆等类。从内容上看，有歌颂明君贤臣、讲因果报应，有贤母教子、孝子事亲，有历史故事、文学名作、民俗风情、戏曲典故等，内容包罗万象。

民间木版年画，由于其地域不同，以及内容、功用、尺幅的不同，使之分成了不同的类型，归结起来可以分为如下几类：

一、门画

门画分为门神、门童、画对子三种。门神贴于门的左右，门神又分为武门神和文门神。武门神功用是镇宅护院，文门神昭示了民众招财进宝、功名利禄方面的要求。门童是专贴于门扇的吉祥娃娃图，多是“五子登科”、“十子九成”、“鲤跃龙门”的题材。画对子，也称“房门对”，多是传统的意匠文字表现，字画合一，丰富有趣。

二、神像

神像分为诸神和灶马二种。诸神包括常供神像和仪式神像，内容有“禹王锁蛟”、“玄都大帝”、“紫微高照”等。还有将三圣、关帝、土地、财神、宅神等归整同置一纸的诸神图。灶马，画灶王骑于马上，故名。灶王像两边通常写有“上天言好事，回家降吉祥”的句子。

三、窗画

如同剪纸般贴于窗格间，四幅一组，一组故事尺幅四寸见方。

四、灯屏画

灯屏画也叫灯方画，粘贴在灯笼四周，内容多取材历史故事和戏曲，灯屏画形式多上文下图，或与谜语结合，上字谜下画谜，称为“灯谜”。

五、屏条

四扇或八扇一组，内容多是连环画故事，题材以小说戏曲为多，种类有单幅多图者，也有条幅多幅者。

六、斗方

四方如斗，故称斗方。内容有书字者，也有画图者，一般贴于粮囤、箱柜、照壁之上，斗方分方贴式和菱贴式二种。

七、横条

年画中凡横长形的条画，统称横条。

八、中堂

全张印绘，立式贴于堂屋之中，内容多吉祥寓意，也有装裱成轴的中堂。

九、历画

上印节气表，劝农耕时耕作，故称“春牛图”。此外“九九消寒图”、“三年早知道”、“钟馗打鬼图”等，也归于历画类。

十、喜画

喜画多绘“和合二仙”、“红鸾照命”、“龙凤呈祥”、“麒麟送子”、“子孙万代”等内容，新婚、生子之家多贴用。

十一、祝福庆寿画

是庆祝开业和福寿吉日的年画，如“利市仙官”、“百寿图”等。

十二、扇面画

是夏季年画淡季时补充性的木版印画制品，山东潍坊年画作坊有“刻版坐案子，捎带糊扇子”的民谣。

年画的风格

年画的风格因地域的不同而呈现出多种多样的面貌，其流派较有影响的有五大代表性的民间年画基地。

一、苏州桃花坞年画

源于宋朝的刻版印刷工艺，以色版套印，并由绣像图像而来，到了明朝已形成一民间艺术流派。桃花坞年画以细腻工整著称，其特点是构图对称丰满，色彩艳丽，有浓郁的生活气息。在人物塑造、刀法及设色上，具有朴实、稚拙、简练、丰富的民间美术特色，故数百年来一直畅销海内外。

二、天津杨柳青年画

始于明朝崇祯年间，盛于清朝雍正、乾隆至光绪年间。杨柳青年画兼有宫廷趣味和

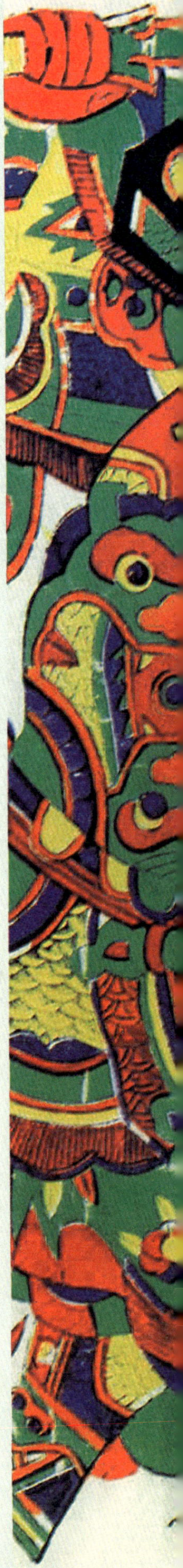

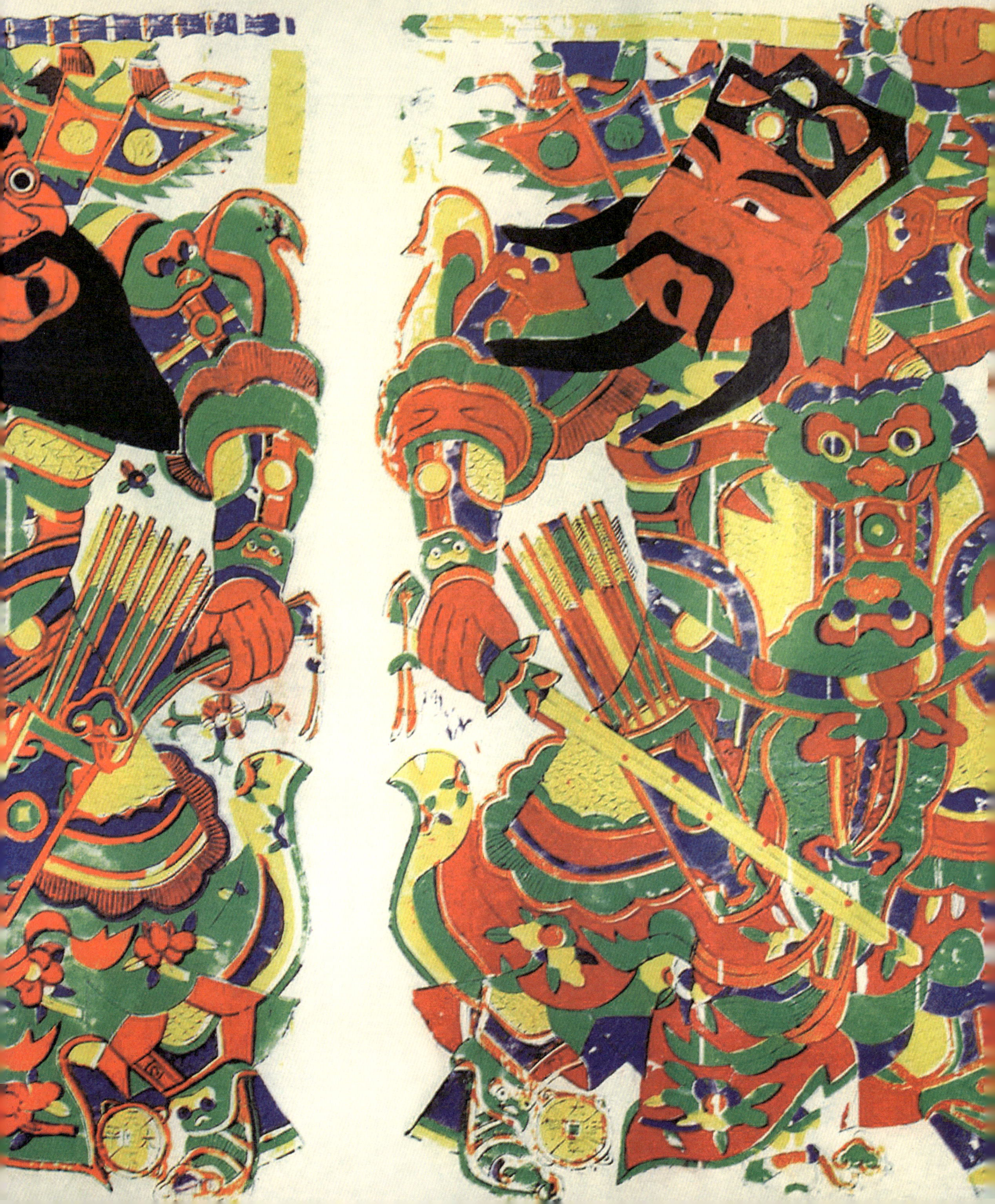

天官赐福　连环寨

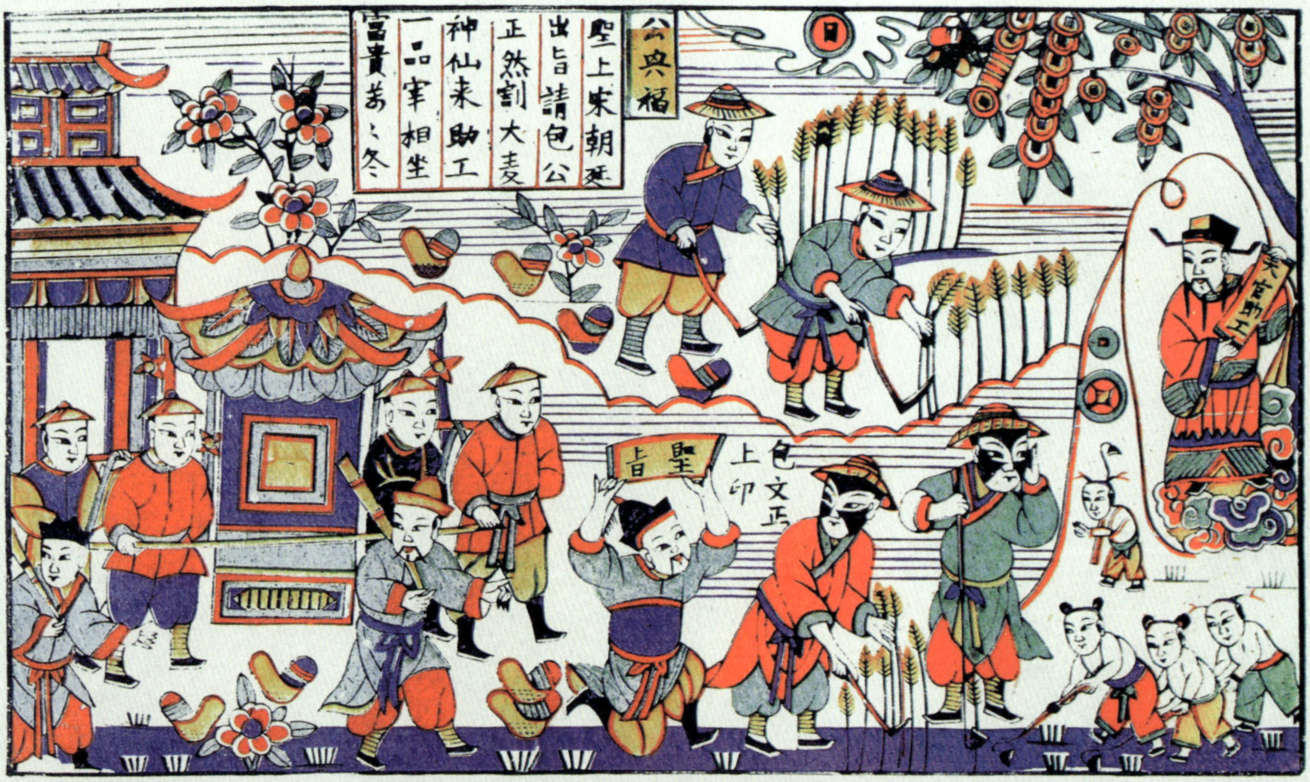

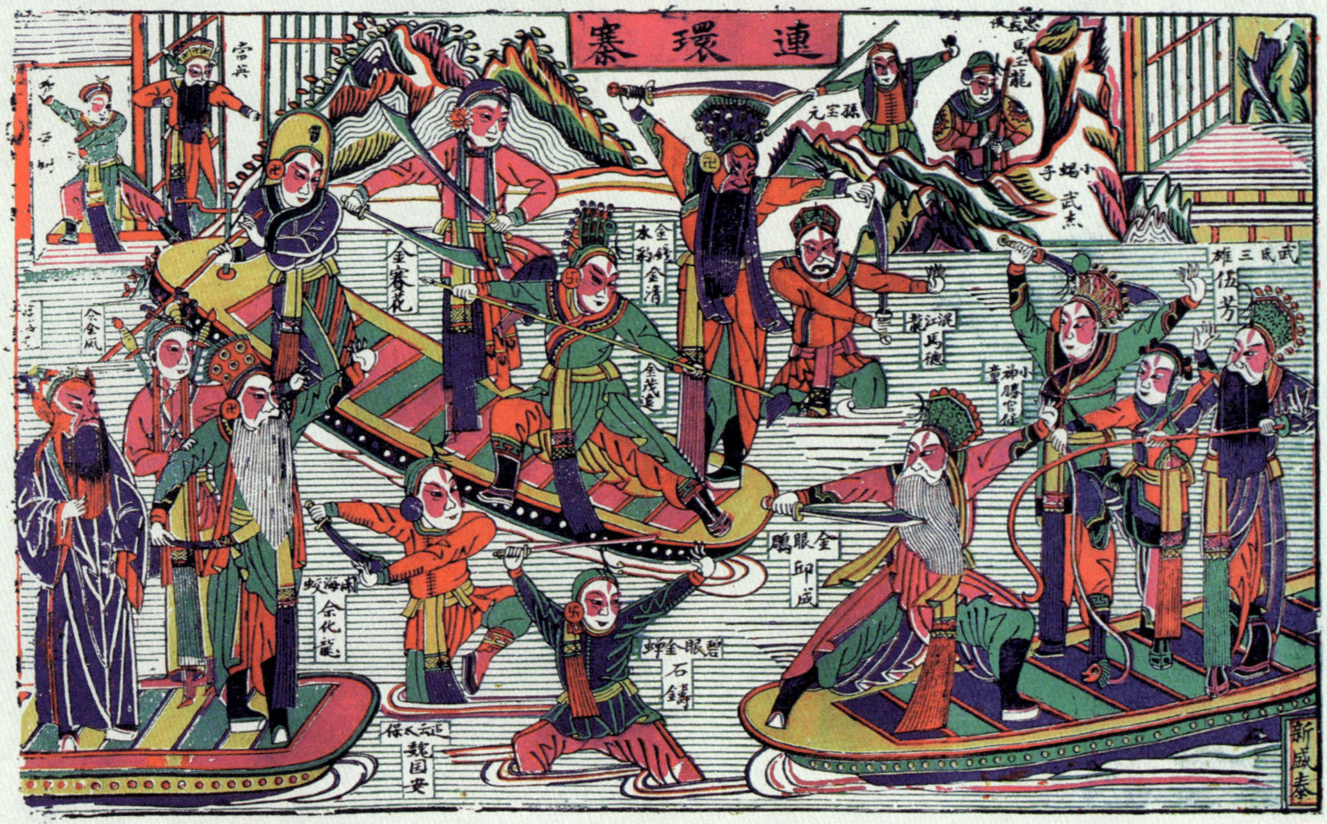

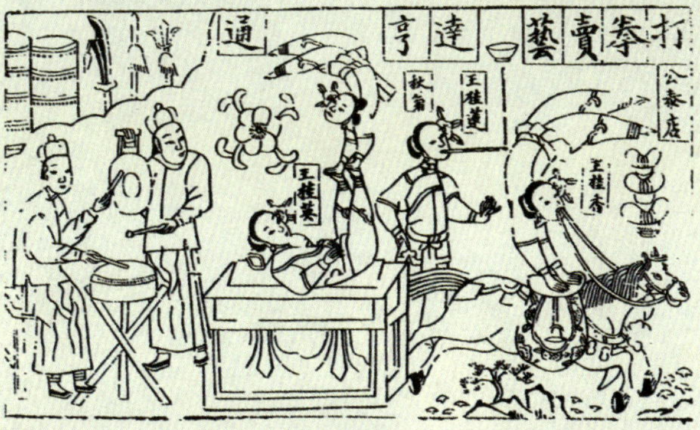

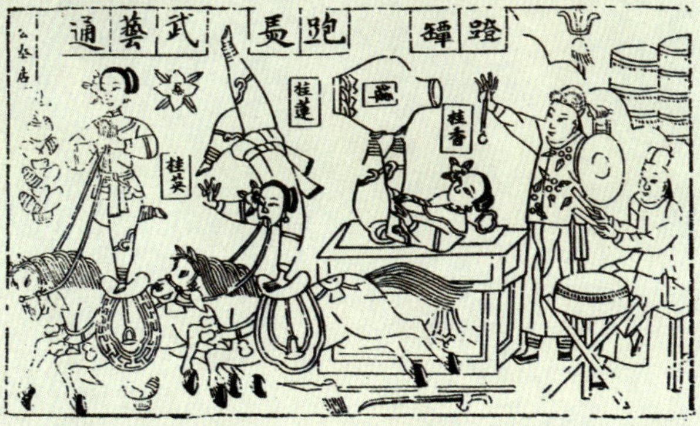

市民趣味。其艺术特点：绘画工整，构图完美，色彩柔和，人物俊美生动。在制作工艺上将版画的刀法与绘画巧妙融为一体。因此，民间艺术的韵味浓郁，富于中国气派。在中国版画史上，杨柳青年画与南方著名的苏州桃花坞年画并称“南桃北柳”。

三、开封朱仙镇年画

河南开封朱仙镇年画是我国历史最为悠久的年画，其木版年画源于北宋，朱仙镇年画秉中原文化底蕴之丰厚，承宋雕版印刷工艺之干练，绘画风格以适度的夸张和变形为主，显示了中原民间艺术的风味。

四、潍坊杨家埠年画

潍坊年画初期受到天津杨柳青年画的影响，光绪年间达到鼎盛，风行黄河中下游一带。潍坊杨家埠年画粗犷朴实，充满乡土气息，体裁广泛，想象丰富，技法重原色，对比强烈。

五、四川绵竹年画

始于明末，至清乾隆、嘉庆年间发展蓬勃。以画工勾染为主，只用墨线印出画样后进行手工描绘。在创作人物的动作上，既生动多变又和谐统一，具有大写意风韵和色彩浓艳等特点。绵竹年画线条讲究洗练、流畅，刚柔结合、疏密有致，节奏感强烈而夸张、变形，象征有寓意的造型，活泼而诙谐。

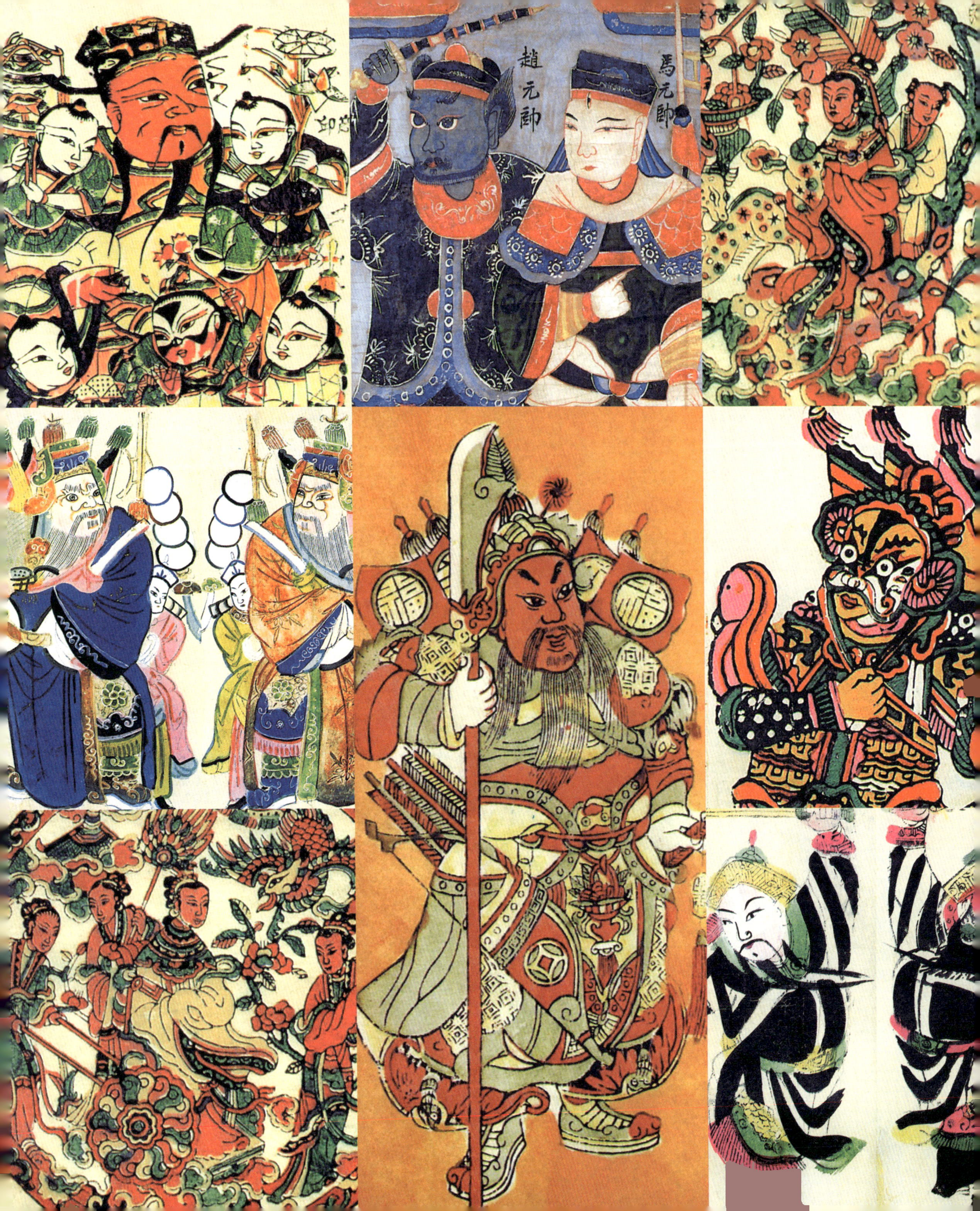
趙元帥
馬元帥

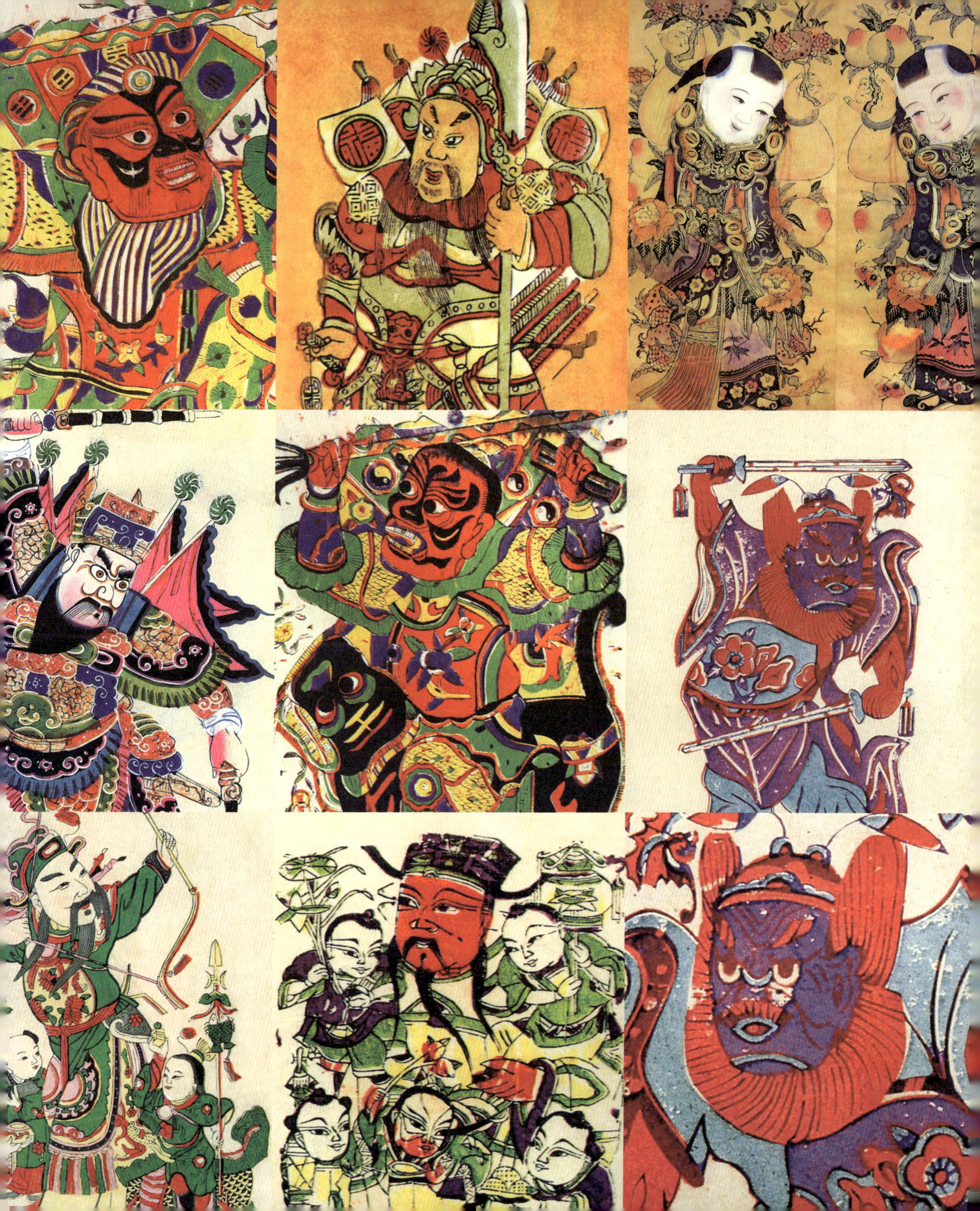

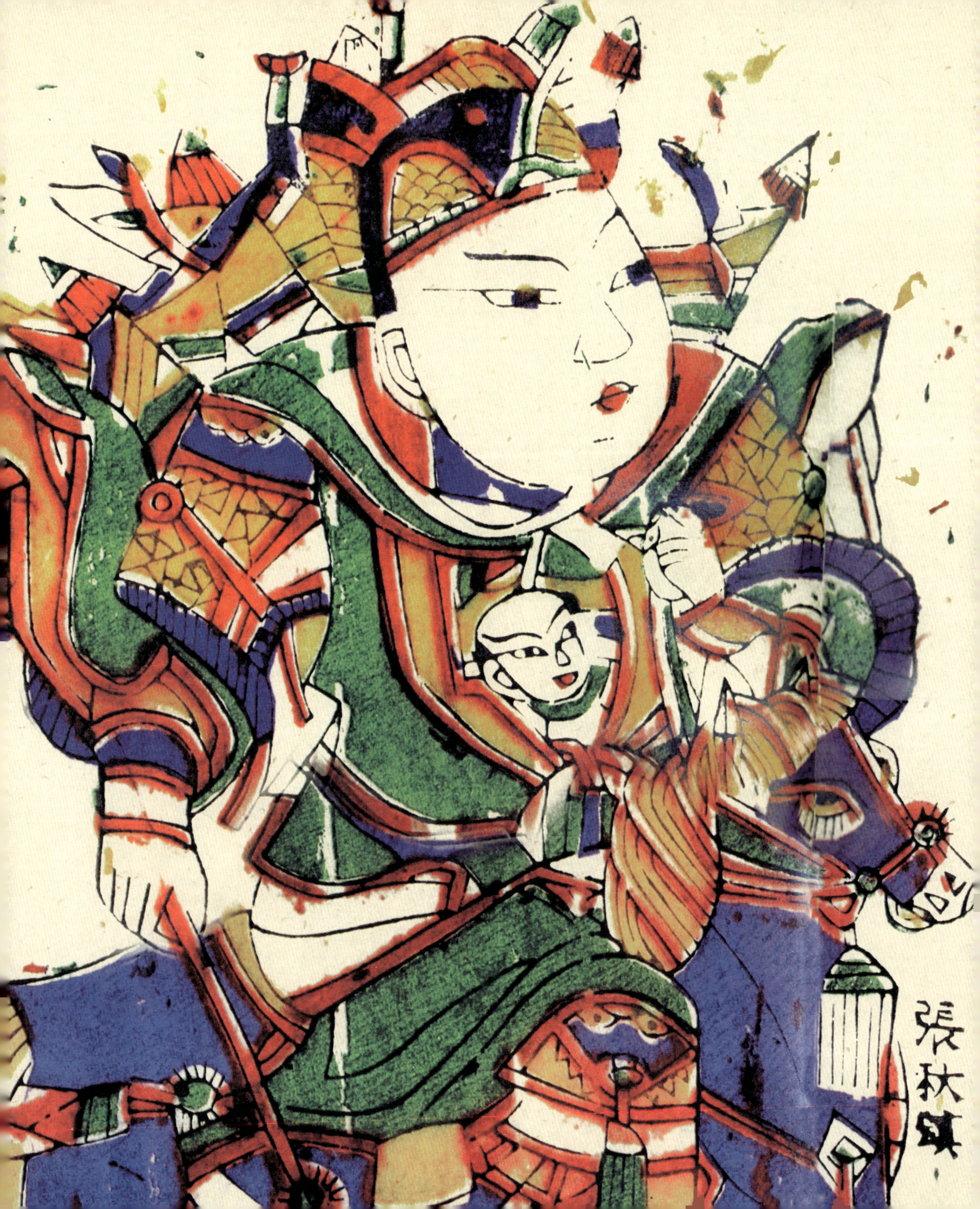
張秋

赵云救阿斗

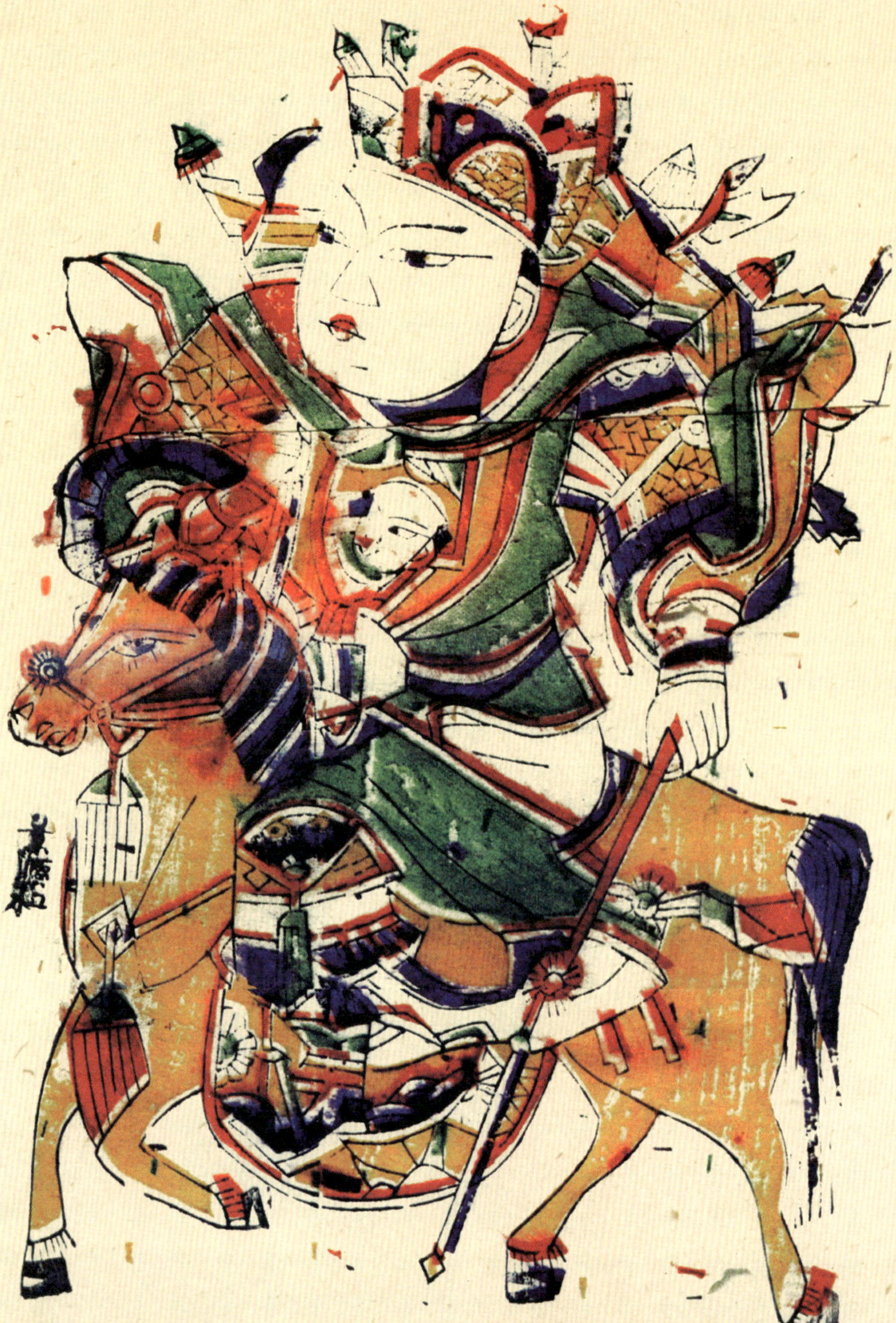

昭君出塞　麒麟送子

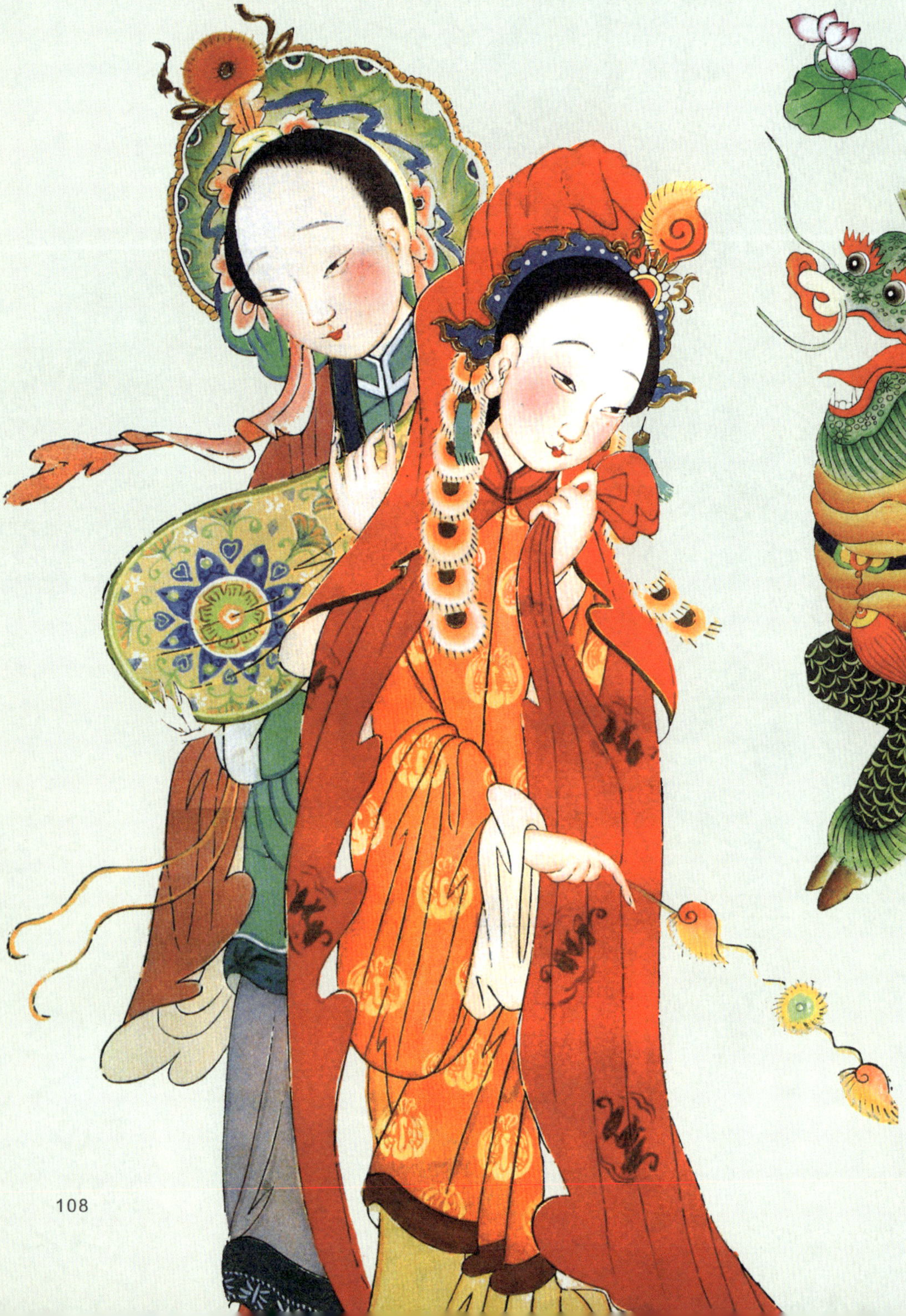

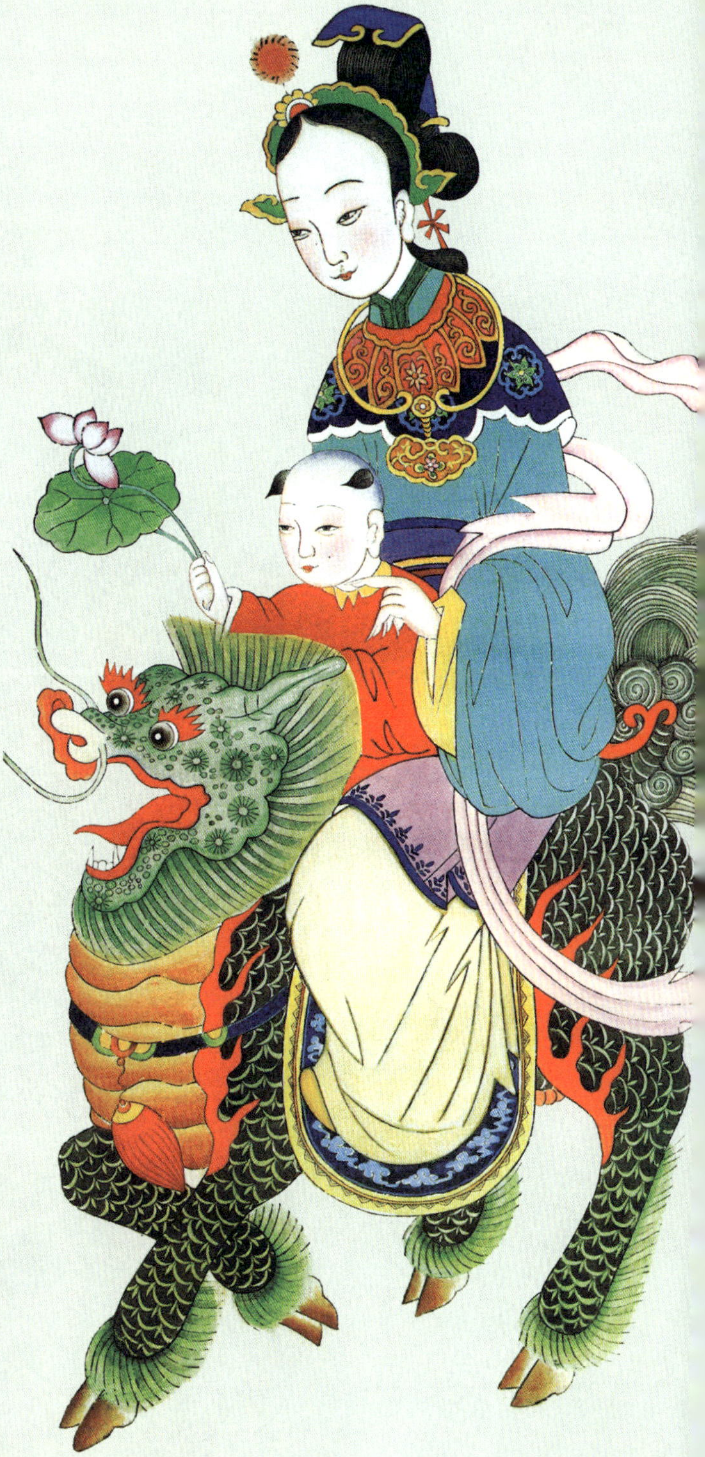

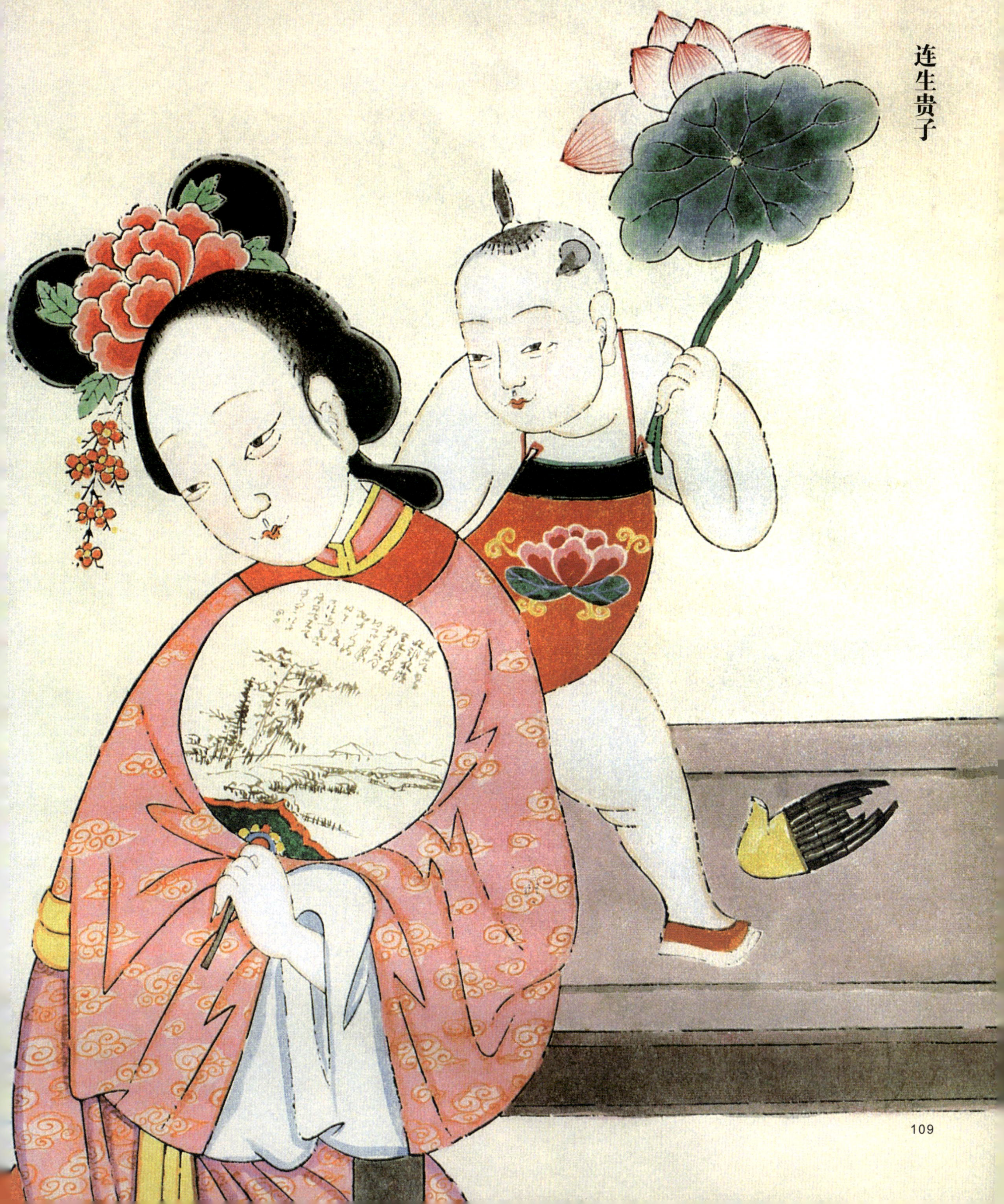

连生贵子

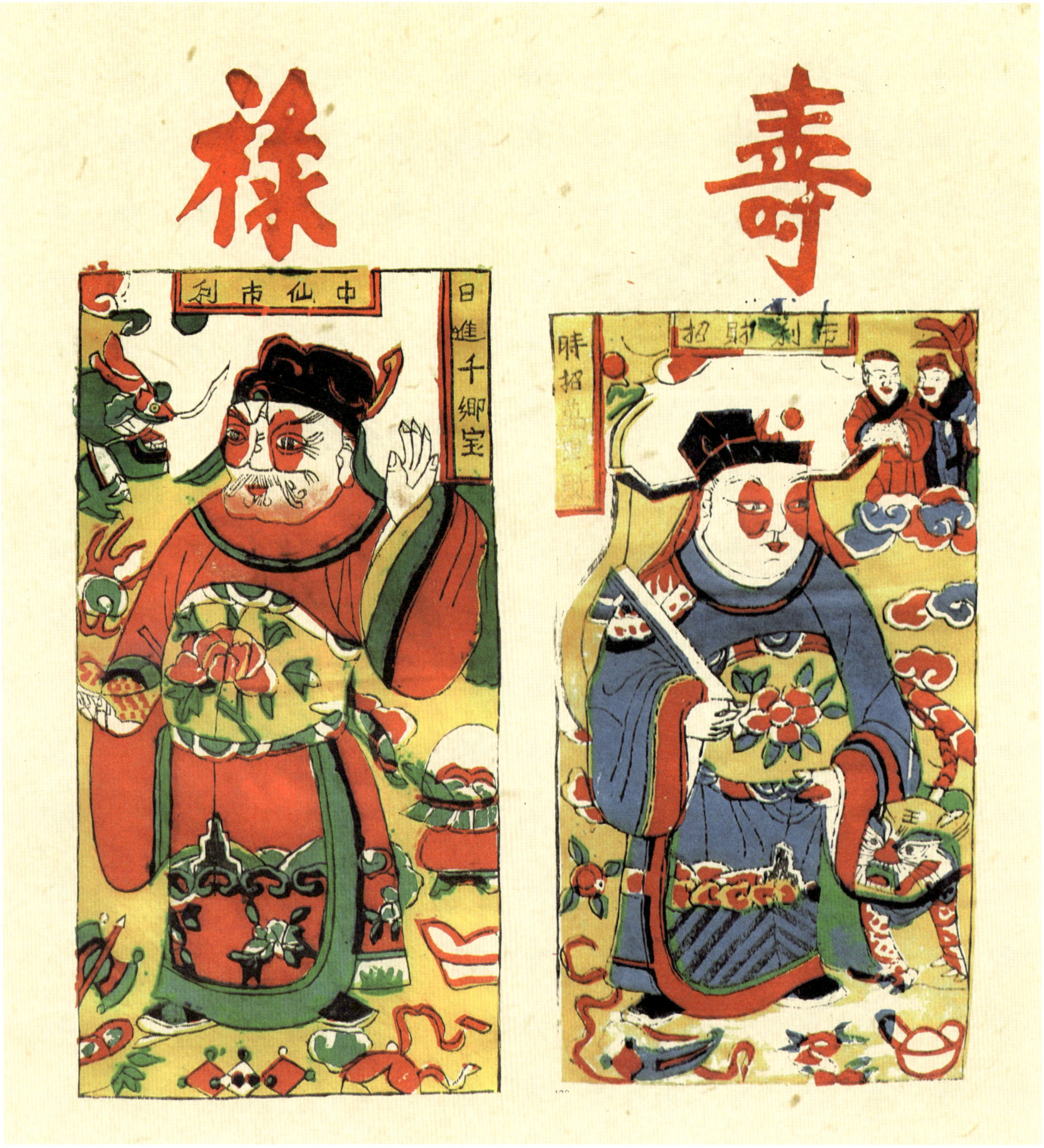
祿
壽
日進千鄉宝

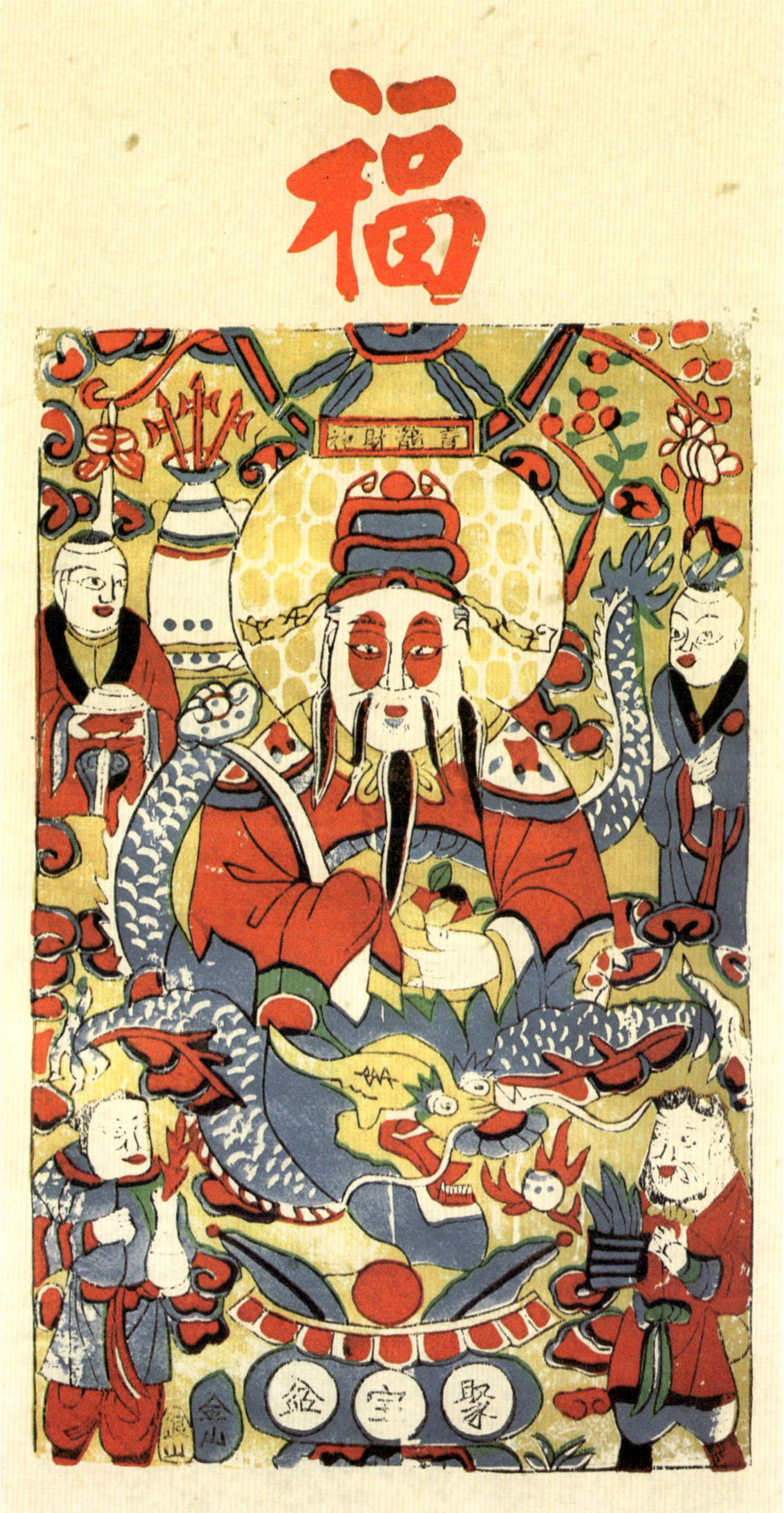

木版招财

福禄寿三神，俗称三星，在民间美术中多有表现。南通民间在大年三十有张贴三星招财于堂屋二梁正中的习俗，祈祝三星高照，招财进宝，兴旺发达。

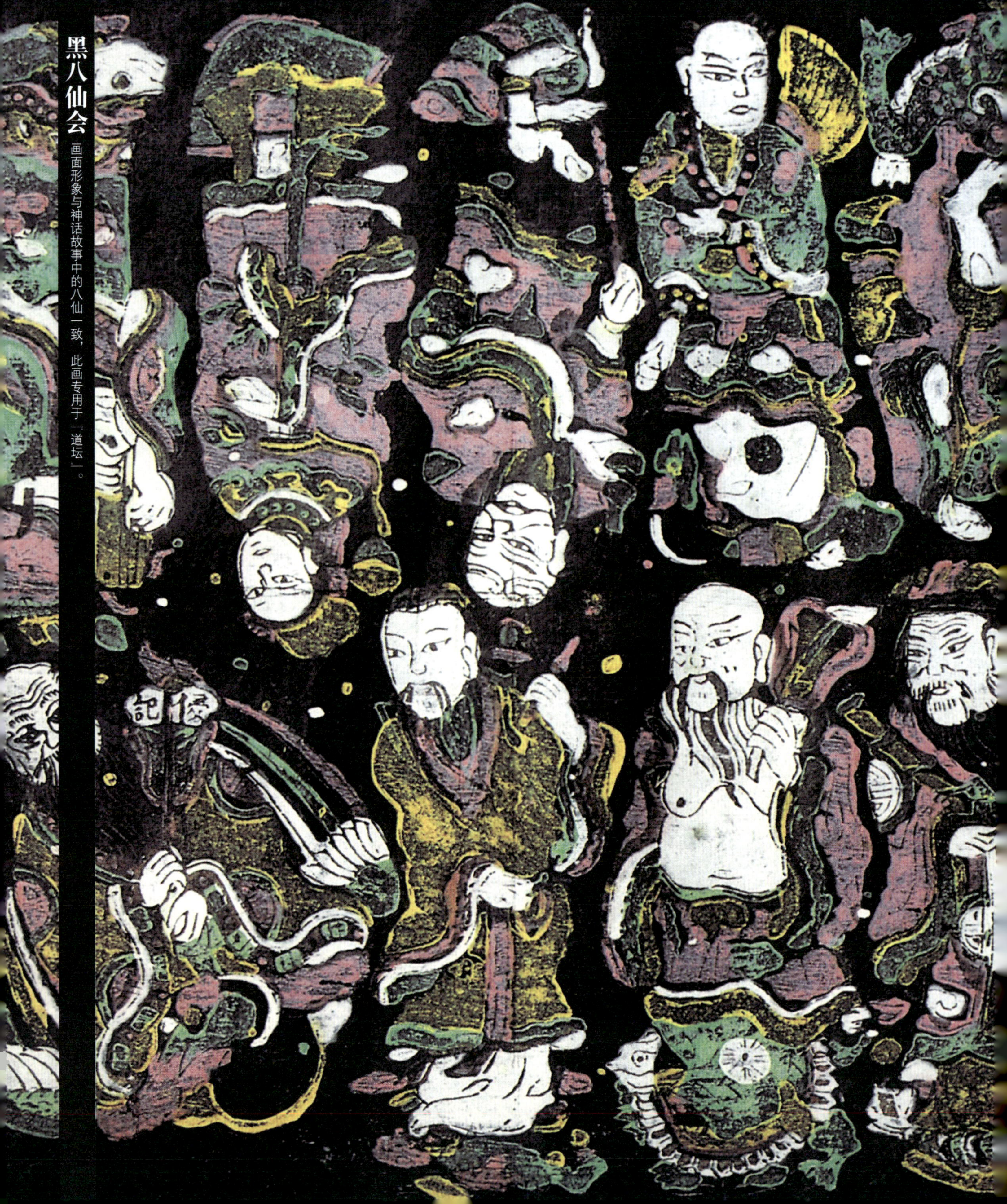

黑八仙会

画面形象与神话故事中的八仙一致，此画专用于『道坛』。

紫微高照　聚宝藏珠

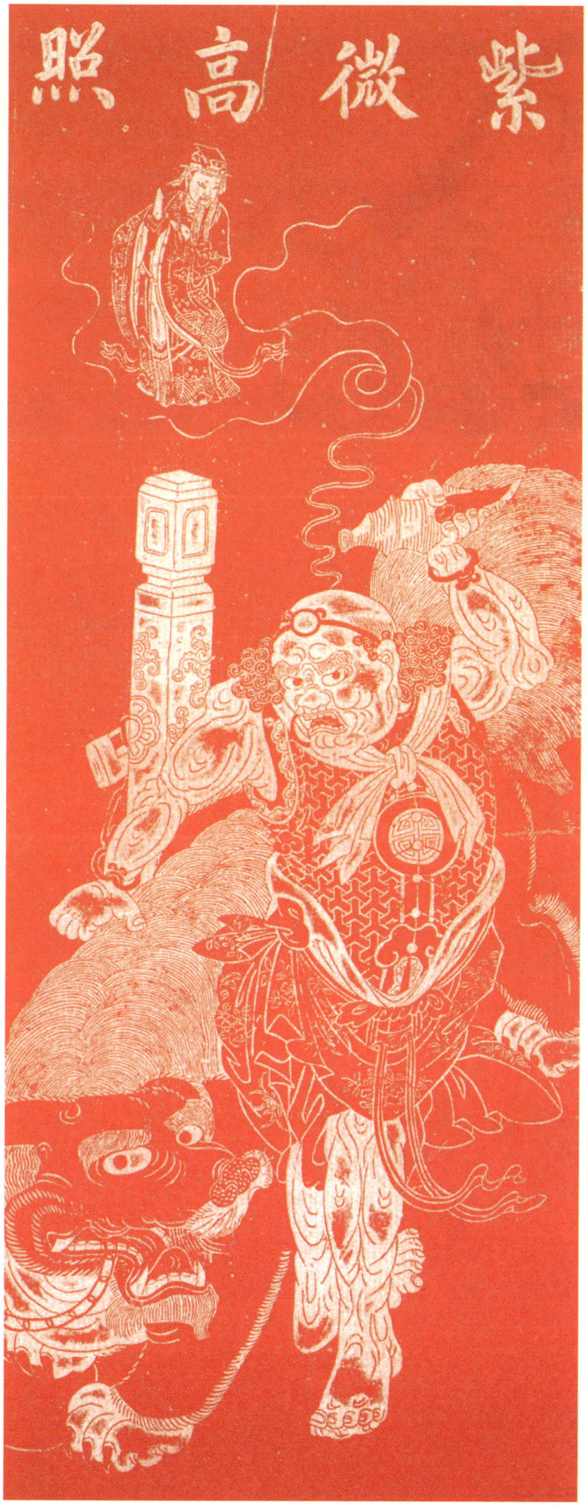

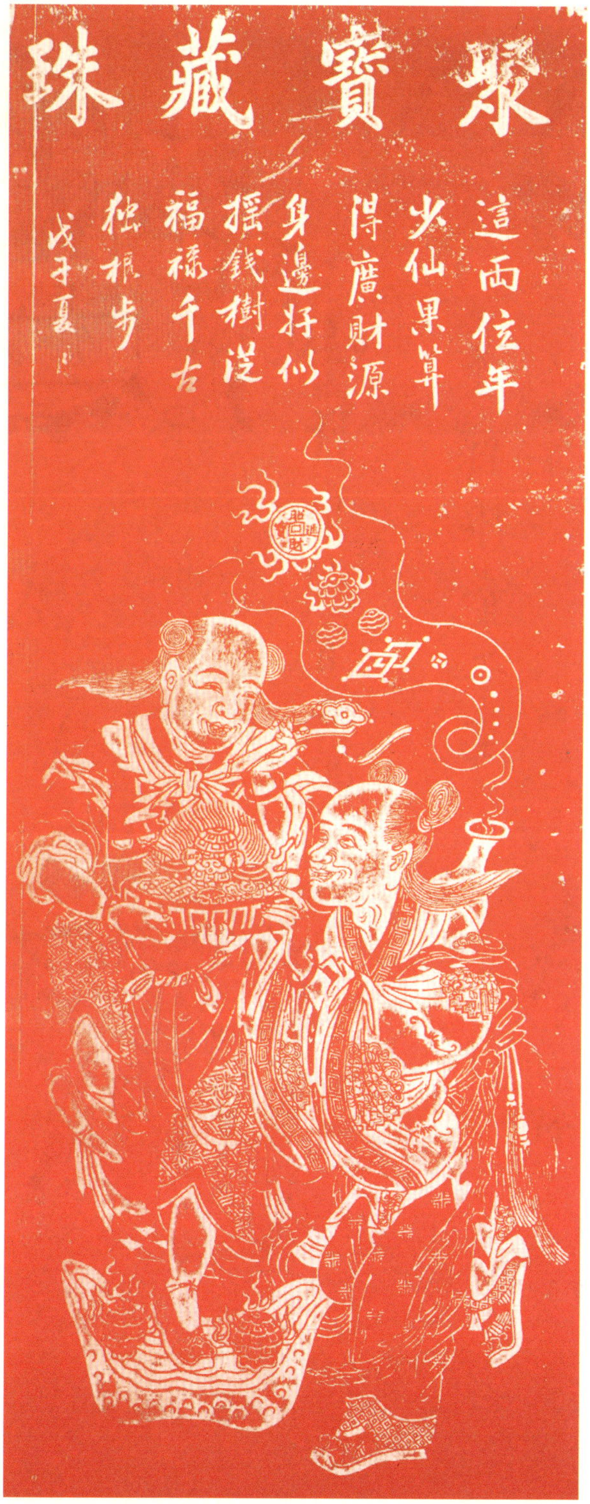

反西凉　战宛城

扇面

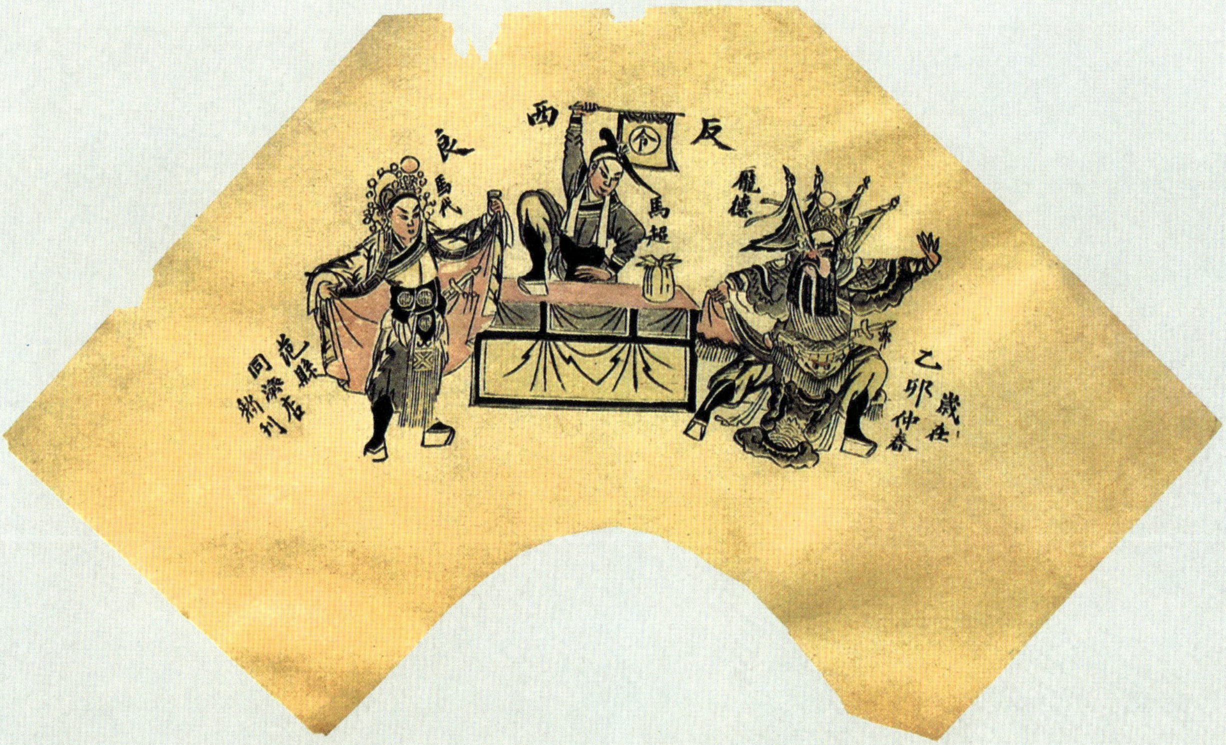

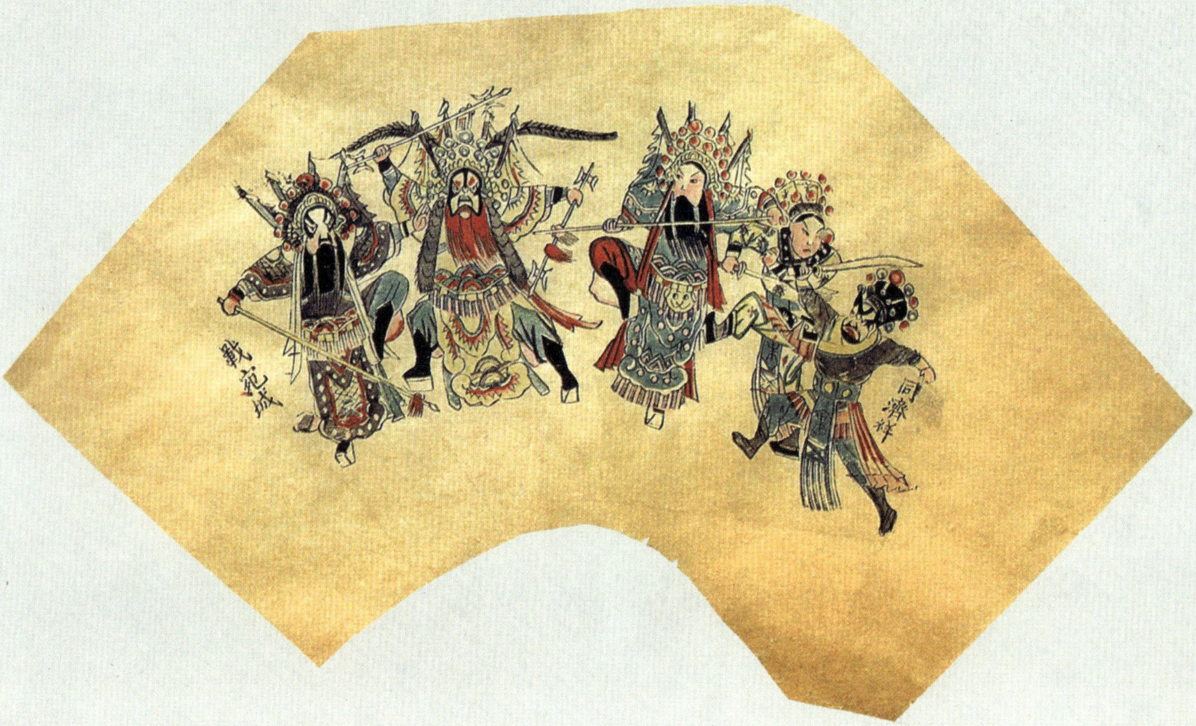

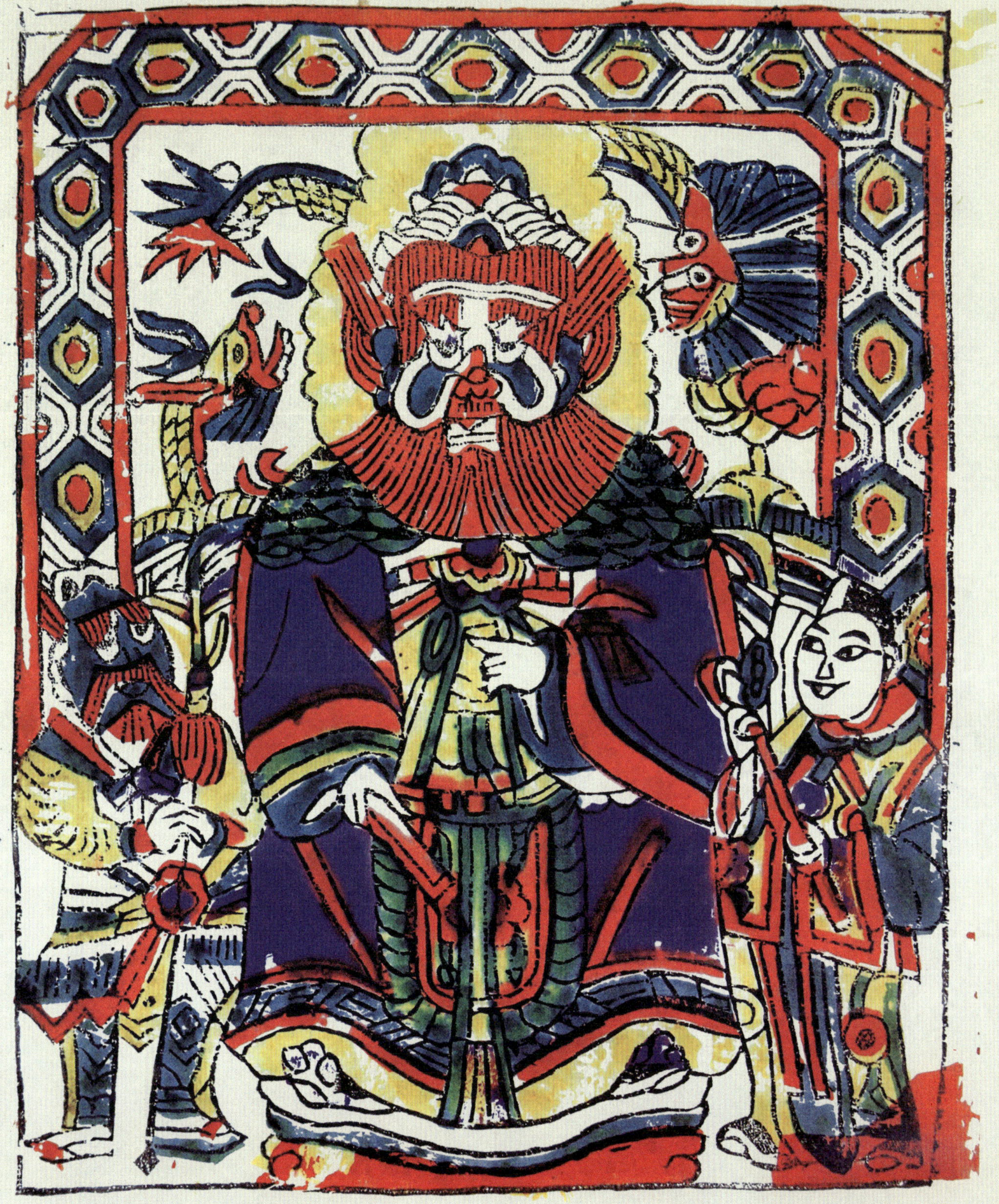

刘海戏金蟾

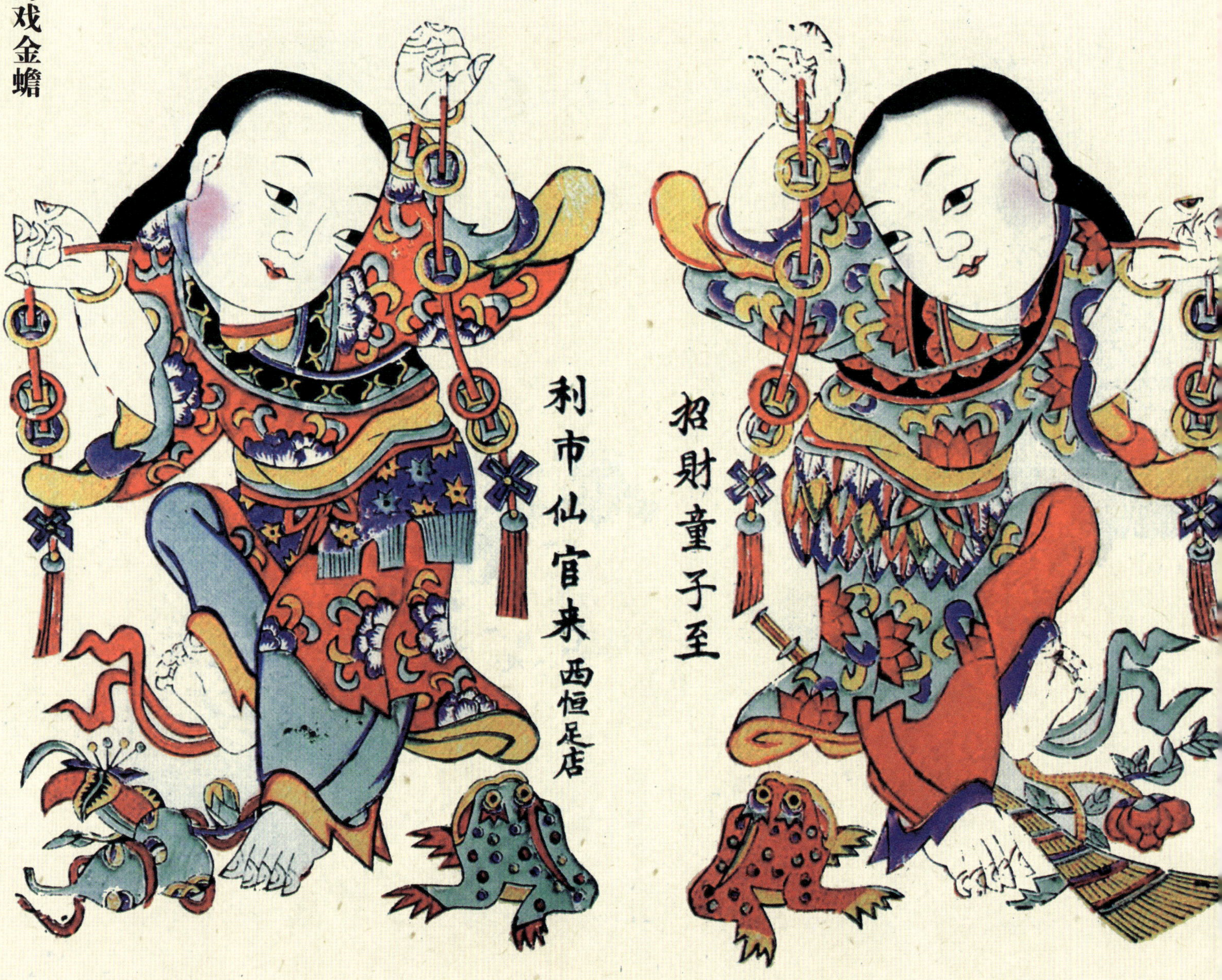

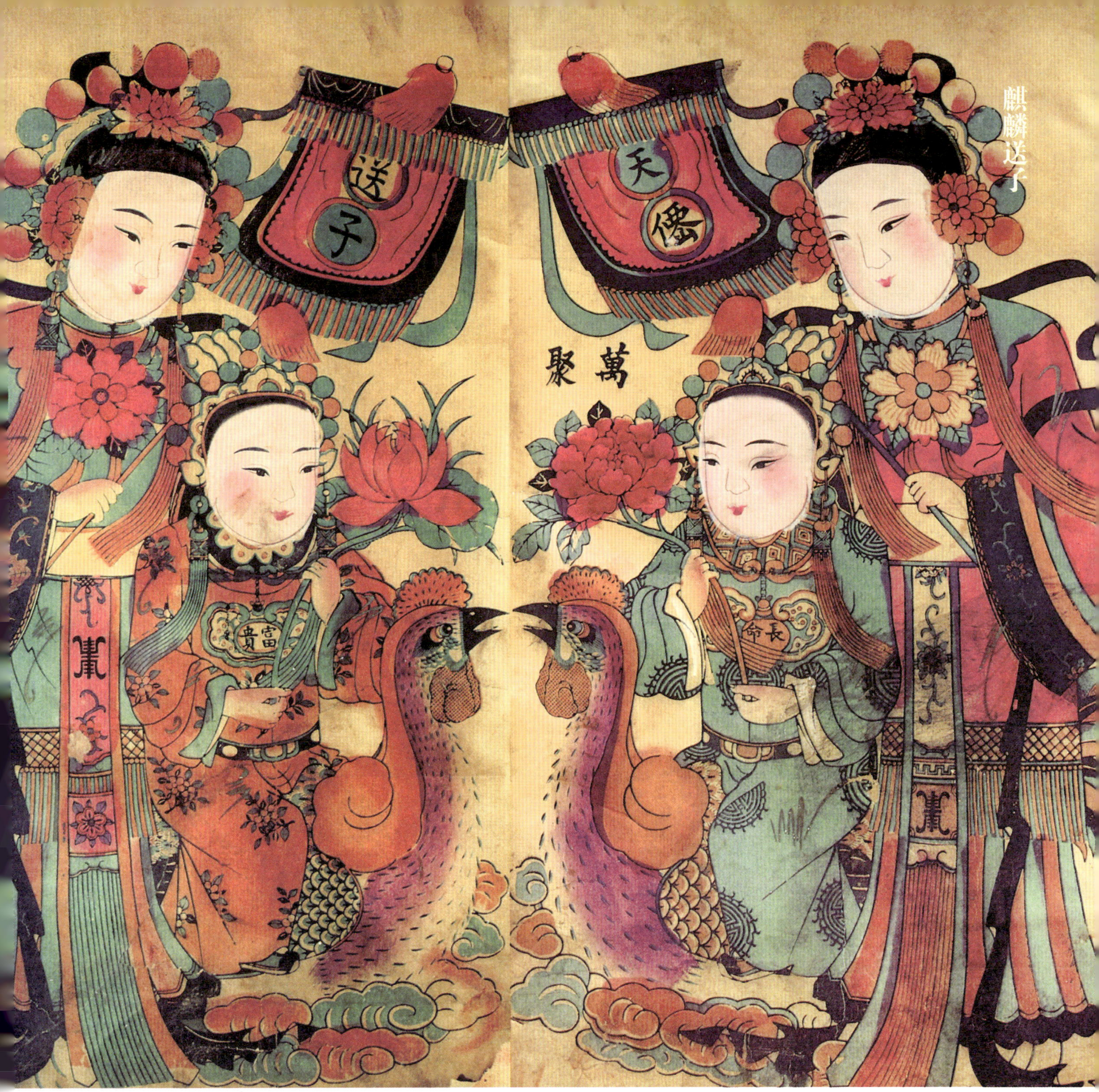

麒麟送子

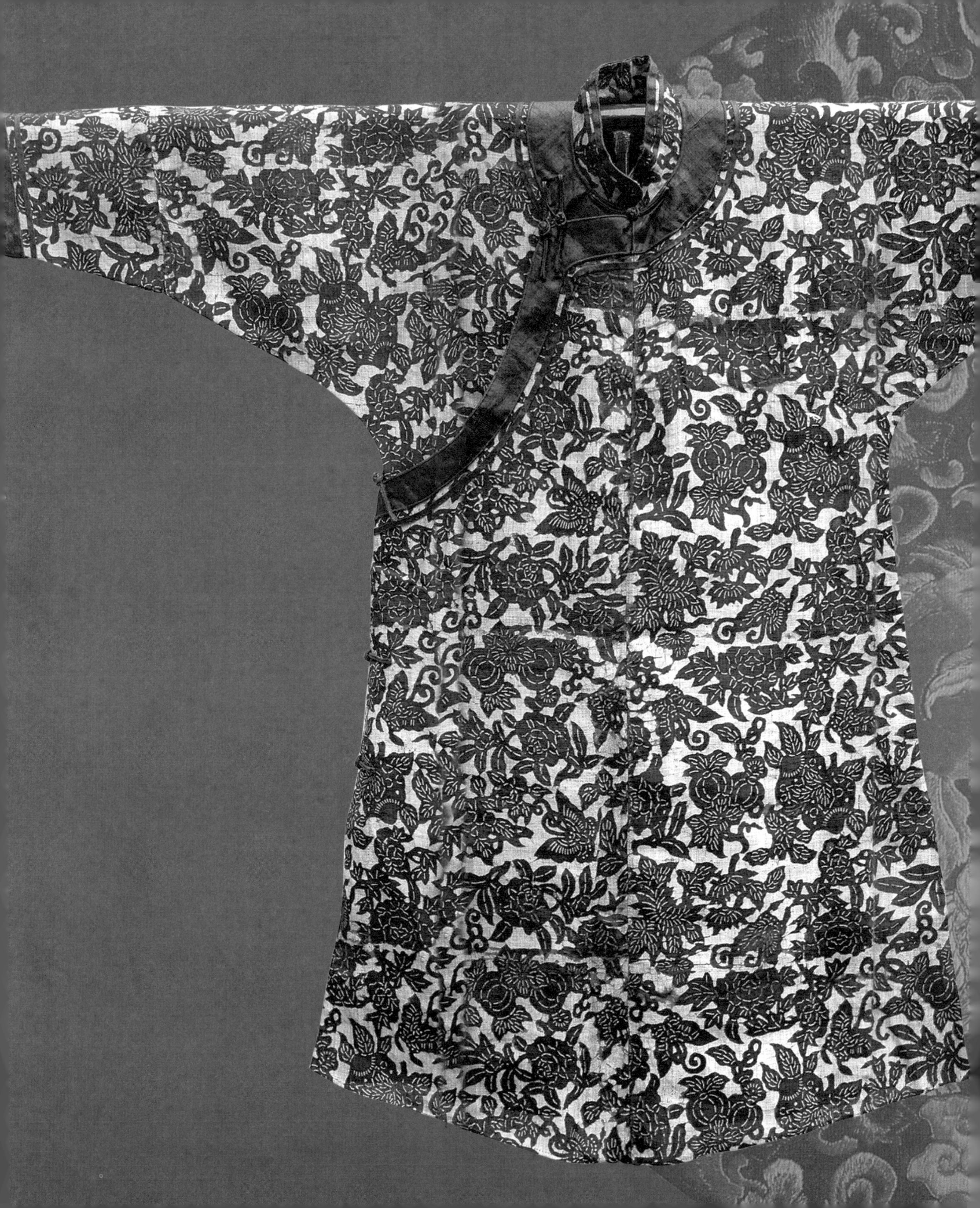

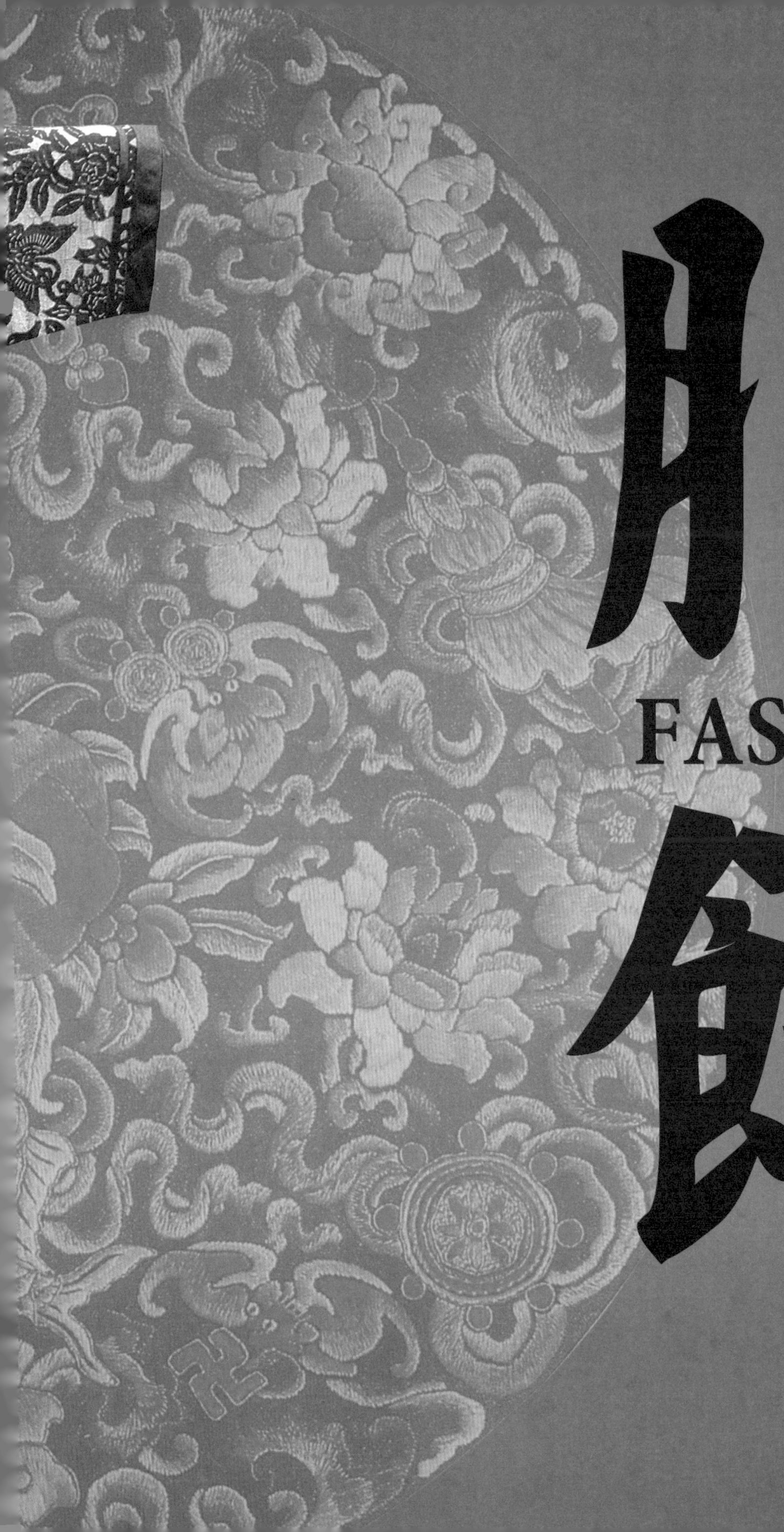

服 FASHION 飾

服饰
Fashion

服饰起源

服饰图案亘古至今点点滴滴装点着我们的生活，日趋瑰丽，或缤纷多姿，或富贵妖娆。随着人类文明的进步，人们对生活层次的要求不断提高，服饰图案也在发生着不断的变化。

中国的服饰图案源自远古，悠久的千百年历史更替，造就了中国服饰图案的富饶精深。有据可考，中国最早的服饰图案在商代就有记载。奴隶社会鼎盛的商代，阶级关系已经开始清晰，奴隶主开始用服饰差异显示自己的高贵地位，从服装的领口、袖口、前襟、下摆、裤角等边缘处及腰带上装饰回龟纹、菱形纹、云雷纹等，显示自己掌控自然的权力和能力。云雷纹等多是由于古人对于自然直接描述而成的图案，在服装上主要是以二方连续的构图形式呈现，注重图案的工艺体，强调纹路造型连贯的规律美。

服饰发展

随着人类意识的成熟加深，人们对纹样的追求表现出主观意识，这种意识也就是图腾的萌芽意识。人们把一些动物作为图腾崇拜物（如鸟、鱼、虎等），其纹样首先在人们所用的器物（酒具、餐具、生活用品）上表现出来，但很快在服饰上流行起来。在商代，当时男女所用的各种玉饰、帽饰、牙笄等也留下了这样的印迹。

到了周代，纺织业也应运而生，于是人们的生活中出现了华美的暗花绸和多彩的刺绣品。贵族用它来制作服装，于是出现了具有浓厚阶级色彩的冕服。《虞书·益稷》篇中记有：“予欲观古人之象，日、月、星辰……以五彩彰施于五色，作服汝明”。这里所说的用五彩色施于衣裳上，即十二章花纹用画与绣的方法施于冕服上，说明当时的服饰图案已很有特点了。从十二章花纹表现形式和象征意义来看，这些纹样并没有排除当时人们图腾崇拜的心理，同时，也表明人们已不是仅仅把图腾崇拜作为唯一的服饰图案装饰了，而是能够运用各种自然界的物象纹样来装饰自己，表现出奴隶社会人们的审美意识。但是，这种审美意识有着社会的局限性，主要表现为奴隶主与奴隶之间的等级差别上，例如：天子服饰可尽享十二章花纹；诸侯自龙衮而下至黼黻；士服着藻、火；大夫加粉米。

战国是中国古代社会的大变革时期，在意识形态领域中，百家蜂起，诸子争鸣，社会思潮和观念空前活跃。这时器物的装饰纹样有了较大的变化：森严拘谨的饕餮纹、奔放活泼的蟠螭纹、富有生气的人间题材，使原本严谨的服饰纹样也变得舒展了。从战国时期的服饰图案来看，很多图形已不是自然物象的直接描绘，而是采用了自然物象的变化纹样。这说明人们在图案的设计上加入了自己的主观审美意识，理想化的东西多了起来，这不仅表现出人们的审美情趣的提高，而且也使服饰纹样具有较高的艺术欣赏价值。

汉代时期的服饰图案，素中见华美。色彩运用上，主要以对比手法，强调图案的色彩明快、醒目、艳丽，这在现代服饰设计中也较多运用。在汉代，服饰图案除了十二章纹样的继续沿用外，服饰作为统治阶级权力与地位的象征，意义更加浓厚了。为此，各种手工业者为了满足统治者的需要，在服饰图案的设计上更加追求艺术的审美价值了，所反映的图案已不仅仅是满足于各种自然物象的变形，而是适应统治阶级的需要。在图案造型的选择上，突出了龙、凤的寓意。从图案的造型也可看出，当时的龙、凤已经具有很高的艺术表现力了。在服饰图案的表现上，龙、凤纹样不仅具有很强的工艺化、装饰化特点，更具有审美价值，而且在设计上也更加追求艺术造型的完美性。

魏、晋时期，人们在衣着的整体表现上以丰满、肥壮、飘逸为时尚。服饰图案除了继续沿袭汉以来的艺术风格外，在线条的设计上趋于粗犷，给人一种肥厚之感。服饰的图案并不是刻意地追求局部美，而主要是追求服装的整体线条美、飘逸美，以此来表现服饰的美感效果。如在服装上出现的舒展、飘逸的大裙摆，宽松袖口，都是以整体的造型美来表现生活的。

仅有37年历史的隋朝，却在服饰的表现上趋于华贵。服饰纹样描绘在彩塑衣服上，有联珠纹服饰图案、狮凤纹服饰图案、团花织锦图案纹样，其色泽金光闪耀，可与真实的织锦媲美。其技艺高妙，纹样新颖、别致，在菱形格式中，布满了白色的联珠与黄色云头波形纹样，以忍冬卷叶和团花陪衬着狮和凤。蹲狮和体态轻盈的舞凤，对称、连续、交错排列，形象清晰、秀美、生动，是隋代织锦图案中不可多得的精品。这种浮靡的华贵之风一直延续到唐。

中国封建社会的唐代，无论是人们的思想，还是物质的生产都达到了历史的鼎盛高峰。唐代开始，工艺装饰普遍使用花卉图案，其构图活泼自由、疏密匀称、丰满圆润。特别是波状的连续纹样与花草相结合后，就是唐代盛行的缠枝图案。唐代服饰图案，改变了以往那种天赋神授的创作思想，用真实的花、草、鱼、虫进行写生，但传统的龙、凤图案并没有被排斥，这也是由皇权神授的影响而决定的。这时服饰图案的设计趋向于表现自由、丰满、肥壮的艺术风格。花鸟服饰图案、边饰图案、团花服饰图案汇聚帛纱轻柔的服装上，真是花团锦簇、争妍斗盛。晚唐时期精巧美观的服饰图案，一派“罗衫叶叶绣重重，金凤银鹅各一丛，每翩舞时分两向，太平万岁字当中”的繁盛风情。

宋、元、明、清时期的服饰图案，在唐代日趋写实的基础上出现了种类不同的装饰风格。除了传承前代的形式，在图案运用上不仅将云纹发展成朵云纹样，而且更多地运用了“吉祥图案”。随着社会文化、经济的发展，人们的视野更加宽阔，服装的配件设计更加多了起来，特别是在宋代，开始注重幞头这种饰件的装饰效果了。幞头，即着公服、常服时所戴的首服，又名折上巾，因为它是折而向上的巾式。在后周时，幞头就一改以前的幅巾样式为四脚幞头了；后来经过隋、唐、五代的发展变化，变成裹戴的一种样式；到了宋代，幞头就成为服饰中的主要首服了。为此，出现了样式、图案纹样色彩丰富的幞头，与之相应地又出现了材料、装饰考究的标志官职高低的革带。在图案的设计上还是运用变形的云纹或回龟纹，给人以明快、简练的感觉。

谈到明清时期，不得不提的是当朝皇帝服饰的精妙之处。明代图案在继承前代图案的同时，创造并丰富了谐音图案和寓意图案。皇帝常服饰有云纹及十二章的各种纹，寓意皇帝才德兼备、文武双全，能呼风唤雨，是想象中“人格化”的神。明朝冠服制度规定，皇帝在举行祭礼和大典及处理朝政时要穿有龙纹的袍服。明宪宗成化皇帝的常服，头戴善冠，穿有满地云纹衬托团龙及十二章纹样的服饰，冠以纱，折角向上，后名翼善冠；袍用黄色，盘领窄袖，前后及两肩各绣一金盘龙；带佩玉，靴为皮之。明神宗万历皇帝寿圣节（即诞辰）所穿的龙袍与宪宗皇帝龙袍相似，只是满地的云纹样图案被满地的寓意图纹所代替。

清代的服饰是中国服饰发展的顶峰，服饰图案在这时的装饰作用已达到了登峰造极的程度。如果说历代服饰图案都有一定的发展，都有尚可创造的余地，到了清代，服饰的装饰纹样就是繁杂堆砌。如果说清代服饰的发展与历代服饰也有不同的话，那么，在这里所要说的，就是各种服饰配件的完善、图案的繁琐，以及等级观念在图案上的反映更加森严明确了。

清代的服饰除了承前代的装束外，主要是在装饰物件上更加完备了，如服装出现了马蹄袖的上衣，出现了马甲（坎肩）。在图案的设计上承袭十二章的纹样，在明代八吉祥纹样的基础上，集图案的装饰作用之能事，使之达到了纷繁的程度。服饰上的装饰也如此纷繁。 这一时期，服装出现了一种叫补子的装饰，以补子的纹样代表官职的高低。补子纹样的差别反映了清代等级的森严。清代的帽子一改历代的式样装束，而注重帽子顶上花翎的装饰，以花翎的不同反映不同的官职。

服饰图案

服饰图案在朝代更替中反映的是当时社会中存在的阶级关系，代表的只是当朝的主流社会穿什么用什么（以汉族为主）。而在主流之外，中国多样的民族也有着各自不同的图案传统和服饰特点，而通过这些风格迥异的服饰，我们可以很容易地辨别出民族之间的区别。

例如畲族妇女服装，忽略地区间的细微差异，其最主要的装束，那就是“凤凰装”。红头绳扎

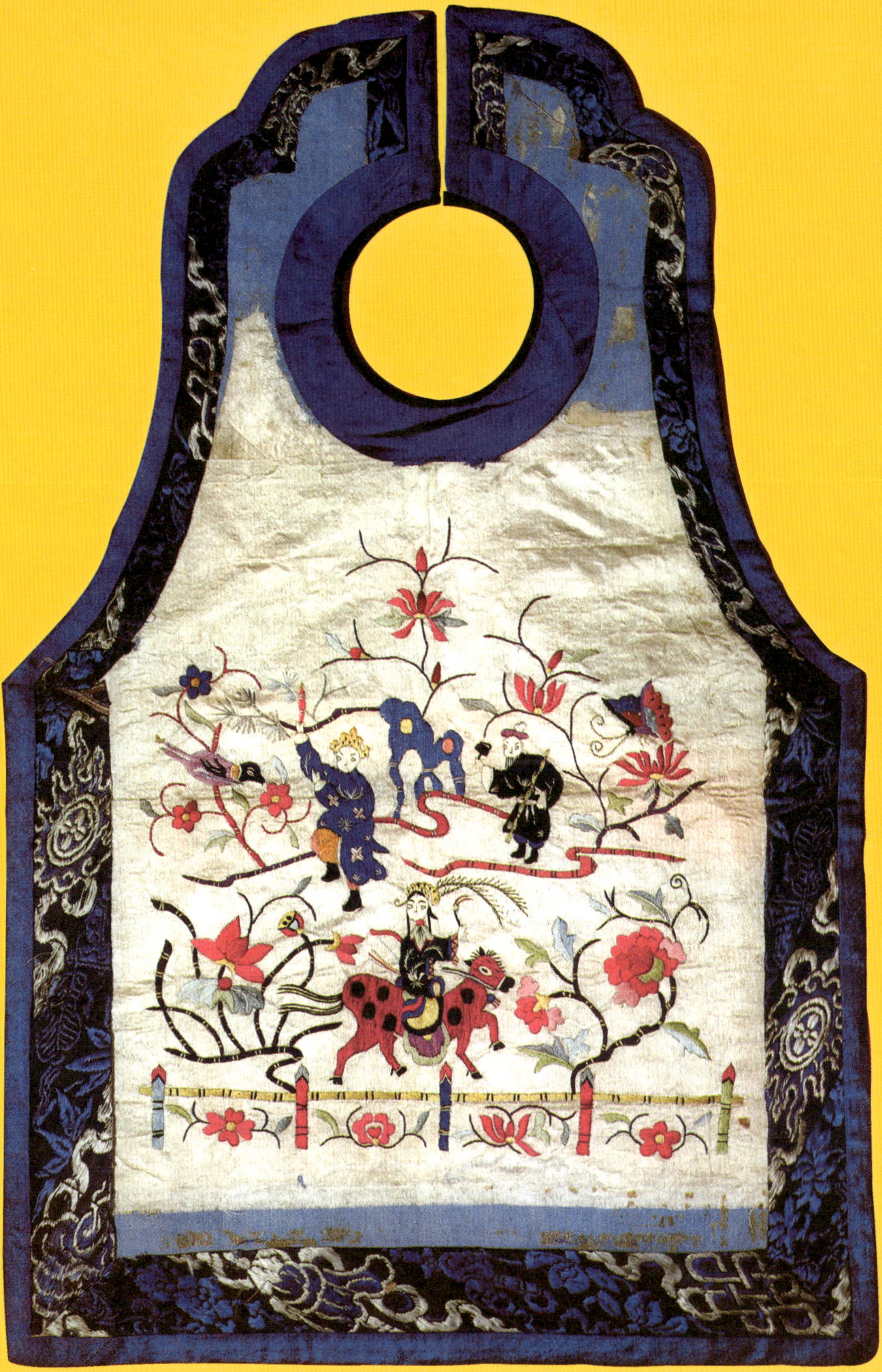

戏曲人物纹口围

山东省齐鲁民艺馆藏

此件口围的纹饰是戏曲《穆柯寨》中的一个情节。故事说的是北宋时辽军进犯，于边关摆下天门阵，宋军无计可施，杨宗保只得向穆柯寨寨主之女穆桂英求破阵的降龙木。后来二人私定终身，大破天门阵，被历代传为佳话。

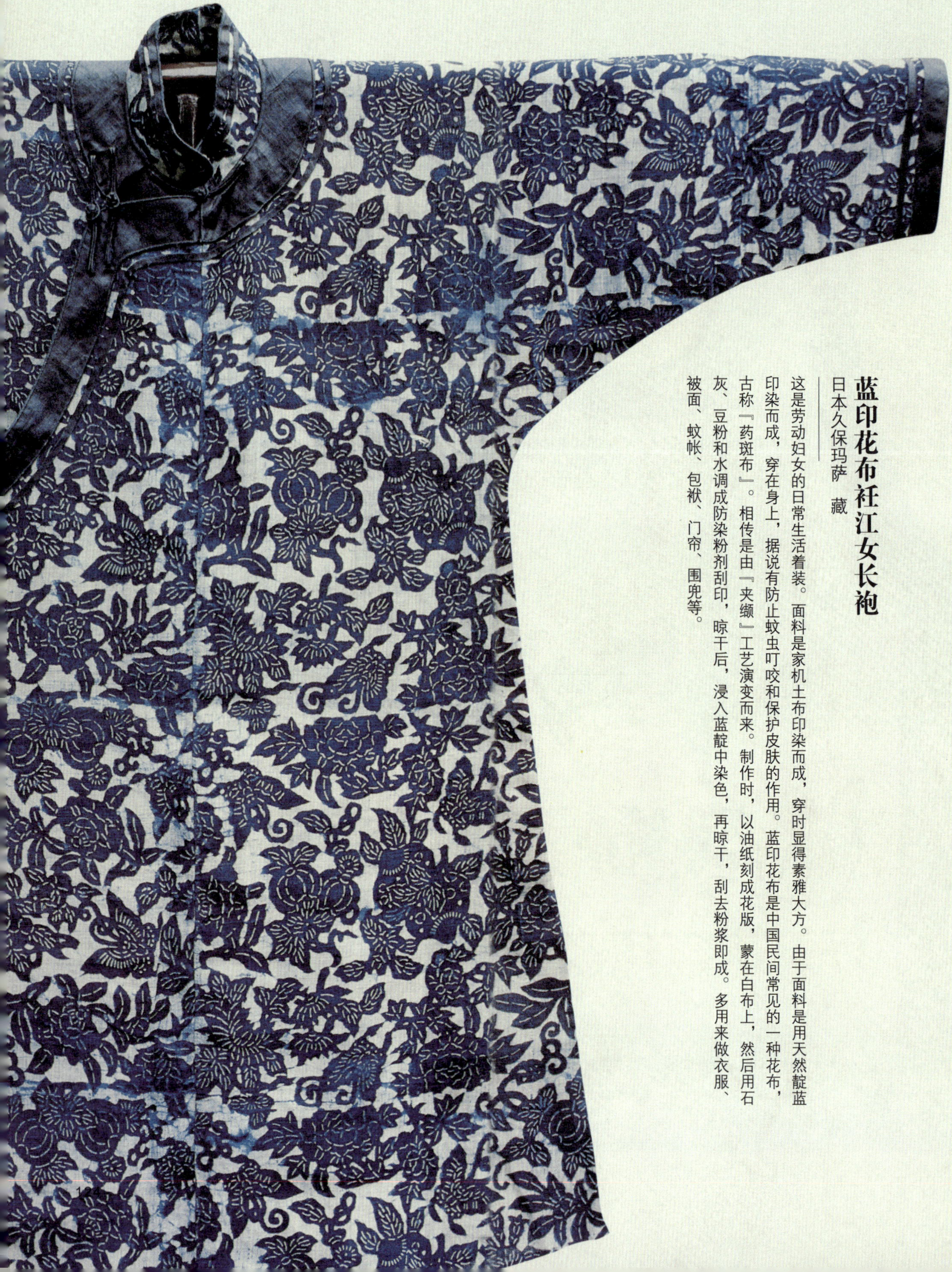

蓝印花布衽江女长袍

日本久保玛萨 藏

这是劳动妇女的日常生活着装。面料是家机土布印染而成，穿时显得素雅大方。由于面料是用天然靛蓝印染而成，穿在身上，据说有防止蚊虫叮咬和保护皮肤的作用。蓝印花布是中国民间常见的一种花布，古称『药斑布』。相传是由『夹缬』工艺演变而来。制作时，以油纸刻成花版，蒙在白布上，然后用石灰、豆粉和水调成防染粉剂刮印，晾干后，浸入蓝靛中染色，再晾干，刮去粉浆即成。多用来做衣服、被面、蚊帐、包袱、门帘、围兜等。

的长辫高盘于头顶，象征着凤头；衣裳、围裙(合手巾)上用大红、桃红、杏黄及金银丝线镶绣出五彩缤纷的花边图案，象征着凤凰的颈项、腰身和羽毛；扎在腰后飘荡不定的金色腰带头，象征着凤尾；佩于全身的叮当作响的银饰，象征着凤鸣。上衣多刺绣图案，令人称道，尤其是福建福鼎和霞浦的女上装，在衣领、大襟、服斗甚至袖口上都有各色繁复的刺绣花纹图案和花鸟龙凤图案。

土家族的男女老少都穿滚边无领向右开襟衣。中年妇女的衣襟角上缀两颗铜扣子，上衣为花边衣，裤也是花边裤；更有特色的是在裤膝盖部两外侧绣有圆形的“双凤朝阳”图案。喜穿绣花边鞋，围青布绣花围腰，其花纹图案全为手工刺绣，绣工精细，色彩鲜明，有浓厚的民族特色。值得一提的是孩童的服饰——帽子，根据年龄、季节的不同，分别戴“鸡冠帽”、“狗头帽”、“鱼尾帽”等，有的还用五色丝线缀上银质的“长命富贵”、“富贵双全”或“福禄寿喜”等字，也有在帽子上缀银质的“八洞神仙”或“十八罗汉”图样。

苗族姑娘喜戴银饰，素有“花衣银装赛天仙”的美称。苗家银饰的工艺，华丽考究、巧夺天工，充分显示了苗族人民的智慧和才能。苗族姑娘们绾髻，头戴制作精美的银花冠，身着多达30～40层、500余褶的百褶裙，再加上亲手刺绣的花腰带、花胸兜，真是异彩纷呈，美不胜收。苗族姑娘盛装的服饰常常有数公斤重，有的是几代人积累继承下来的。重达20多斤的银花冠，前方通常插有6根高低不齐的银翘翅，上面大都打制着二龙戏珠图案。有的地区，银冠上除插银片外，还插高约1米的银牛角，角尖系彩飘，更显得高贵富丽。银冠下沿，圈挂银花带，下垂一排小银花坠。脖子上戴的银项圈有好几层，多以银片打制花和小银环连套而成。前胸戴银锁和银压领，胸前、背后戴的是银披风，下垂许多小银铃。耳环、手镯都是银制品。只有两只衣袖才呈现出以火红色为主基调的刺绣，但袖口还镶嵌着一圈较宽的银饰。沉重的服饰蕴含着苗族人民的岁月风情，也负载着苗族姑娘对生活的崇尚。

岁月成就了无数珍宝的积淀，每次看到那些曾经鲜活在历史中光艳照人的服饰精品，就不由感叹人类的智慧和对美的渴望。我们只有更深地了解服饰图案的内涵特点，体会时代的变更，才能把更好的个性美融入现今的生活。

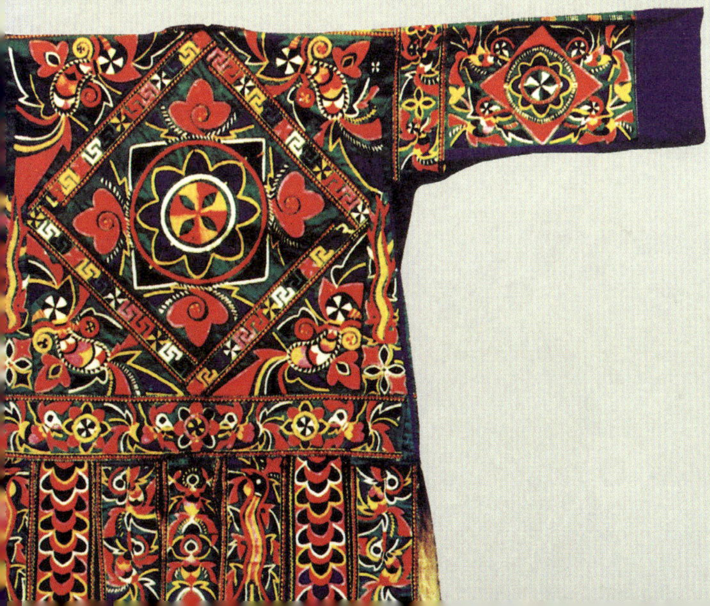

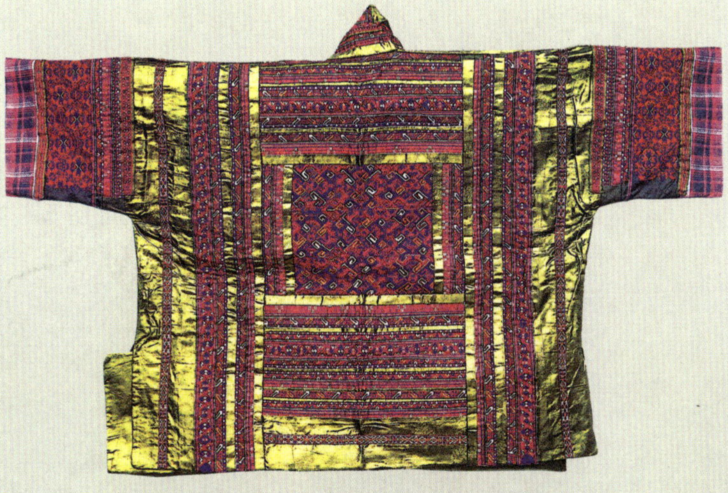

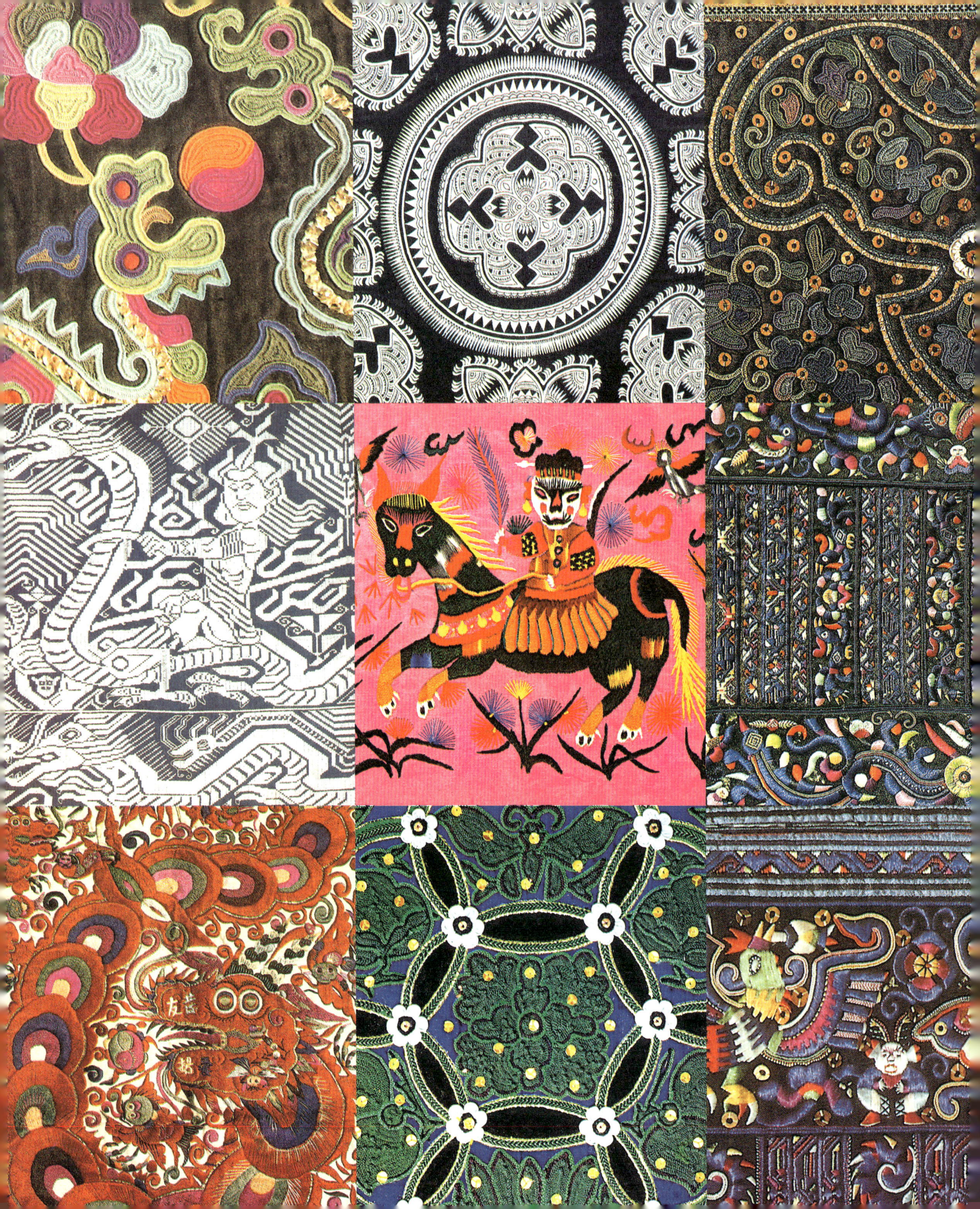

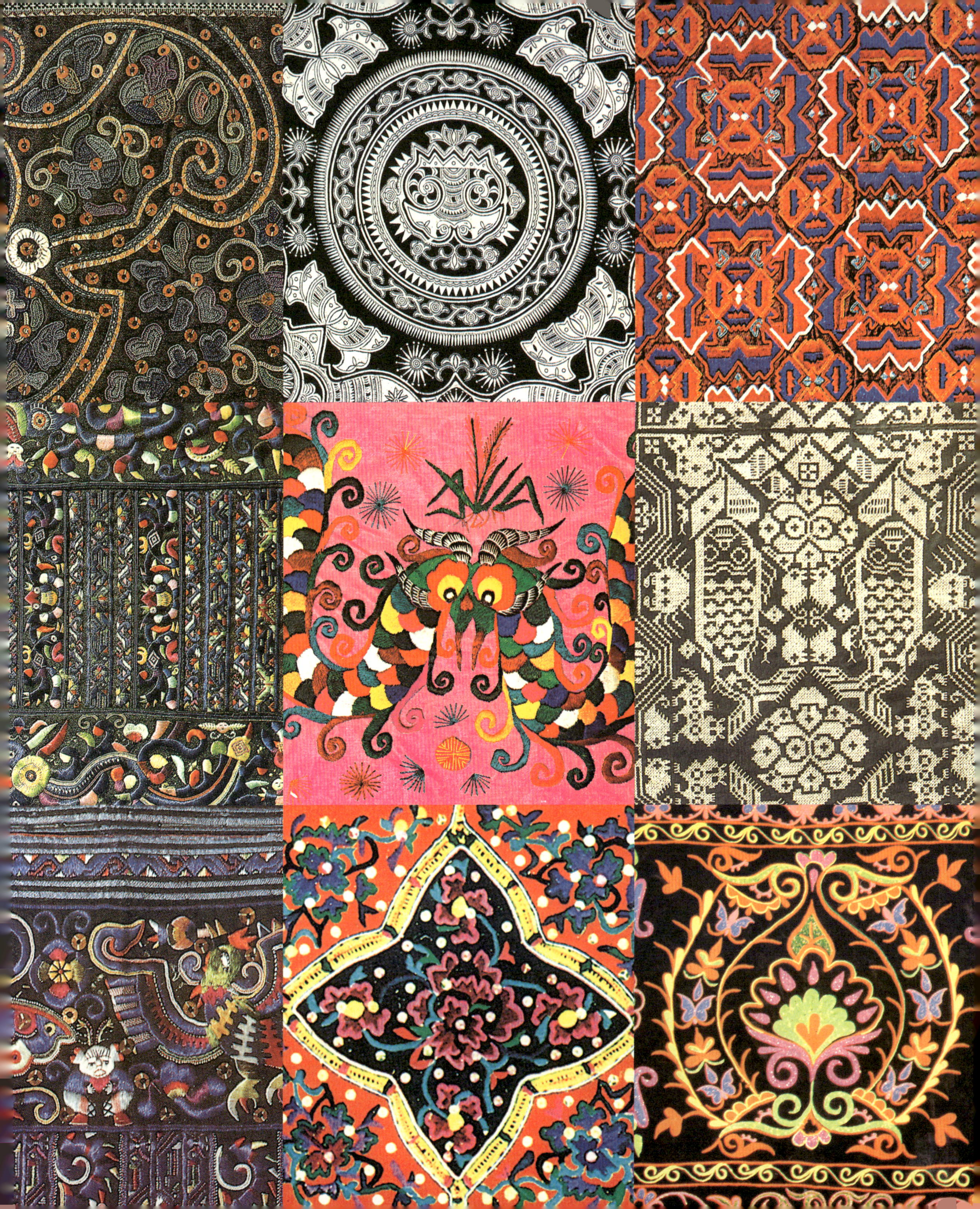

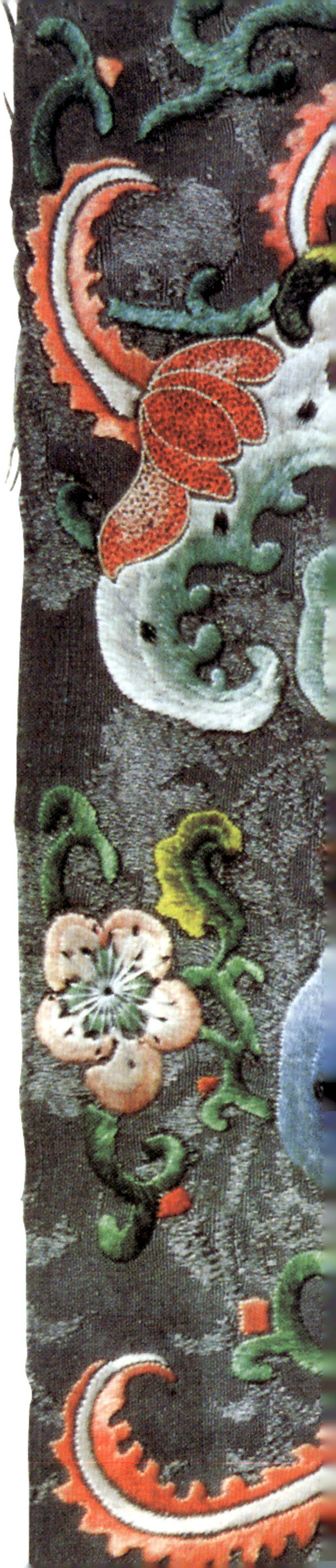

儿童百家衣

陕西省群众艺术馆藏

百家衣，是汉族儿童所喜穿的一种服饰。百家代表着福气绵延不断。不同色彩、形状的布片经过精心拼合、连缀，才能成为一件百家衣。

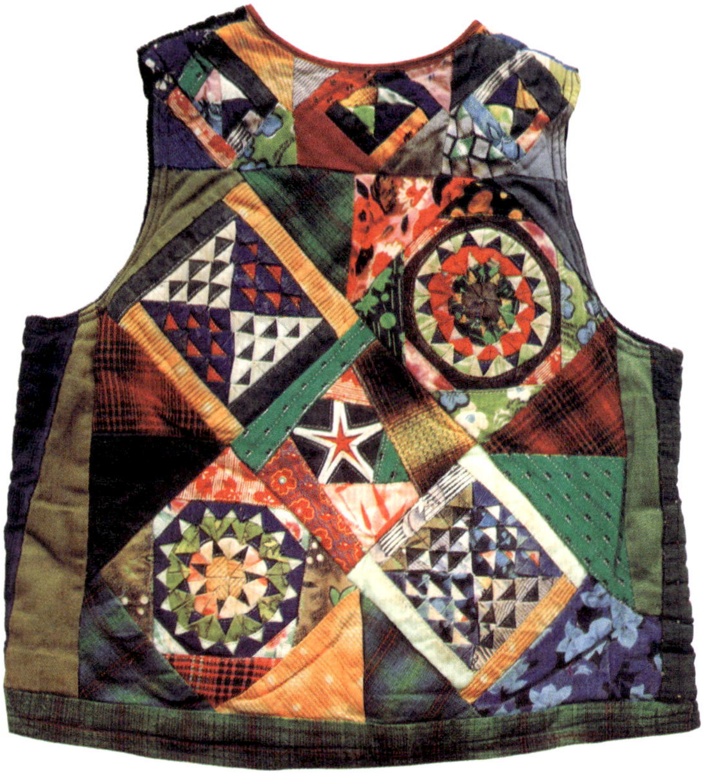

绣花儿童背心

江苏省南京博物院藏

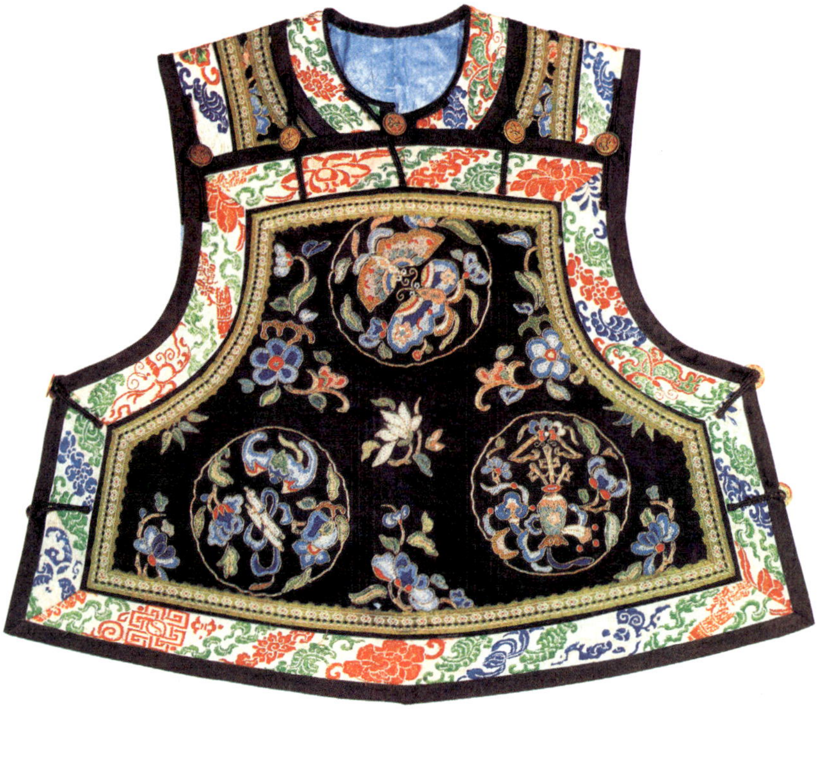

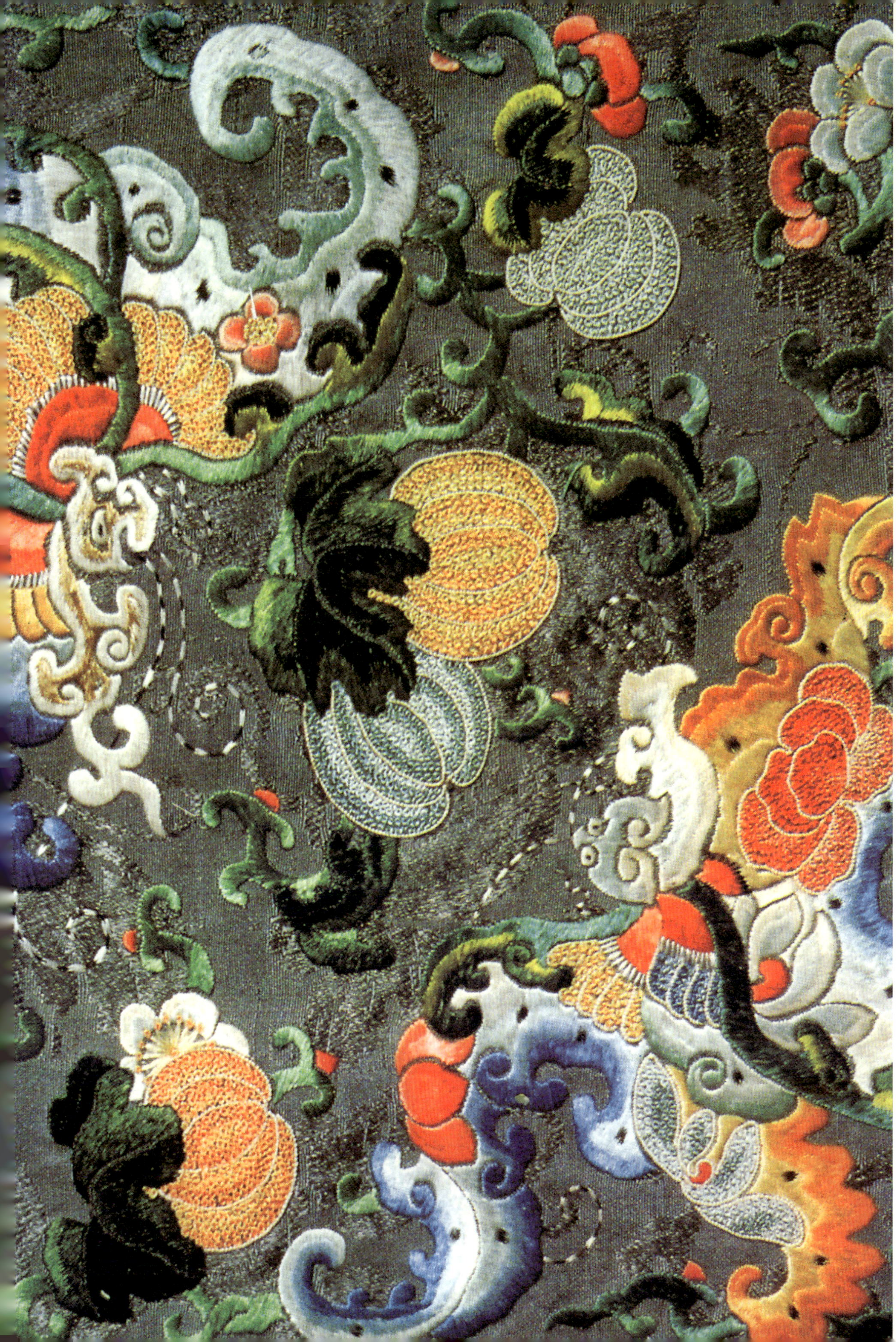

丝绸图案·瓜瓞绵绵

清华大学美术学院图书馆藏

中国向来被称为『东方丝国』，两千多年前就开辟了举世闻名的『丝绸之路』，丝绸之发达可想而知。丝绸的发明使中国服饰发生了革命性的变化，也使中国获得了『衣冠王国』的美称。

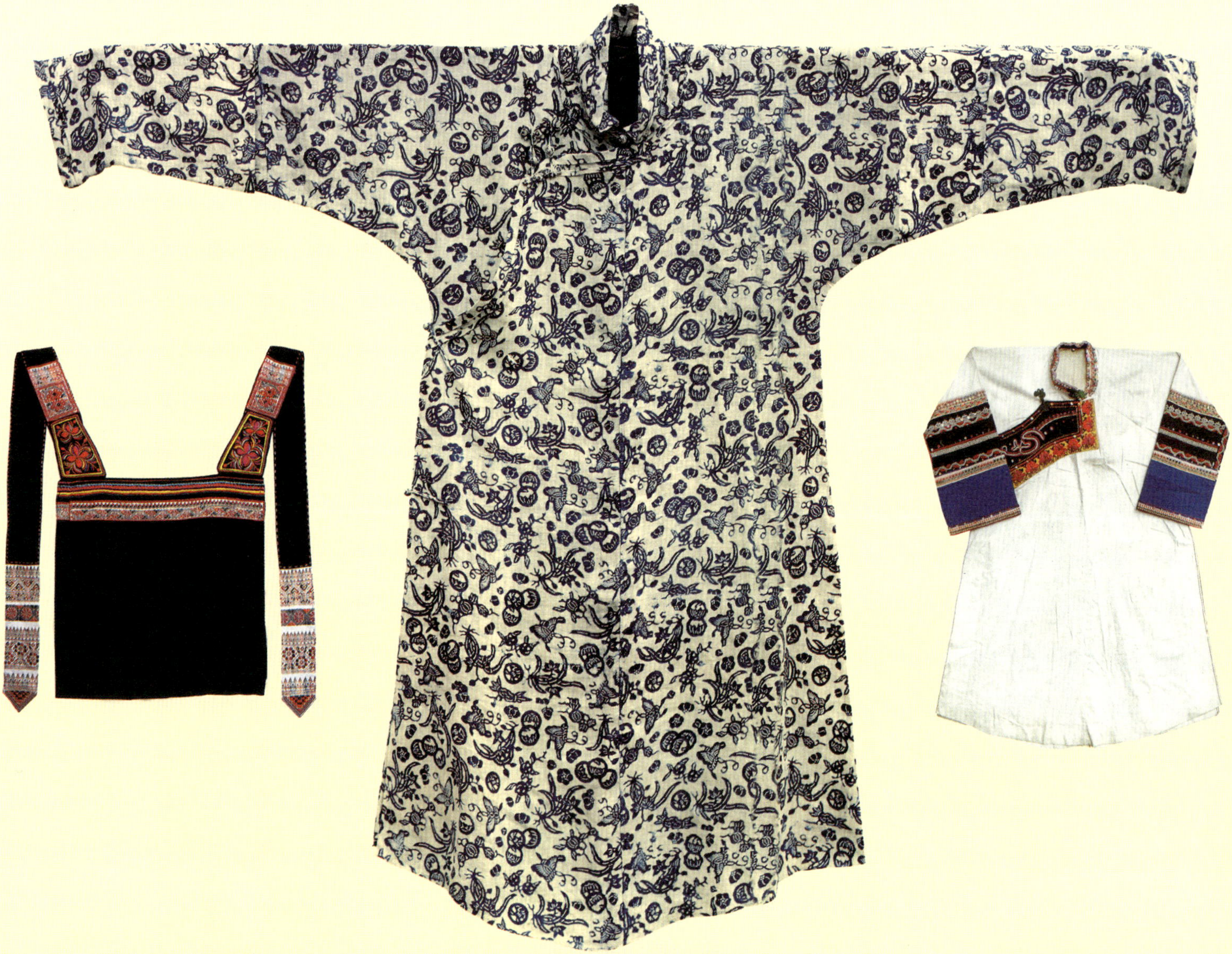

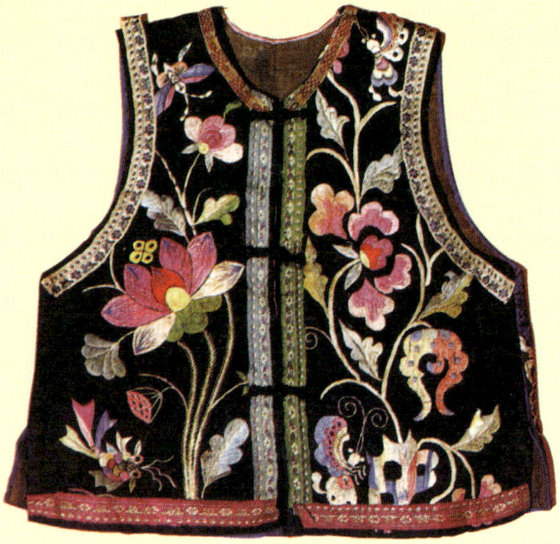

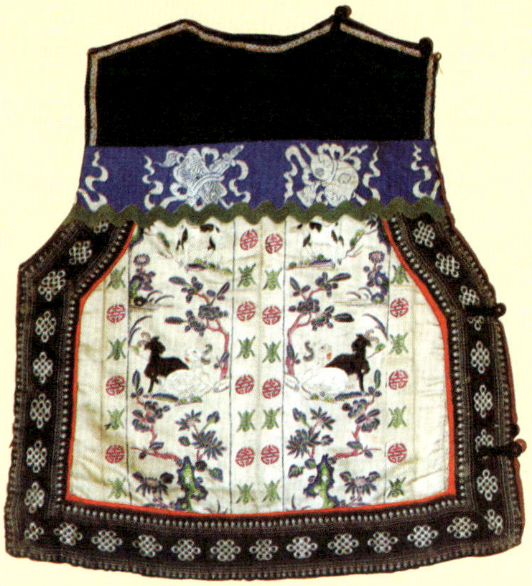

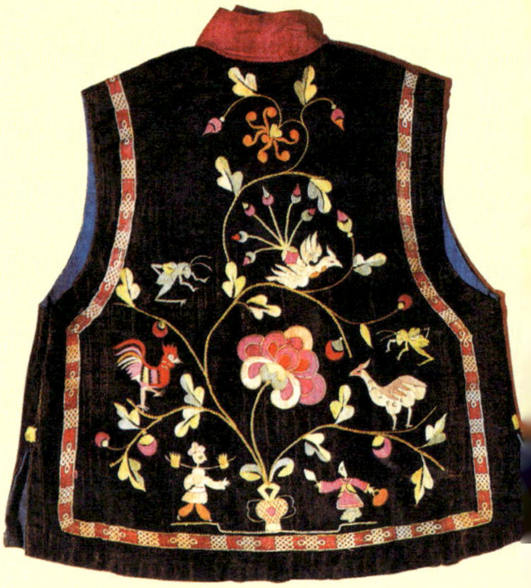

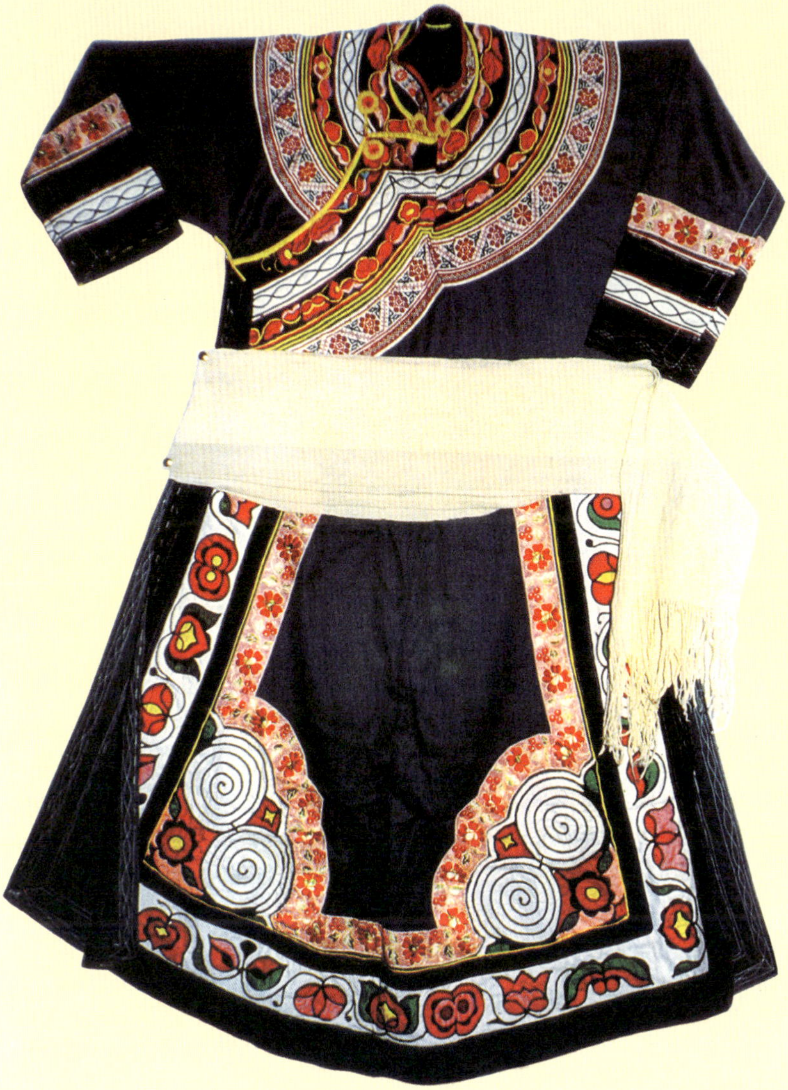

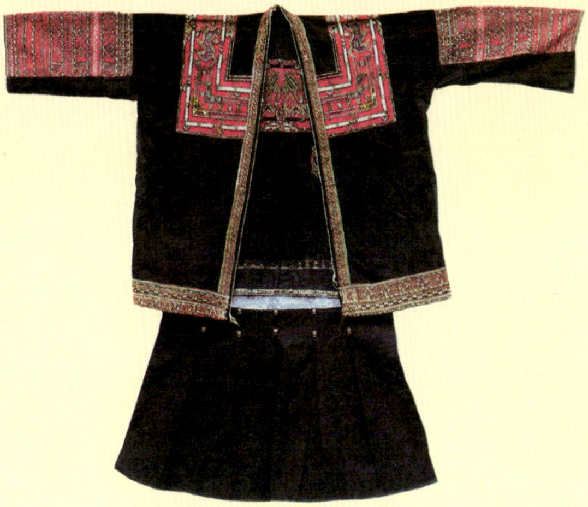

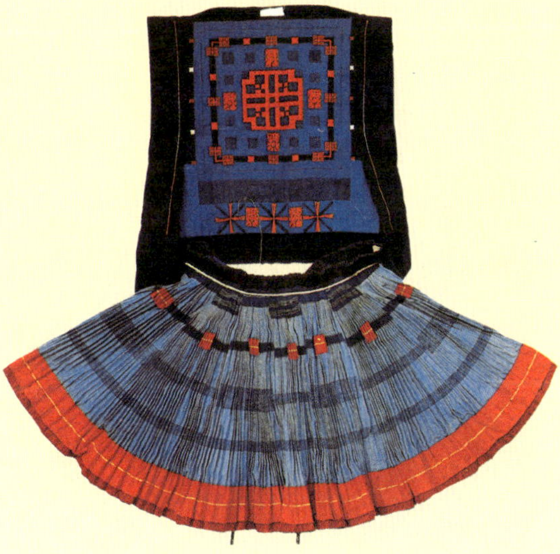

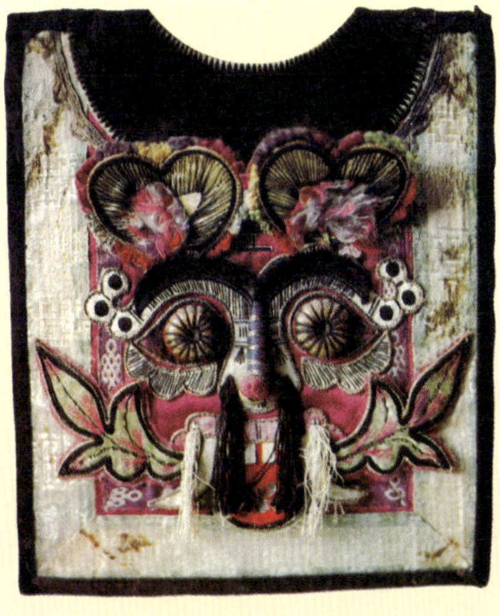

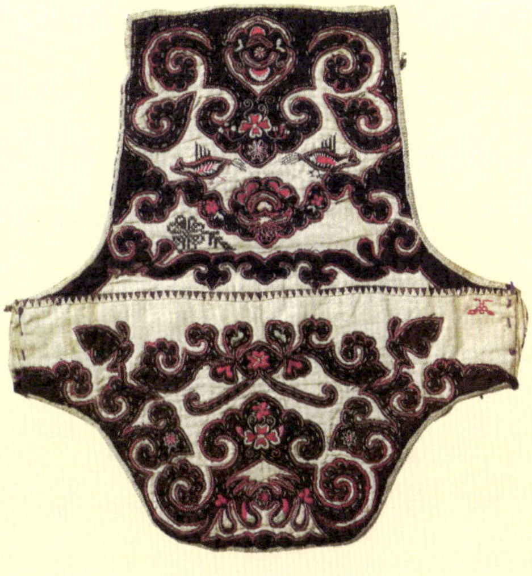

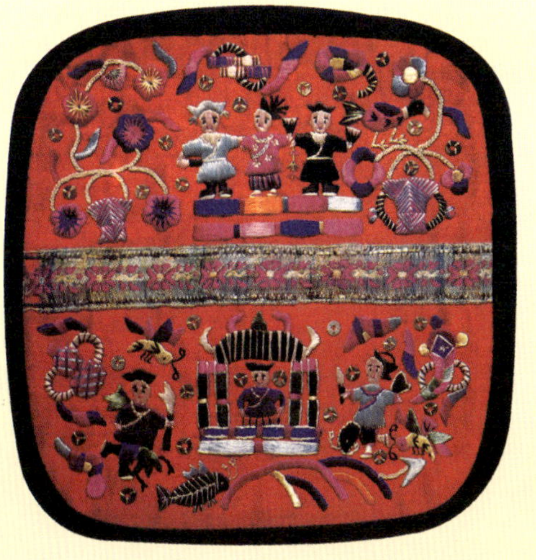

刺绣图案·八吉祥

清华大学美术学院图书馆藏

『八仙』、『八宝』、『八吉祥』等纹样，皆是有名的传统纹样，在民间流传甚广。三种纹样皆由八种器物组成，取吉祥之意。组成八吉祥的是舍利壶、法轮、宝伞、莲花、金鱼、海螺、天盖、盘长(百结)等。其纹样结构复杂，在主体纹样中穿插一些云纹、枝叶和飘带，给人以密实而又轻松的感觉。此纹的刺绣技术也很高，除了平绣等传统手法外，还运用了平金、戳纱、铺绒等技巧，针脚密实细腻，色彩华艳，富丽堂皇。

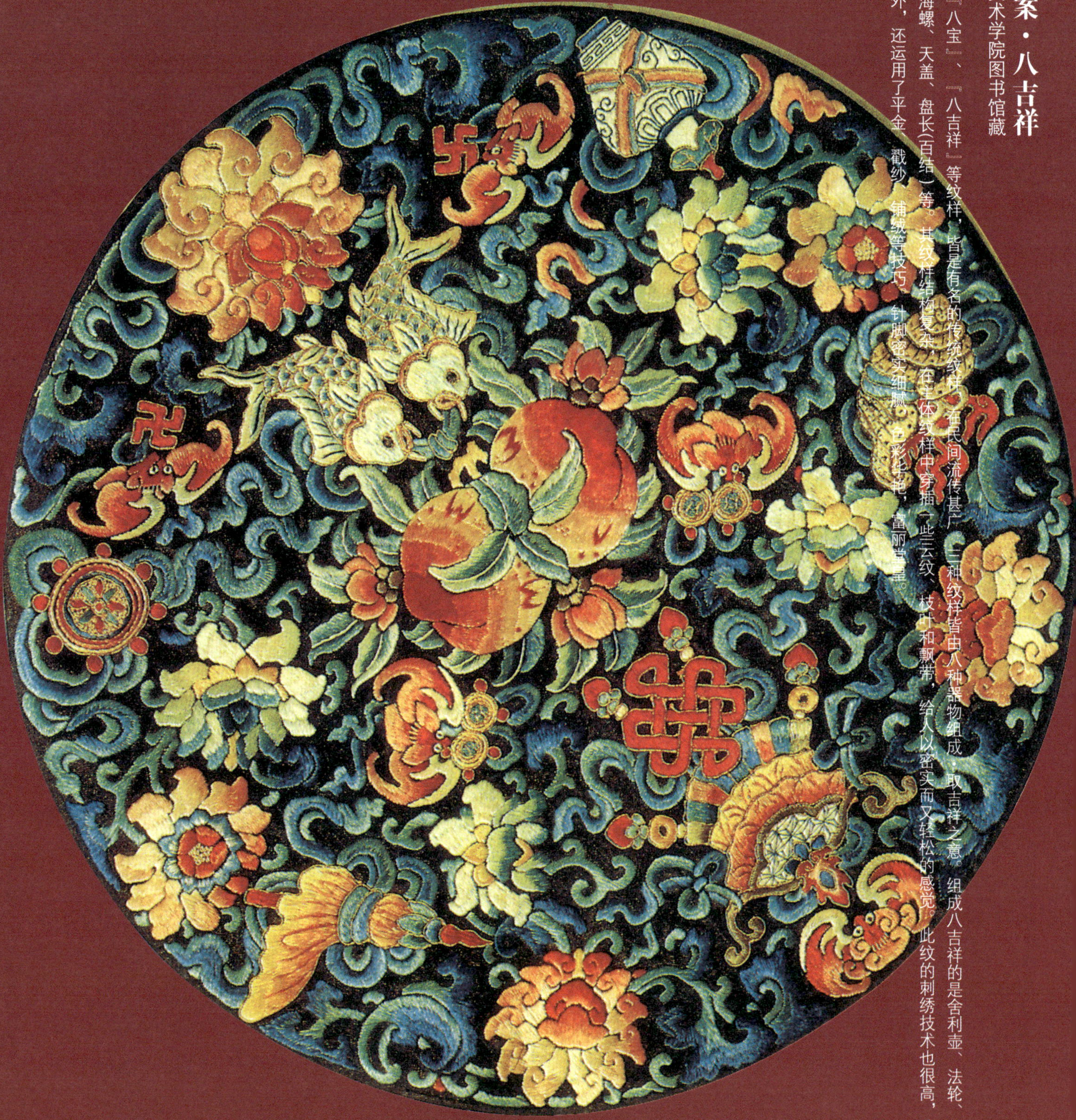

刺绣图案·五蝠捧寿

清华大学美术学院图书馆藏

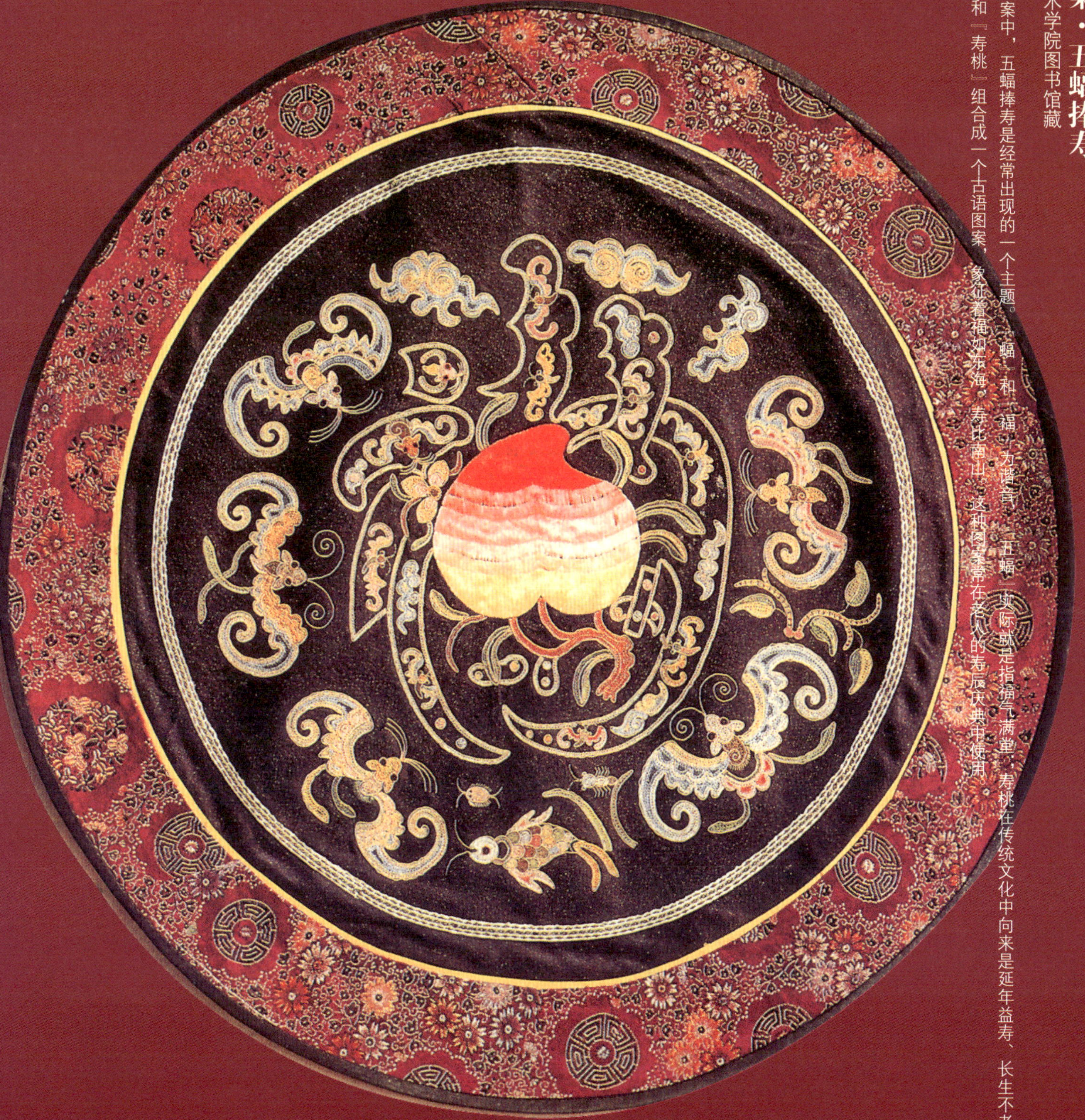

在民间刺绣图案中，五蝠捧寿是经常出现的一个主题。『蝠』和『福』为谐音，『五蝠』实际就是指福气满堂；寿桃在传统文化中向来是延年益寿、长生不老的灵丹妙药。将『蝠』和『寿桃』组合成一个古语图案，象征着福如东海，寿比南山。这种图案常在老人的寿辰庆典中使用。

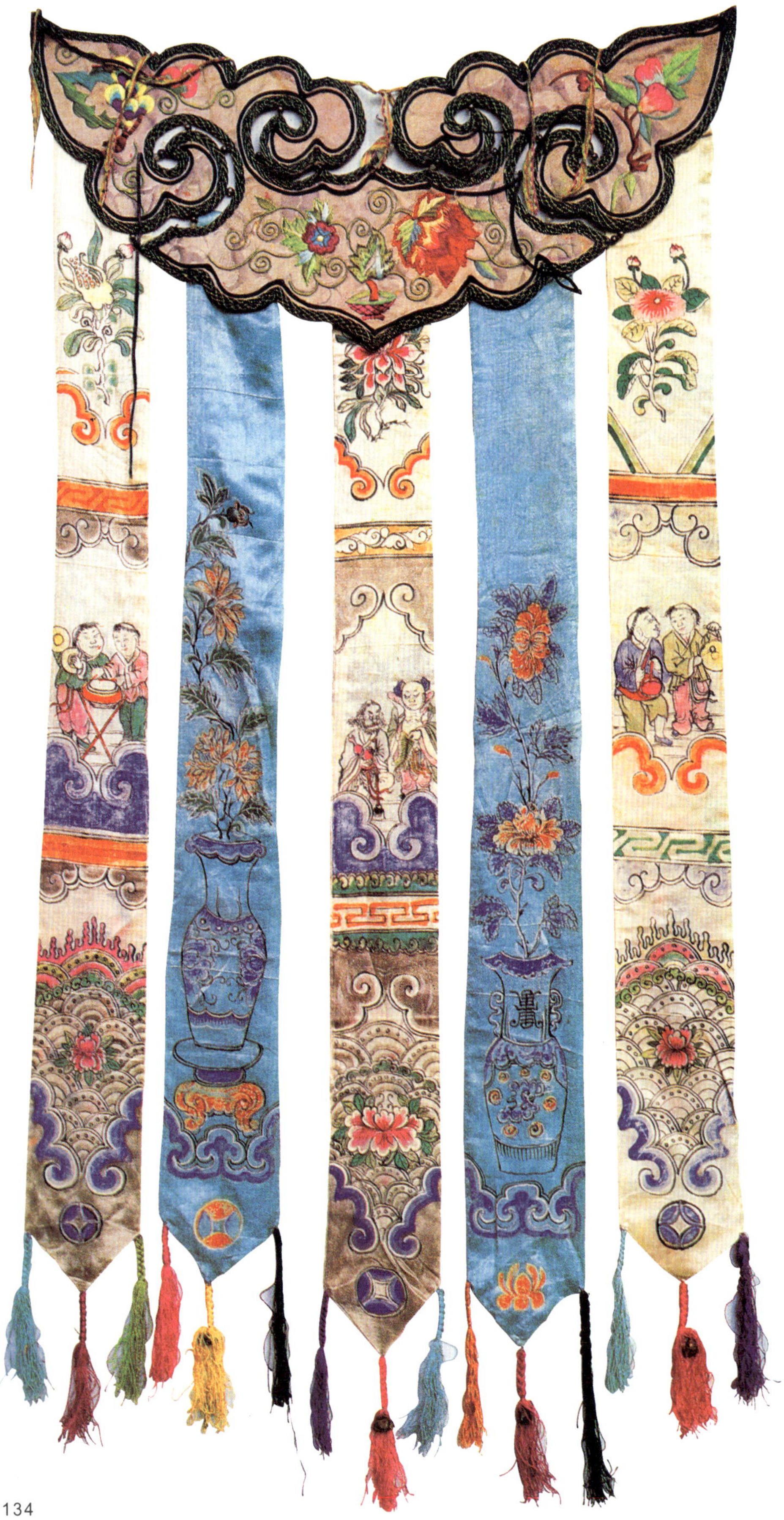

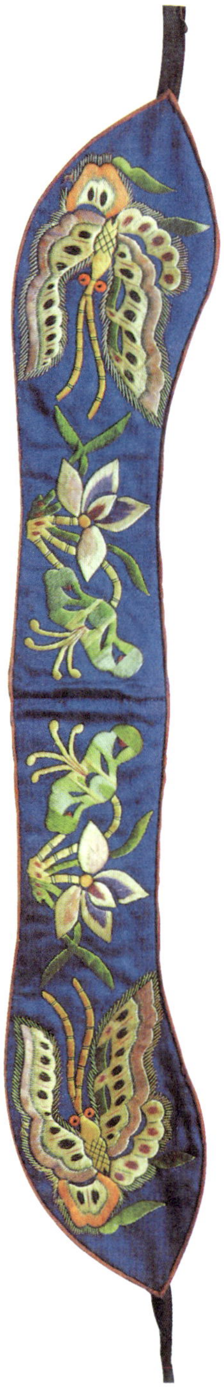

绣花额带

山西省孙建君藏

绣花裙带

河南省洛阳民俗博物馆藏

裙带，即系于裙腰之上、披挂于裙外的饰带，主要是为装饰裙子之用，多在节日庆典中穿戴。此件裙带上饰云头纹，其下彩带飘然。上面分别刺绣『村童击乐』图、『八仙』中的二仙，以及『独占花魁』纹样。彩带的下部细绣浪翻云涌的水脚，更添其繁丽。在彩带的末端，还吊饰数个五颜六色的璎珞，陡增其韵致。此件裙带，用料考究、薄如蝉翼、光洁可人，和色彩明丽、清新纯净的纹样相得益彰，为裙带中的极品。

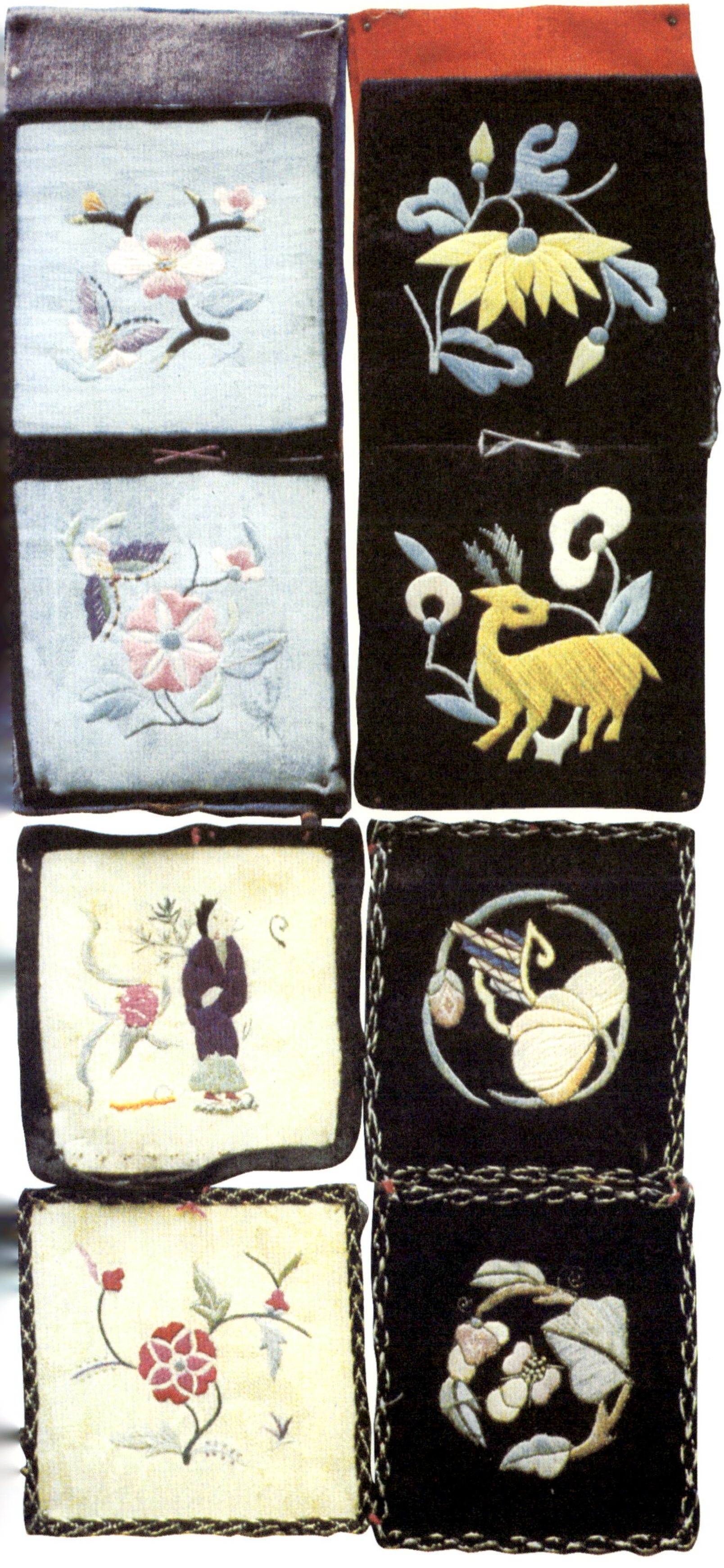

绣花褡裢

湖北省群众艺术馆藏

荆楚大地不仅是楚文化的发祥地之一，而且也是民间艺术的发达地区。楚骚文化的浪漫传统，在民间亦四处飘溢。阳新的布贴衣，黄梅的挑花衣，红安的刺绣衣，洪湖的汉绣，皆为楚民间艺术的扛鼎之作。绣品常见的种类有：围涎、荷包、褡裢、兜肚、围裙、童帽等。楚地刺绣多取吉祥题材，如『龙凤吉祥』、『福寿双全』、『花好月圆』、『百年好合』、『鸳鸯戏水』等，并喜欢把金瓜、桂花、双钱、牡丹、凤凰和万、寿、喜、福等字组合在一起，构图饱满。

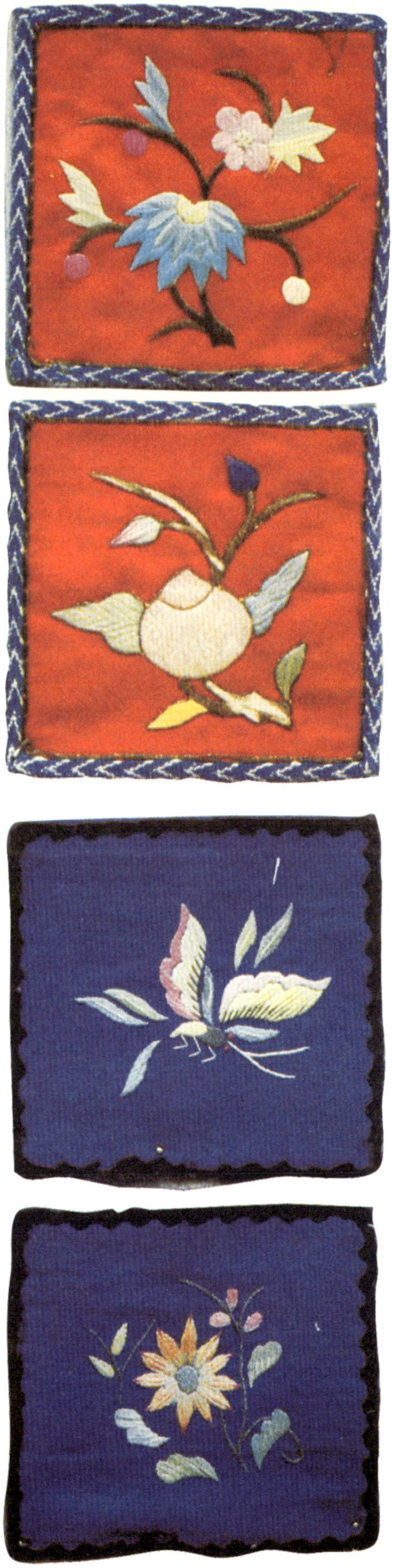

鱼纹兜肚

安徽省民间收藏

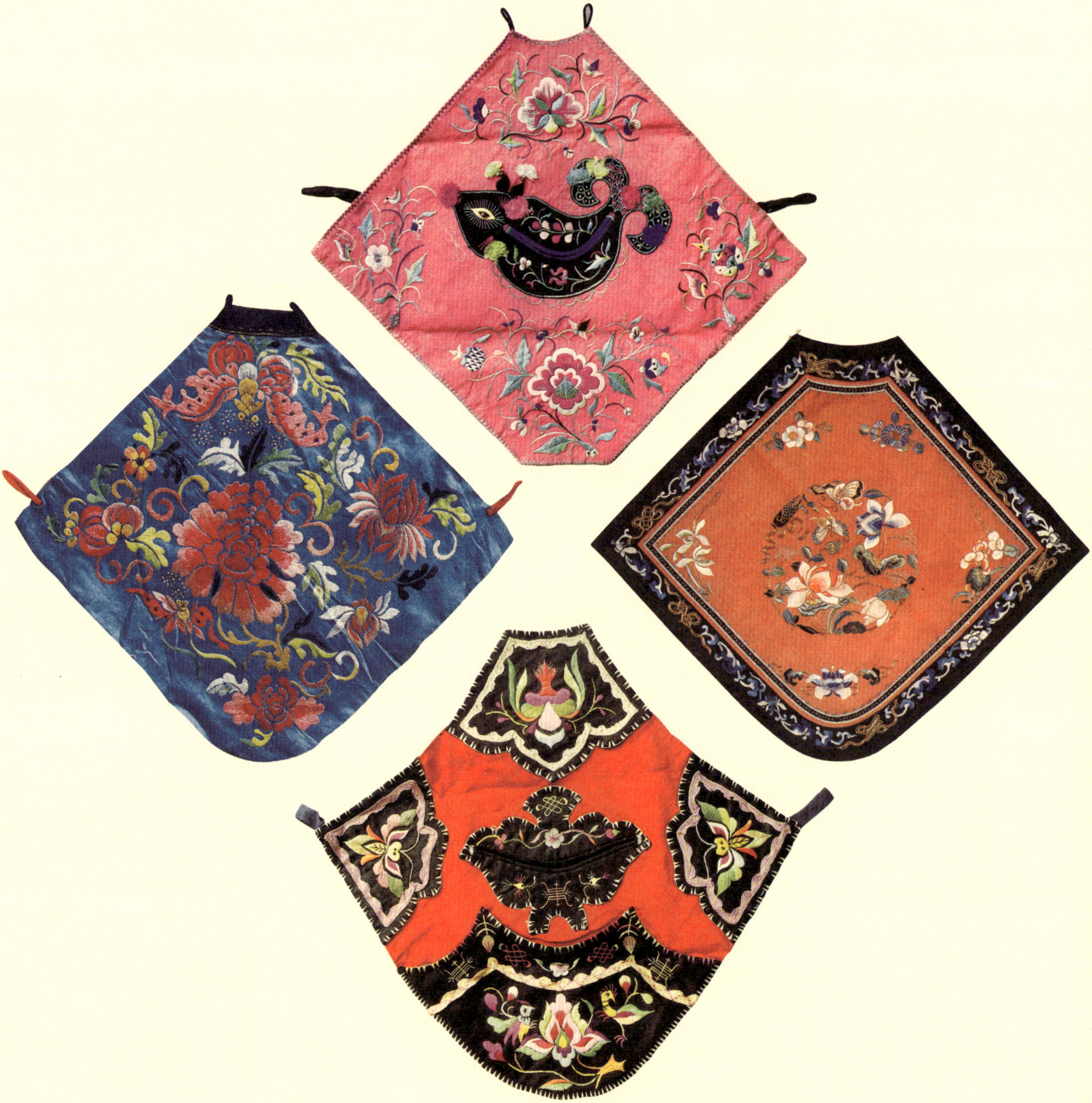

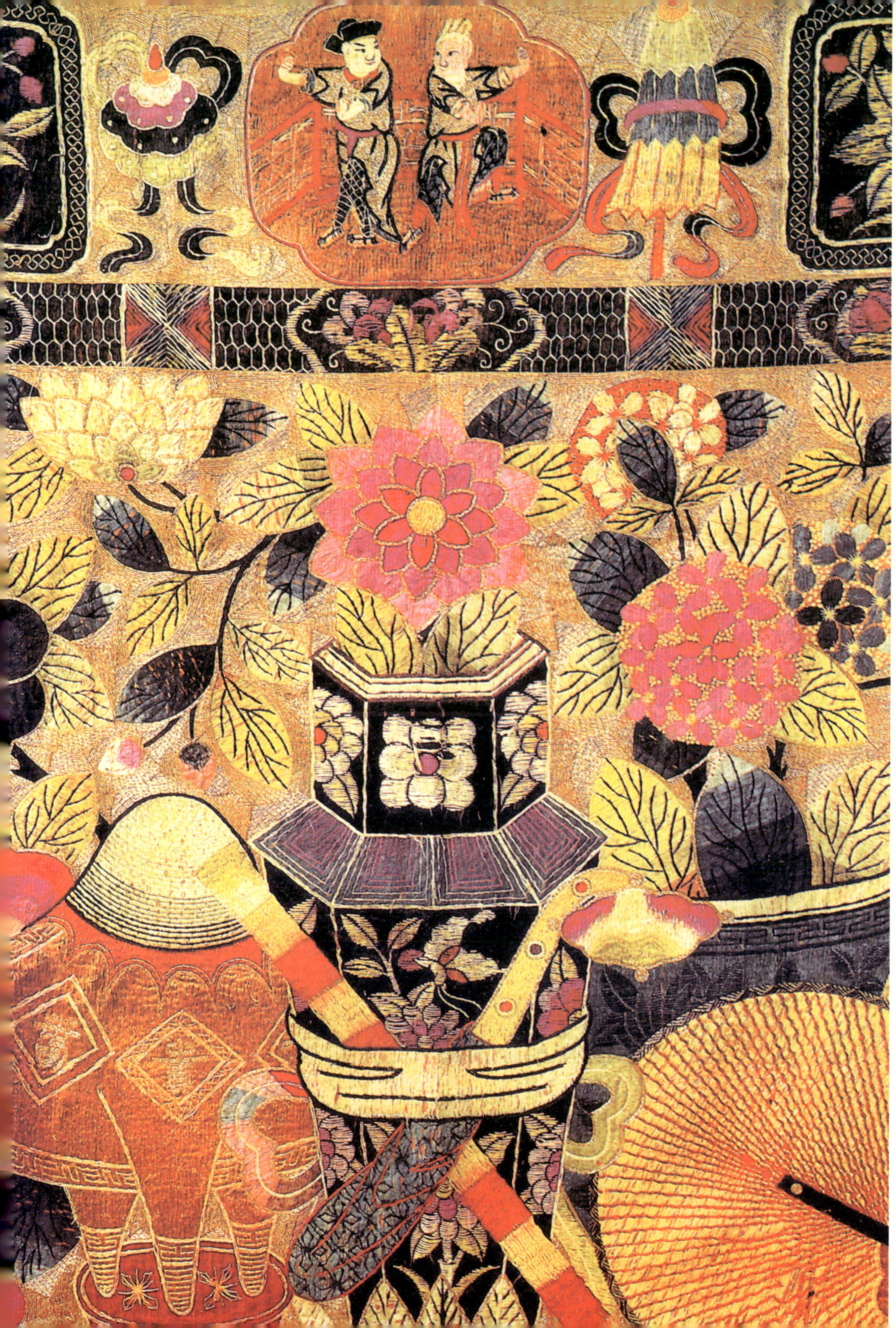

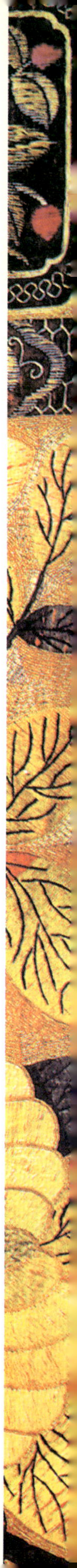

蜀绣图案·八吉祥

四川省群众艺术馆藏

蜀绣，是以成都为中心的刺绣品的总称。蜀绣以彩缎和彩丝为主要原料，题材内容有山水、人物、花鸟、鱼虫等。蜀绣的特点是形象生动，色彩鲜艳，富有立体感，短针细密，针脚平齐，片线光亮，变化丰富，充分表现出蜀人的心灵手巧。此幅绣品的内容有八吉祥纹中的舍利壶、宝伞、法轮、莲花等。

绣花暖耳

山西省孙建君藏

暖耳，即陕西、山西一带汉族冬天护耳挡寒的耳套。大都用棉布、丝绸等布料制成，里絮棉花，也有衬兽皮的，戴起来十分暖和。其上的纹样也多姿多彩，有动、植物和各种几何纹样。

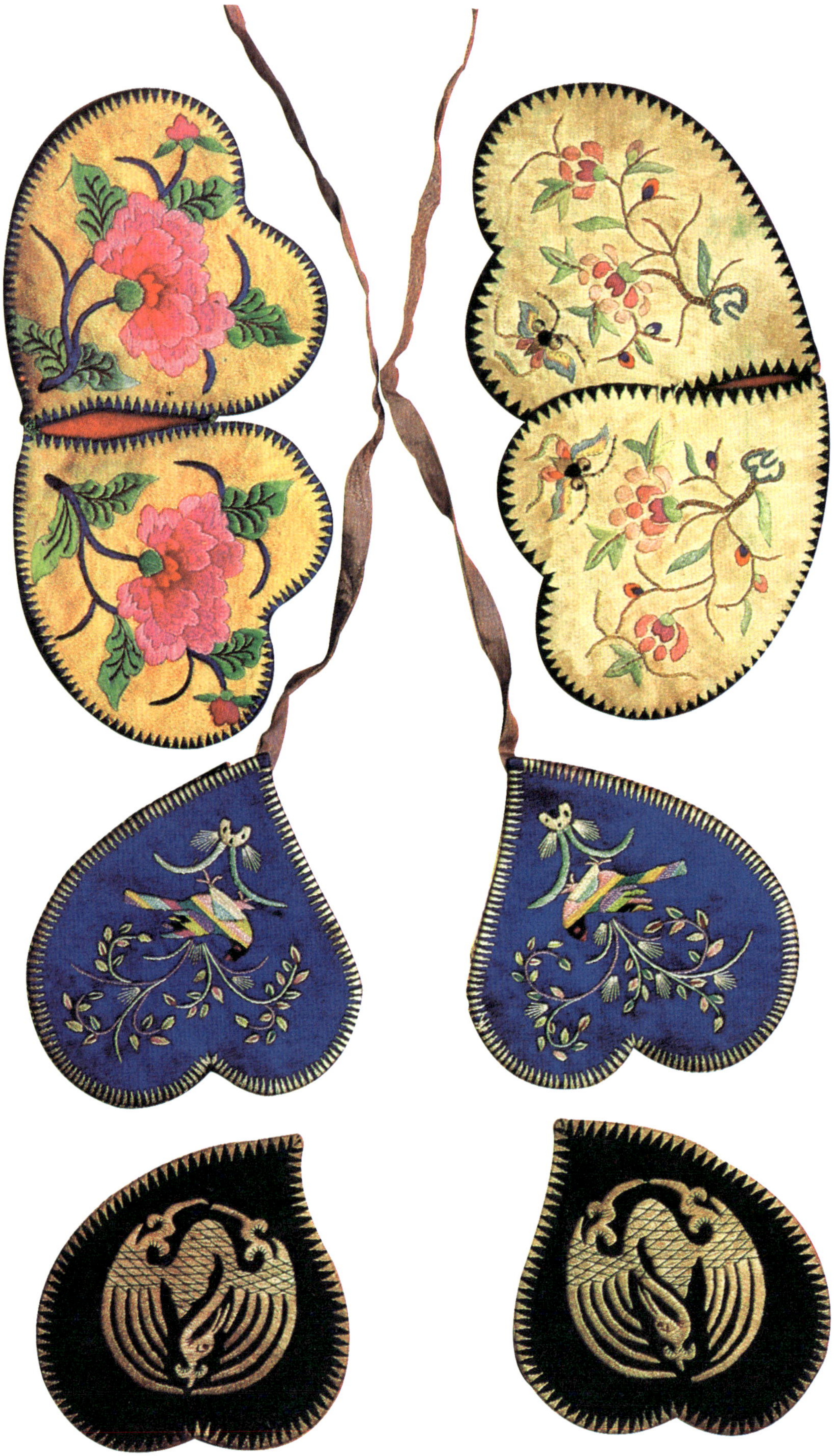

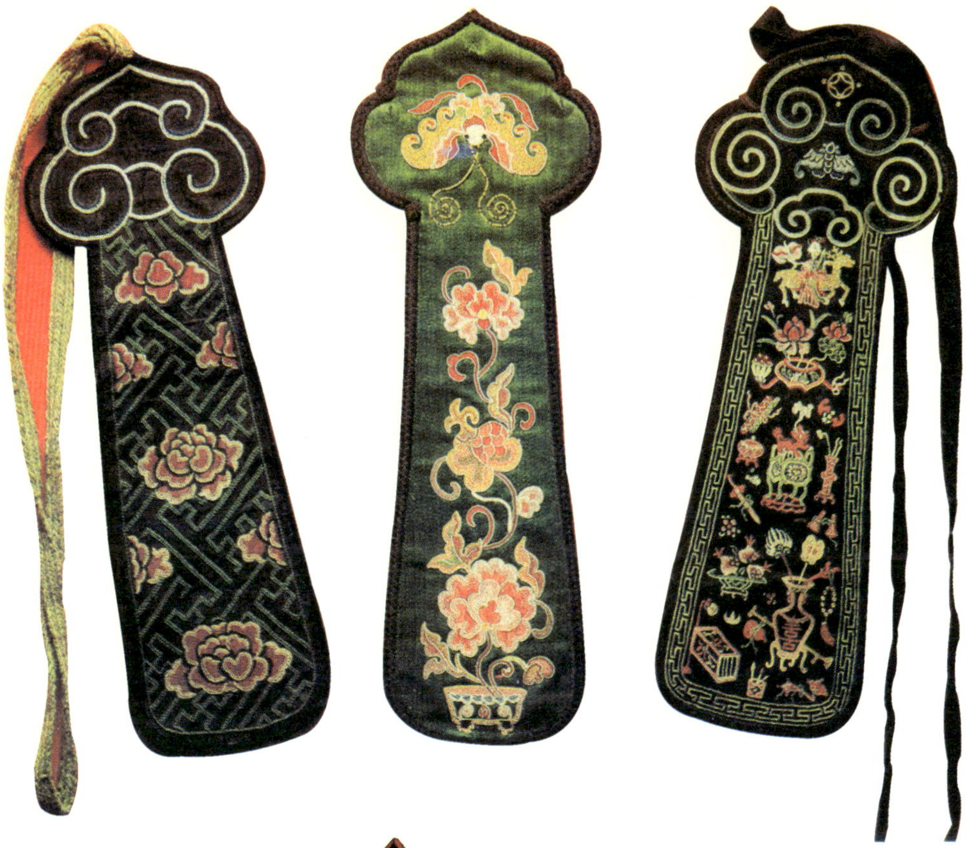

绣花折扇套子

山西省孙建君藏

折扇套子，是为出门带折扇方便而设计的套子。它也成为妇女们施展刺绣才能的好地方。图中从右开始，第一件扇袋上绣『麒麟送子』和『八仙』纹样，第二件扇袋的纹样为『蝶戏牡丹』，第三件则是『独占花魁』纹。三件扇袋均以云头纹为上部装饰，精工细做，俱为佳品。

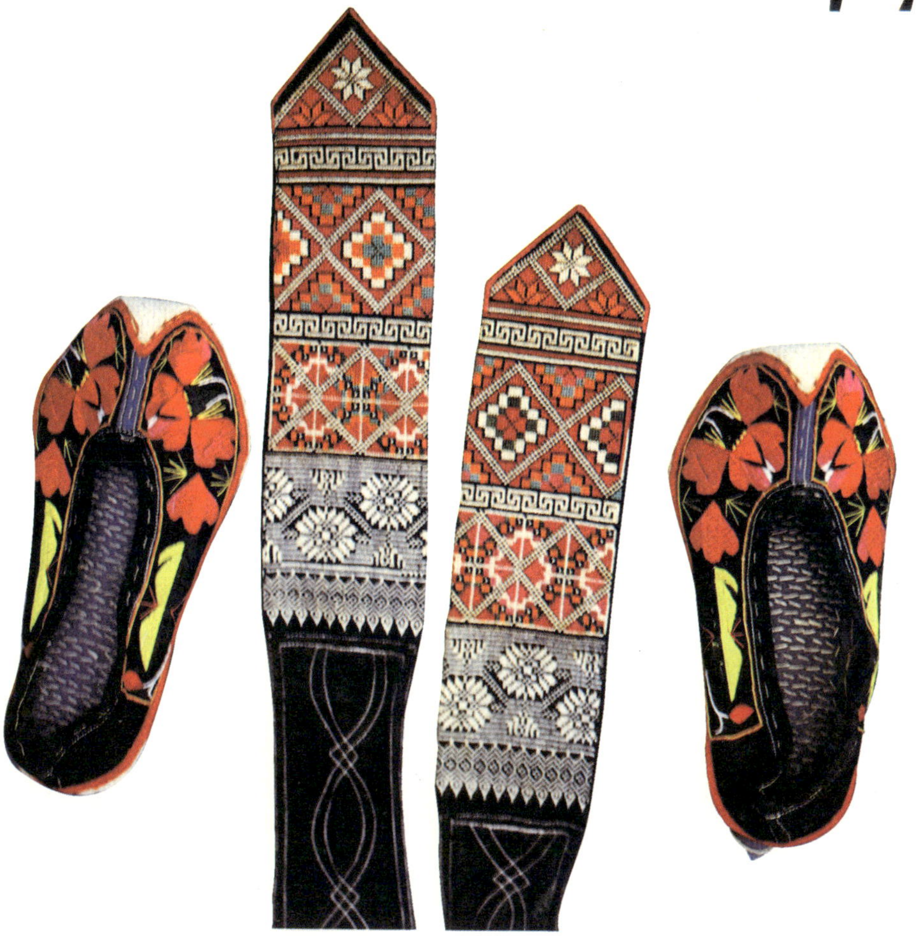

撒尼妇女的鞋饰及腰带纹饰

云南省群众艺术馆藏

壮锦

广西壮族自治区博物馆藏

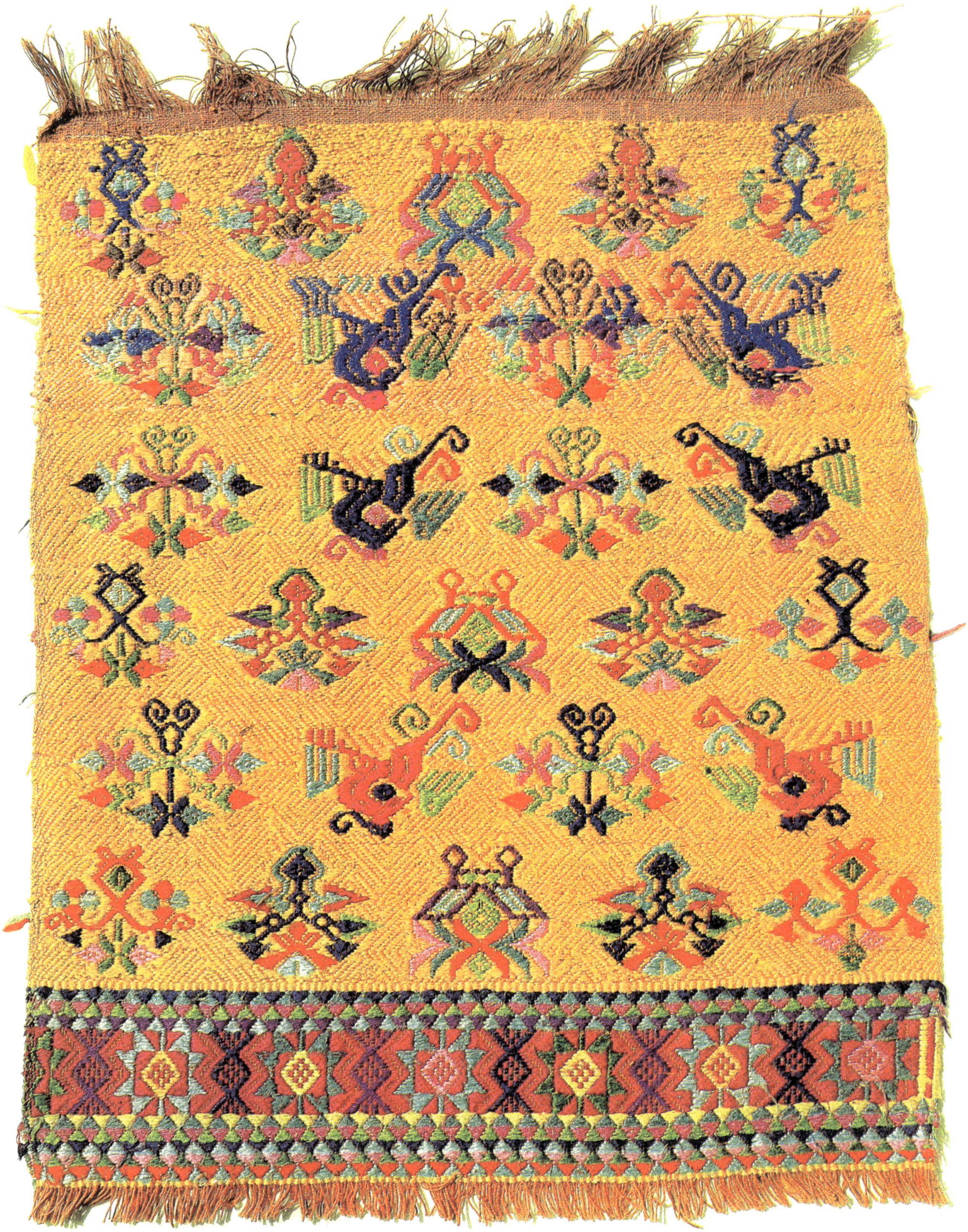

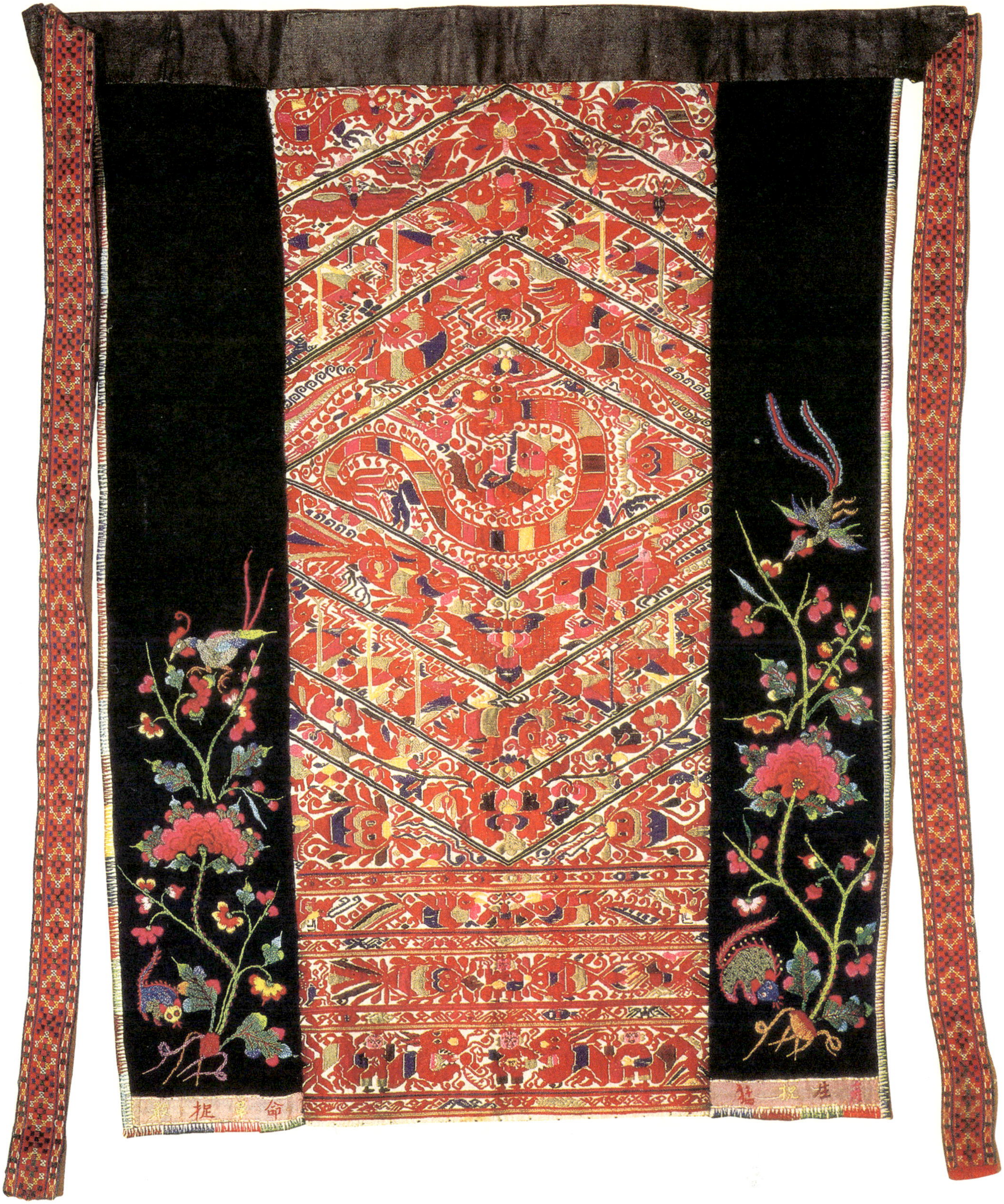

施洞织绣围腰

贵州省潘鲁生藏

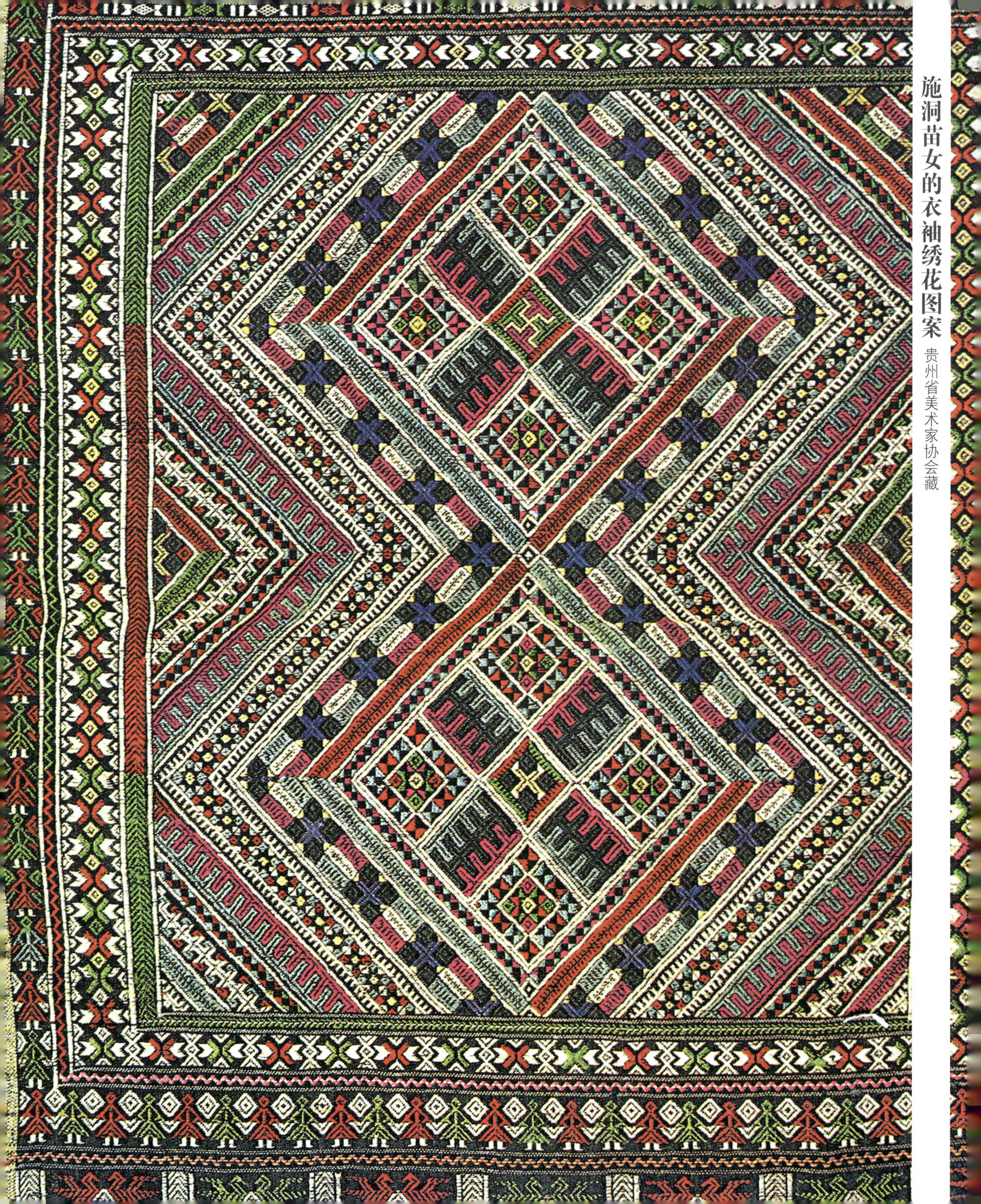

施洞苗女的衣袖绣花图案

贵州省美术家协会藏

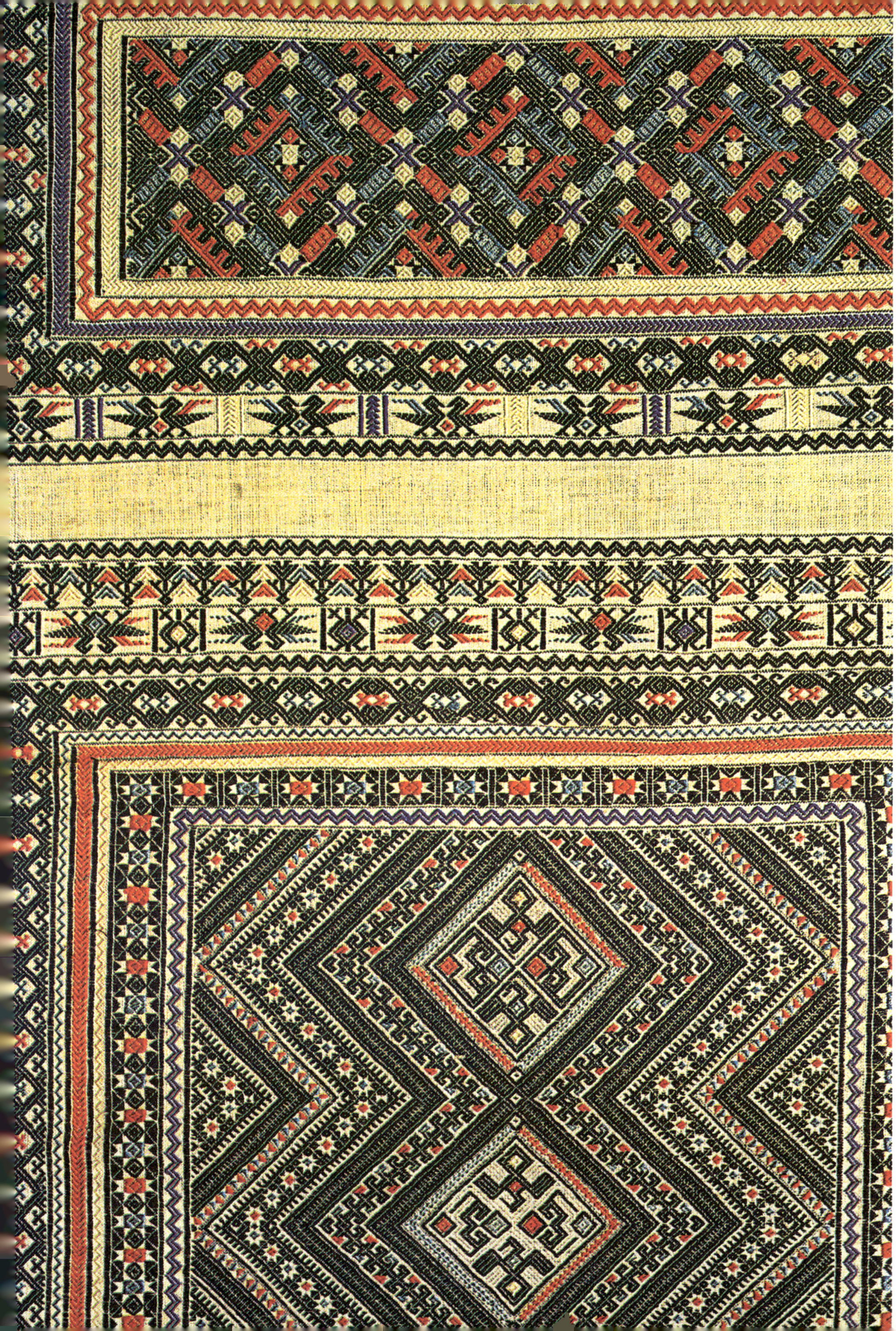

侗族织锦图案

湖南省群众艺术馆藏

侗锦在少数民族织锦中，颇享盛名。它的织工精细，纹饰繁复，多为几何纹，有少量植物纹，配色瑰丽中见沉稳，色调和谐，格调清新雅致，是侗族引为骄傲的手工艺品。因此，带着侗锦、绣花鞋垫等来到寨边迎接宾客，成了侗族待客的隆重礼节。

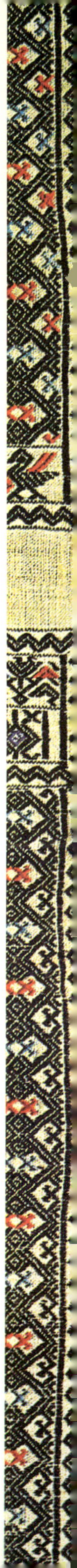

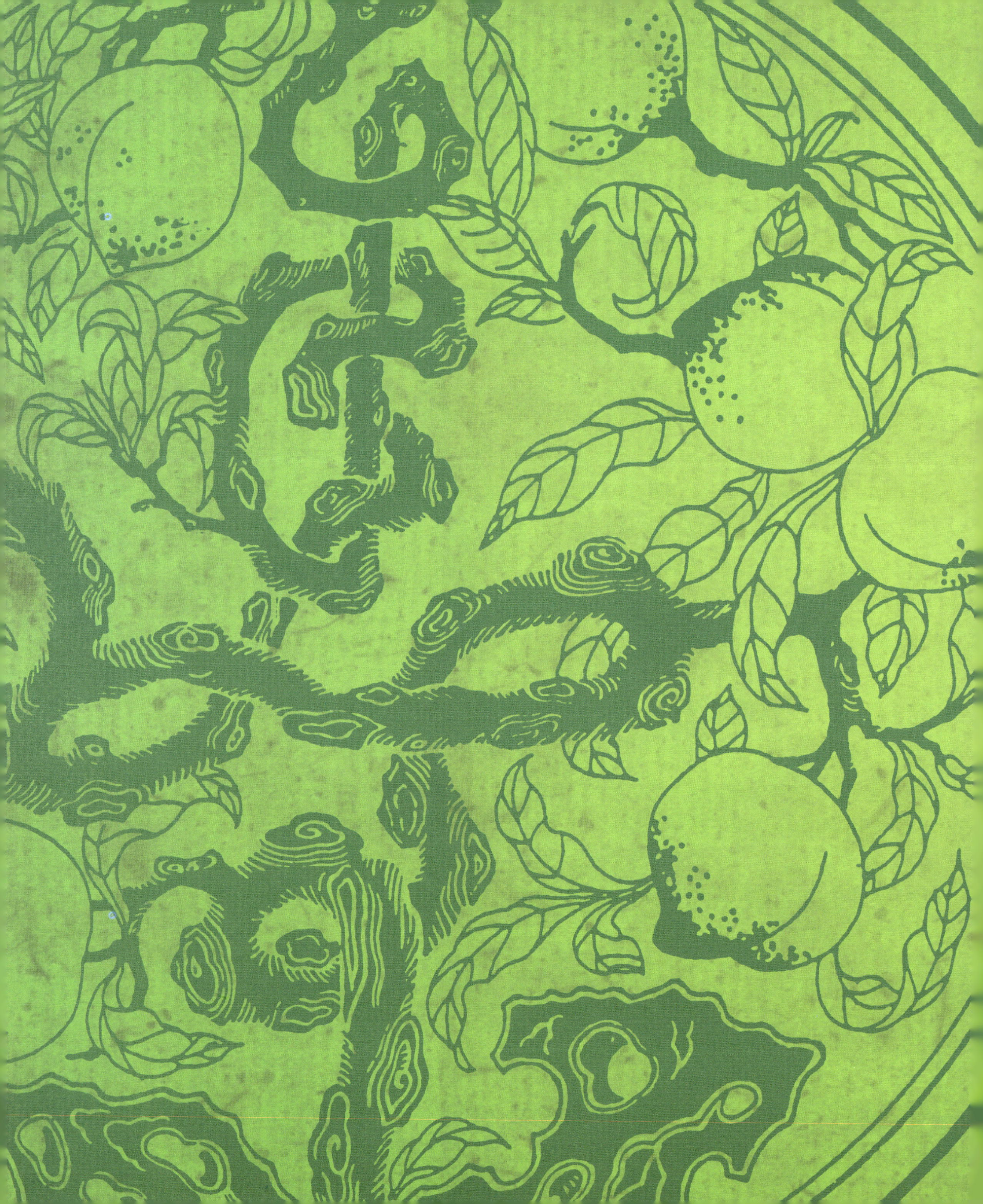

意匠文字

CHINESE CHARACTERS

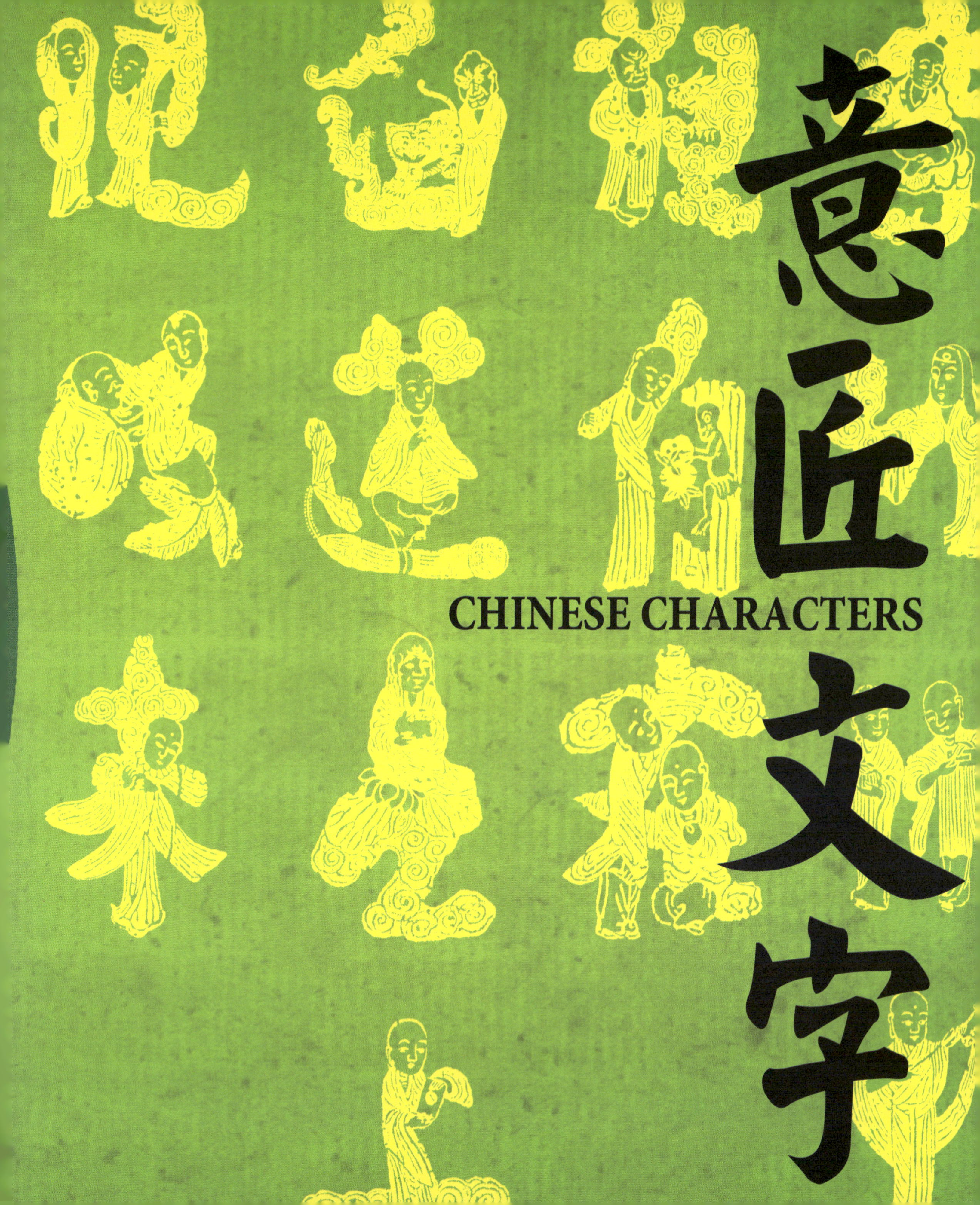

意匠文字
Chinese Characters

意匠文字的起源与发展

意匠文字的产生和汉字的起源、发展有着密不可分的关系，意匠文字是以汉字为基础发展而来的。汉字的产生初期，已经有了图画，图画和文字进行结合产生了图画文字，即汉字图形，可以说汉字图形是早期的文字形态。汉字图形的前身出现要早于汉字，汉字图形的独特性特征即是闪耀人类智慧的意匠文字。

人类社会早期，生存条件极为恶劣，原始人不仅常受饥饿的困扰，还受到猛兽、疾病、天灾所带来的威胁。他们除了采用积极的方法抵御外来威胁，还产生了了解自然、改变现实的良好的愿望，原始的动力驱使人与人之间进行交流、沟通，在文字产生以前，图画的方法就是其中一个好的手段。人类在幼年时期对许多自然现象无法解释，在强大的自然力面前他们束手无策，于是人们将自然物象神化、人格化，并赋予其神性与超自然的力量加以顶礼膜拜。例如太阳，原始人认为太阳像人一样有灵魂、有喜怒哀乐，从而形成太阳有灵的观念，便逐渐人格化，视之为日神。原始的陶器符号中可以看到许多太阳符号的描画。除了太阳，原始人类最初认知世界中的鱼、鸟、蛙都有形象的描摹。出土的原始社会陶器中刻画了许多符号，有些符号图画特征很强，有些符号简化，有着早期文字的特征。图画与文字相容并存着，自甲骨文字产生，汉字图形的概念也已经形成。

汉字的产生及发展时期，意匠文字观念的创作一直融合在汉字的发展中，图画是一种可以用于较大范围又能传递较多信息的手段，所以图画用于传递信息是文字的源头。但是仅凭写真的图画，很难使收信者明白写信者的真正意图，只有这些图画被生活强化，并被不断重复使用，使某一绘形与某物建立了单一的固定的联系，形意之间有了约定关系，才能成为图画文字。图画文字与宗教信仰、图腾崇拜、吉祥观念、生产生活有着紧密的联系。

殷商时青铜器上的纹饰有一类是自然界中常见的牛、羊、鹿、象、猪、马、兔、鸟、蛇、龟、蛙、鱼等，另一类是凭主观想象创造的动物，如饕餮、夔、虬及龙、凤等。春秋战国时龙、凤图形已很普遍，龙神奇威武，凤艳丽美妙，恰恰构成了人们意念中美好与祥瑞的生动组合，龙、凤等吉祥的实物象征性，逐渐地被固定而成为一种习俗了。如“龙凤呈祥”，“成龙成凤”。至秦汉时形成了许多约定俗成的吉语，如铸在铜器上的铭文有“益肤延寿”、“长宜子孙”、“大吉羊”等；刻在瓦当上的如“长乐未央”、“千秋万世”、“长生无极”、“延年益寿”、“飞鸿延年”、“长乐富贵”、“富贵毋央”等。约定俗成的吉语吉句传世很多，许多已形成了单图表意，有的形成以字组图，它们都是文字图画，被用来表达抽象概念的象征性图像。

在文字产生之前，有很长时间是处于图画、图画文字共存的时代，而这一时代正是产生汉字图形的必经阶段。随着汉字的产生，汉字图形与汉字在相辅相融中不断地按自己的足迹发展起来。

合体的时期

汉字在产生的最初阶段与图形基本是不可分的，文字有着强烈的图画特征。从新石器时代我们可以窥到一些文字起源的信息：被发现的大量刻符和彩陶中有些装饰华美的图案，这些图案符号形象生动，同时还具备文字的符号特征，现在虽然专家们还不能肯定这些符号就是文字，但这些符号与甲骨文有着许多非常相似的特征，至少为文字早期的形态。汉字与汉字图形是不可分割的，早期的刻符、陶器符号到一些甲骨文，几乎都是一种优美的装饰。直到以后的甲骨文及金文，这些图案化的形象一直存在，图形与汉字的并存说明汉字的最初图形化特质。商周时期，汉字与汉字图形是并存的，几乎是不可分割的。

商代的铜器上，常常有一些图像是作为征伐标志的，只要人们看到这一标志就知道这与征伐有关，这些标志并没有固定与哪句话和哪个词有联系，因此它不属于文字，只属于文字画与图画文字阶段。在图画文字发展为象形文字的过程中，原始的图案纹饰是远古时代约定符号的来源，因此汉字产生的初期，并没有摆脱图画的影响。汉字的开始经常是用以记录祭祀、卜算的过程，汉字的产生不仅仅要为人认同，还要为鬼神认同，这就使汉字在书写时要美观、虔诚，以示恭敬。另外，汉字最初是掌握在统治者手中，为了表现出宫廷的威严与神秘，不断强调汉字的神秘性，书写时尽可能保留汉字的繁复性和辨认的复杂性。种种原因使汉字的最初形态总是在使用的前提下尽可能符号化和视觉美观化，汉字就如一个图形符号。合体时期，汉字与汉字图形相依相辅，呈现出神秘、美化的特性。

分流时期

夏商以来，汉字与汉字图形相融相生，呈现出繁荣的景象。至春秋战国时期，诸侯争霸，百家争鸣，社会文化、经济、生产都达到鼎盛，各诸侯国为了争夺霸主的地位，在经济、文化上都力图改革，由于汉字的特殊和神秘性的功能，各诸侯国纷纷利用汉字来塑造自己的权威，汉字的图画功能和信息功能各有发展，而且地域的差异性愈来愈大。特定的需求使汉字的发展也多元化了，当时宽松的文字应用环境与广泛的文字应用途径使汉字书写风格产生变革。信息化的目的，使文字摆脱了装饰、图形的形象，更趋符号化的简约生动。神秘美观的需求，使文字的装饰性得以强化，装饰功能迅猛提升，甚至异化为远离文字语言交际本质的装饰图案化文字。这一时期文字发展到成熟阶段，功能与需求的界定使文字的风格体系产生了变化，无语言信息化交流的文字——意匠文字在这一时期已经成熟，并独成体系。

春秋战国时期，各诸侯国力倡改革，经济、文化、政治都呈现新的面貌，诸侯争霸，百家争鸣，各种思想、著作都在这一时期达到空前繁荣，文字的传播作用越来越重要。同时，诸子百家著书立说，都需要使用文字，文字的书写者也越来越多。大量的人使用文字使文字最初为统治者所用的现象已经改变，对文字的禁锢也一起消失，大量的著作学说需交流传播，文字的书写者面临着巨大的压力，书者们再也无心雕饰，文字的信息符号化特征得以加强，书写的速度和效率越来越高，文字变成多数人掌握的工具。同时，因为文字的大量使用，文字的作用影响着国家的发展，文字的书写材料也因此而大大丰富。文字不仅在龟甲、布帛上出现，而且也在货币、玺印、砖瓦等新的材料上出现，而这些新的材料有些是用来象征国家的。

文字的信息化功能得以强化，装饰化的功能也得到大力发展。各诸侯国为了表示自己的权威，在祭祀、战争等场合利用汉字的神秘性大量使用装饰化文字，装饰文字成为另外一种重要功用，这一时期的装饰文字对汉字图形的发展产生了深远影响。文字变化的高潮为汉字图形创造了一个契机，但是汉字图形的出现还是离不开原始的文字画和原始风俗的影响。受文字画的影响，汉字的形体本身蕴藏丰富的图形装饰影子。汉字最初的形态既有信息传递，也有美化功用，两种不同的功能融合在最初的汉字中。但随着汉字使用的不断广泛，两种功能越来越明确，分流已有可能，图形文字的装饰性不再随着信息化文字的发展主流而行进了，汉字分流时期已经到来。分流时期的汉字就功能分为两类，一是信息化汉字，趋简趋势明显，讲究书写快捷及信息传递的简约。另一个是意匠文字，讲究装饰性及美观性，传递的多是图形的象征性，有汉字的结体，但非信息符号化。

成熟的独立艺术门类

秦始皇统一中国，大一统的时代已经到来。经历了500多年的文字异形、书体多样，文字呈现出繁荣多样的面貌，而秦王朝的统一，书体多样的汉字却是王政思想发展的障碍。秦初，秦书八体样貌纷呈，李斯省改大篆初创小篆统一了文字，信息化的书体字走向一条成熟稳定之路。意匠文字在免去信息化功能之后，装饰化的体系也趋成熟，正由于其装饰美化的功能，意匠文字逐渐走向民间，服务大众，融入千家万户的生活，生活化的特征趋于明显。意匠文字独成体系后，逐渐确定了自身特点，经秦汉至魏晋南北朝等历代的发展，汉字图形化的装饰风格越来越丰富，文学、绘画、书法、风俗等各类艺术形态都在意匠文字中有所体现。

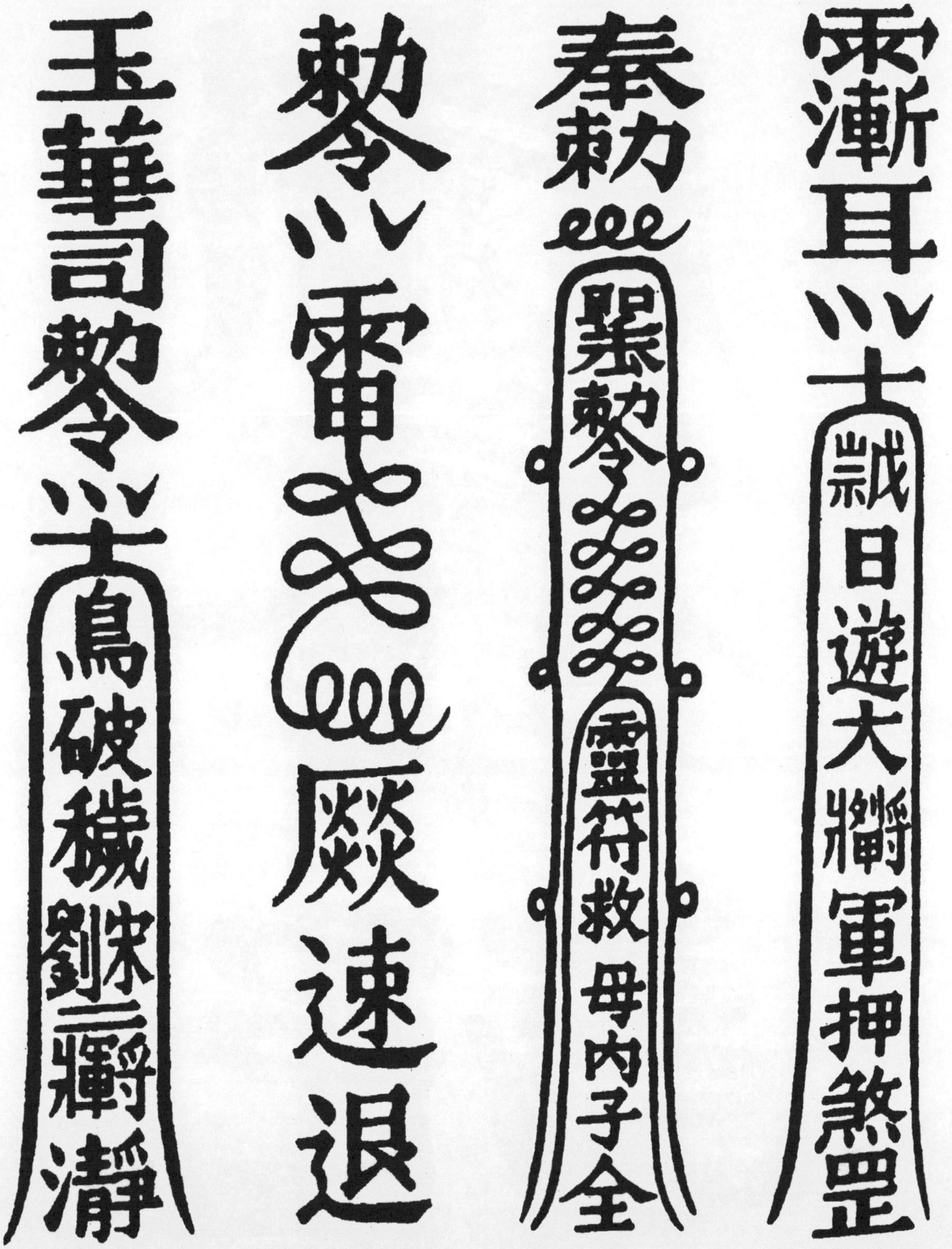

镇煞灵符　安胎灵符　治发冷灵符　净水灵符

保佑读书人高中符

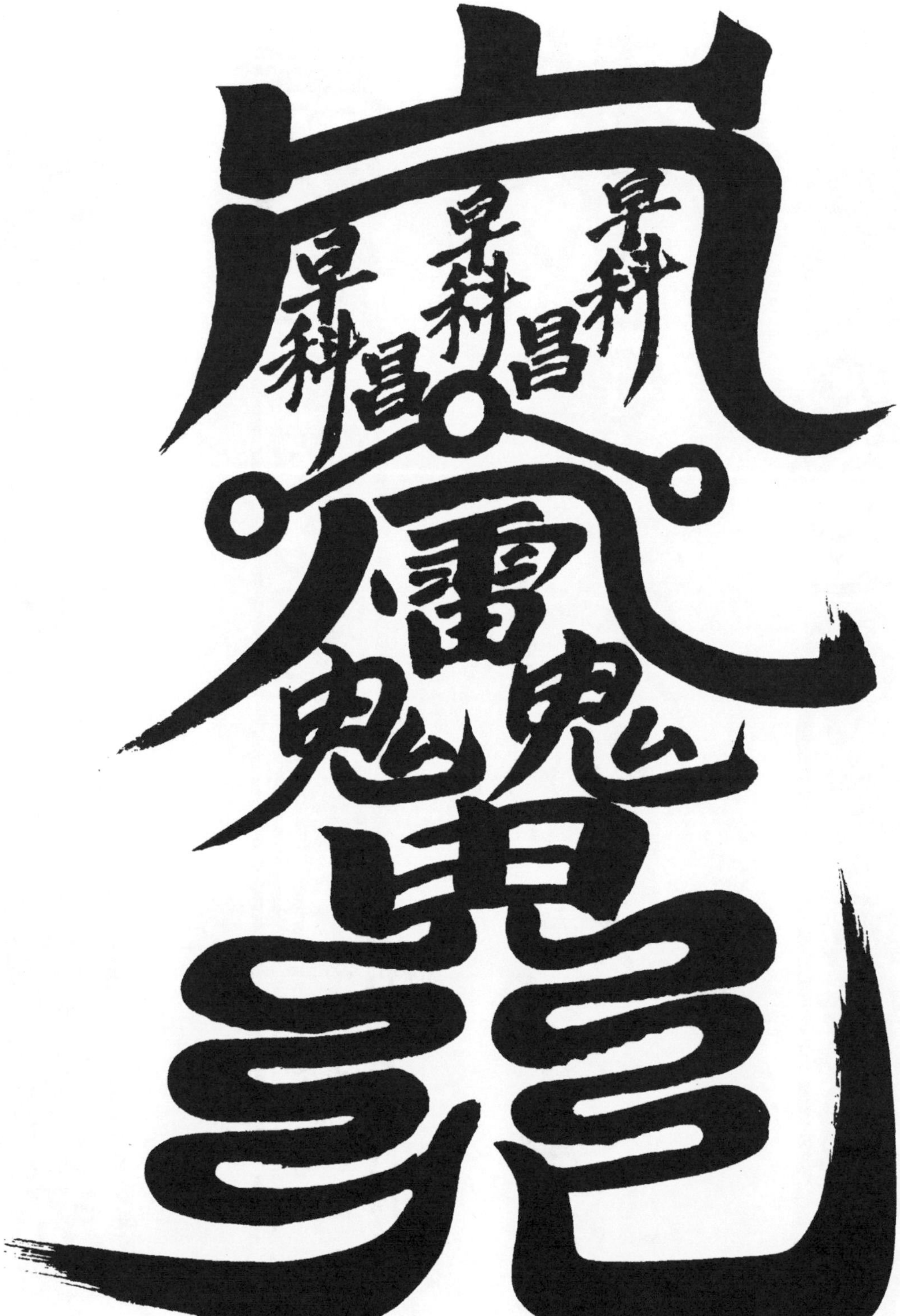

夫妻不和重归于好符　百解消灾神符

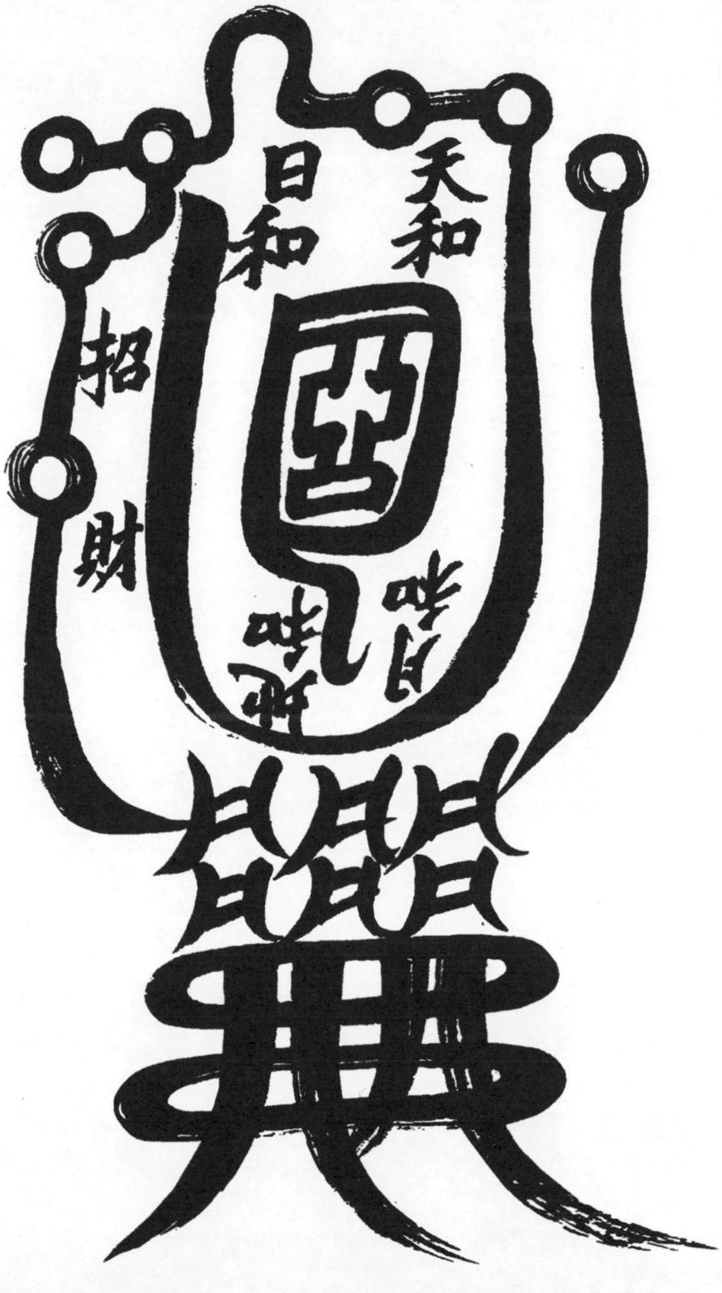

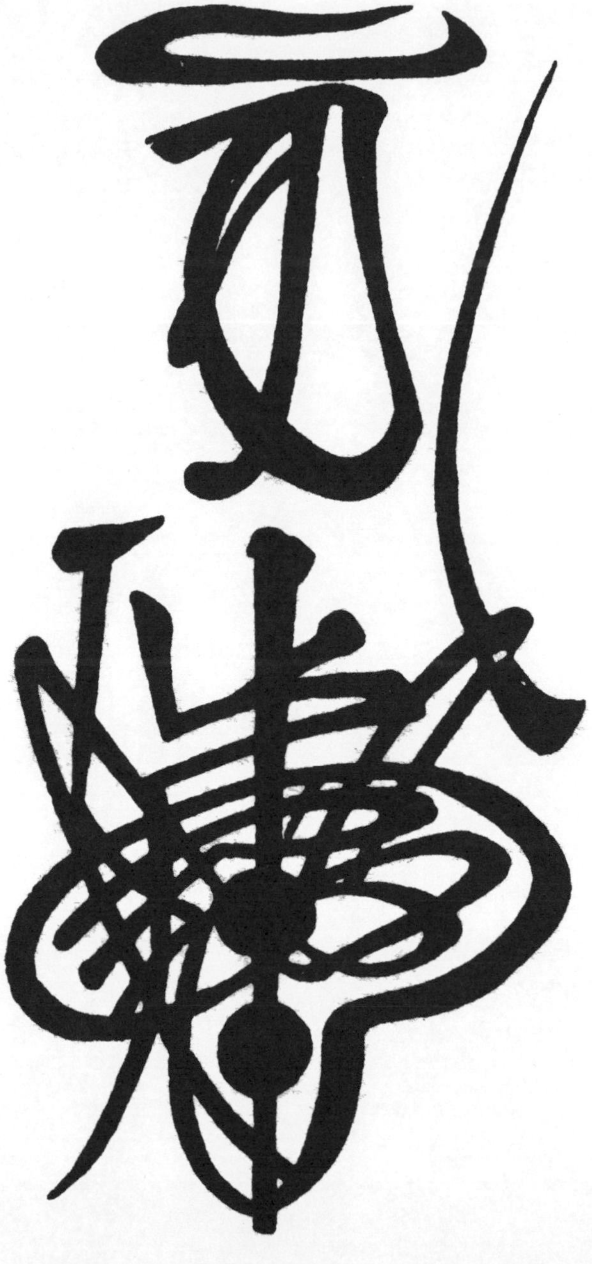

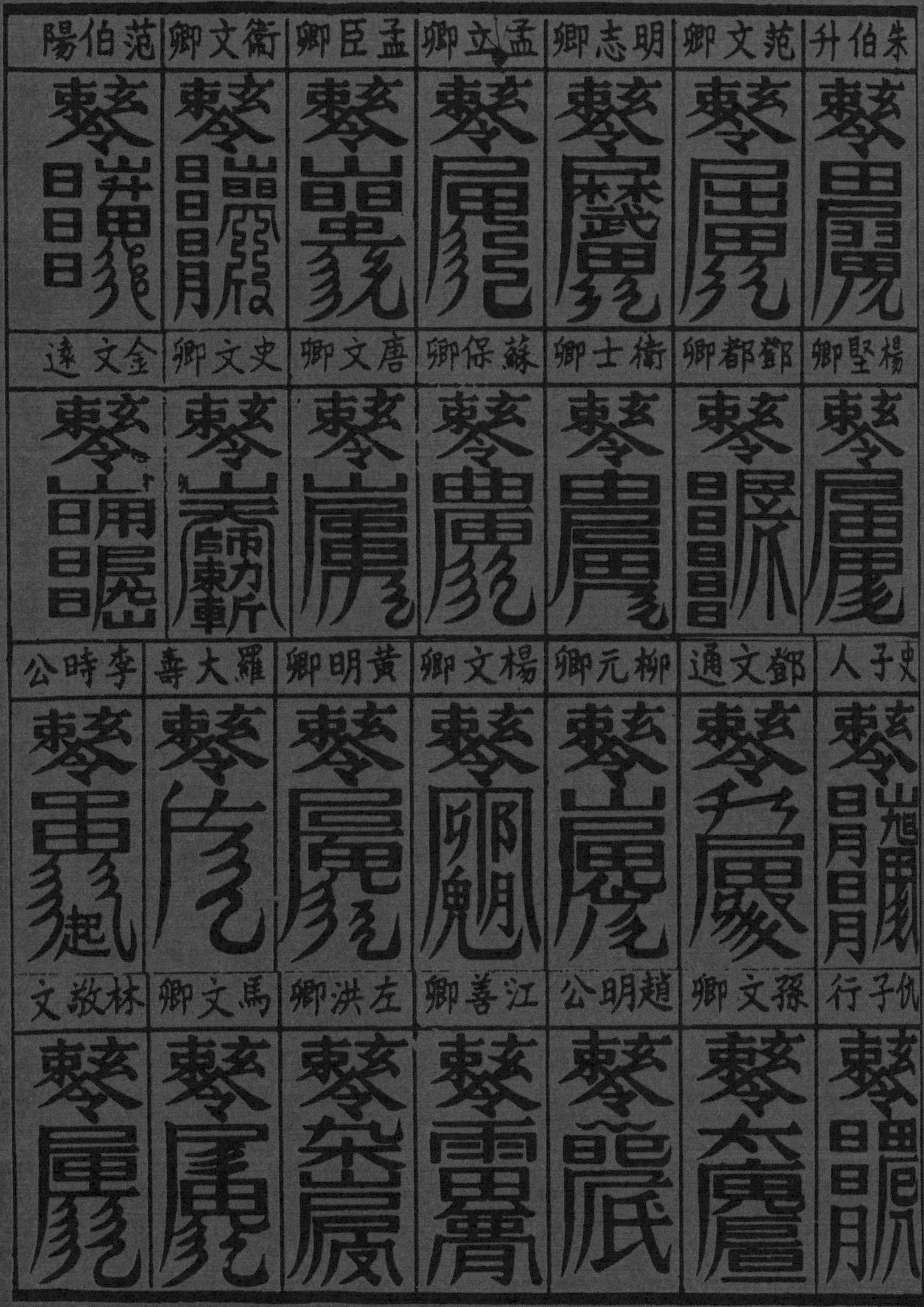
朱伯升 范文卿 明志卿 孟立卿 孟臣卿 衛文卿 范伯陽
楊堅卿 鄧都卿 衛士卿 蘇保卿 唐文卿 史文卿 全文達
史子人 鄧文通 柳元卿 楊文卿 黃明卿 羅大壽 李時公
仇子行 孫文卿 趙明公 江善卿 左洪卿 馬文卿 林敬文

六十甲子日得病用符

六十甲子是由天干和地支相配而成的六十种符号，以甲子、乙丑、丙寅、丁卯、戊辰、己巳、庚午、辛未、壬申、癸酉……至甲寅、乙卯、丙辰、丁巳、戊午、己未、庚申、辛酉、壬戌、癸亥终，满六十为一周，称为六十甲子。古代用以纪年、月、日、时，周而复始，循环使用。道教有所谓六十岁神，轮流值年，并冠以姓名，称为六十甲子辰神。此符采用不同的文字拆装组合，构成六十个神秘的文字意境，用以保护人类不同日辰的安康。

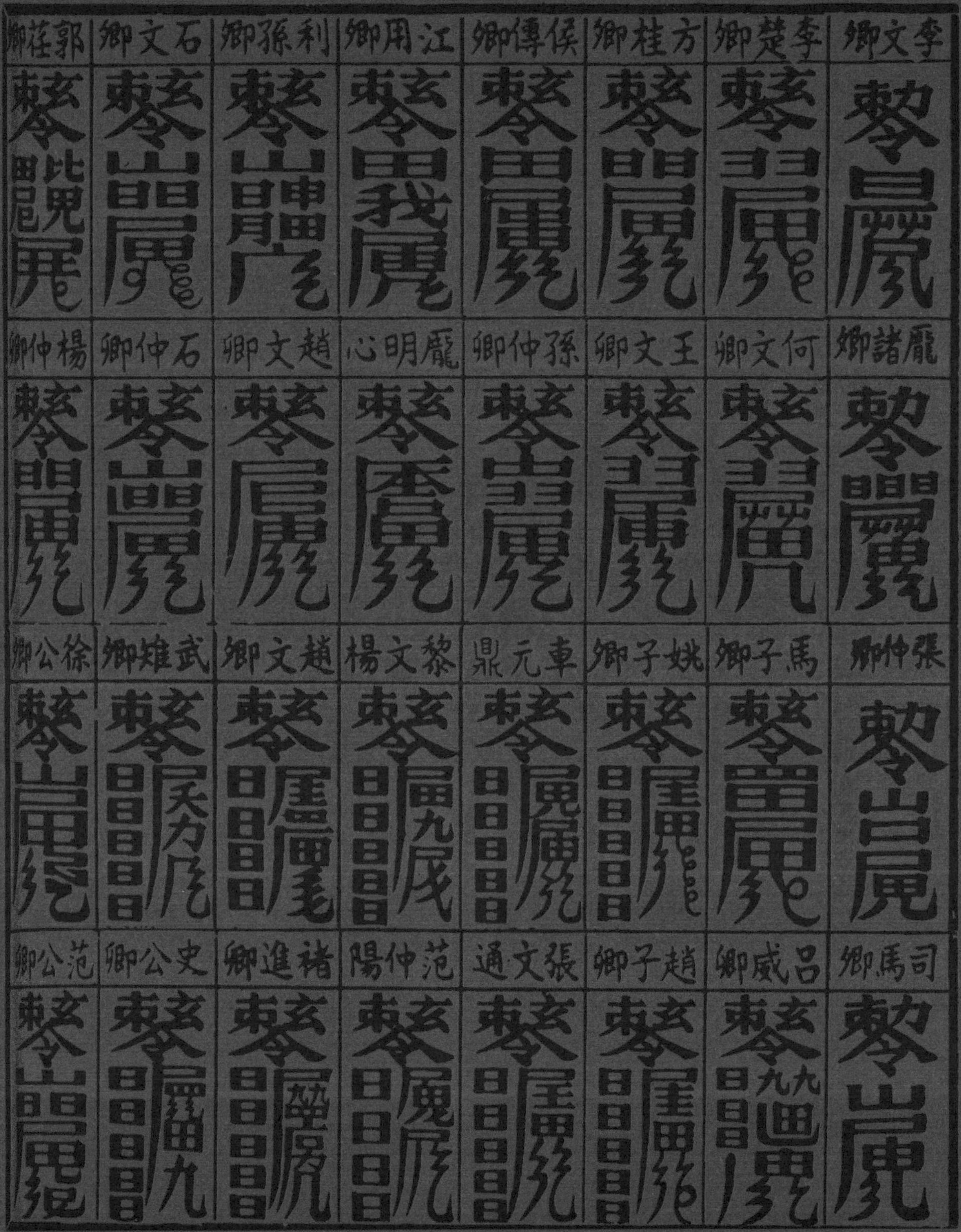

民间花鸟字 新婚美满

张秋云作

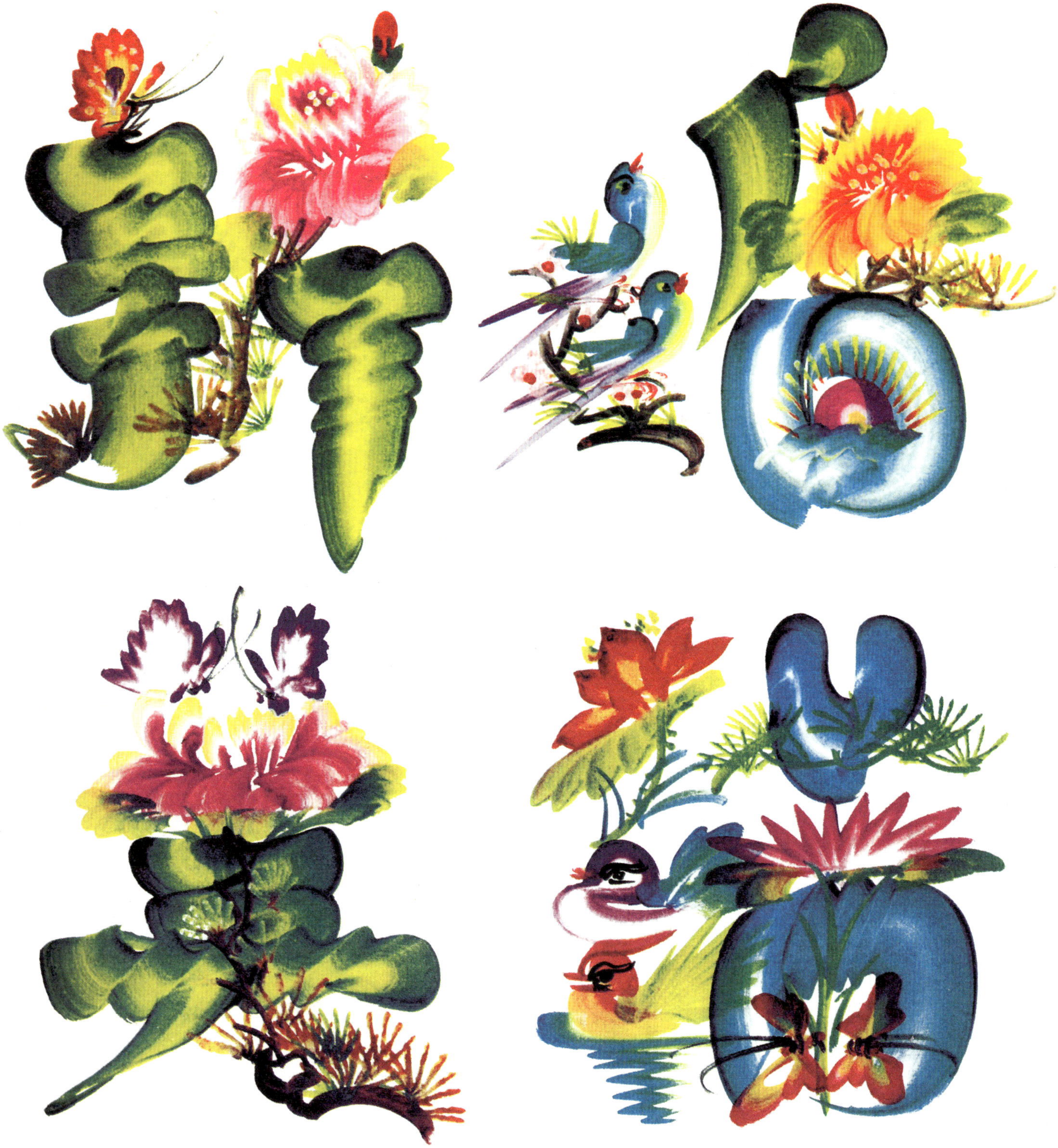

民间花鸟字　鹤寿千秋

张学文作

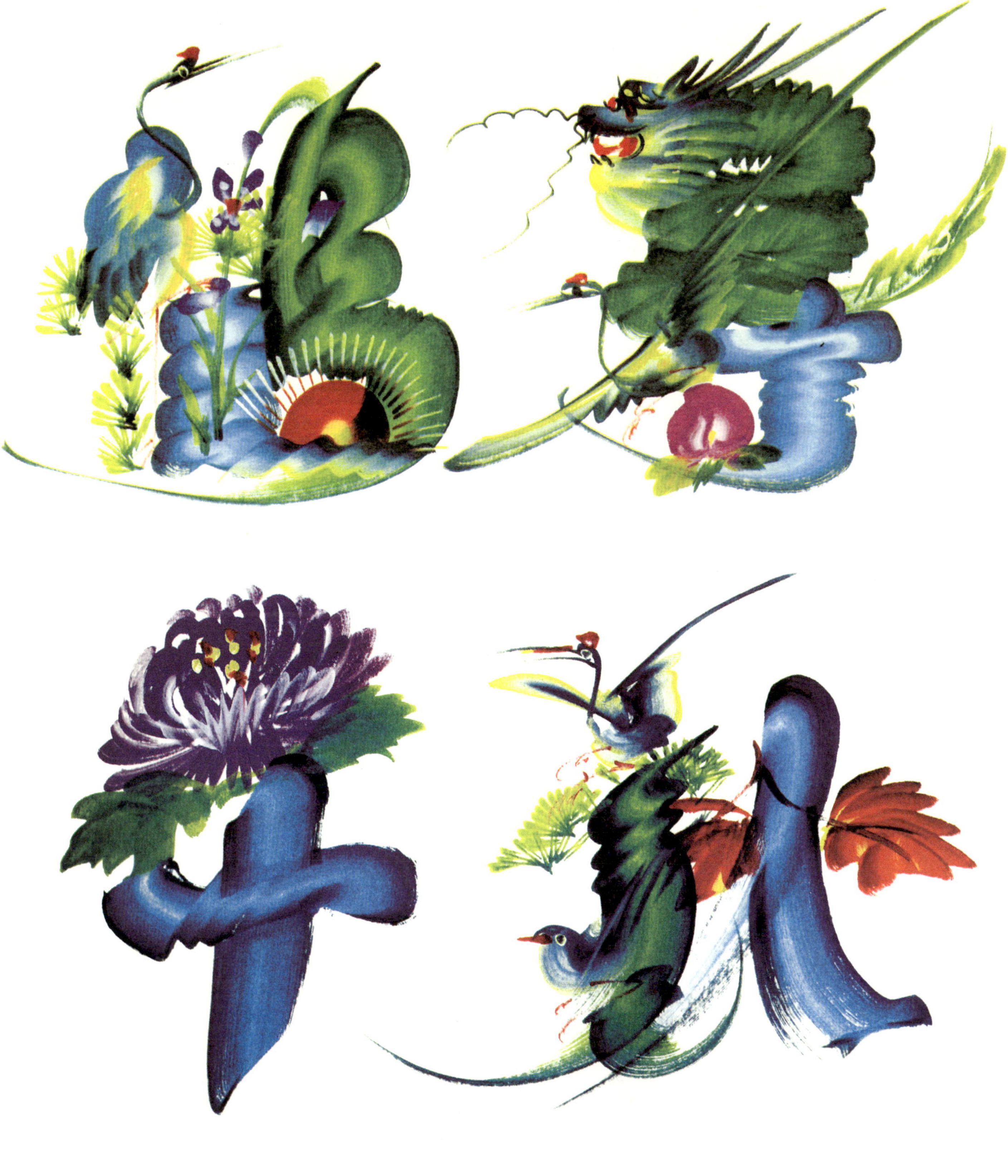

民间花鸟字 福寿 龙凤山

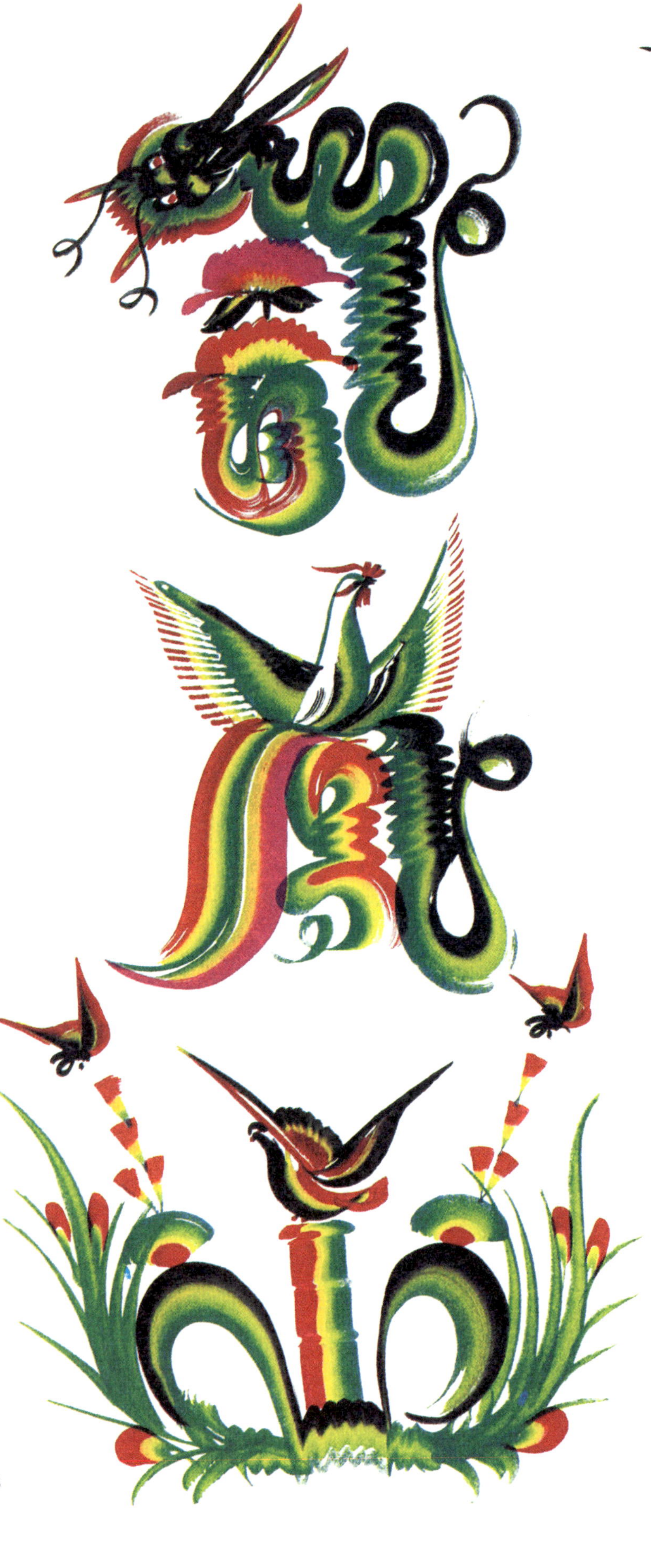

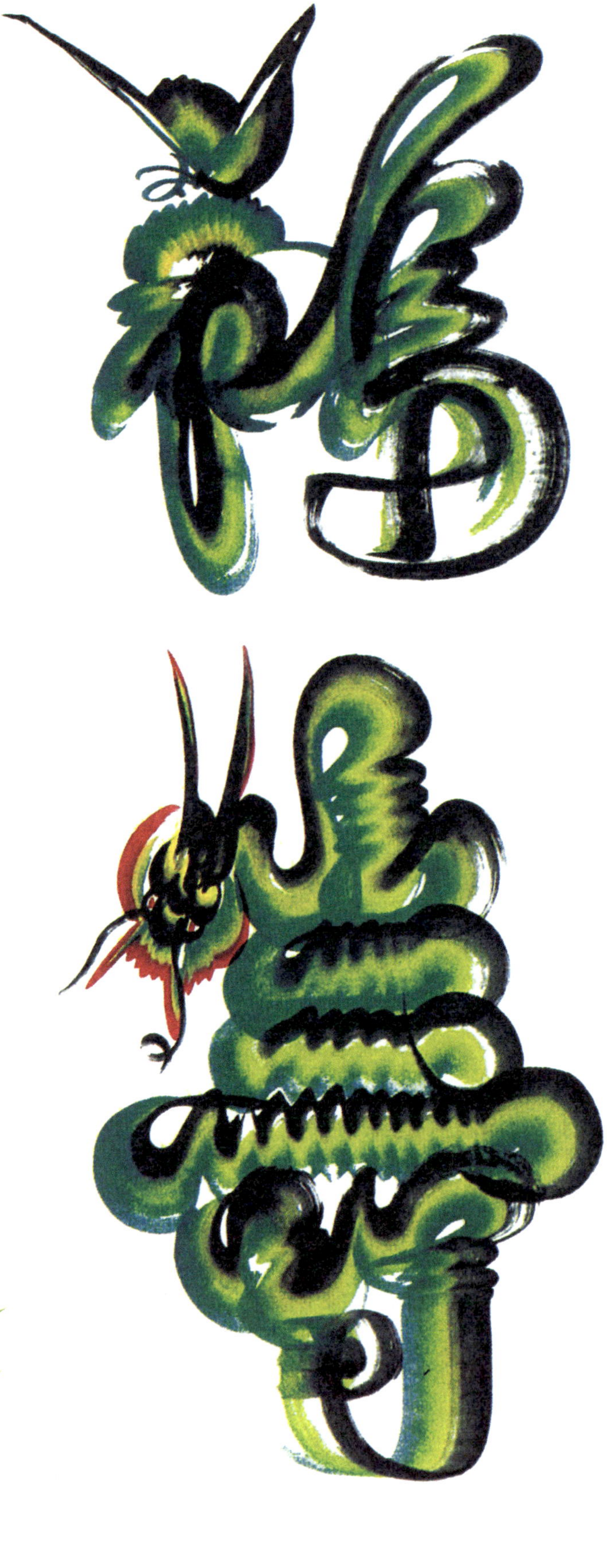

民间花鸟字 龙飞凤舞 春满人间

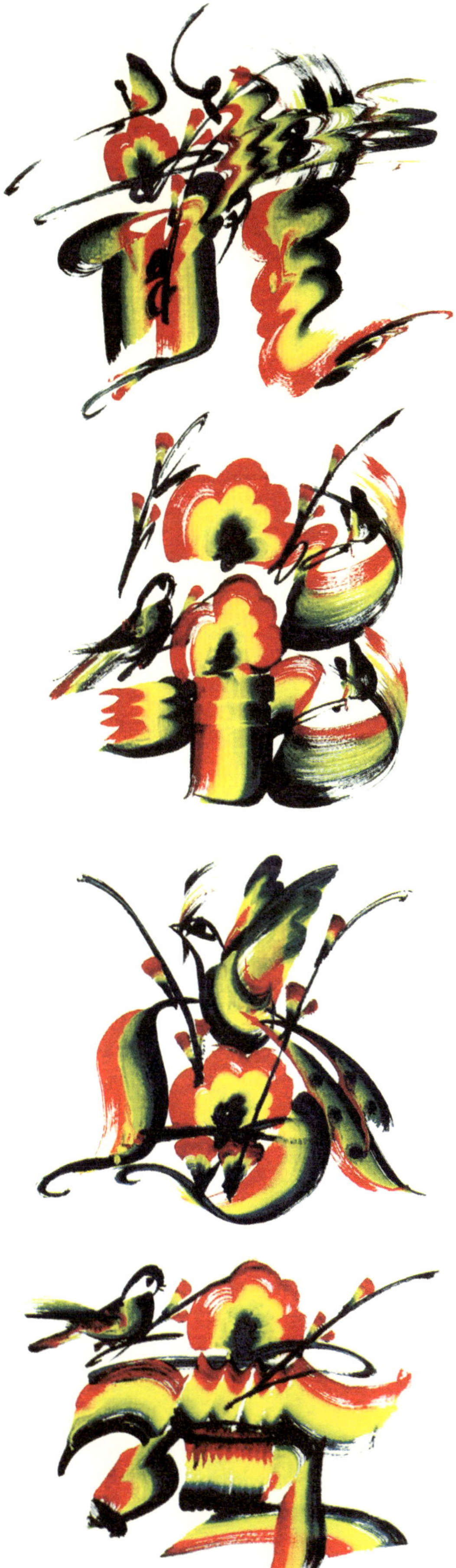

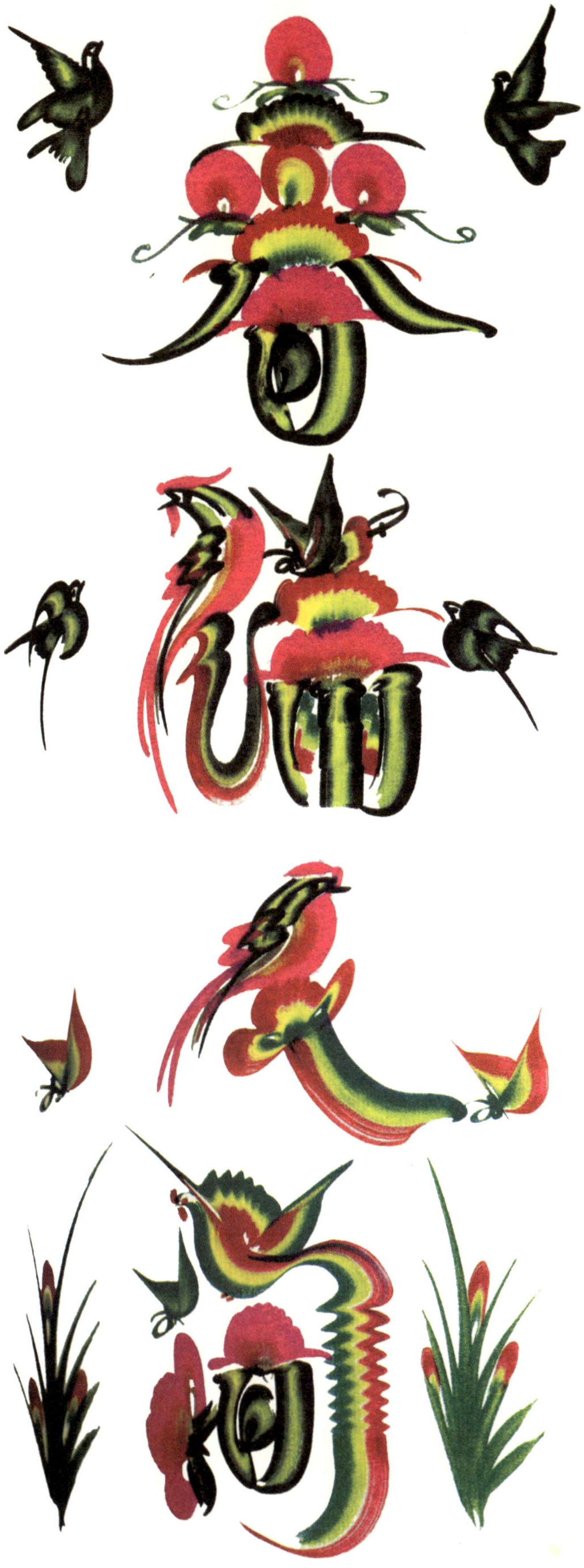

新样文字绘《十二生肖》 恭贺新年

宋红雨 作

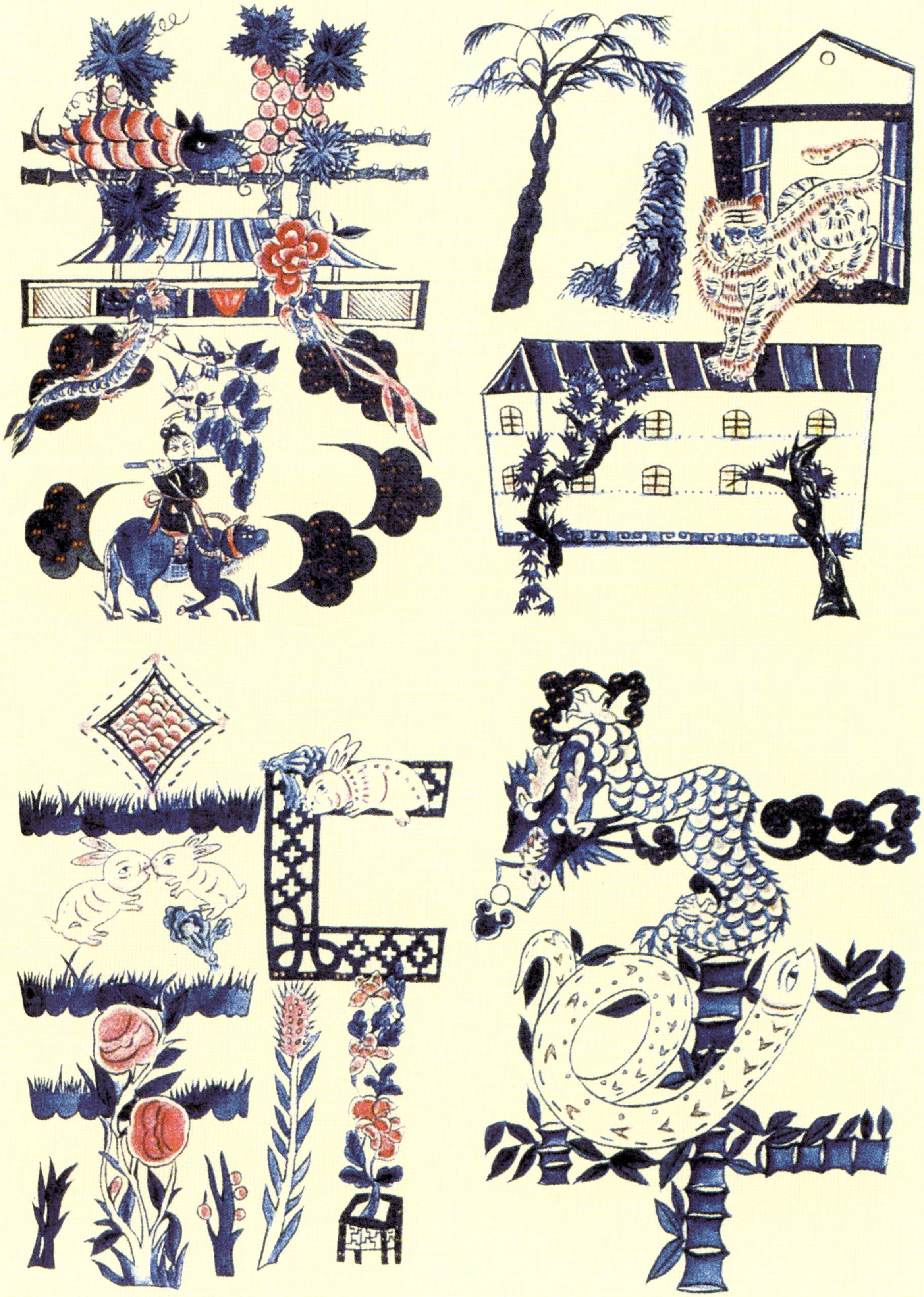

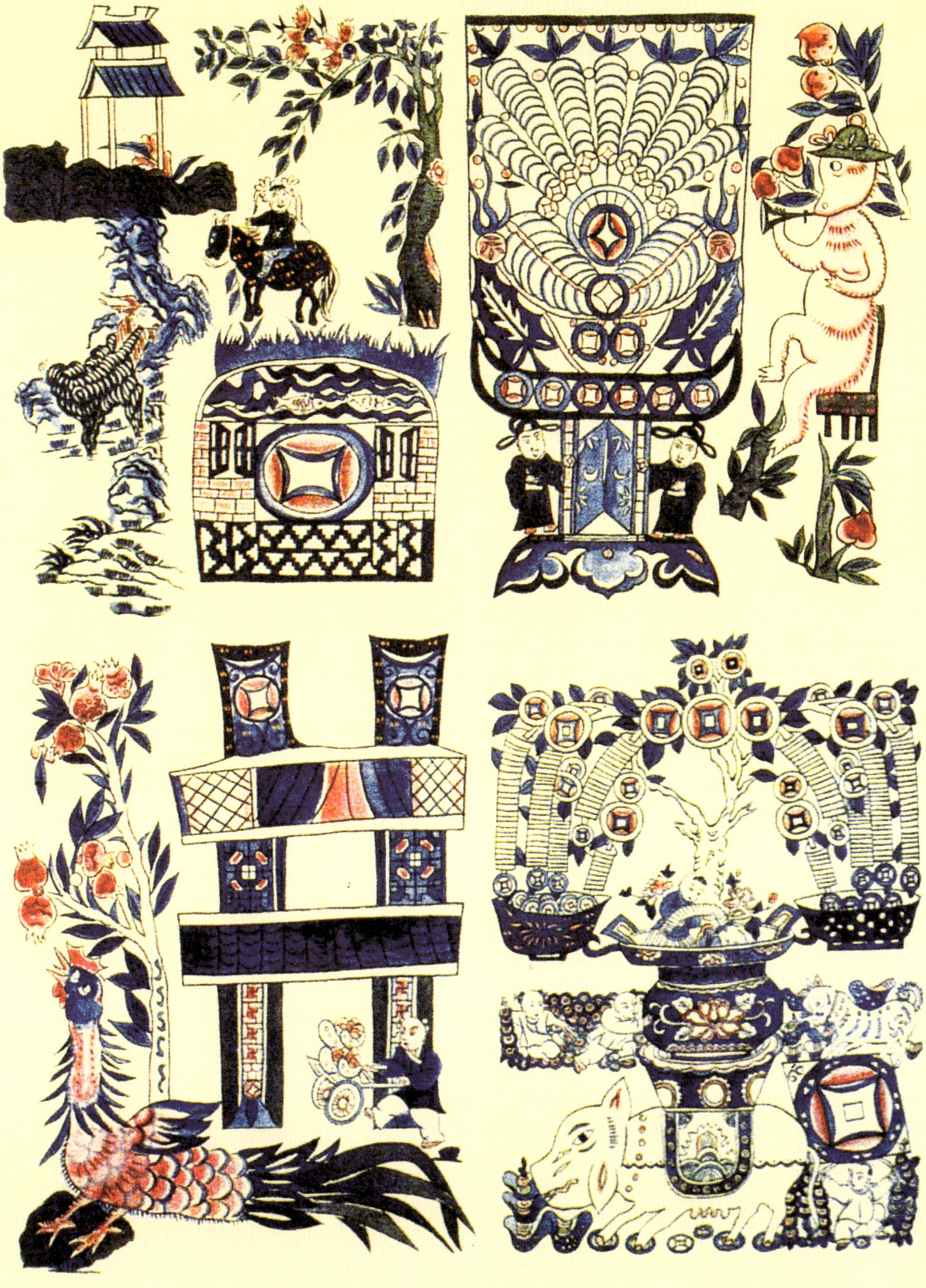

新样文字绘《十二生肖》 招财进宝

宋红雨 作

寿

南宋史渭书百年寿石刻

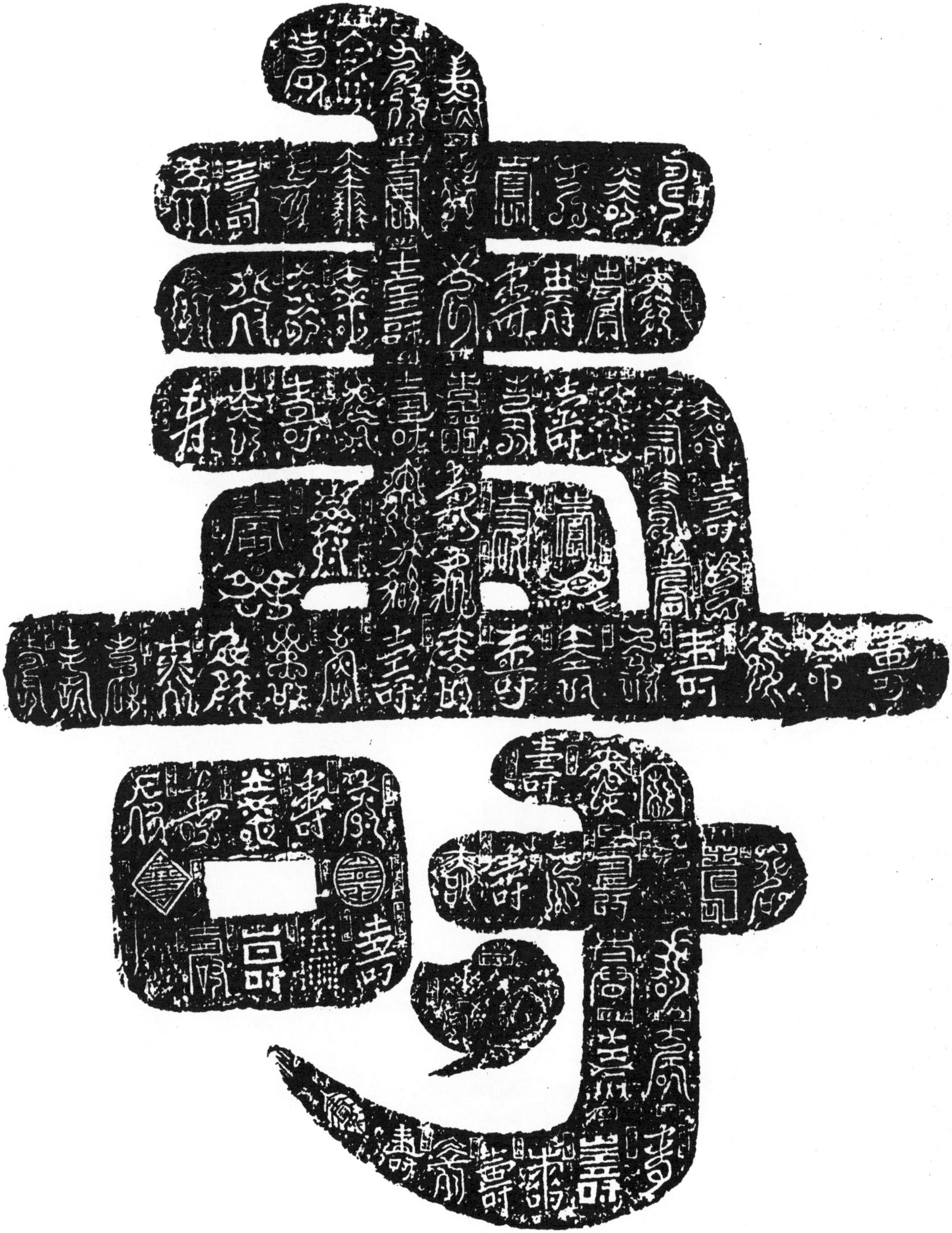

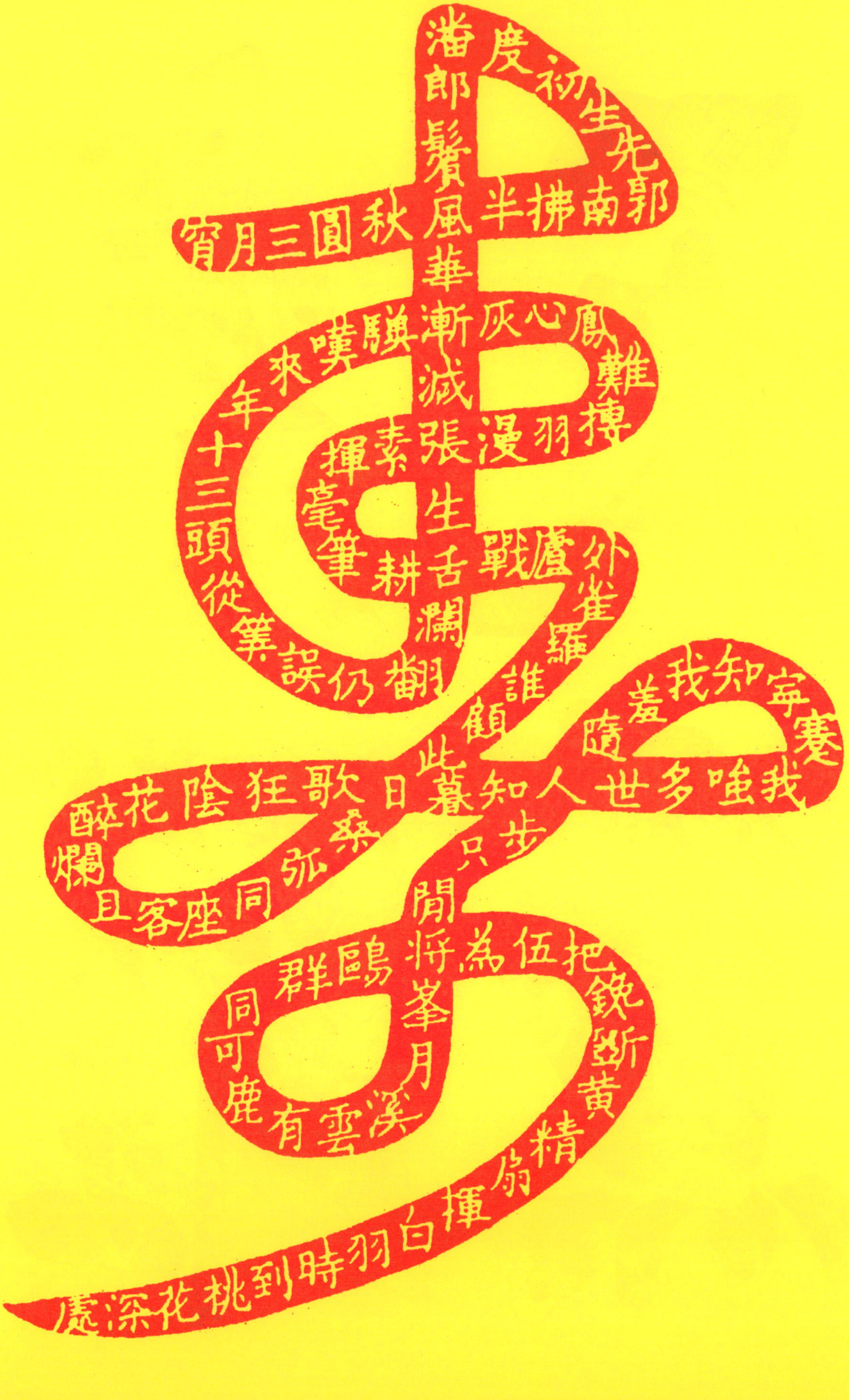
潘郎鬢風華漸減張生舌灩
度初生先郭南拂半秋圓三月宵
年來嘆驥漸灰心鳳難搏羽漫
揮素毫筆耕戰廬外雀羅
十三頭從筭誤仍翻
誰顱此暮知人世多唓我
羞我知寒蹇隨
醉花陰狂歌日
爛且客座同弧桑
步只閒將峯月溪雲有鹿可同群鷗
為伍把鋤斷黄精
處深花桃到時羽白揮扇

寿

民间木刻版书《百世令》

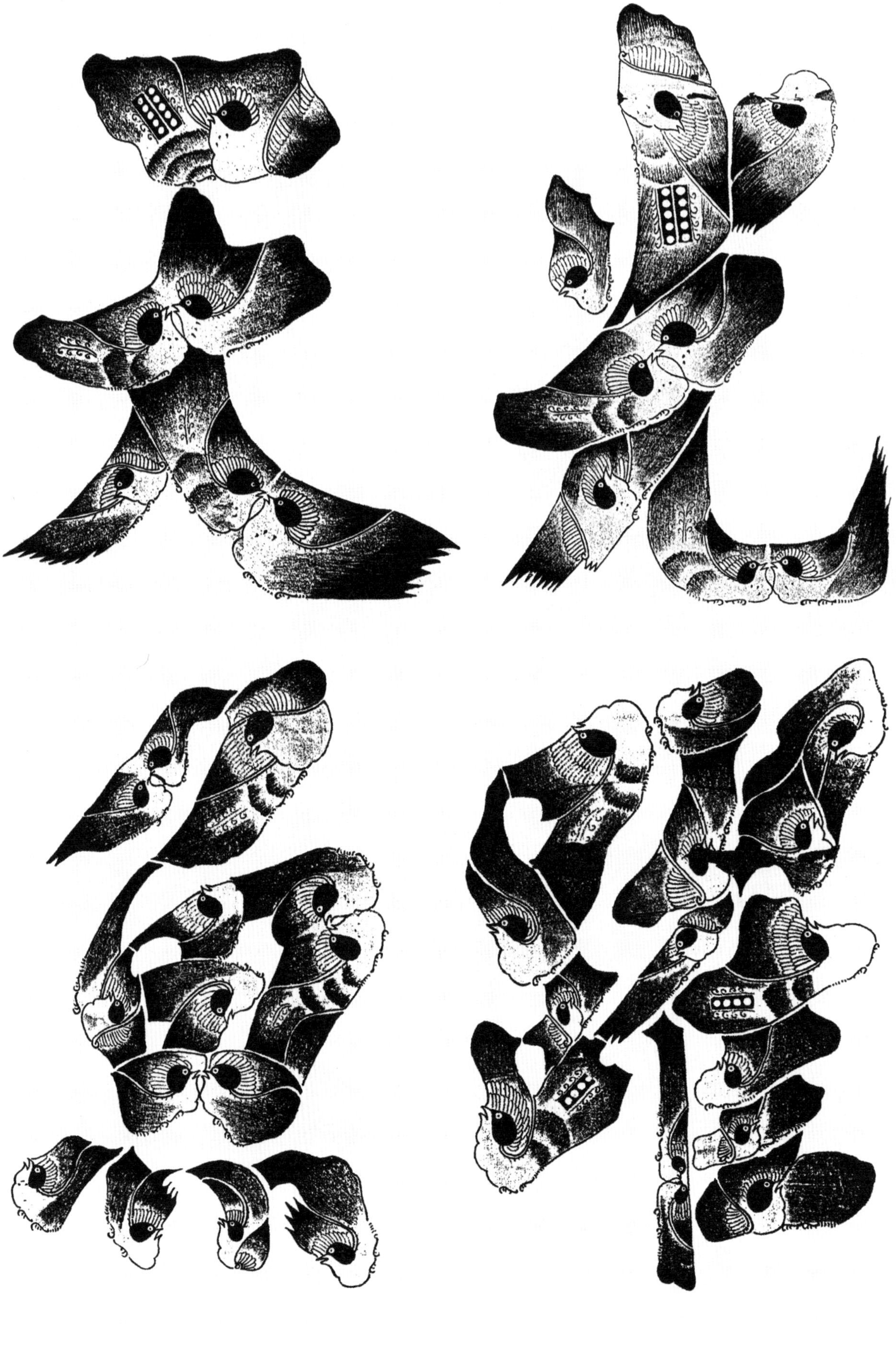
天光
魚躍

天光云影　鱼跃鸢飞

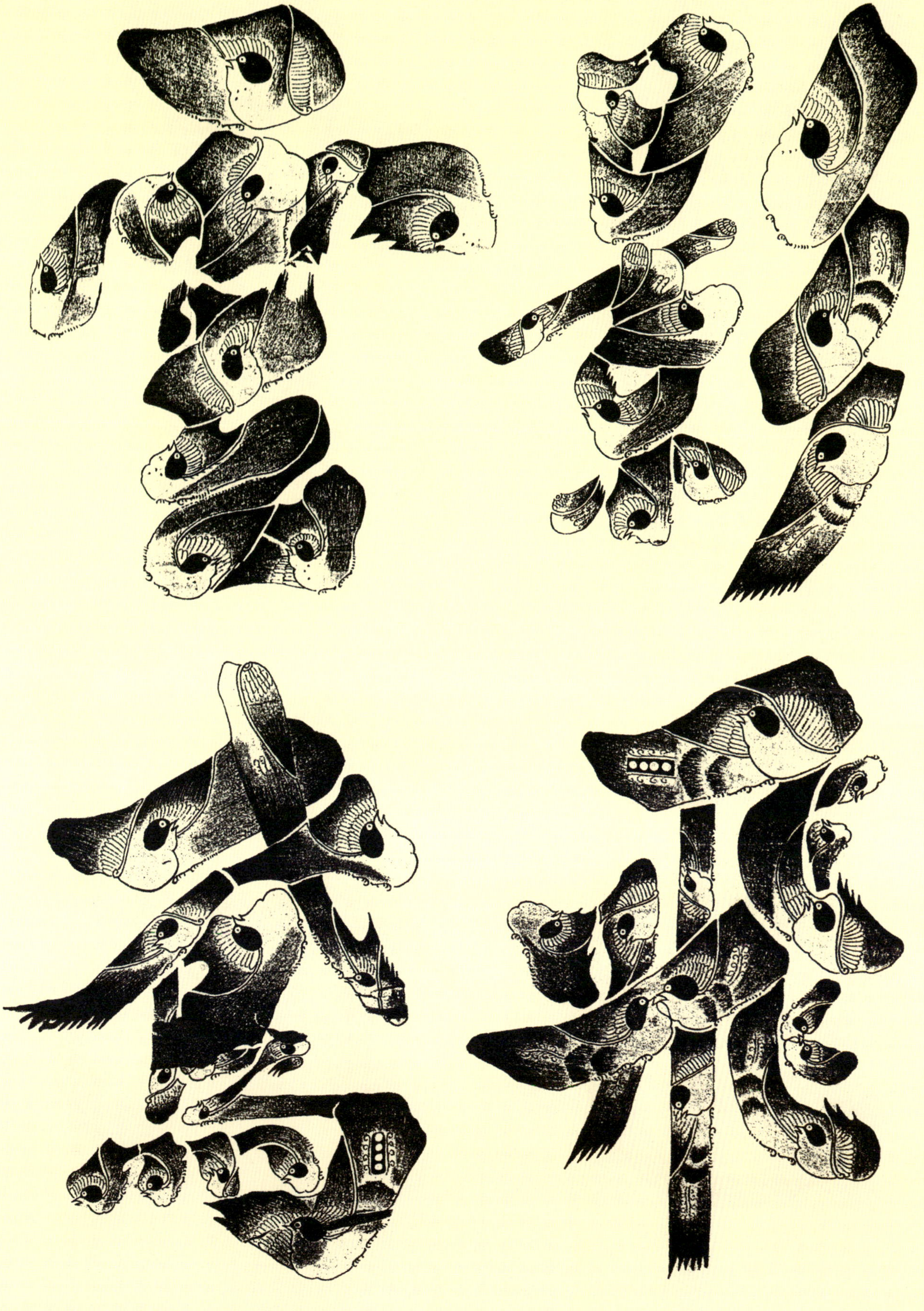

福禄寿喜

东北民间　刺绣枕顶

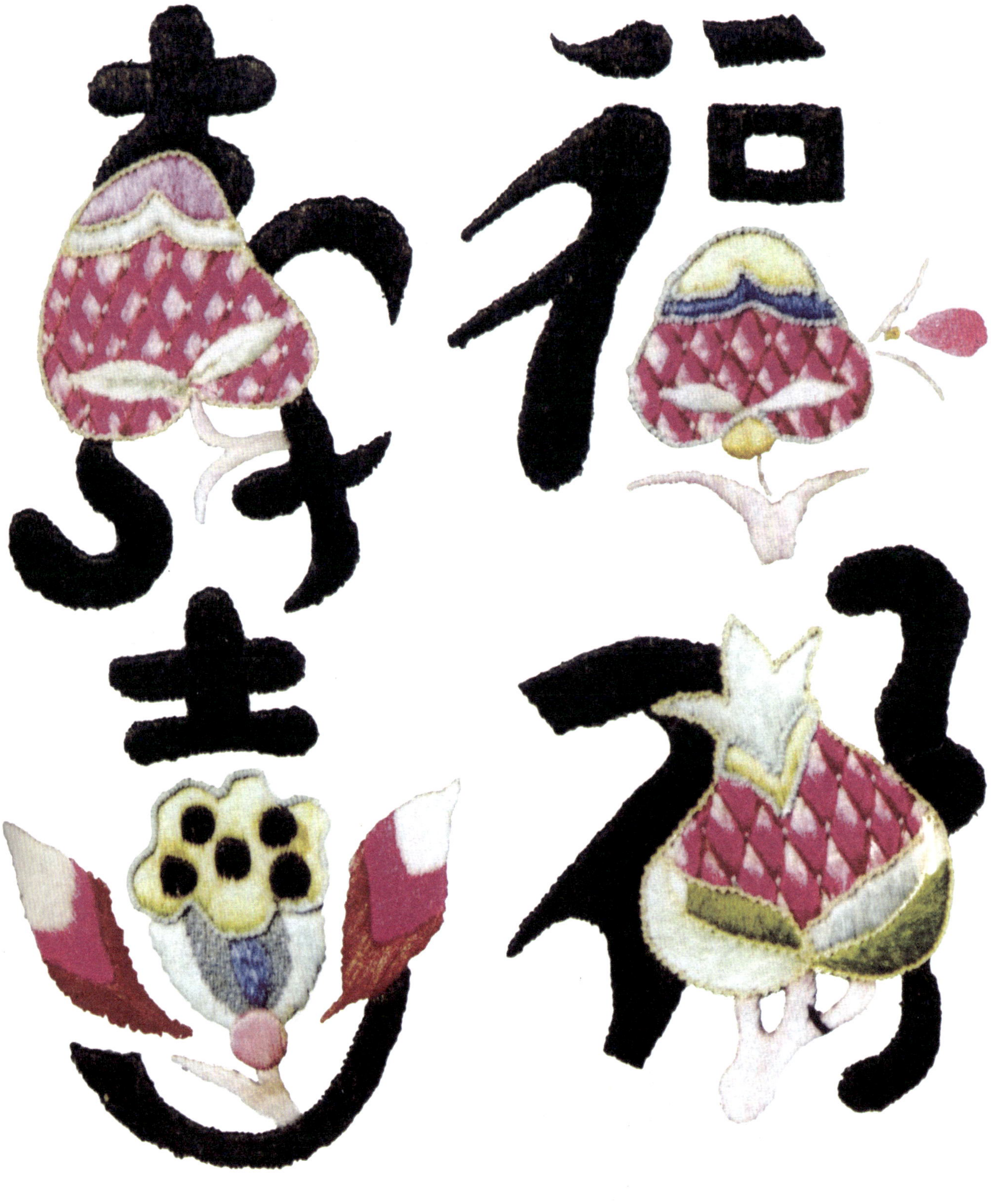

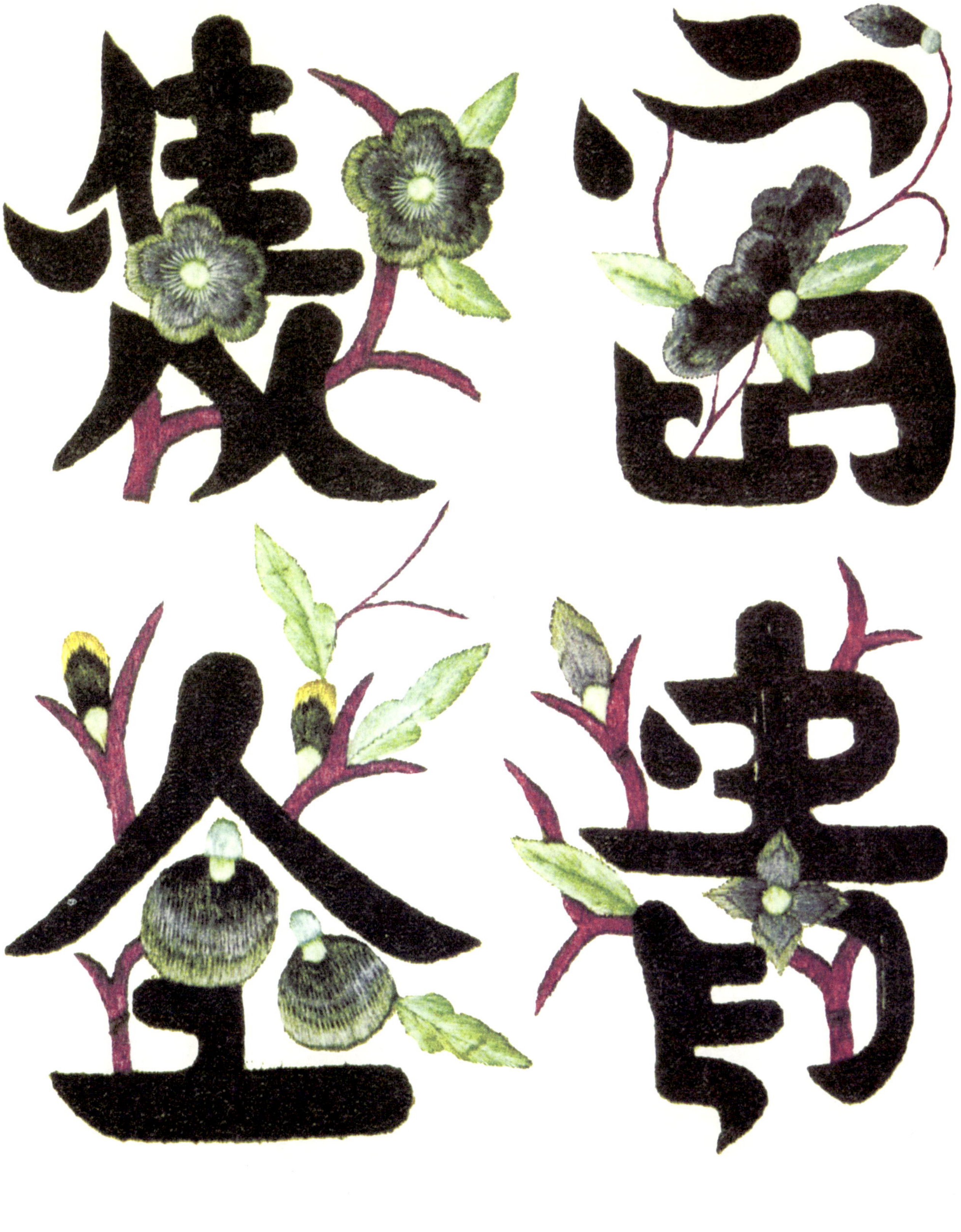

富贵双全

东北民间 刺绣枕顶

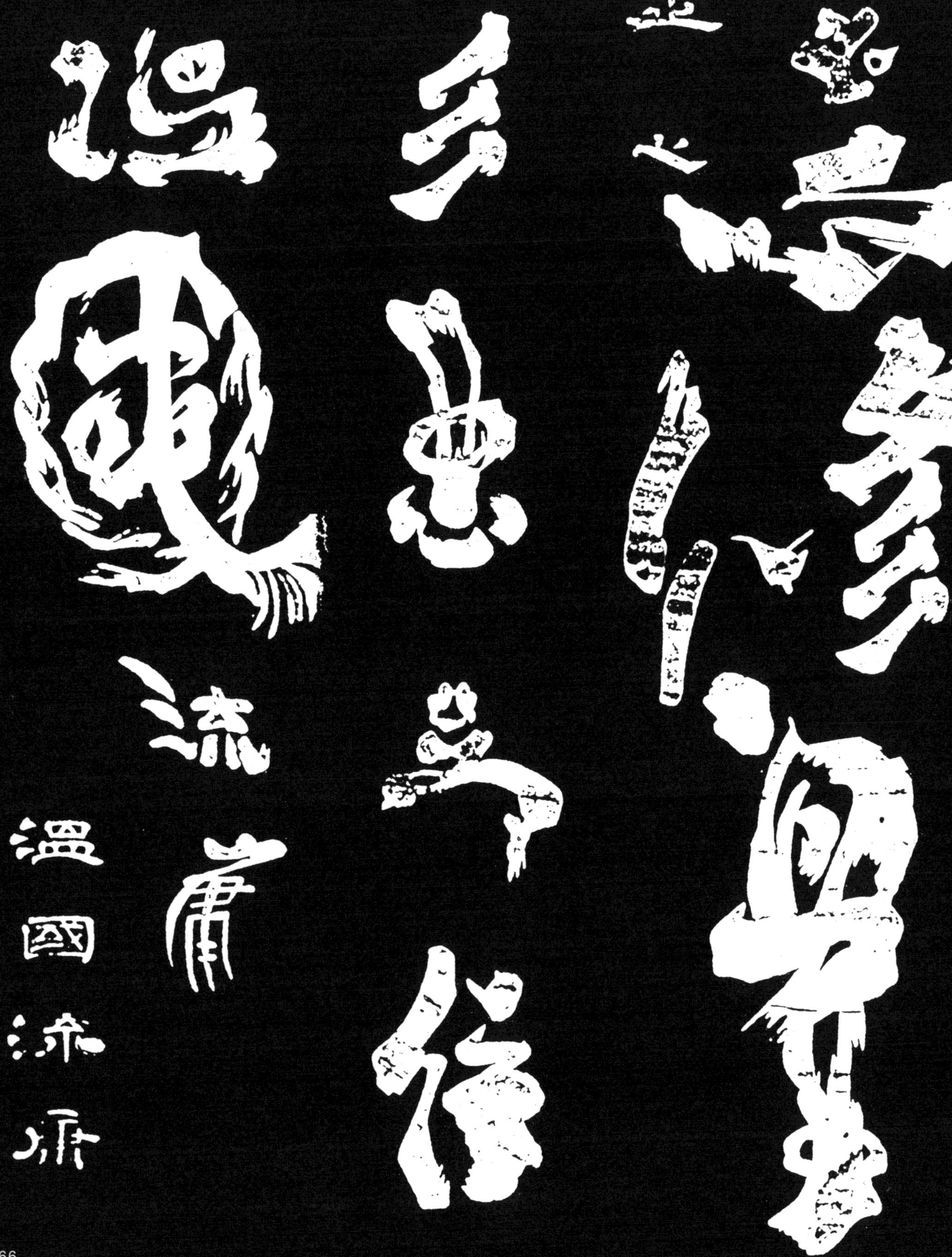

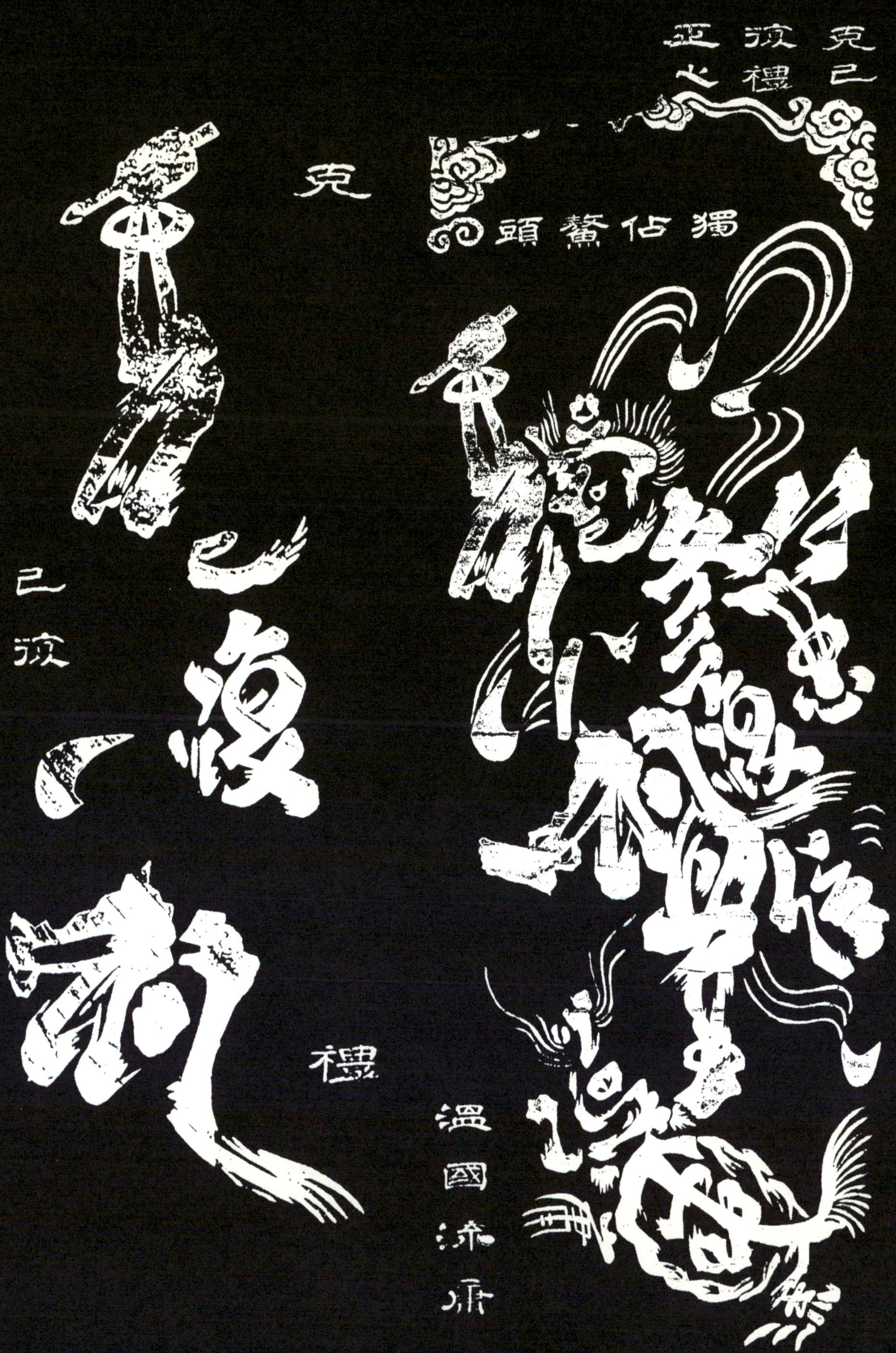

克己复礼正心修身三忠足信温国流庸

民间木版拓印吉祥帖《独占鳌头》

归根复命了道还元

民间木版拓印吉祥帖《刘海戏金蟾》

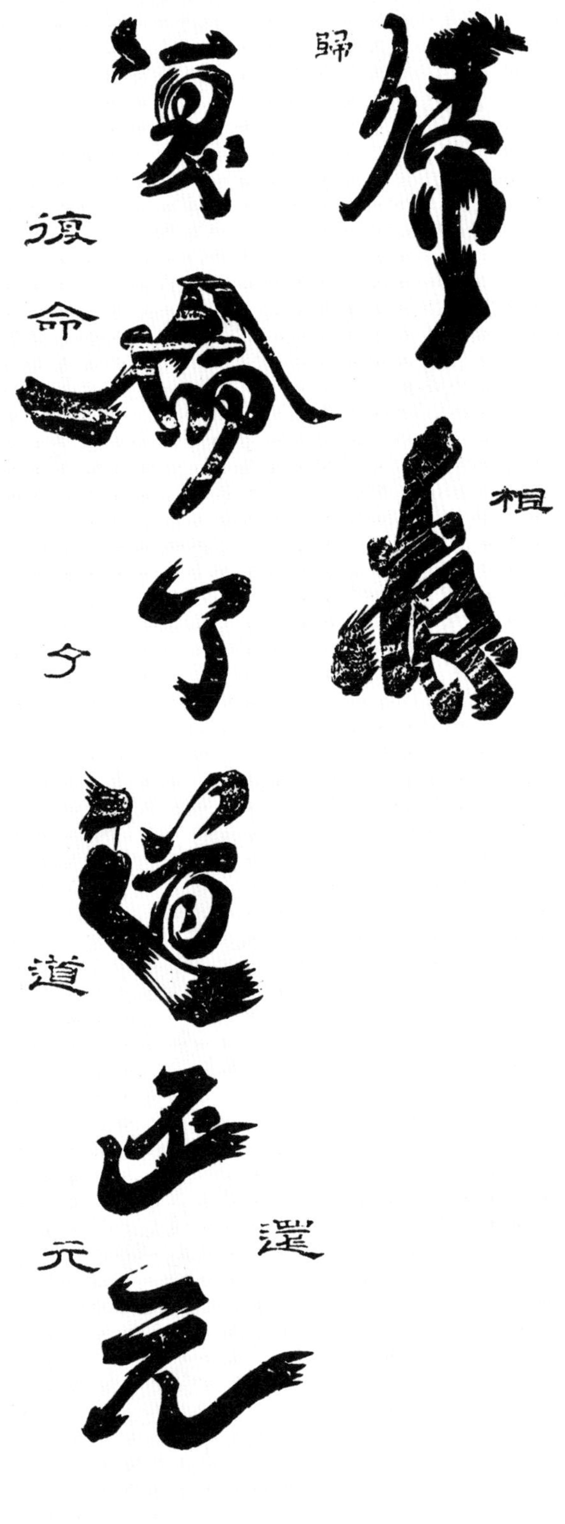

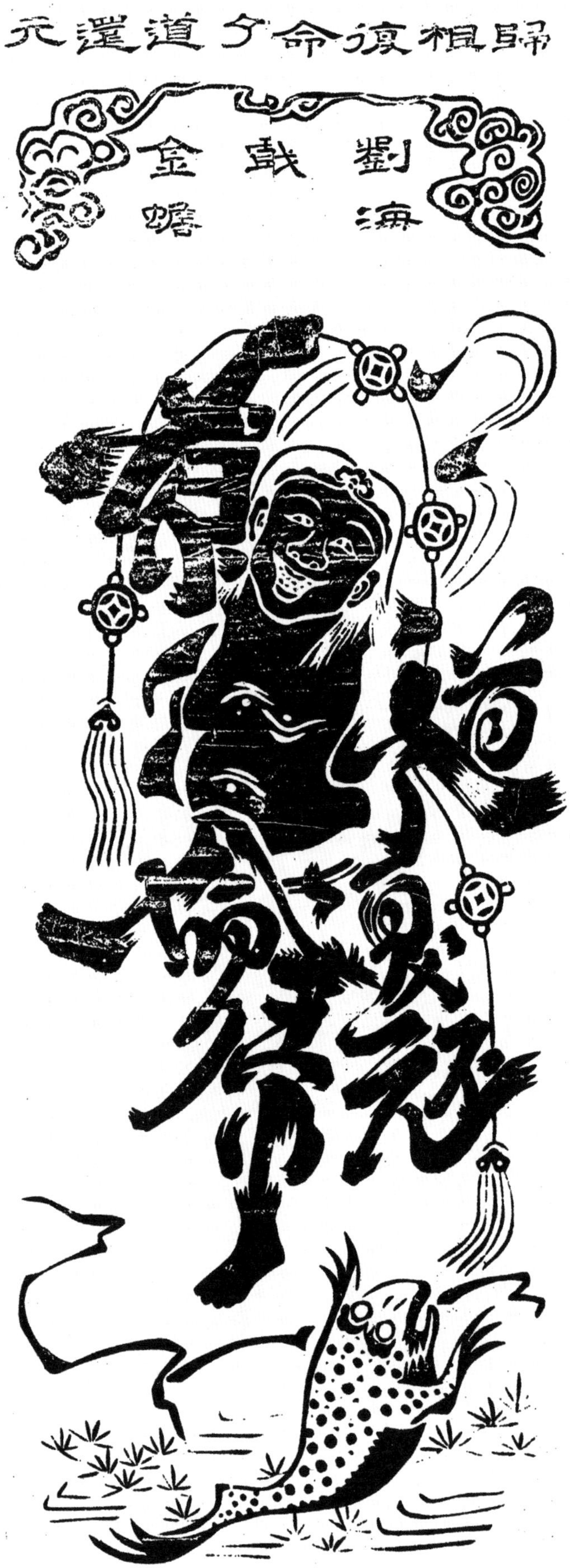

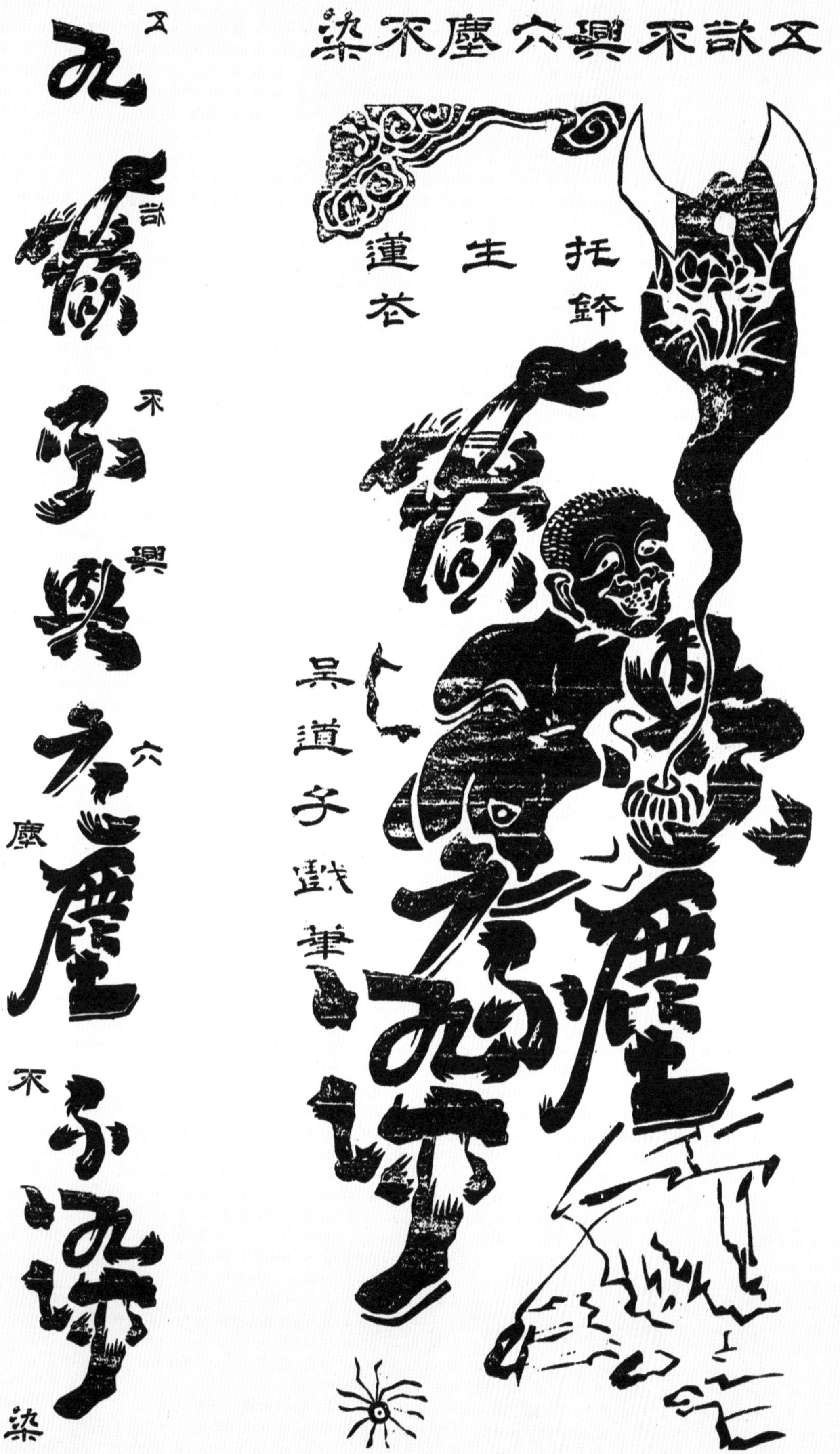

五欲不兴六尘不染托钵生莲花

民间木版拓印吉祥帖《托钵生莲花》

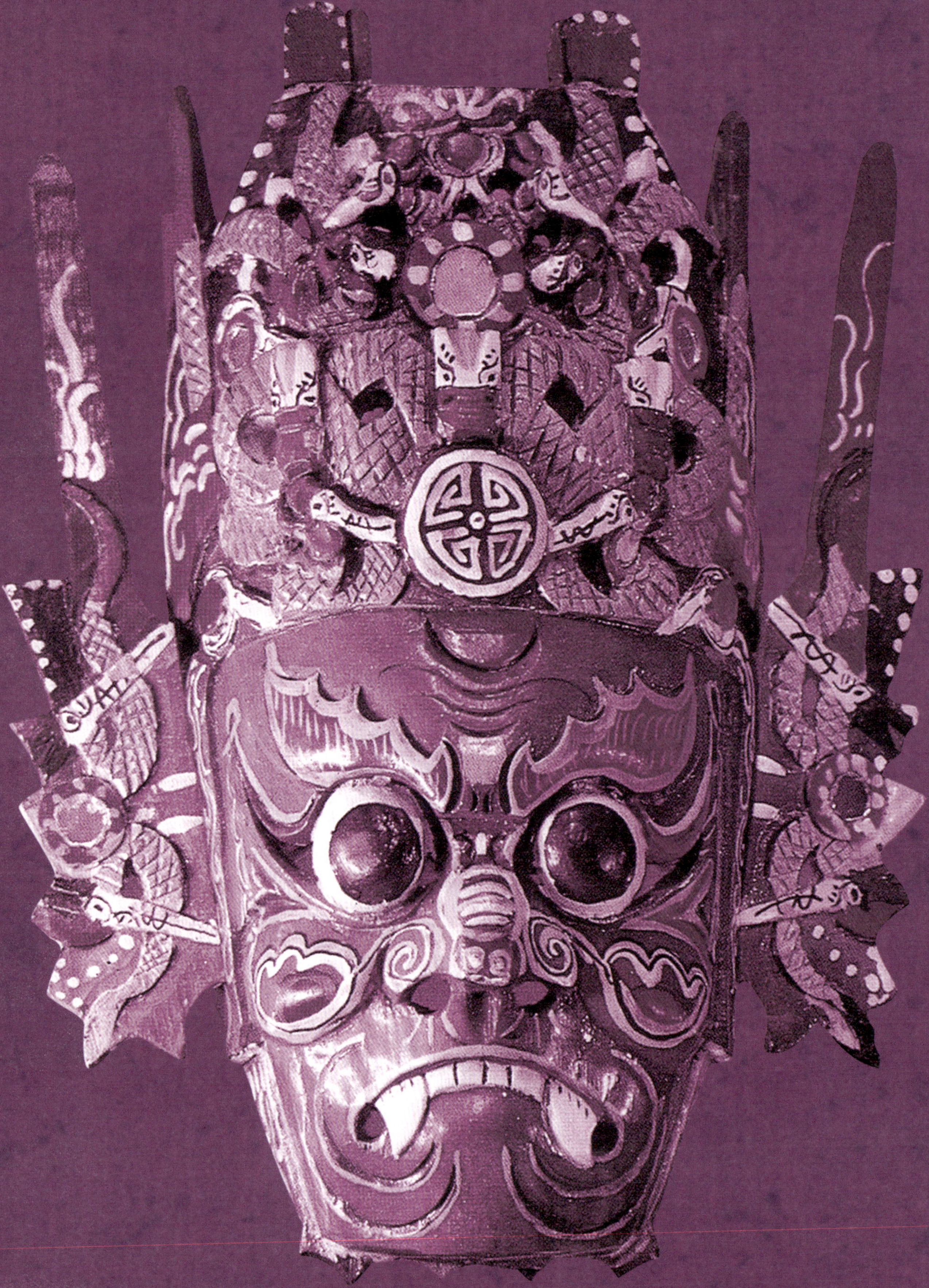

面具·臉譜

MASK

FACE

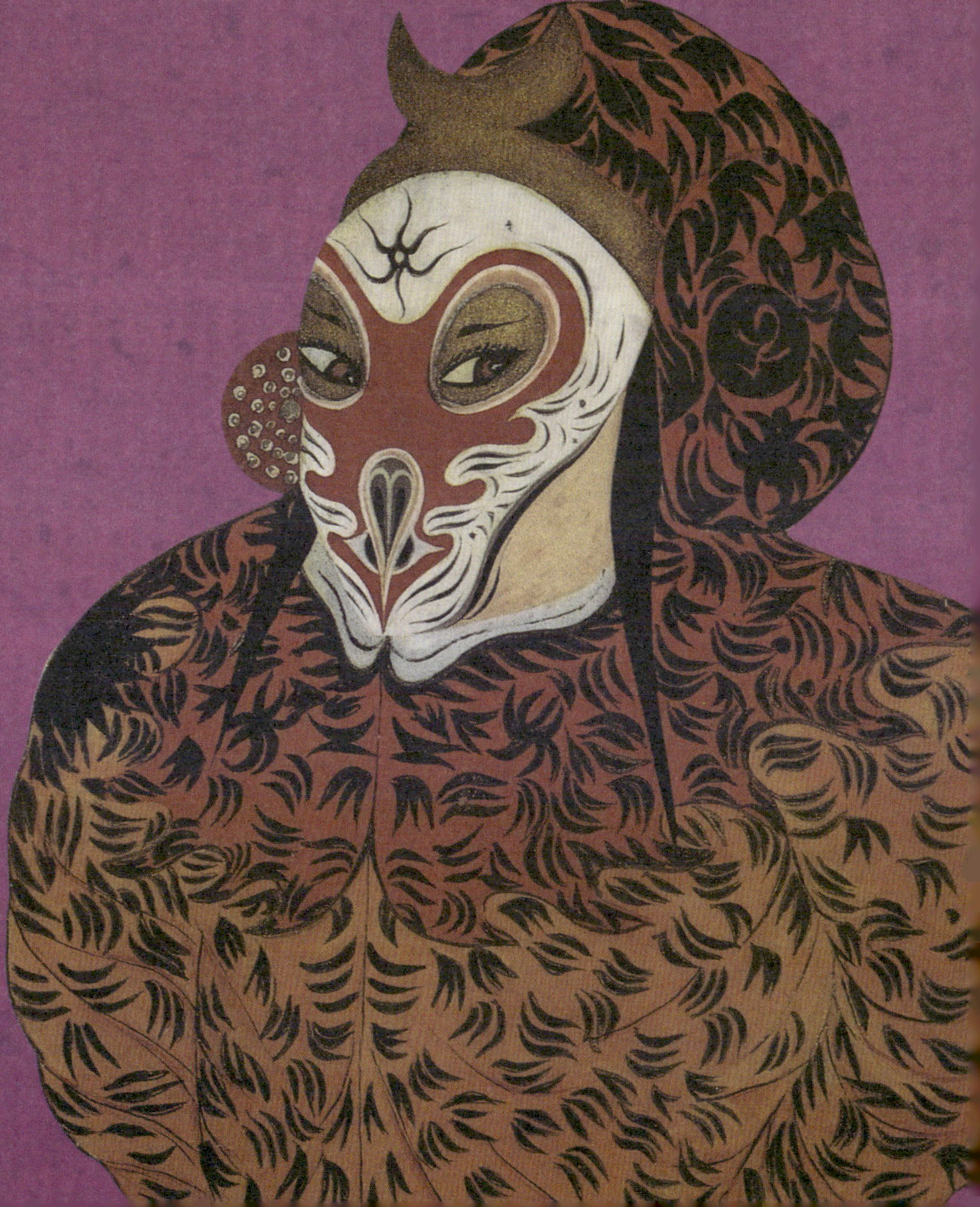

面具·脸谱

Mask & Face

面具的起源

面具起源于原始文化，是古人对鬼神想象的作品，有着悠久的历史，多数古老民族都有自己的面具文化发展史。它曾是宗教、神灵、图腾的体现，现在仍是神话、历史人物的再现，它也是现代造型、化妆和表演艺术的一种源头，是传统绘画美、雕刻美、造型美和工艺美的集中反映。面具以画、剪、拼、贴为主要手段，利用不同性质、不同颜色的纸和其他材料进行创作，从而产生风格不同、个性夸张的面具图案。面具艺术之所以引起现代人的极大兴趣，其主要原因是它表现了民族独特的地域性和文化观，以及在人工制作过程中表现出的粗犷、朴实的自然美，在一定程度上体现了中华民族的心理特质和精神追求。

面具古称供、象，又称假面、代面和大面；在民间则叫脸壳、脸子或鬼脸。考古学和文化人类学研究表明，世界上绝大多数民族，在摇篮时期都曾产生过面具。早期的面具一般用于丧葬与驱邪仪式或原始乐舞之中。它作为一种世界性的、古老的文化现象，受到了学术界的广泛重视。中国是世界上面具历史最悠久、品类最丰富的国家之一。

面具的品类

中国的面具品类繁多，功用广泛。从功能角度分类主要有：一、傩神面具——调动神灵驱邪纳吉、除灾呈祥，以求人寿年丰、国泰民安。3000年前商周时代的傩仪中就出现了傩面具，如青铜面具、方相氏熊图腾“黄金四目面具”等，是中国最古老、最具原生态的驱鬼逐疫面具，展示出原始美、狰狞美、野性美和特殊的神秘感，有很高的历史文化价值。二、祭祀面具——乞求神灵恩赐，保佑民众幸福安康。三、镇慑面具——挂在庙堂廊柱和民宅门楣的面具，称为吞口，即一口吞吃魔鬼之意。四、丧葬面具——扣罩在死人面部的金面具、缀玉缀金面罩，嵌挂于陵墓墙壁和棺椁的玉石神虎面具等。五、戏剧面具、舞蹈面具、娱乐面具、工艺面具——如傩戏、傩舞、藏戏、戏曲等的艺术面具，儿童游戏的大头娃娃面具。作为历史、宗教、艺术及民俗等多种意义的复合体，虽经发展变化，仍可从中窥见中国各民族不同历史阶段的文化内涵与精神风貌。

面具的品类与材料

面具的材料，历史上有黄金、玉石、象牙、青铜、铸铁与陶瓷等，现在一般用各种木材、树皮、椰壳、竹笋壳、葫芦、兽皮、布麻、泥与纸浆等。面具的佩戴方法，有口衔的，即以口衔住面具背面的横杆或线绳；也有手持的，如蒙古族“查玛”表演中的某些面具；还有顶在头额上，以青布罩脸的，如贵州安顺的地戏脸子；还有一种是套在头上的，如大头娃娃用的，称作“假头”或“套头”。由头部扩及全身，则称“假形”或“形儿”，假头和假形是假面的延伸，故曾以假面或面具一词泛称之。大多则是从正面罩在脸上，用线系于脑后。面具的使用方式，有表演与悬挂两种，后者用于驱邪与装饰，或悬于门楣，或挂在壁上，也有以线拴在身上的。

源远流长的面具艺术几乎遍及全国各地，它总是与该地区的民俗风情相结合，在各种各样的表演过程中反映出那里民间流行的观念、习俗和人们的理想、意愿。今天，我们在民俗博物馆中所见到的那些作为陈列品的面具，显得那么安然静止，实际上，它们曾在热烈、雄壮甚至狂野的活动中，显示过强大、神秘的威力。

脸谱的起源

脸谱，是中国戏曲与民间舞蹈表演中为了表现人物身份及性格特征，对颜面所作的程式化的彩绘，是类型化的、性格化的化妆。戏曲中一般用于净、丑角色所扮演的各种人物，生、旦角色很少采用。脸谱是以夸张的造型和色彩来改变演员的本来面目，这同略施彩墨以达到美化效果的生、旦化妆不同。因此，戏曲中把生、旦化妆称为“素面”、“洁面”或“俊扮”，而把脸谱称为“花面”。

脸谱的基本谱式虽然只有十几种，但由于色彩、线条的种种变化，使脸谱显得非常丰富。不少剧种的脸谱有上百个甚至几百个之多，尤其一些地方戏曲的脸谱更是别具一格，较多地保留了浓厚的民间艺术特色。脸谱集中地出现或应用在民众的社火活动和戏曲表演艺术中。

古人在秋季五谷丰收后，举行盛大的篝火祭祀活动。祭祀天、地、五谷神灵之后，便是饮酒和通宵达旦的歌舞作乐。这一社祭行为后人称为“社火”，亦称“射虎”，是我国黄河流域包括西北地区一种古老的民间艺术形式，指在祭祀或节日里迎神赛会上的各种杂戏、杂耍的表演。民间的称谓很多，如“耍社火”、“扮社火”、“闹社火”等。以“脸谱”标志人物性格的“社火面具”神奇迷离。起初表演者的面部多用色彩画成青面獠牙、狰狞凶恶的样子，以表现真善丑美，包罗人间神界的万象生灵。造型多为原始的“图腾神”，如“土地神”、“五谷神”、“时令神”等，展现出原始崇拜的遗俗。后来一些“脸谱”逐渐固定下来，被人们用泥土烧制成陶质面具，一直沿用至今。事实上今日的“社火”，是由原始的“傩舞”演变而来，游演中，一般都是由黑虎、灵官开路，神炮前导，各路神灵尾随其后，锣鼓鞭炮齐鸣，游遍村镇、庙宇。内涵仍是驱邪逐疫、人寿年丰、国泰民安。

脸谱的功能

中国传统戏曲的脸谱，是演员面部化妆的一种程式。脸谱的第一个功能是美化和装饰作用。脸谱以它鲜艳而丰富的色彩，优美而有规律的造型，与表演艺术形成整体和谐的效果。脸谱的第二个功能是强化角色的性格或心理特征。在一般戏曲中，人物都具有比较鲜明的性格特征，除去通过他们的表演，即唱、念、做、打以外，脸谱和服饰也起到了一定的表现作用，使观众能目视外表、窥其心胸。脸谱的第三个功能是间接地反映化妆者及观众的心理状态，烘托和渲染气氛。在戏曲中，脸谱在视觉效果上总是和人物、剧情相一致，在表现剧中角色个性的同时，也加强了整个舞台的艺术效果。因而，脸谱被誉为角色“心灵的画面”。

中国的面具与脸谱具有独特的内涵和造型特点，在它们形成和发展的漫长岁月里，与原始乐舞、巫术、图腾崇拜以及民间歌舞、戏曲等相融合、相依存、相渗透；图案较为夸张，线条色彩多以强烈为主，造型怪异，放置形式也是多种多样。收藏一个好的面具作为生活中的装饰物，也是非常有意义的。

傩堂戏龙王面具
木雕 贵州省黔北地区

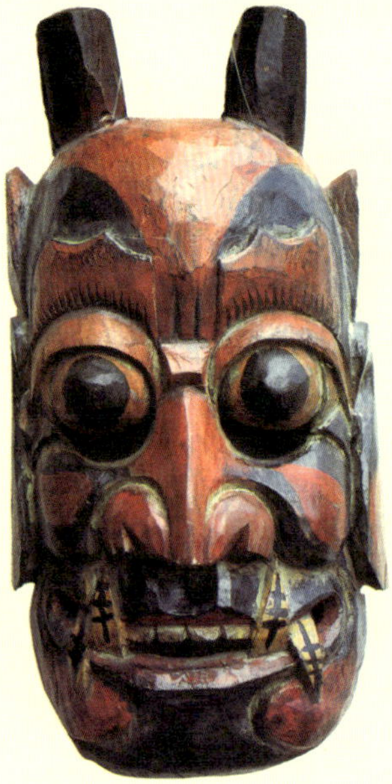

傩堂戏龙王面具
木雕 贵州省黔北地区

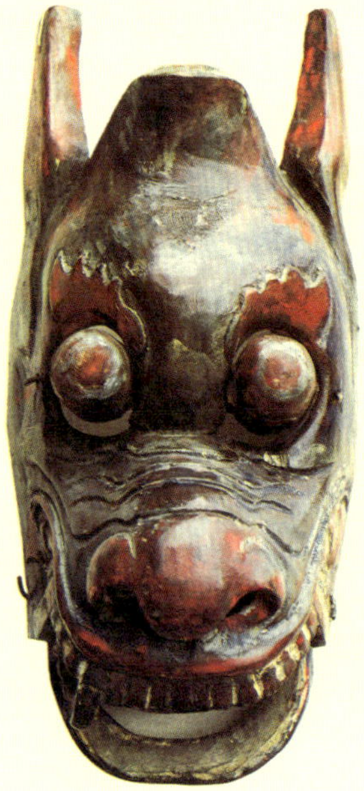

傩党戏土地面具
木雕 贵州省黔东地区

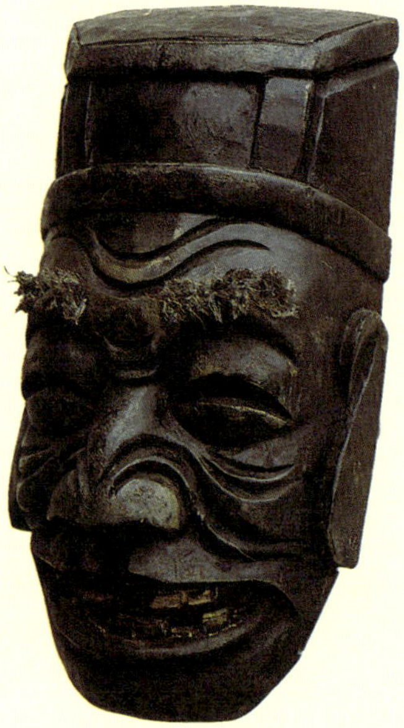

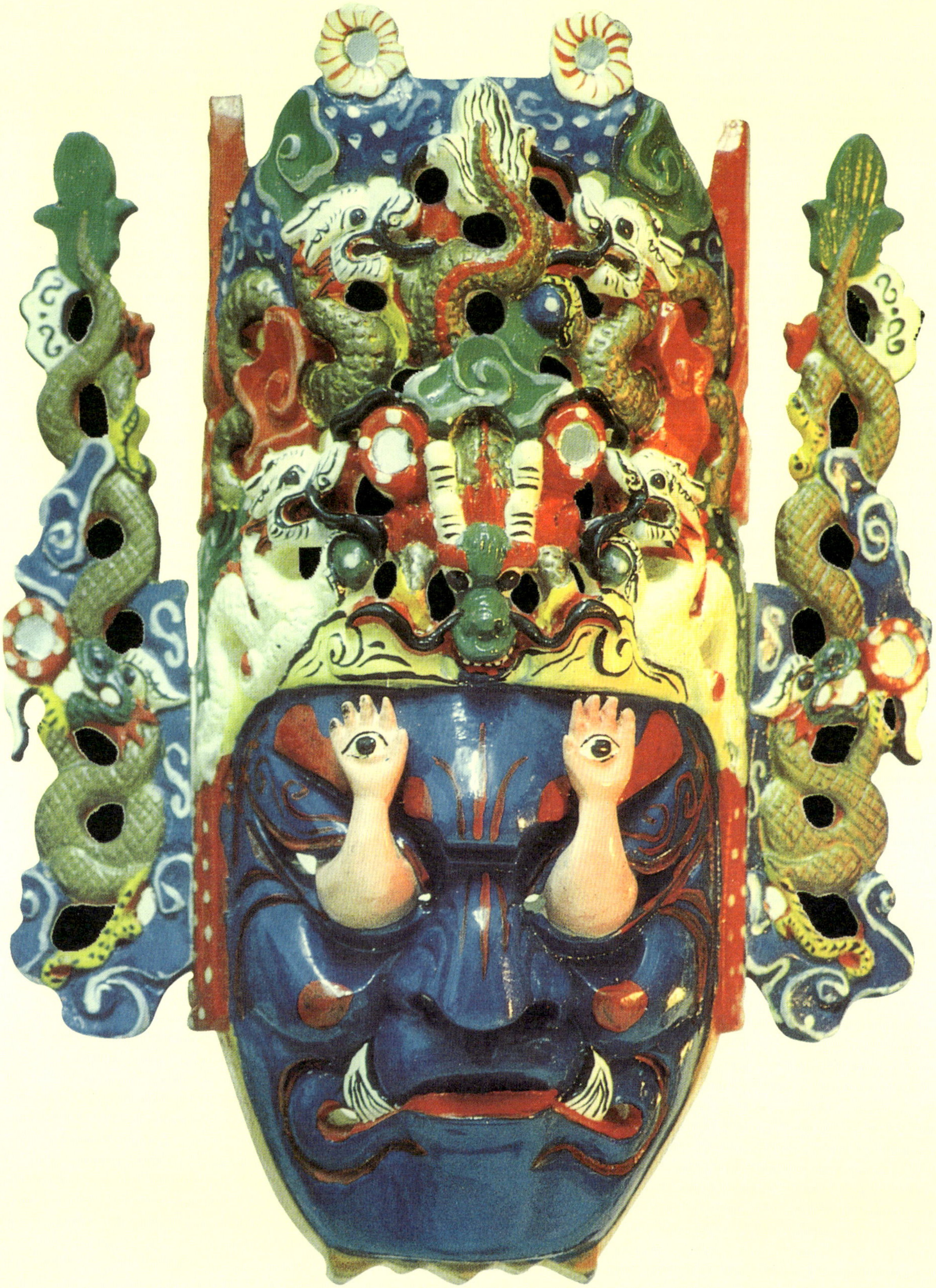

地戏《封神演义》杨任面具

木雕 贵州省安顺地区

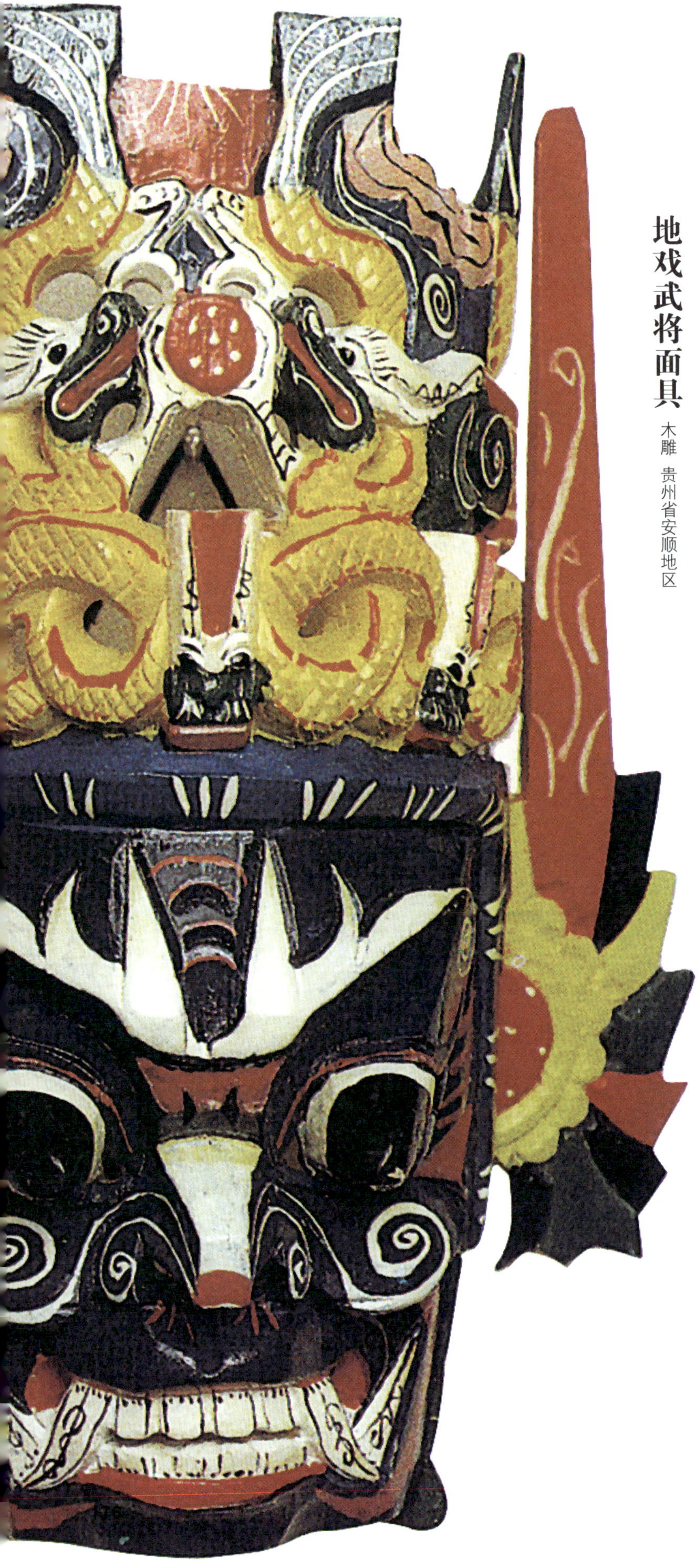

地戏武将面具

木雕　贵州省安顺地区

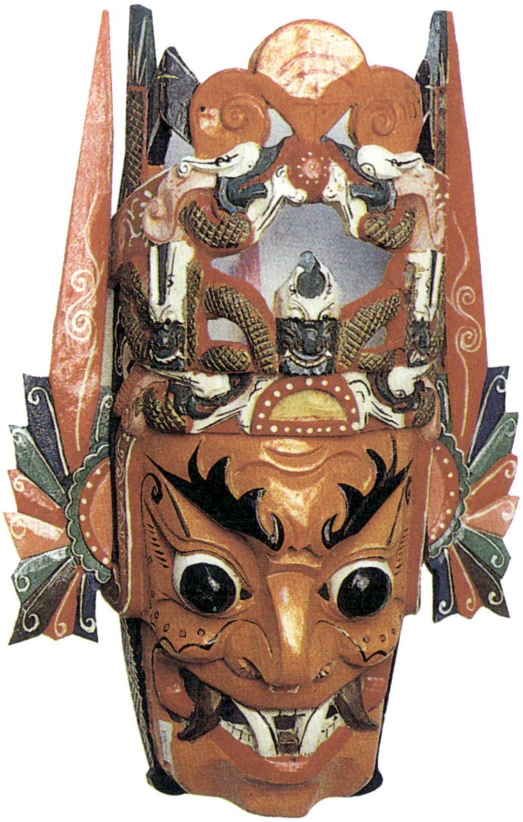

地戏武将面具

木雕　贵州省安顺地区

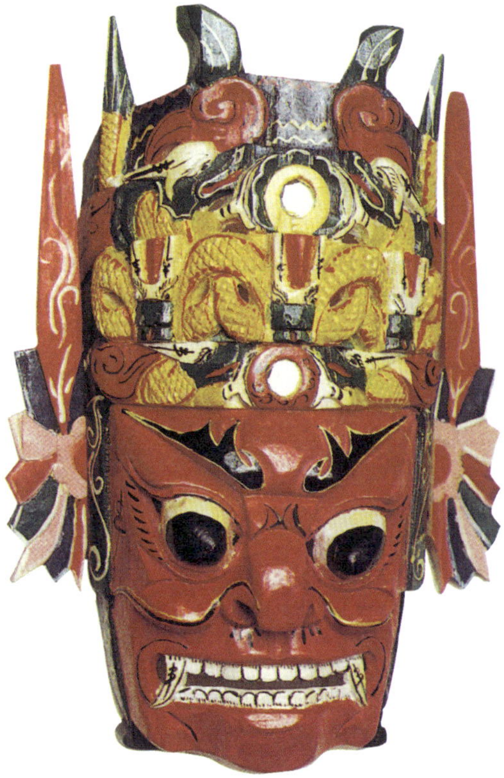

地戏武将面具

木雕　贵州省安顺地区

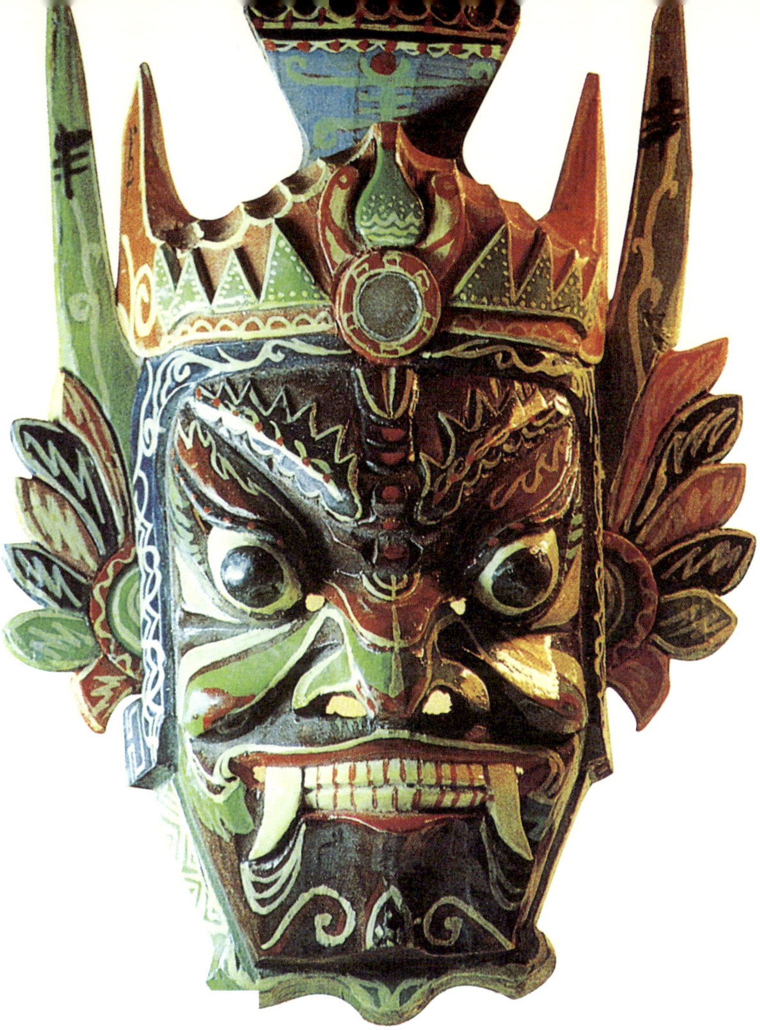

地戏《大反山东》申天佑面具

木雕　贵州省安顺地区

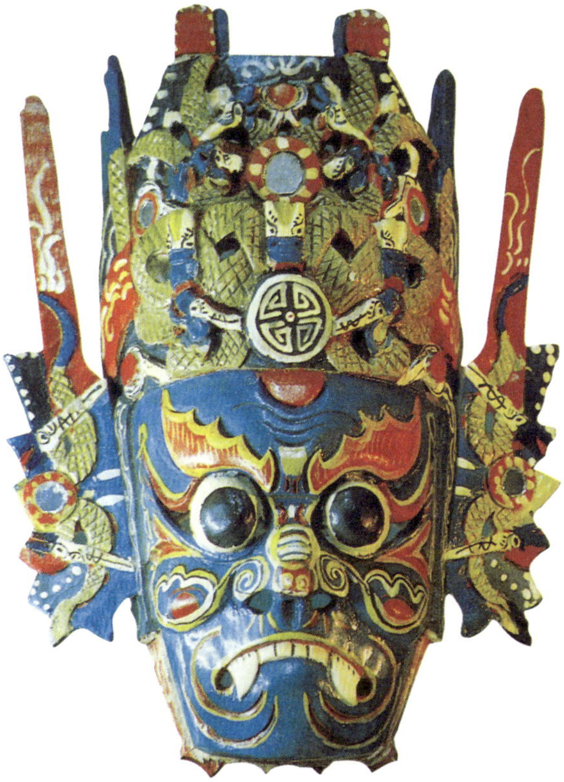

地戏《英烈传》胡尔玛面具

木雕　贵州省安顺地区

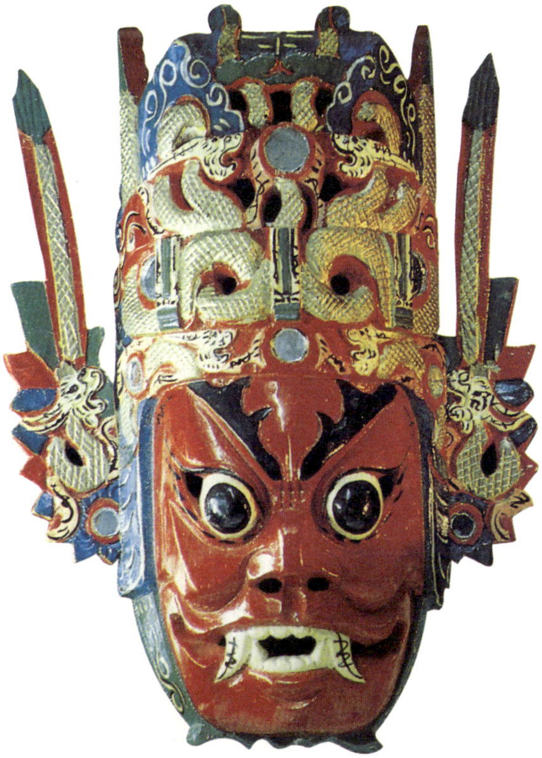

地戏《岳雷扫北》宗良面具

木雕　贵州省安顺地区

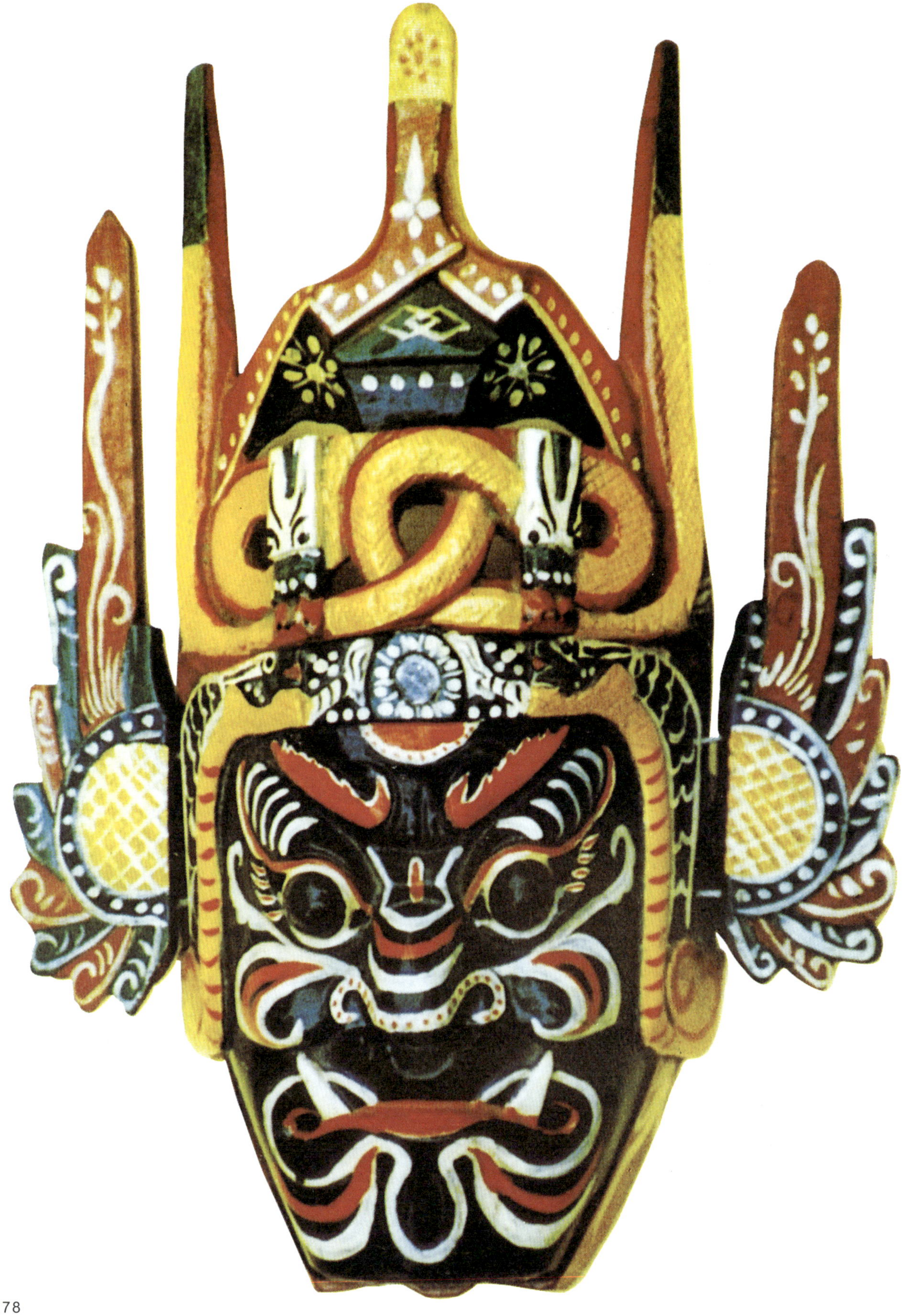

地戏《三下河东》焦玉面具

贵州省安顺地区

此面具为清代著名民间艺人胡志厢的作品。胡志厢是安顺县旧州区刘官乡周官屯人，清代著名面具艺人胡开清的堂兄，因在家中排行第二，人称『二窝老者』。胡开清当时与清代著名面具艺人齐二齐名，因在家中排行第五，人称『胡五公』。他们祖上两辈都是面具艺人，在安顺农村颇负盛名。

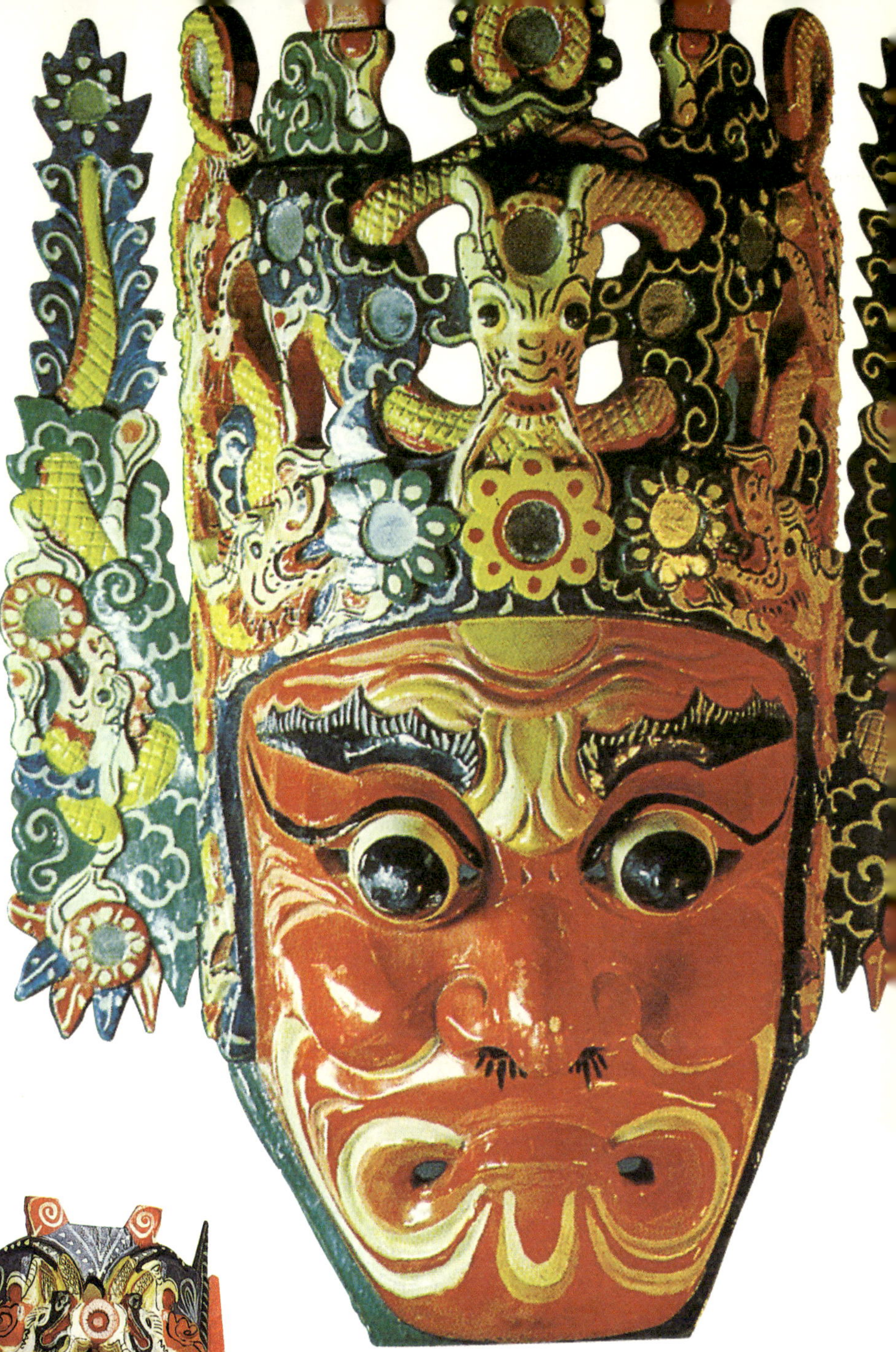

地戏《封神演义》东方煌面具

木雕　贵州省安顺地区

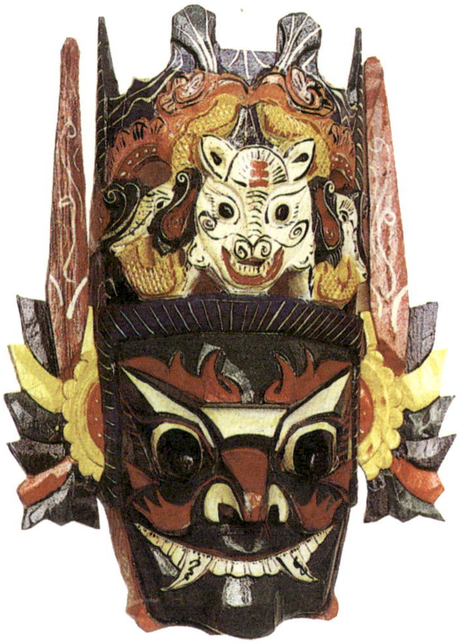

地戏武将面具

木雕　贵州省安顺地区

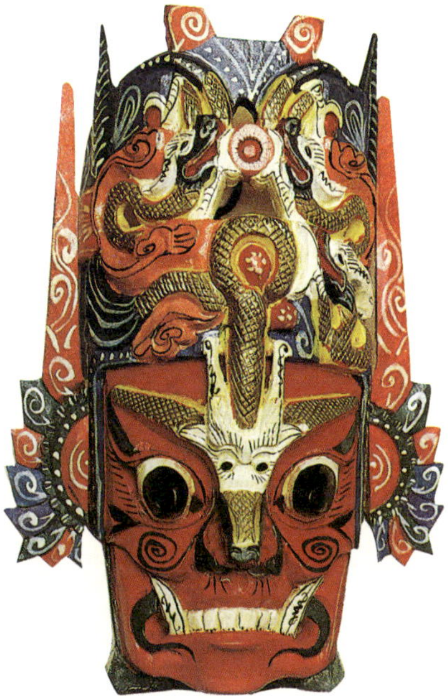

地戏武将面具

木雕　贵州省安顺地区

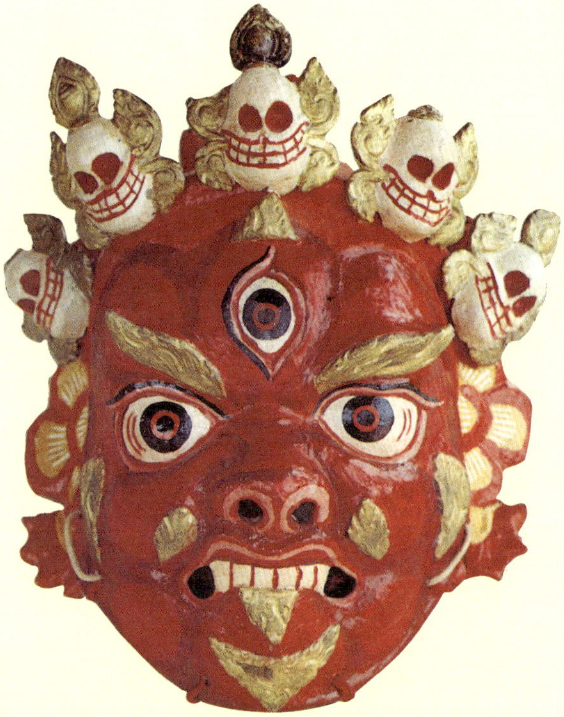

护法神『贡布』面具

漆布 云南省香格里拉县松赞林寺

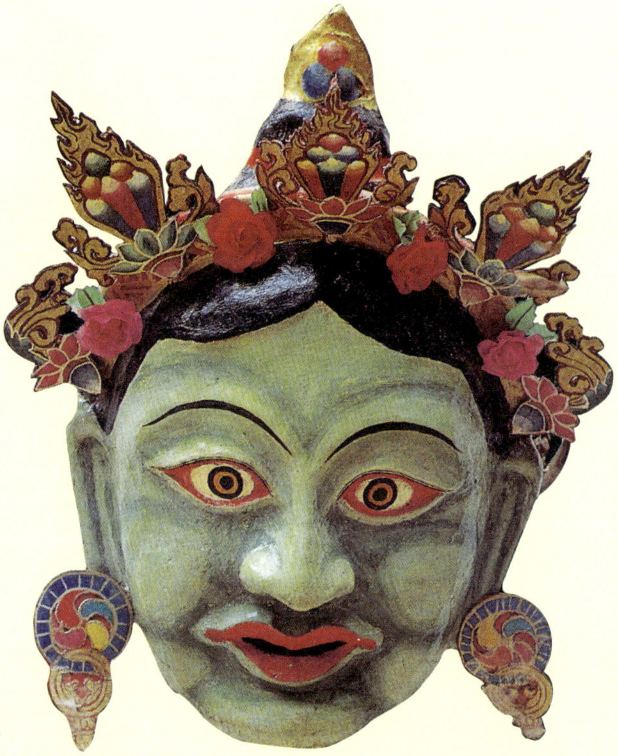

姊妹神面具

漆布 云南省德钦县东竹林寺

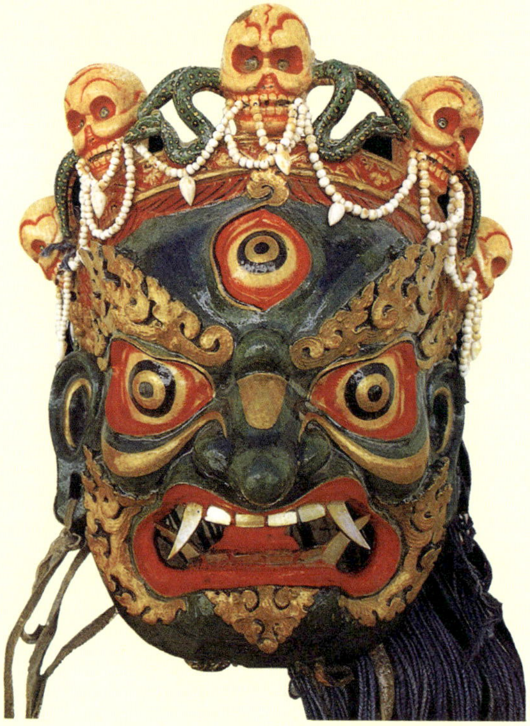

护法神『贡布』面具

漆布 西藏拉萨市布达拉宫

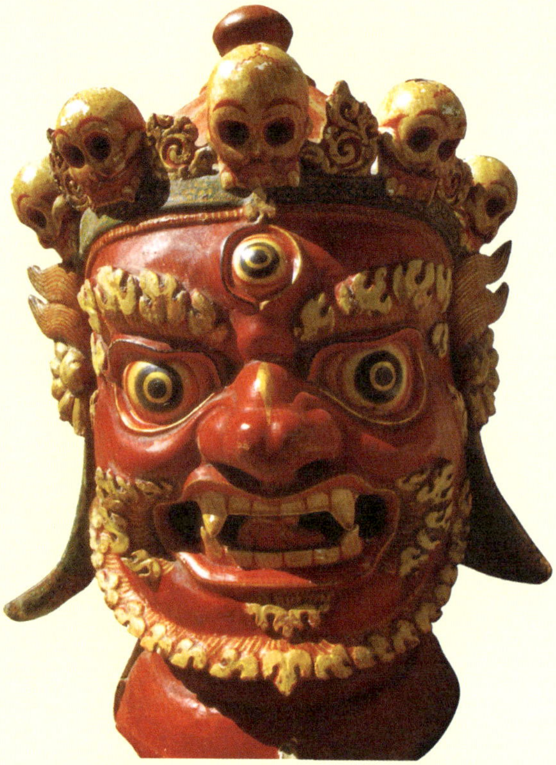

神法鬼王『乃穷·多吉扎旦』面具

漆布 西藏拉萨市布达拉宫

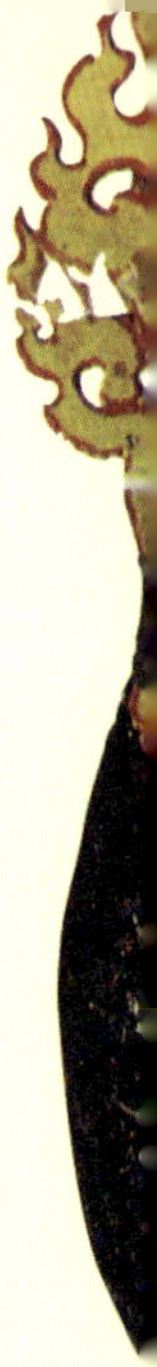

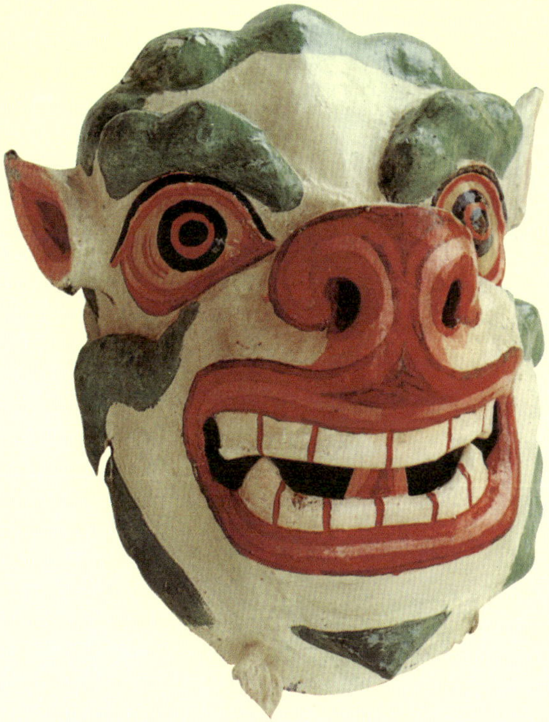

狮头面具

漆布 云南省香格里拉县松赞林寺

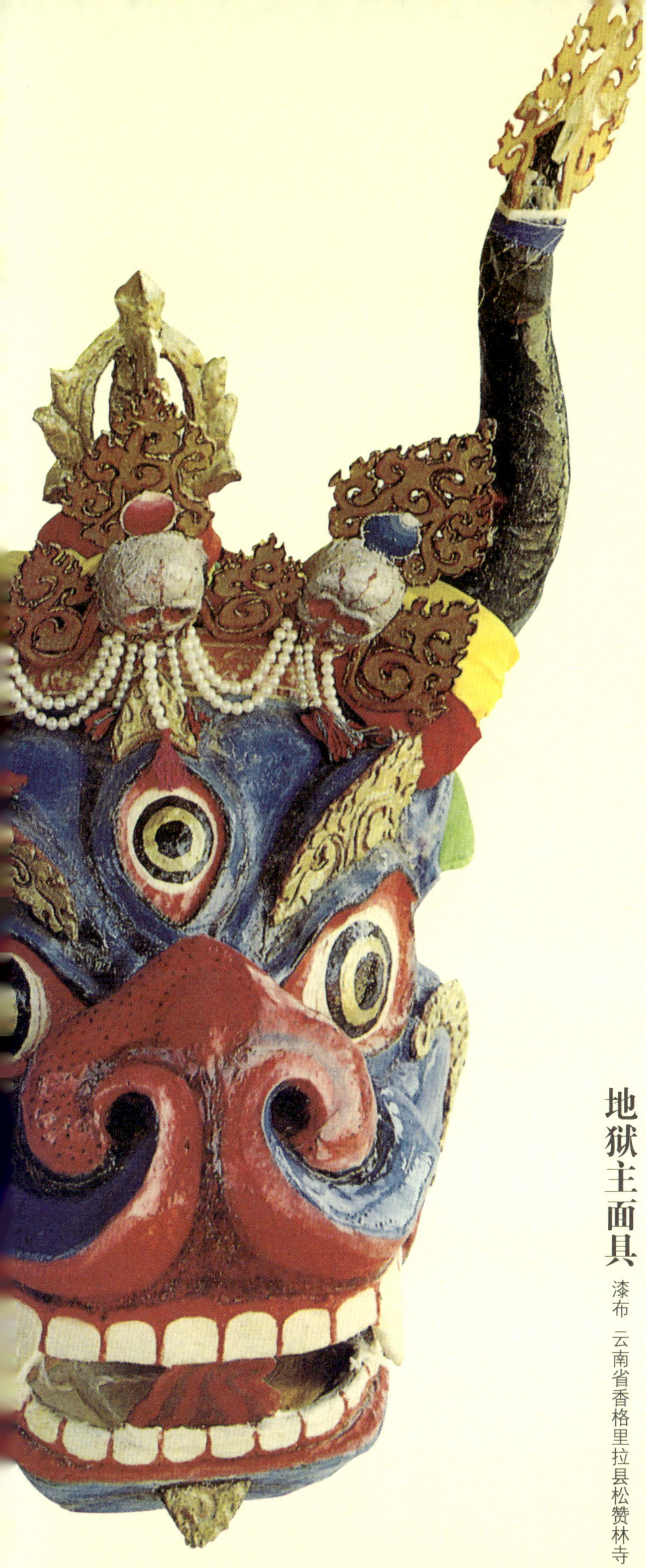

地狱主面具

漆布 云南省香格里拉县松赞林寺

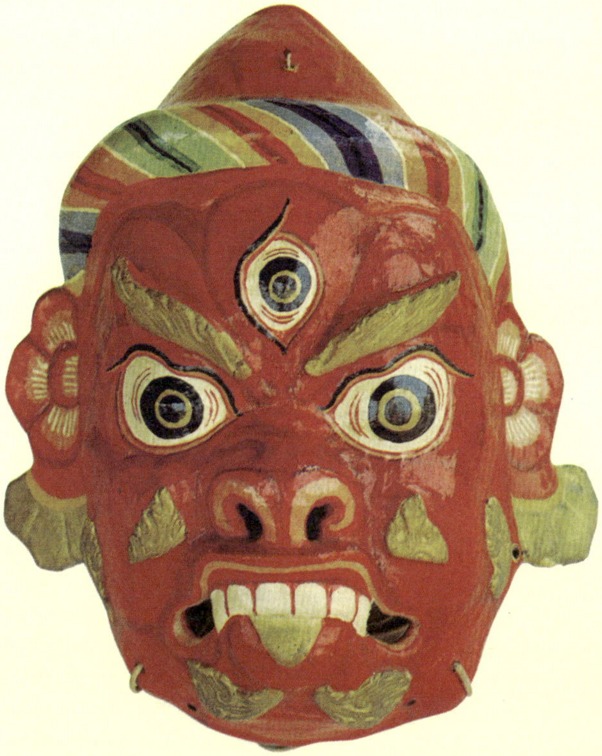

色惹巴面具

漆布 云南省香格里拉 县松赞林寺

财宝天王面具

漆布　云南省德钦县东竹林寺

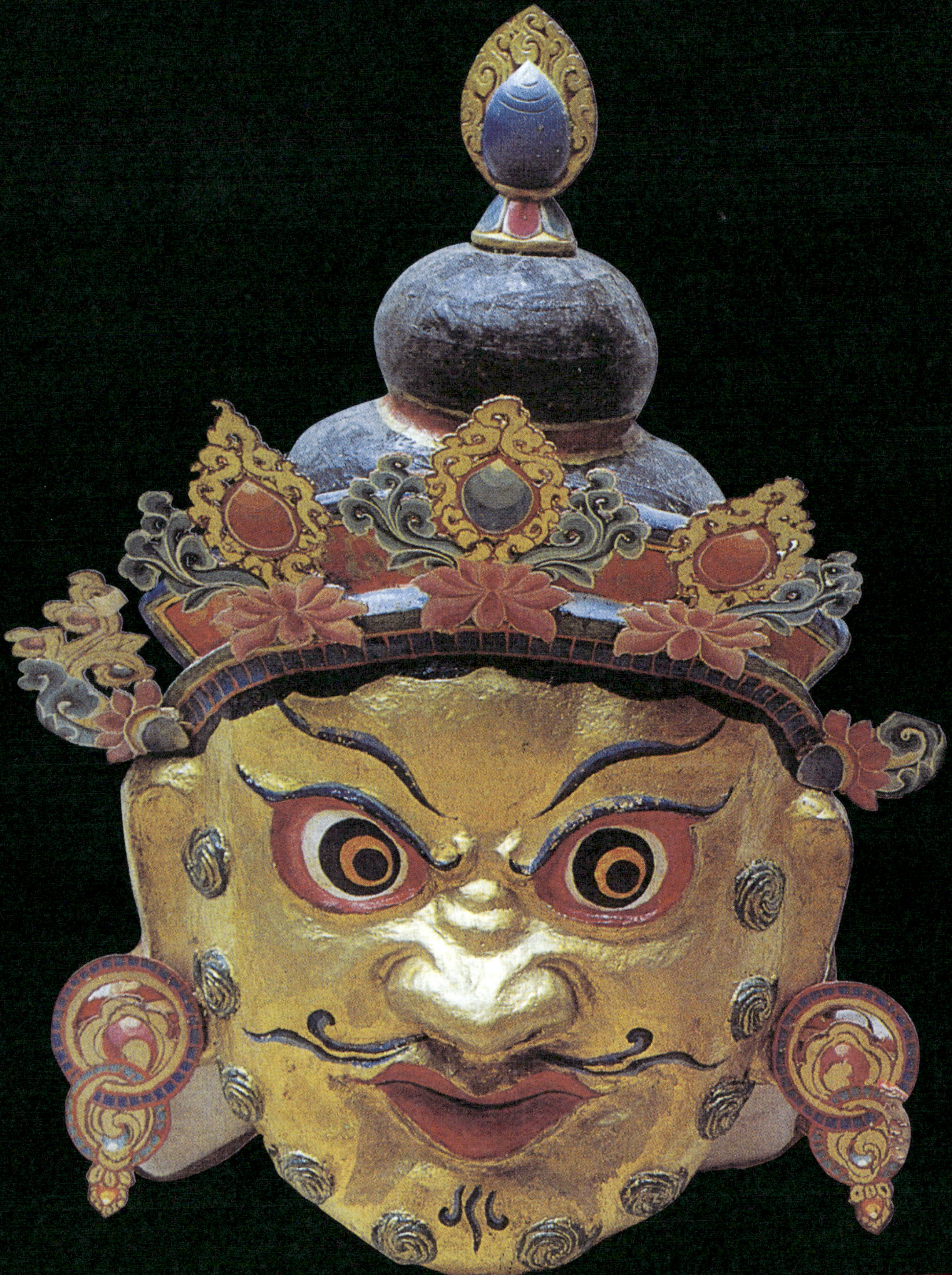

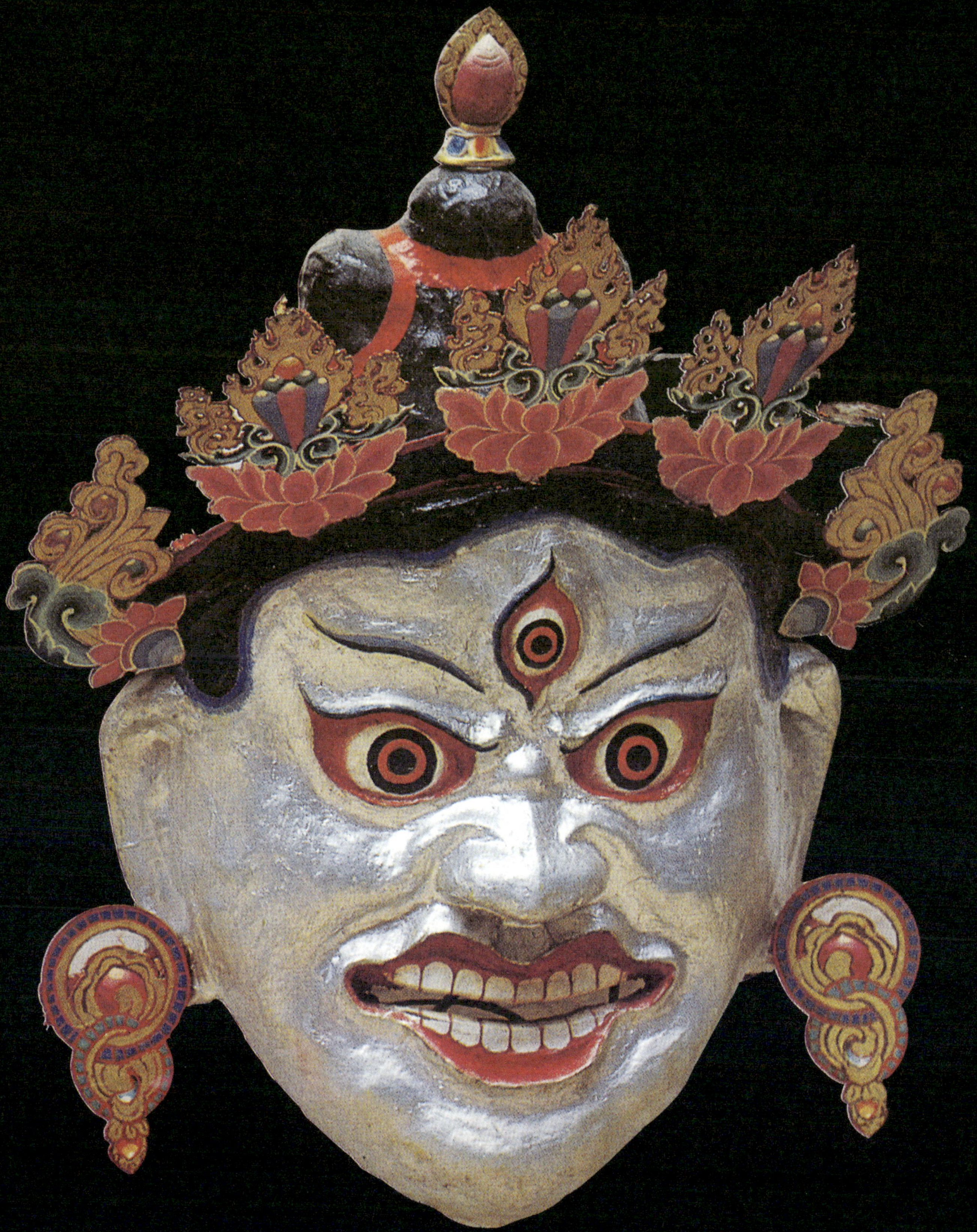

吉祥天母面具

漆布 云南省德钦县东竹林寺

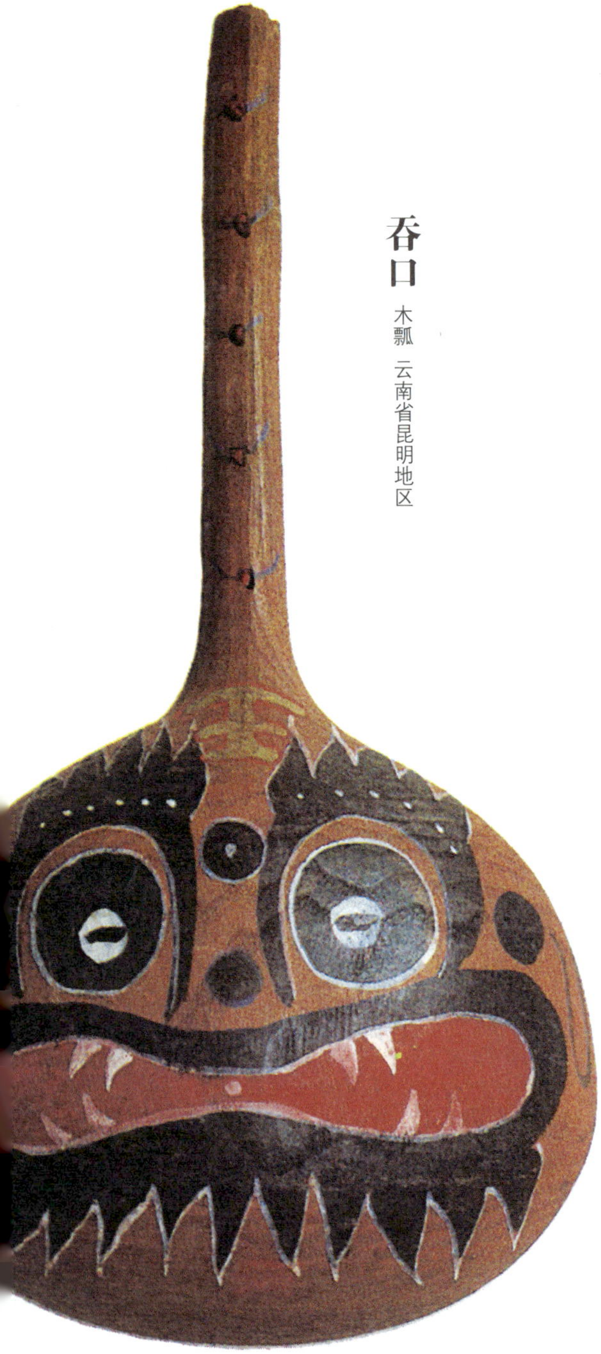

吞口

木瓢　云南省昆明地区

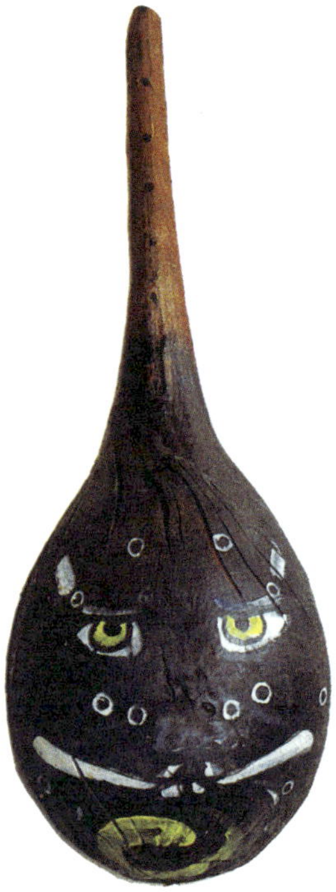

吞口

木瓢　云南省昆明地区

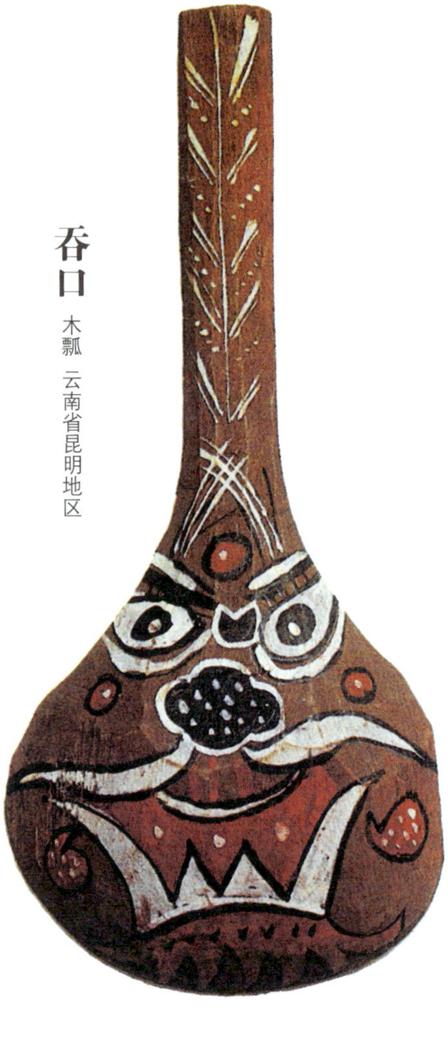

吞口

木瓢　云南省昆明地区

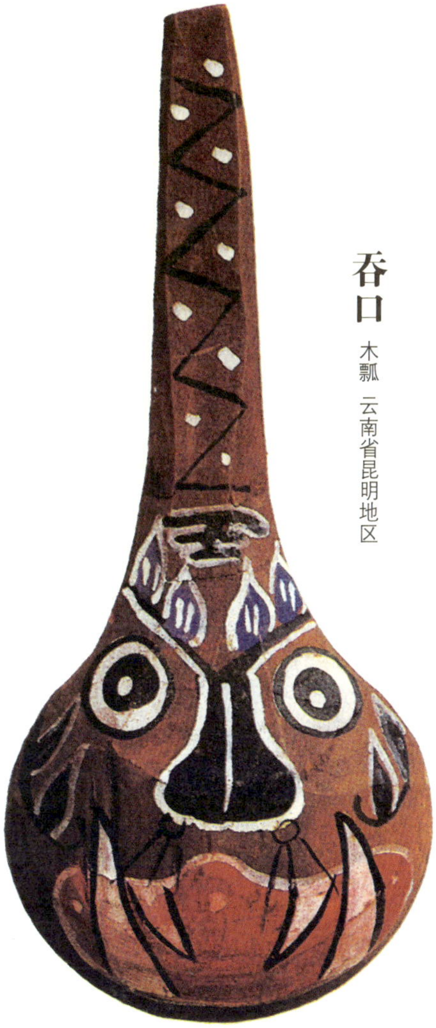

吞口

木瓢 云南省昆明地区

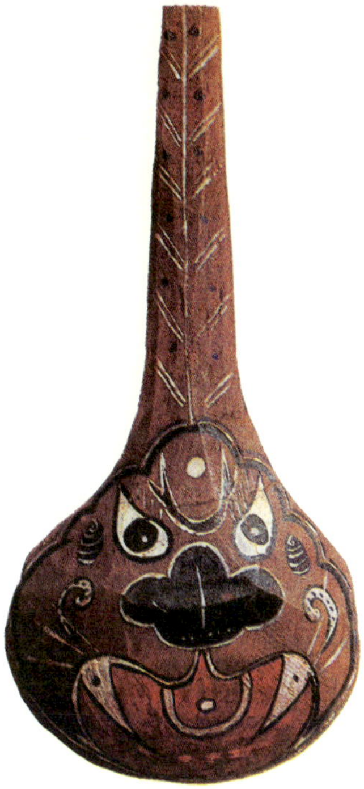

吞口

木瓢 云南省昆明地区

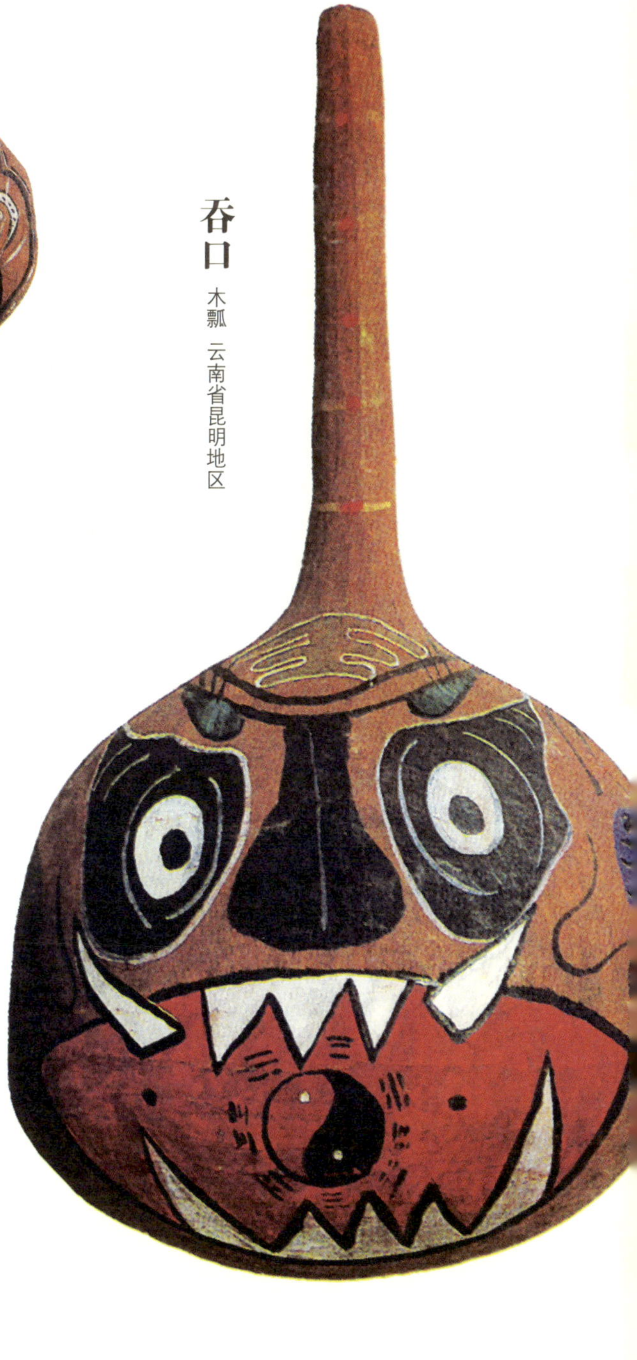

吞口

木瓢 云南省昆明地区

社火马勺脸谱
木雕彩绘　陕西省宝鸡地区

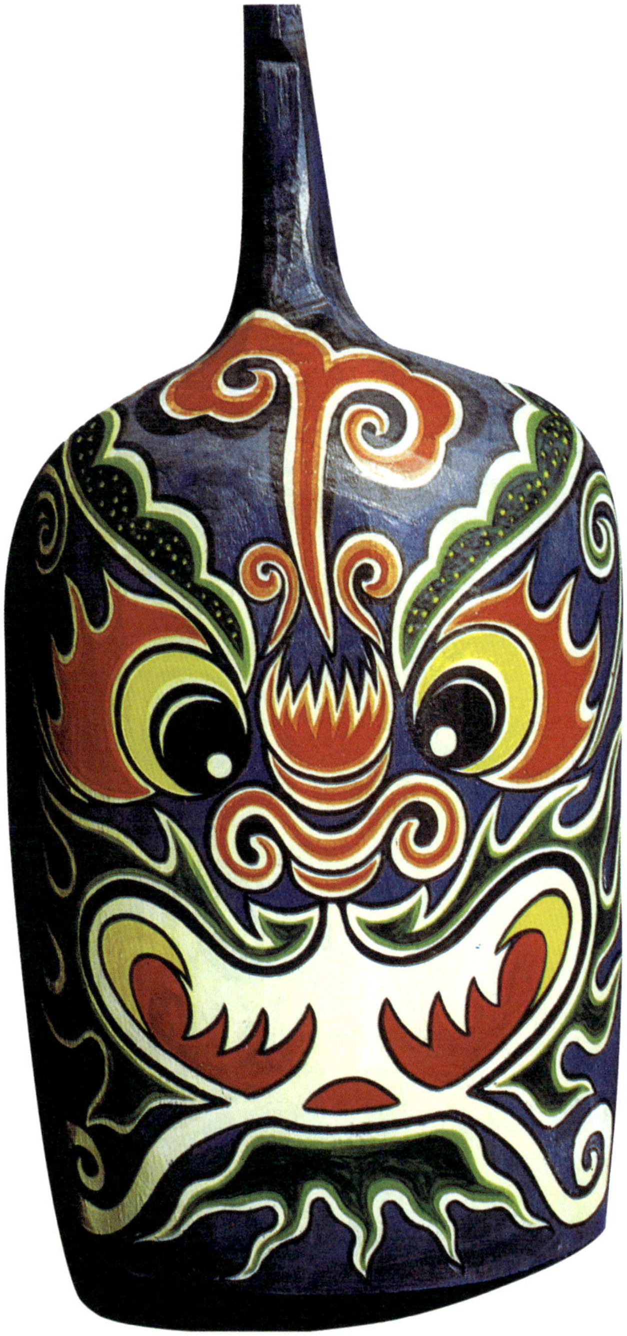

社火马勺脸谱
木雕彩绘　陕西省宝鸡地区

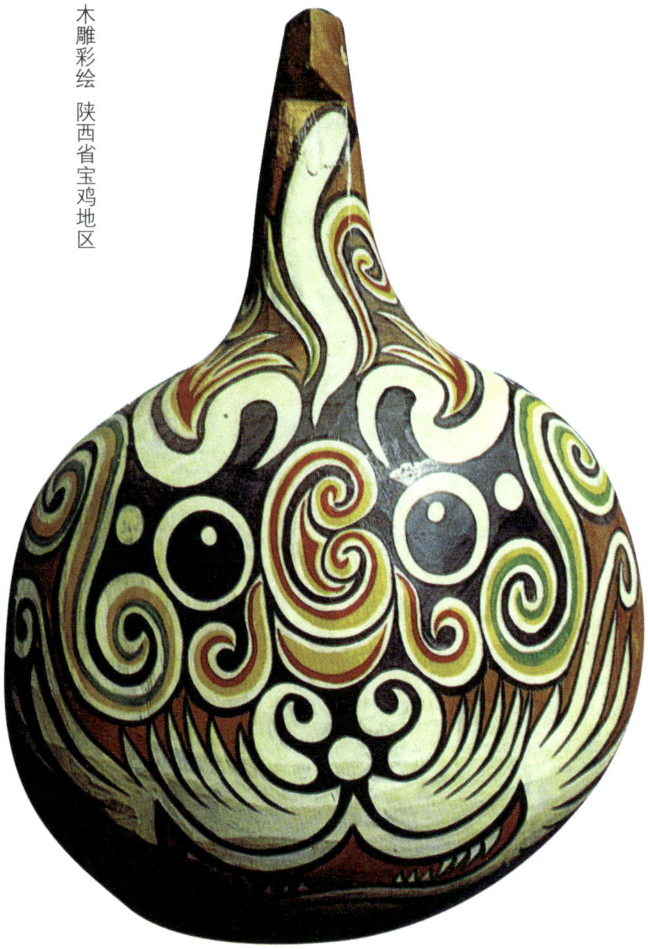

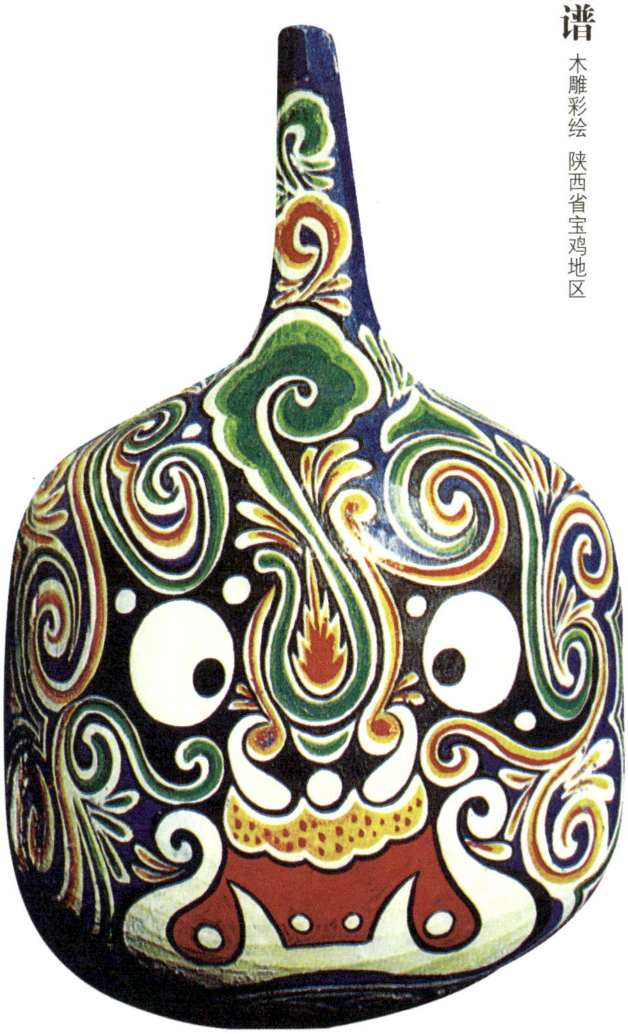

社火马勺脸谱

木雕彩绘　陕西省宝鸡地区

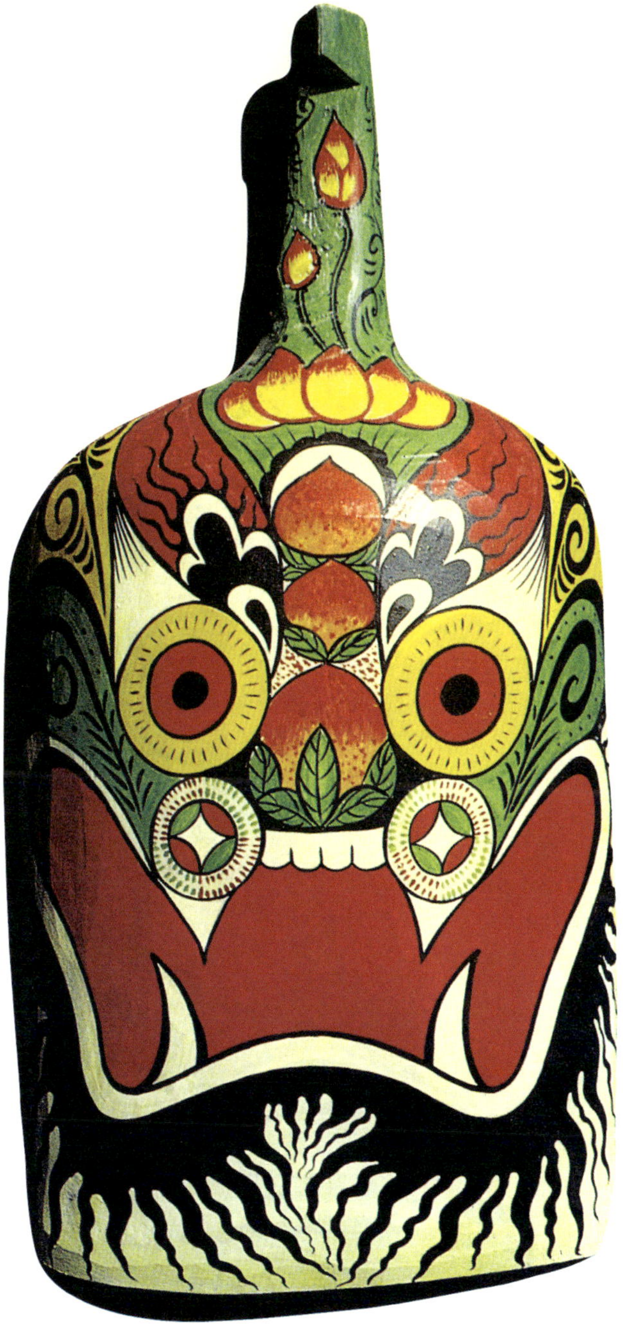

社火马勺脸谱

木雕彩绘　陕西省宝鸡地区

社火郑轮
姜太公脸谱

陕西省宝鸡地区

姜太公，《封神演义》中描写他曾辅佐周武王伐纣，封于齐，为齐国先祖。

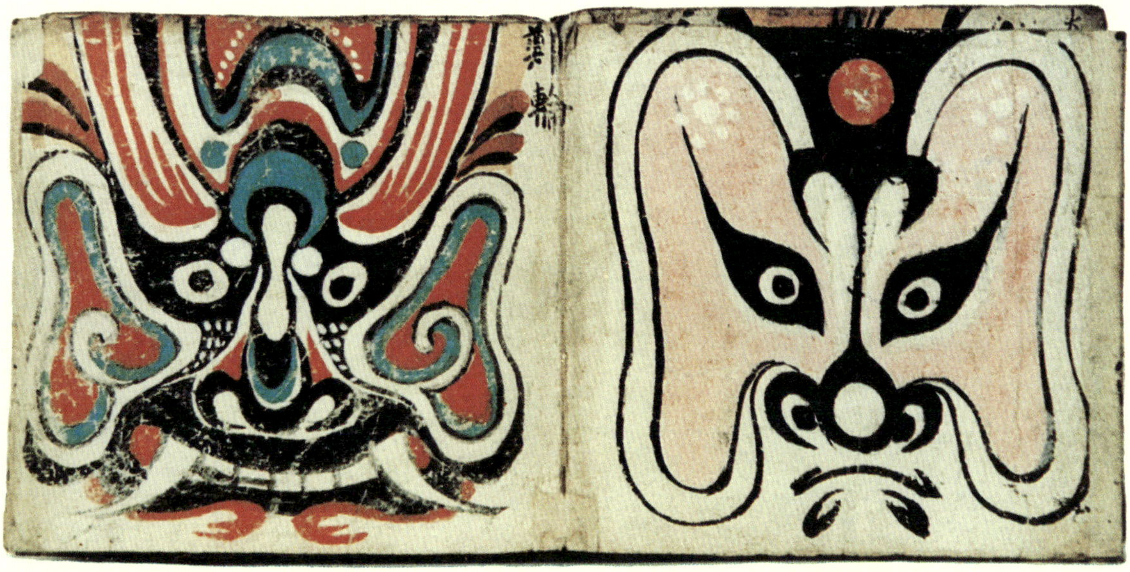

社火王彦章
马武脸谱

陕西省宝鸡地区

王彦章，五代时梁太祖武将。社火戏中说他善水战，故额头画金蟾或青蛙。马武，《东汉演义》中东汉光武帝刘秀的大将，封阳虚侯。

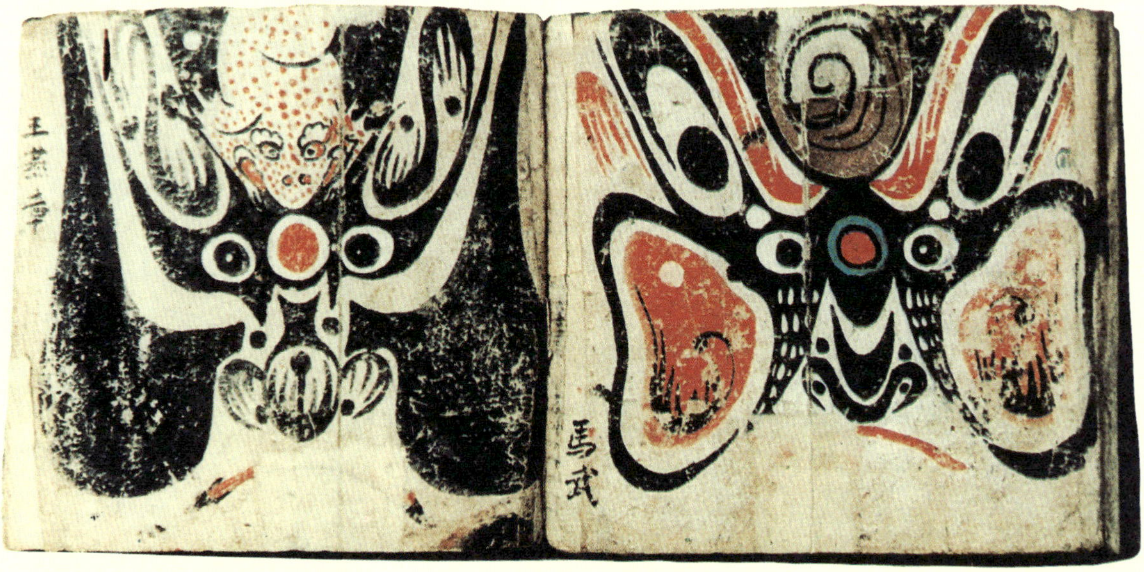

社火鬼面
梁王脸谱

陕西省宝鸡地区

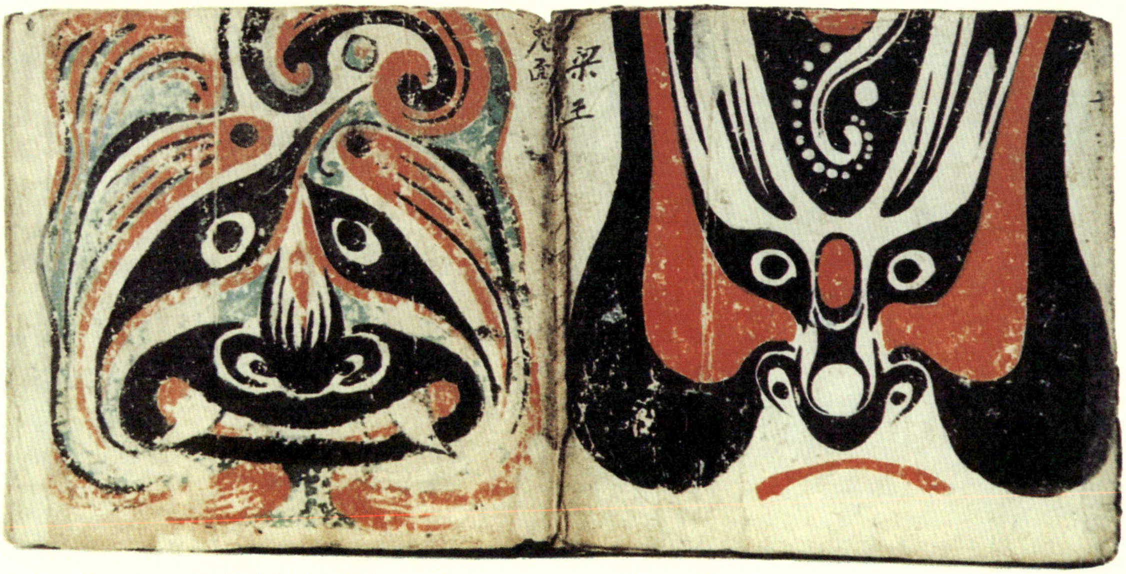

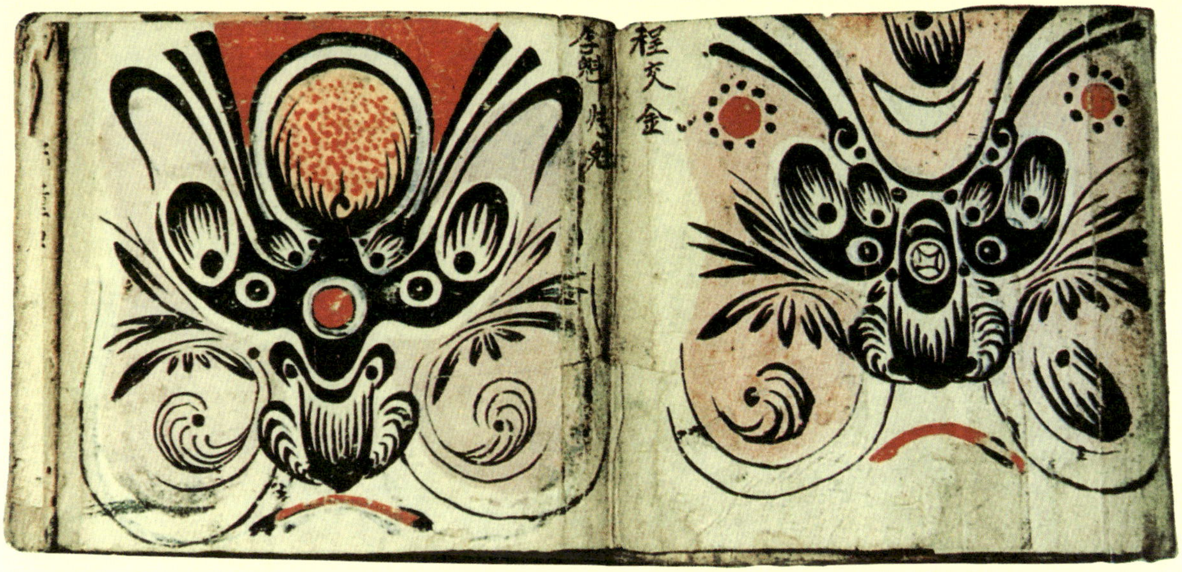

社火李逵 程咬金脸谱

陕西省宝鸡地区

李逵，《水浒传》梁山好汉之一。脾气暴烈，额头画火焰纹。程咬金，唐朝开国功臣。戏剧中说他在五花洞击死隋炀帝。

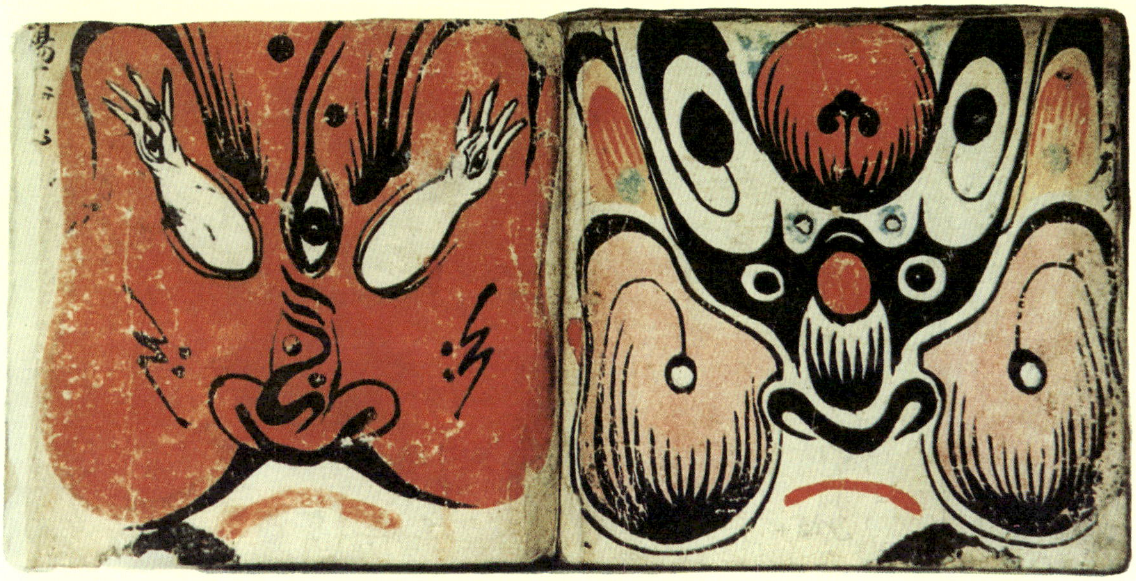

社火杨任 七雄儿脸谱

陕西省宝鸡地区

杨任，因反纣被剜去双目，后被神仙救走，让他眼中长出双手，手中又长出双眼。七雄儿，传说他是毛遂妹妹与熊怪生的孩子，手掌五雷法，神通广大。

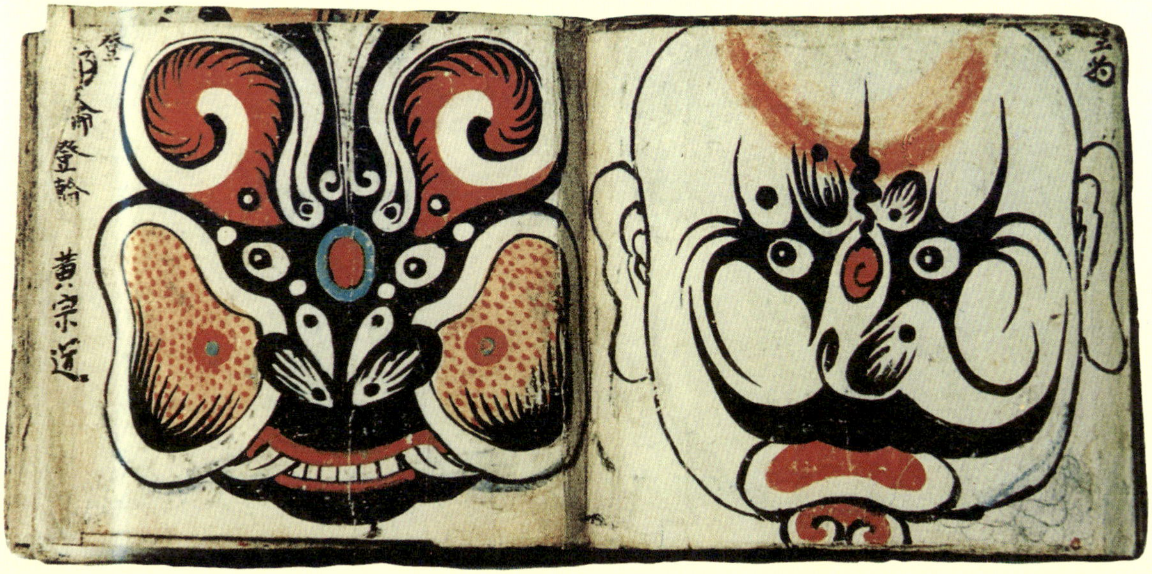

社火黄宗道 王豹脸谱

陕西省宝鸡地区

黄宗道，社火戏说他是晋朝武将。善观天文，故额头画星云如意纹。

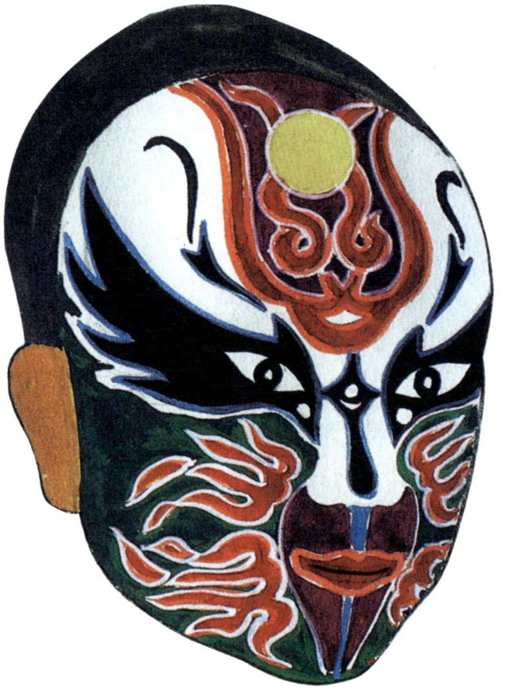

豫剧《四平山》李元霸脸谱

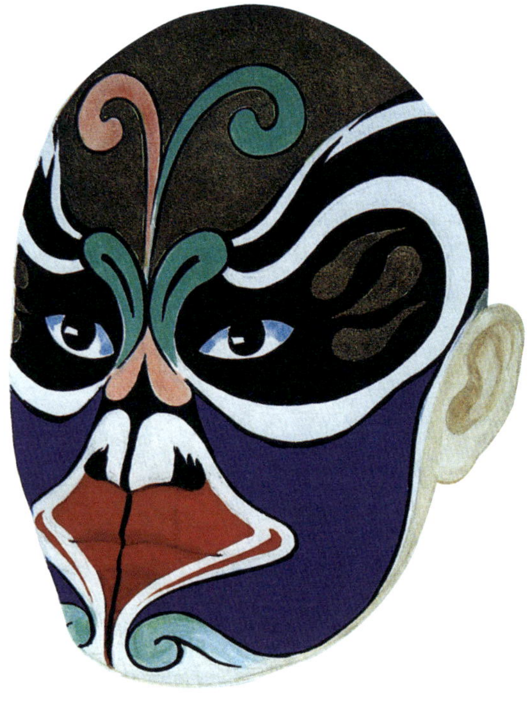

川剧《四平山》李元霸脸谱

莆仙戏《提铜狮》李元霸脸谱

李元霸是隋末李渊的第四子，骁勇无敌。传说李元霸生有异相，状极凶猛，故脸谱造型以红、绿两色为主。绿色表示其凶猛，勾绘『火焰眉』以象征他的性情暴躁，金色则有强调他的神勇之意。嘴尖如鸡，脸上绘白色旋纹，都是突出他的异相。额上绘古钱，鼻尖有圆珠，说明他出生于封建贵族。

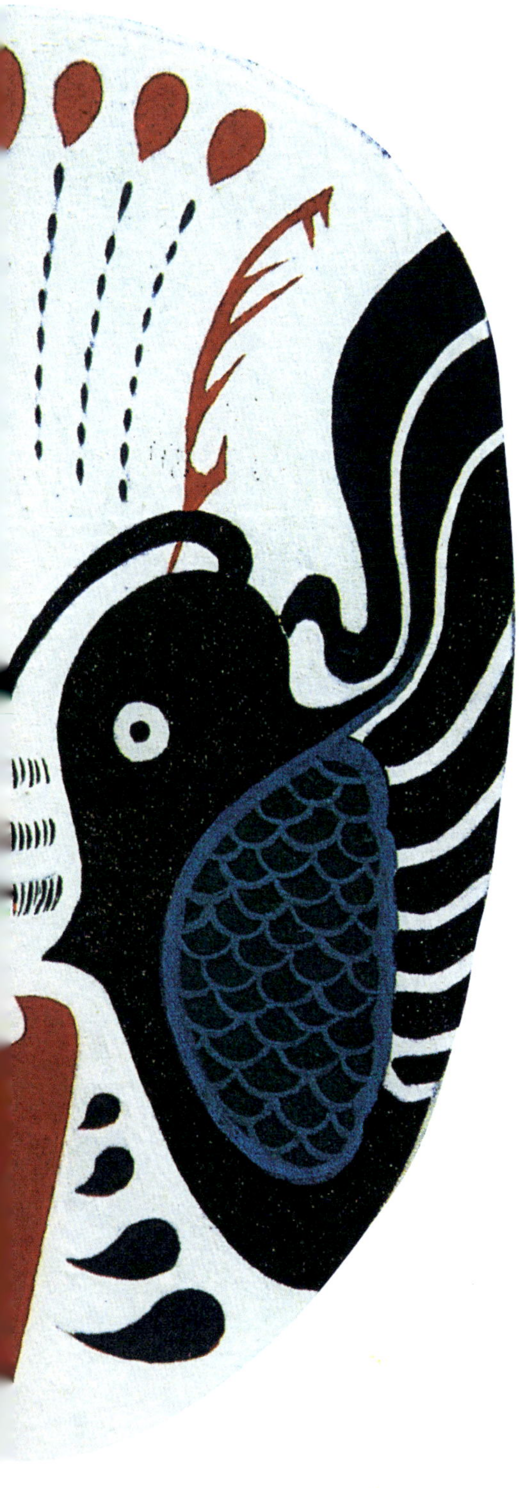

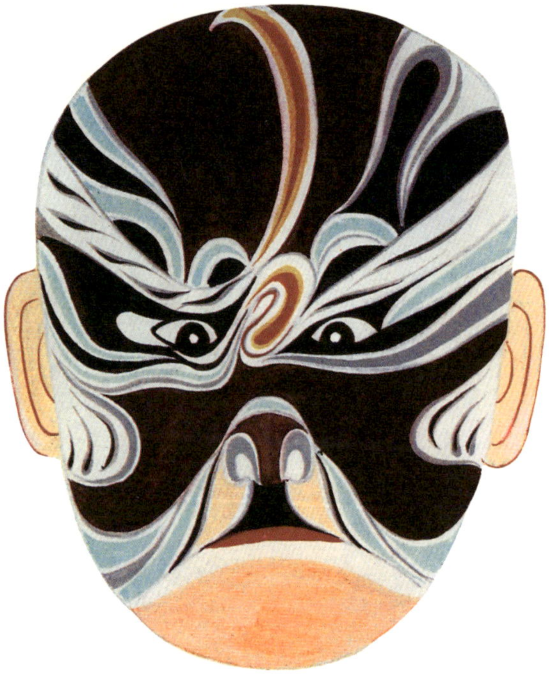

秦腔《伐东吴》潘璋脸谱

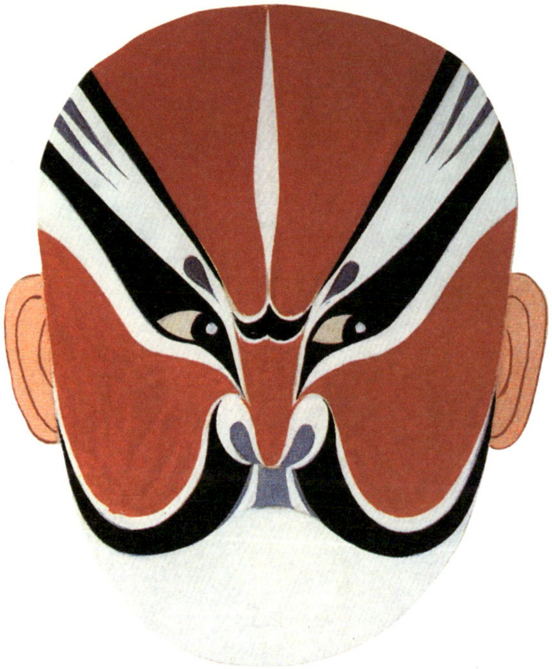

秦腔《回荆州》周泰脸谱

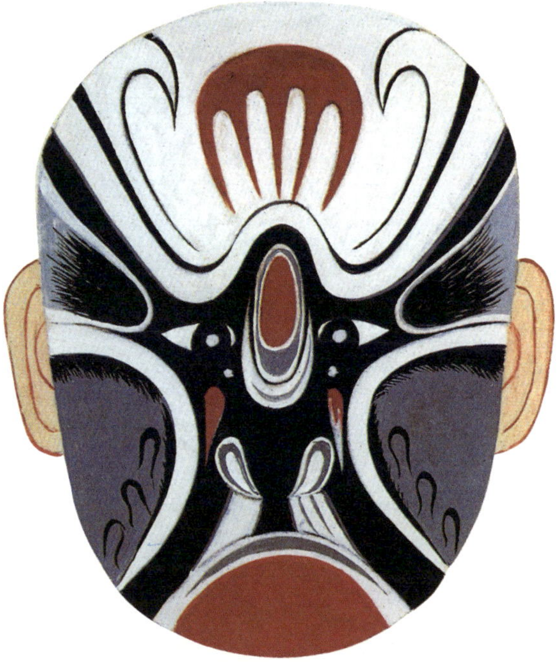

秦腔《富贵图》专诸脸谱

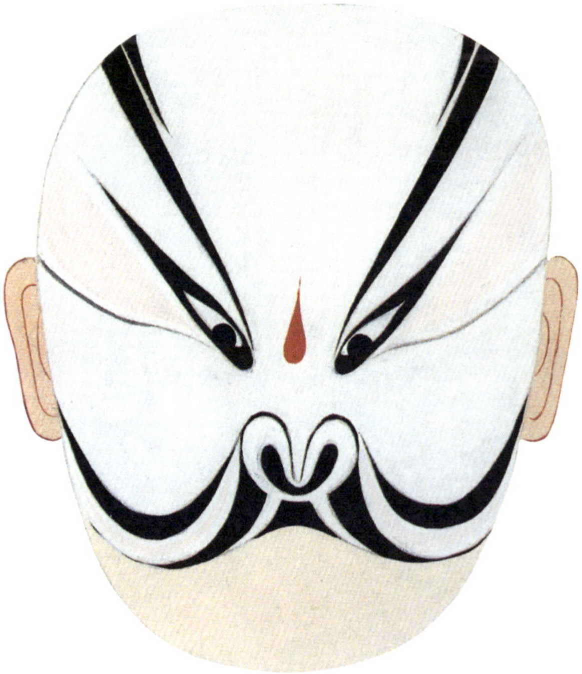

秦腔《龙门山》白乙丙脸谱

京剧《取洛阳》
马武脸谱

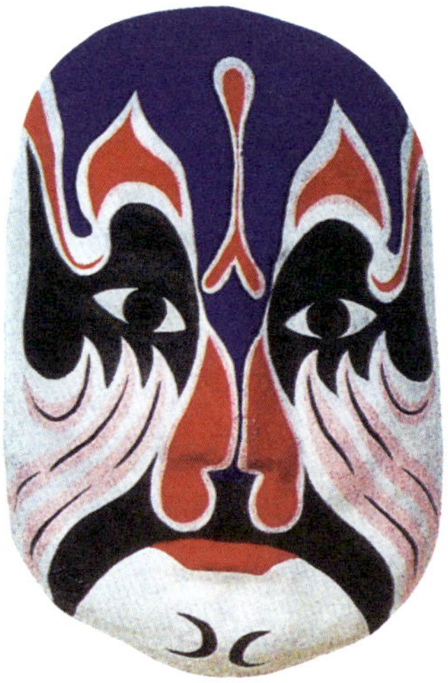

山四北路梆子
马武脸谱

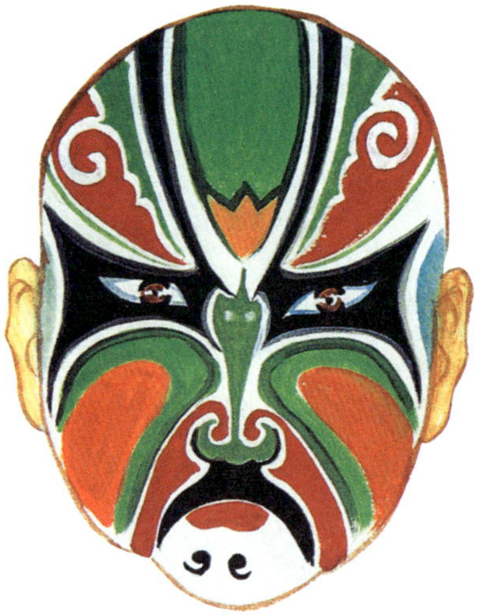

晋剧《芦花荡》
张飞脸谱

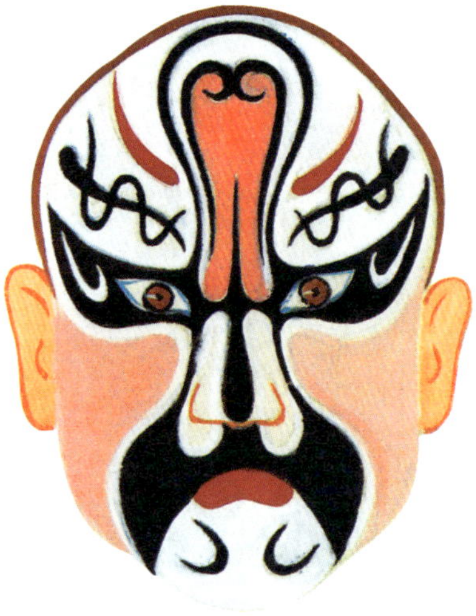

白剧（吹吹腔）《封神》
火神脸谱

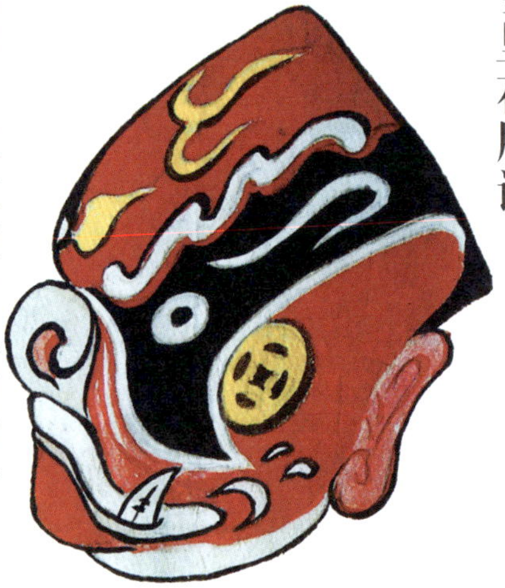

白剧（吹吹腔）《精忠传》
雪里花脸谱

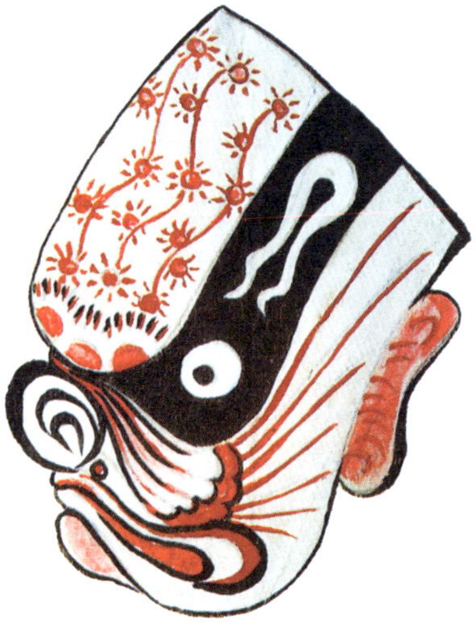

白剧（吹吹腔）《目连戏》
大鹏金翅脸谱

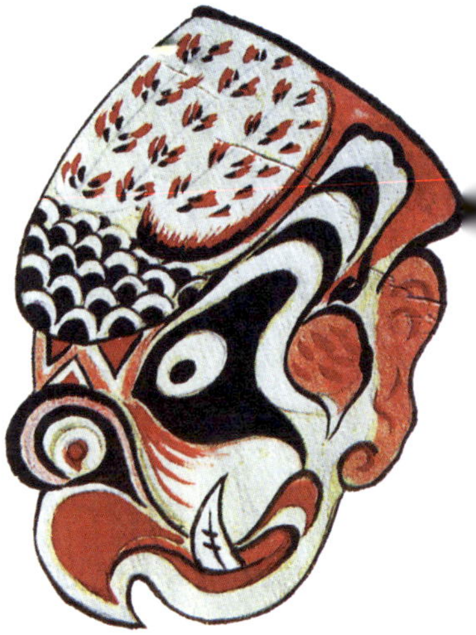

白剧（吹吹腔）《封神》
虎王脸谱

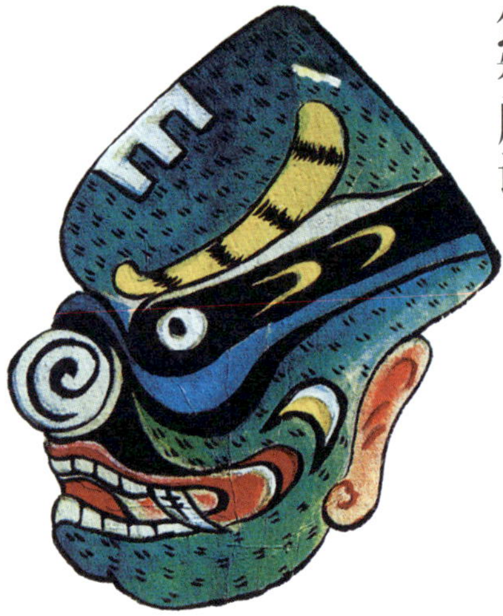

白剧（吹吹腔）《杨家将》
焦赞脸谱

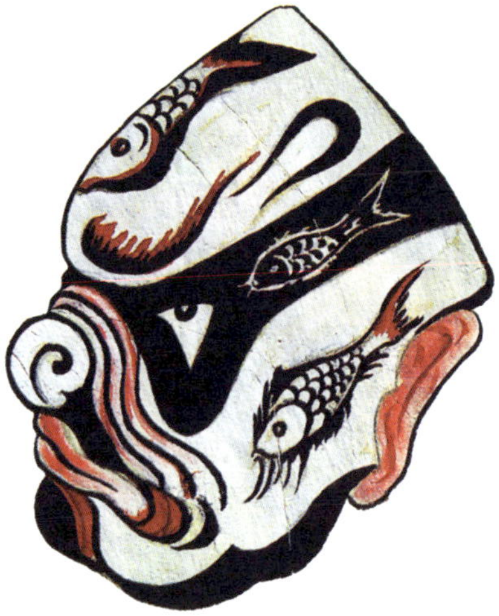

白剧（吹吹腔）《封神》
金钱豹脸谱

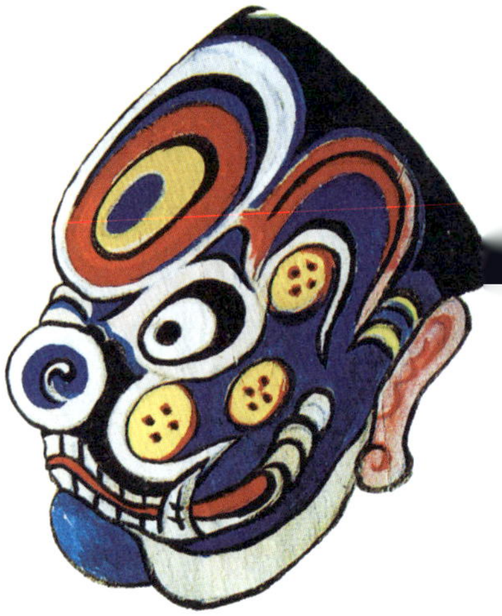

京剧《斗悟空》如来佛脸谱

金色表示身现佛光。勾金脸的角色，皆为德高望重的神、佛、仙、怪，一般的神佛亦不得用金色。代表性的有如来佛、东海龙王、闻太师等。剧中鬼魂有时亦用淡金勾脸，表示面无血色。

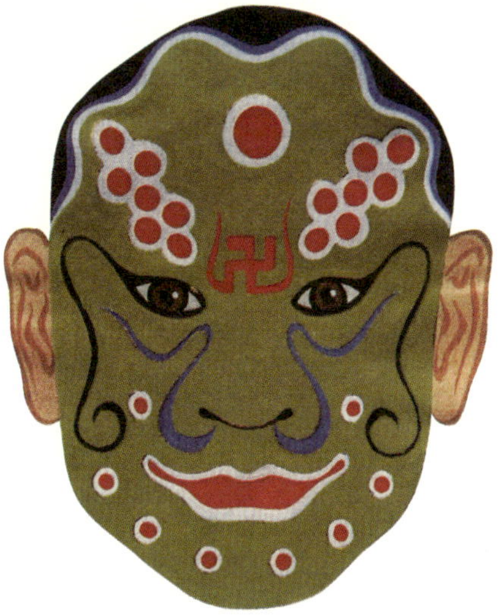

京剧《天河配》牛神脸谱

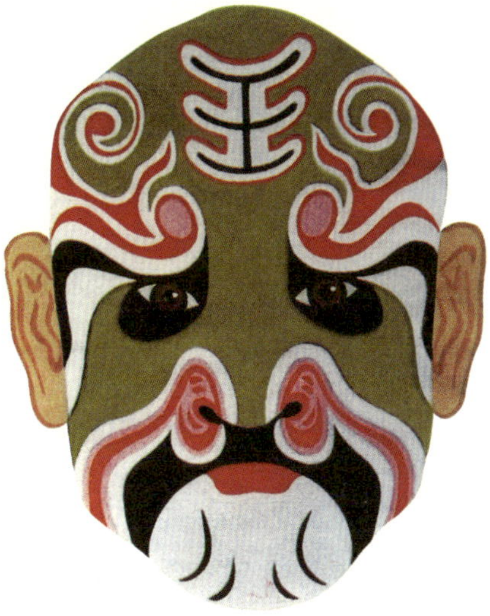

京剧《安天会》金吒脸谱

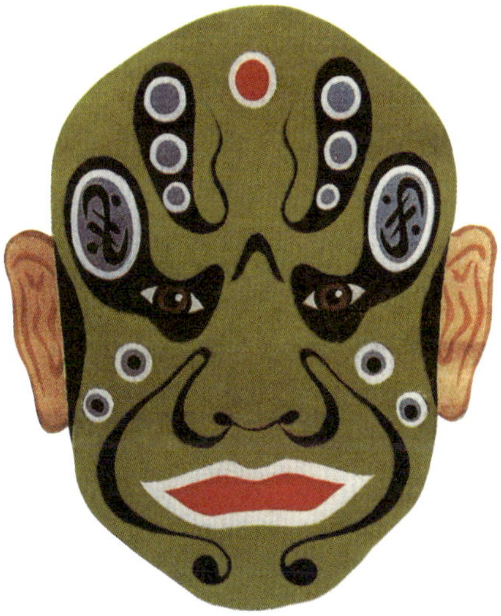

京剧《安天会》杨戬脸谱

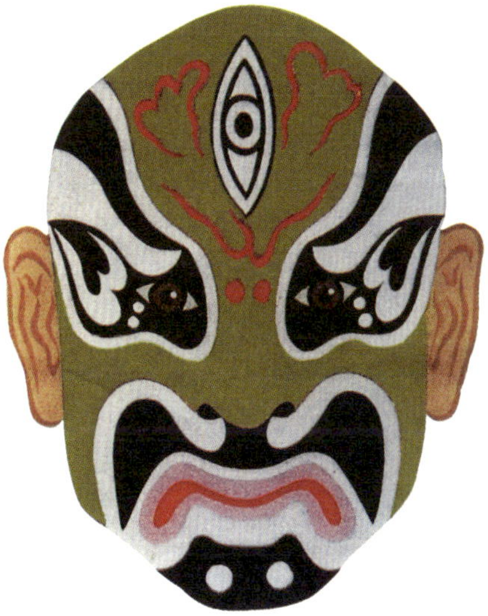

京剧《嫦娥奔月》吴刚脸谱

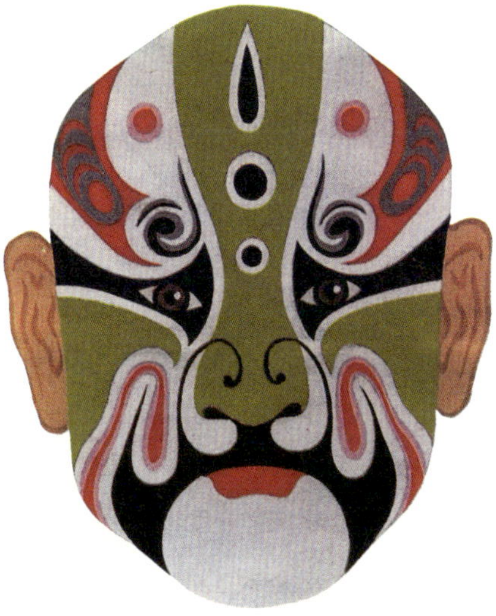

京剧《混元盒》多宝道脸谱

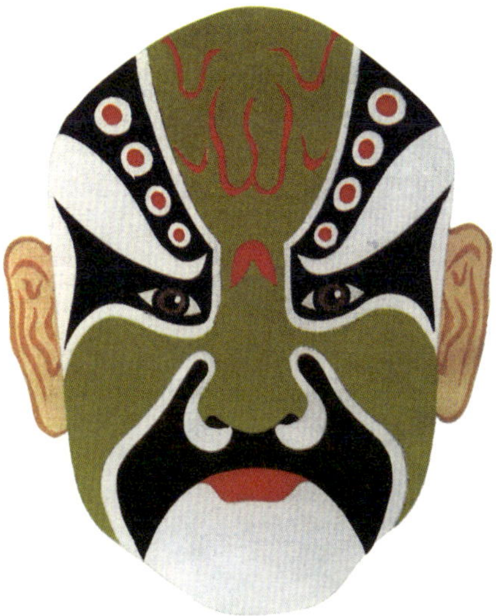

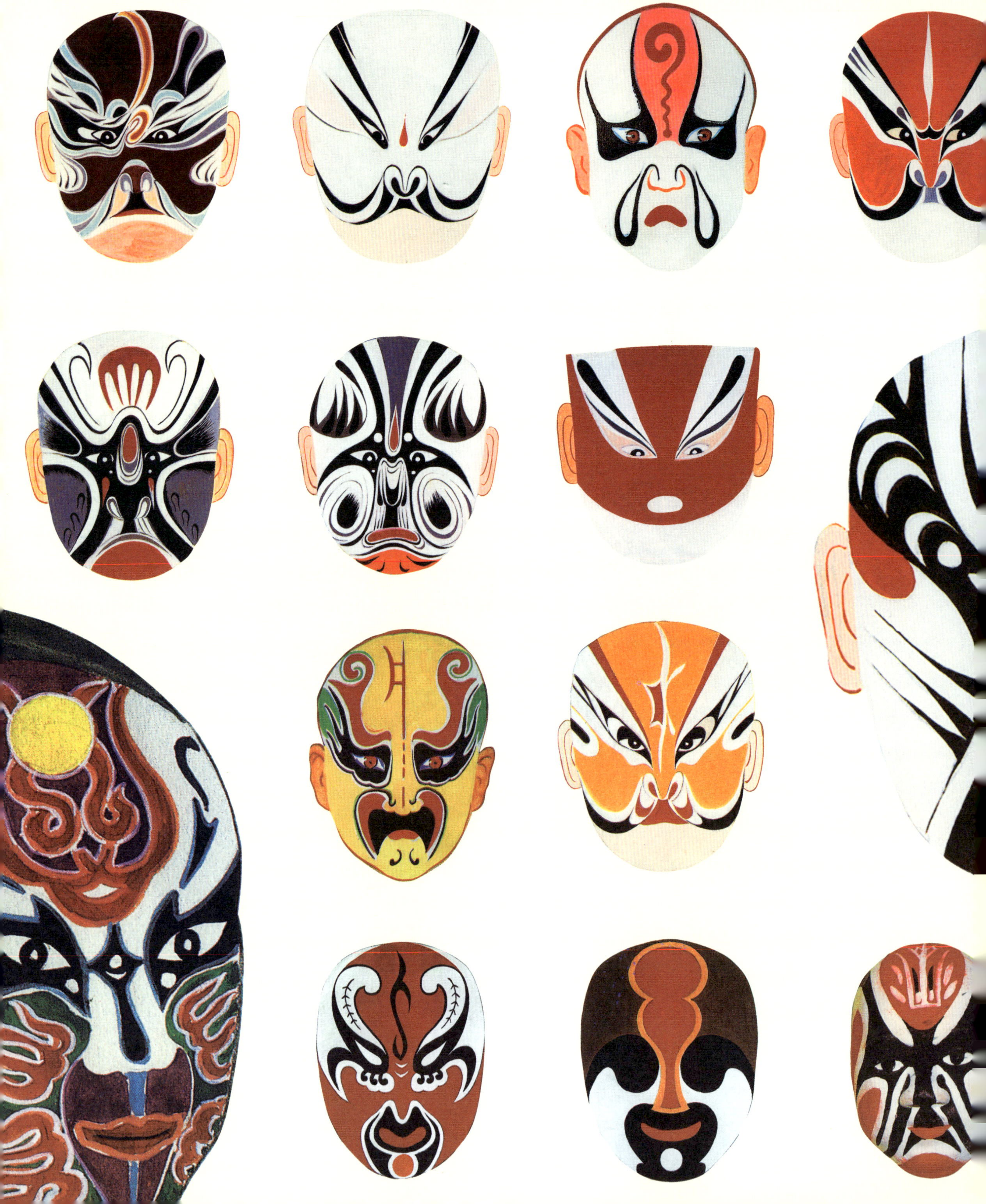

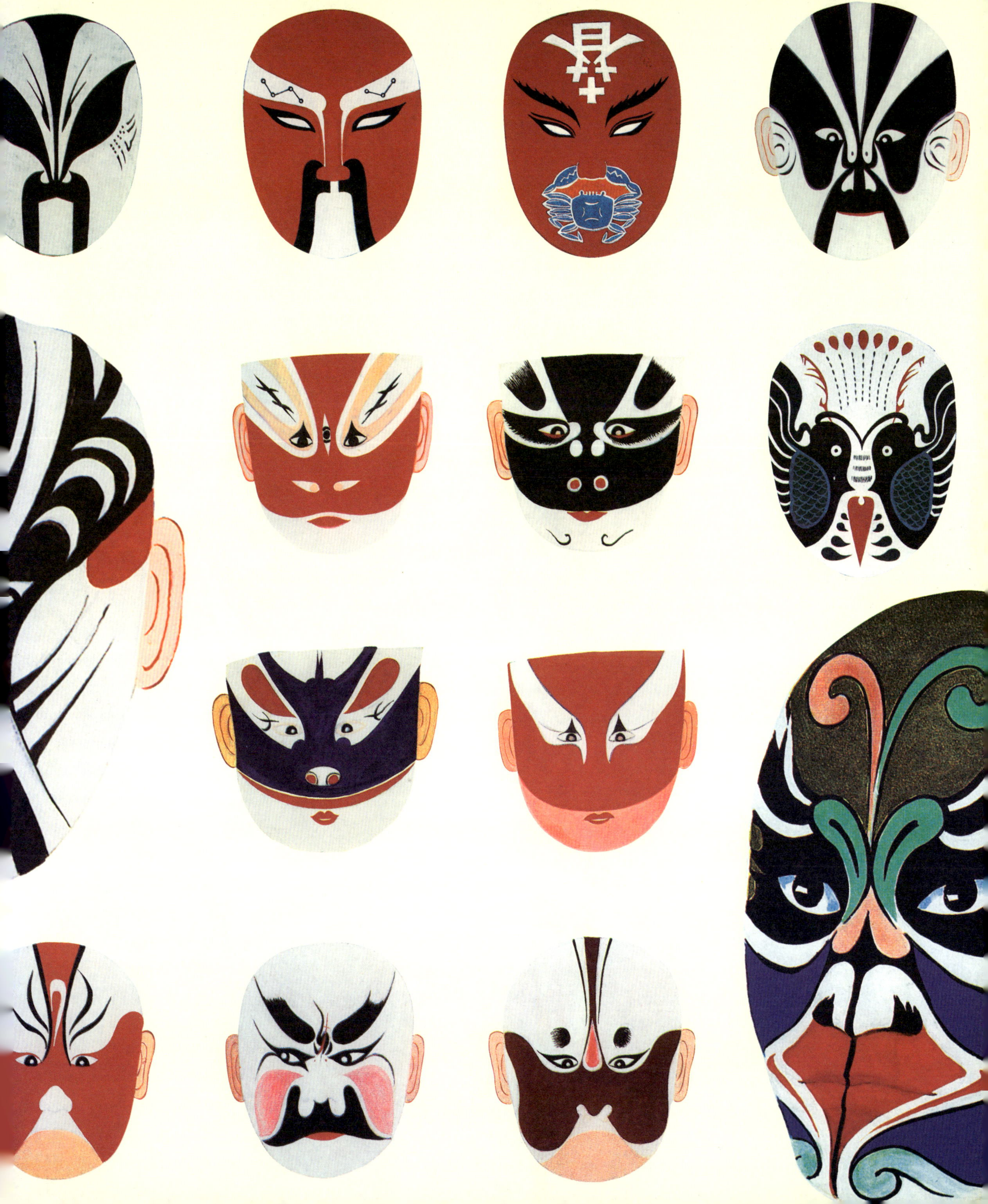

京剧《神狱》火神脸谱

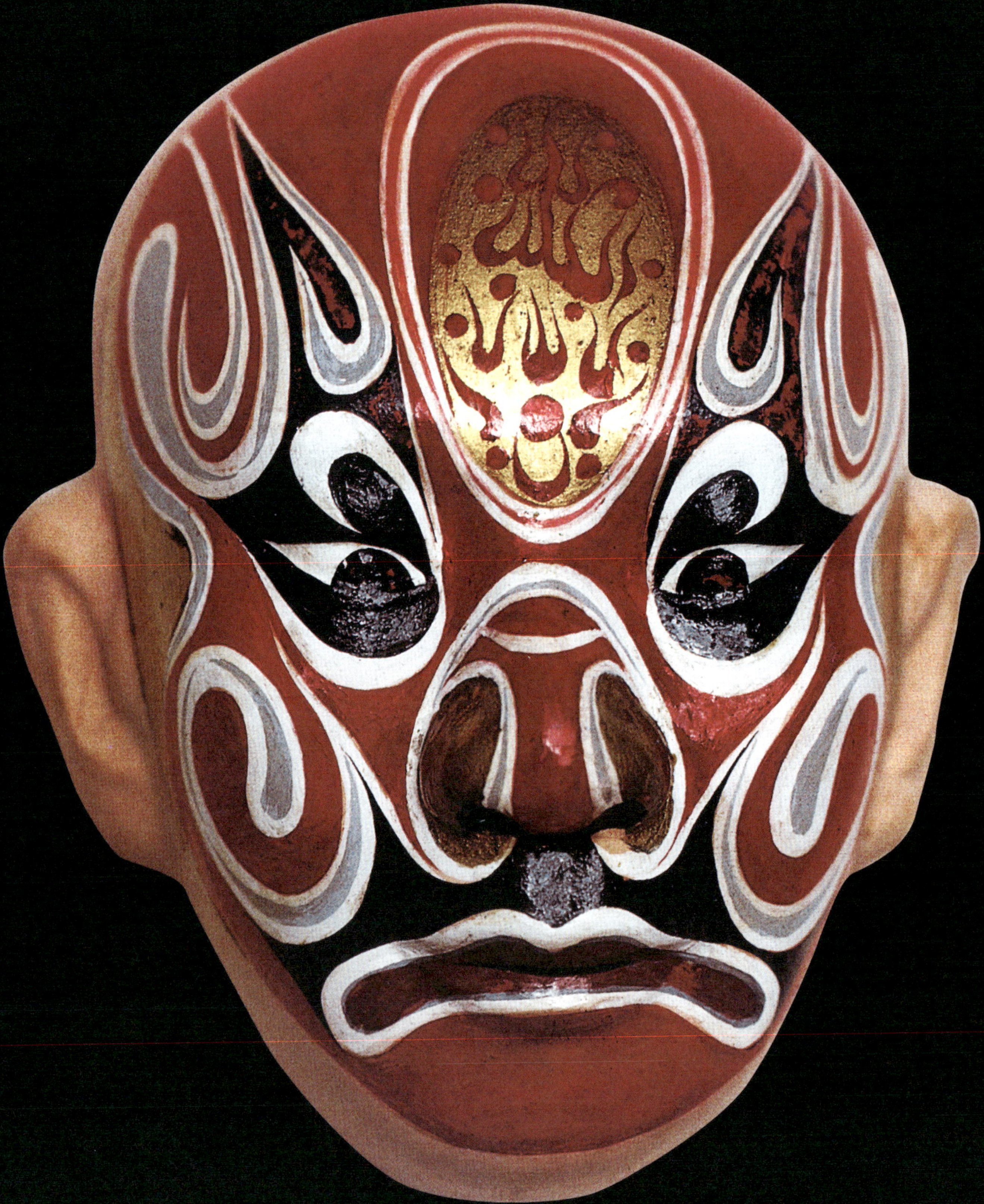

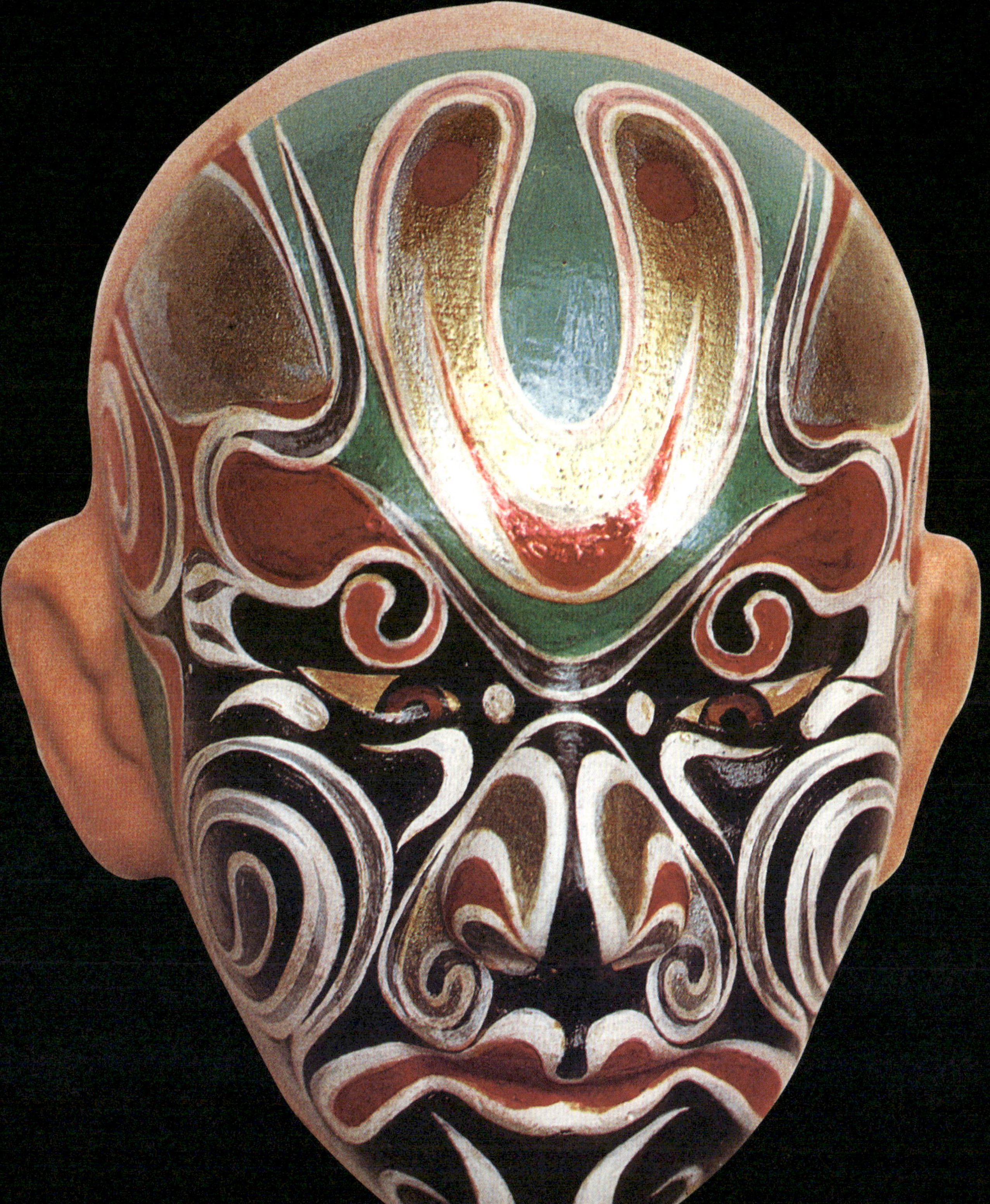

京剧绿袍和尚脸谱

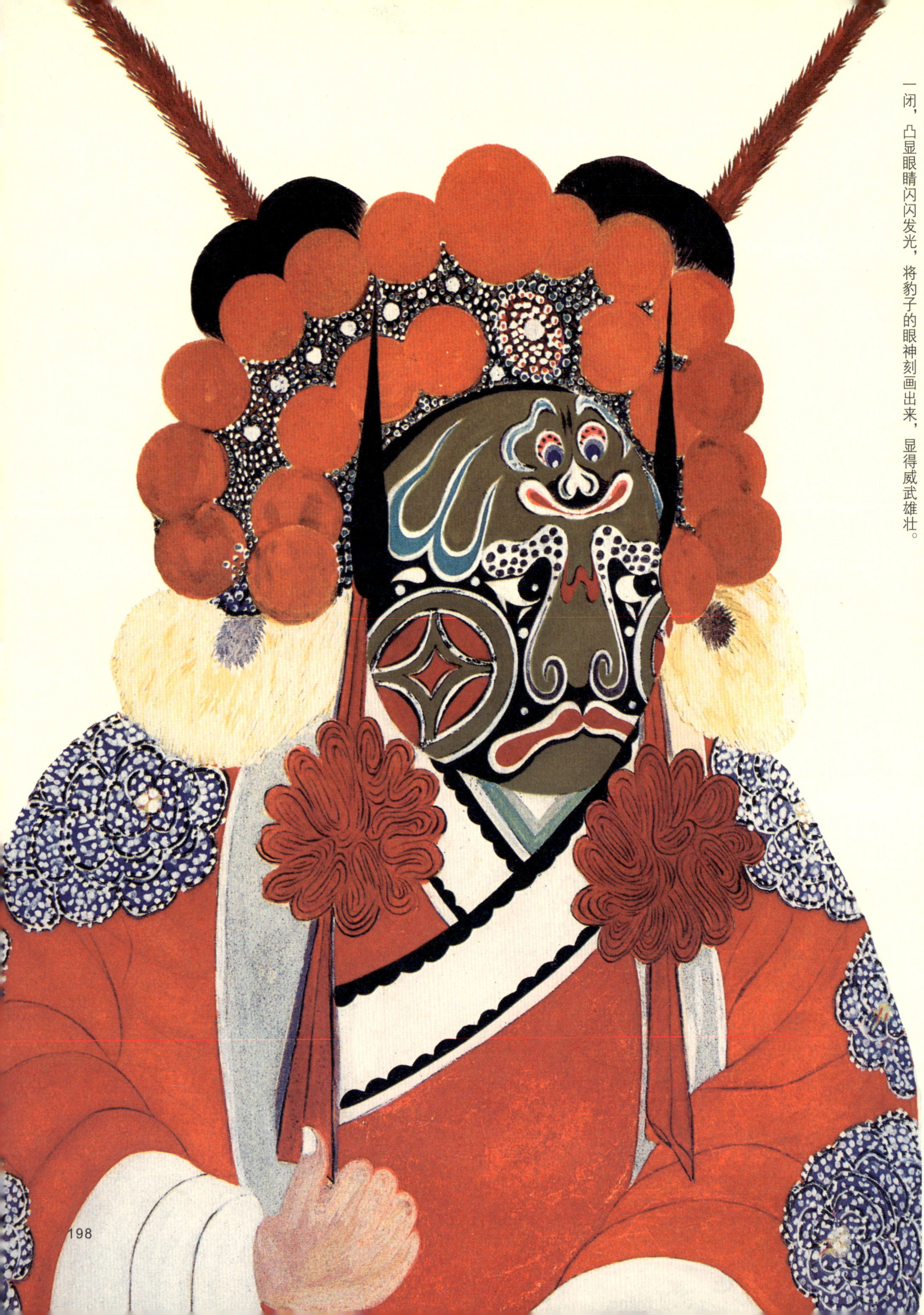

京剧《金钱豹》金钱豹脸谱

京剧《金钱豹》的主要人物是金钱豹，他的脸谱两颊绘有两个大圆金钱，以顾名思义。两个眉子上画有皮毛，眉毛是力爪形状，下坠元宝嘴，龇着两个大豹牙，非常凶恶。正面脑门画着豹头图案，因而属象形脸谱。最有特色的是眼睛，演员在整个脸勾画完之后，在眼皮上贴两块圆形亮光银纸，这样在舞台上灯光一照，做戏表演时一睁一闭，凸显眼睛闪闪发光，将豹子的眼神刻画出来，显得威武雄壮。

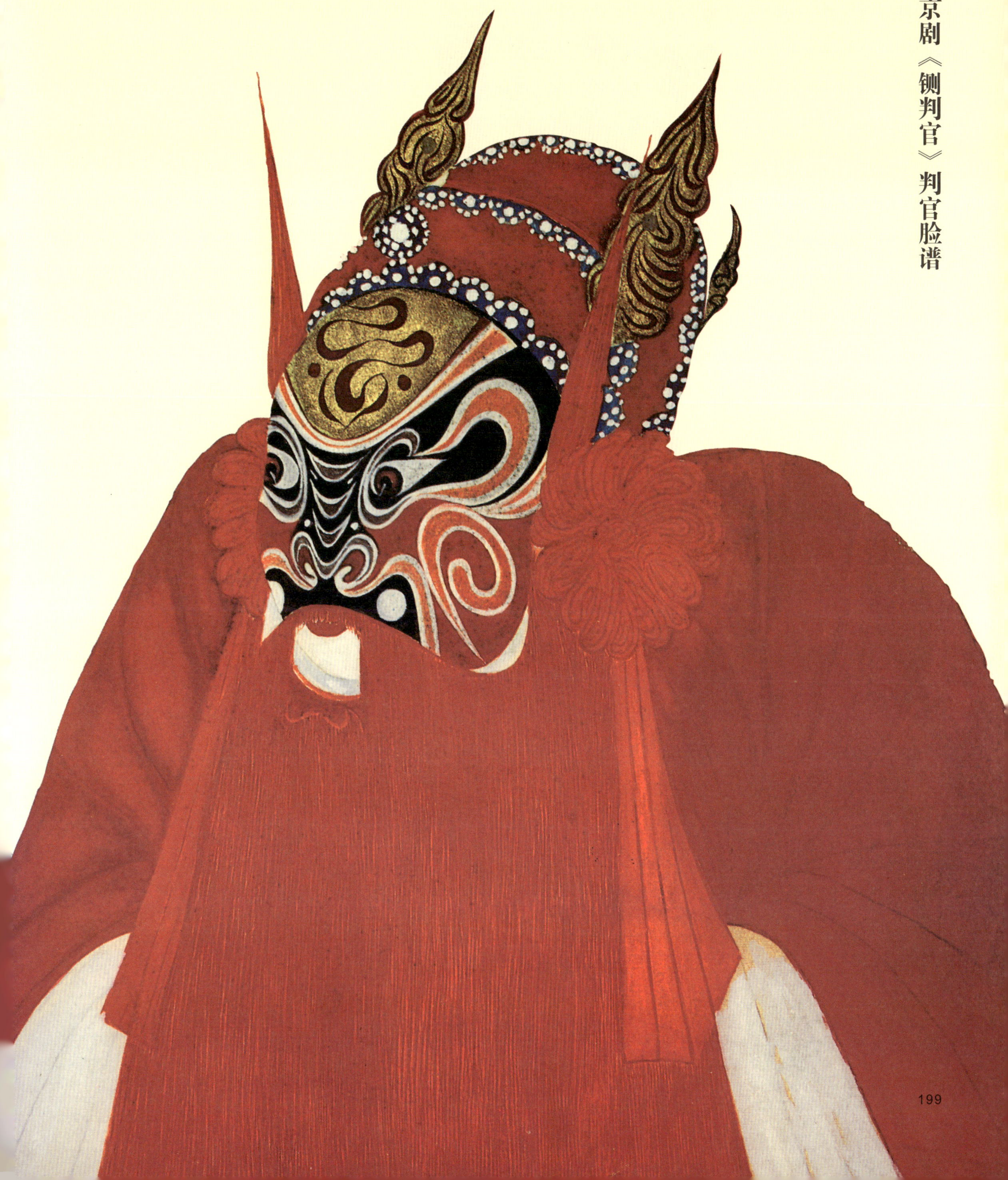

京剧《铡判官》判官脸谱

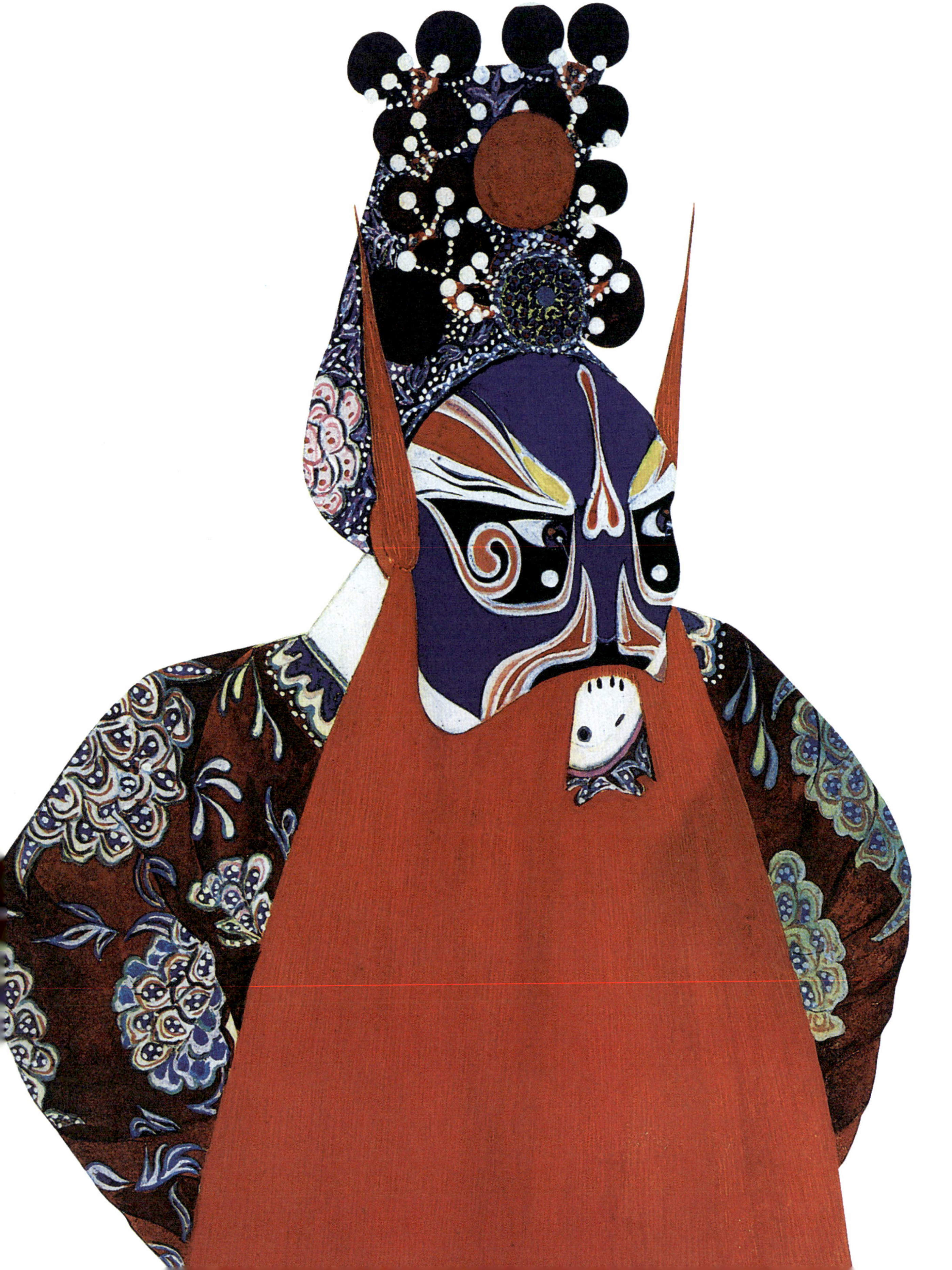

京剧《连环套》窦尔墩脸谱

窦尔墩所勾脸谱称花三块瓦脸，这是京剧脸谱的一种。在三块瓦脸谱的基础上，增加色彩、纹样，把眉子、眼窝、鼻窝及脸上的纹路勾画得更复杂，构图亦更花哨，故名。它的纹样虽然华丽，但仍保持三块瓦谱型。

汉剧《汉津口》关羽脸谱

关羽所勾眉毛称卧蚕眉，是脸谱中眉毛的一种。按演义小说及民间说唱对关羽『卧蚕眉、丹凤眼』生理特征的描写勾绘而成，为剧中关羽专用。

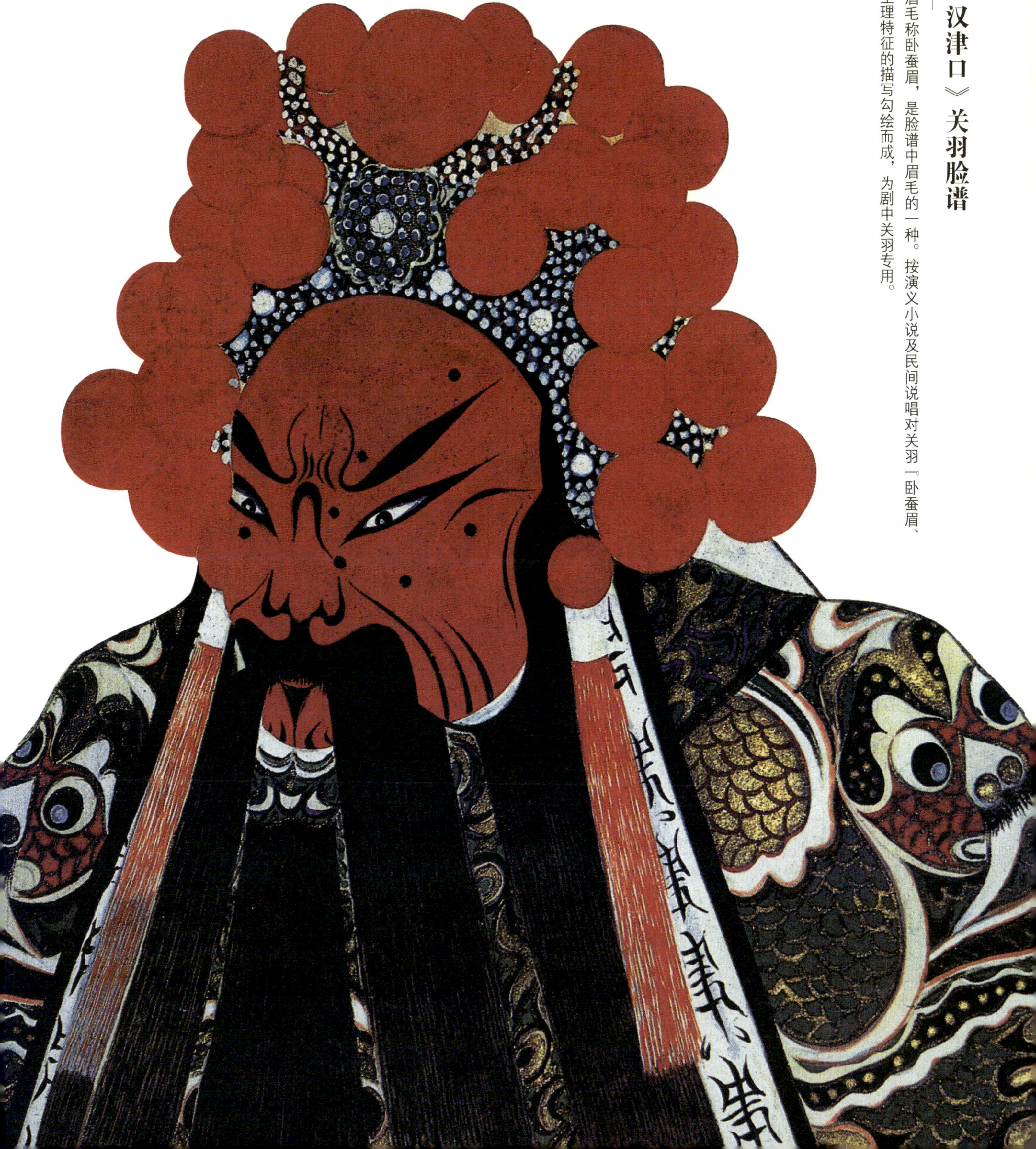

徽剧《断密涧》李密脸谱

浙江徽班分老生、老外、副末、小生、正旦、花旦、作旦、老旦、武小旦、三梁吕、大花脸、二花脸、小花脸（丑）、四花脸、杂（扮演龙套、老虎、狗，兼管道具箱）共十五行。徽剧在表演上具有动作粗犷、气势豪壮的特点。由于继承和吸收了目连戏艺人的技艺，徽剧表演一直擅长武戏，有翻台子、跳圈、窜火、飞叉、滚灯、变脸等许多特技。脸谱丰富多彩。有独特风味。

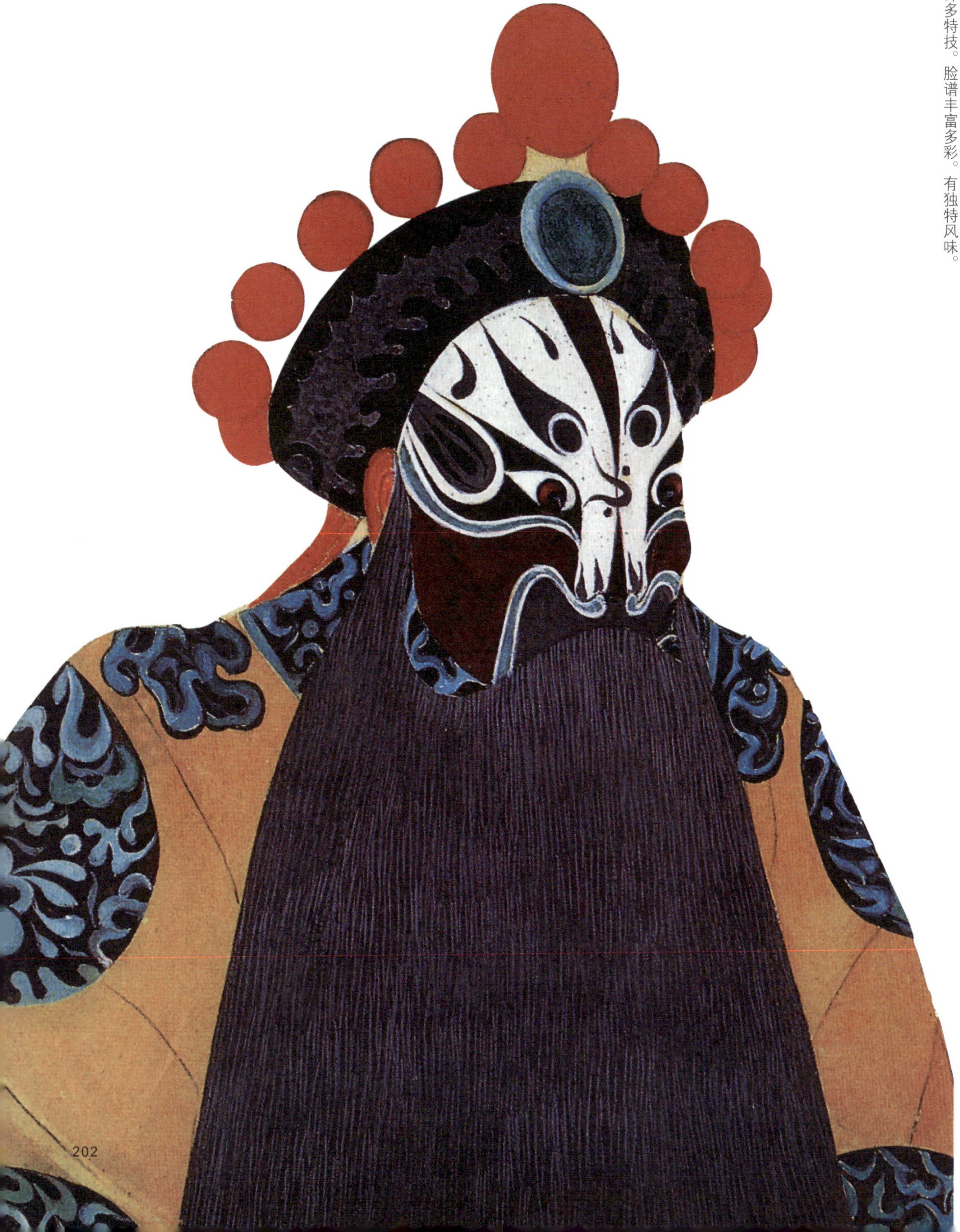

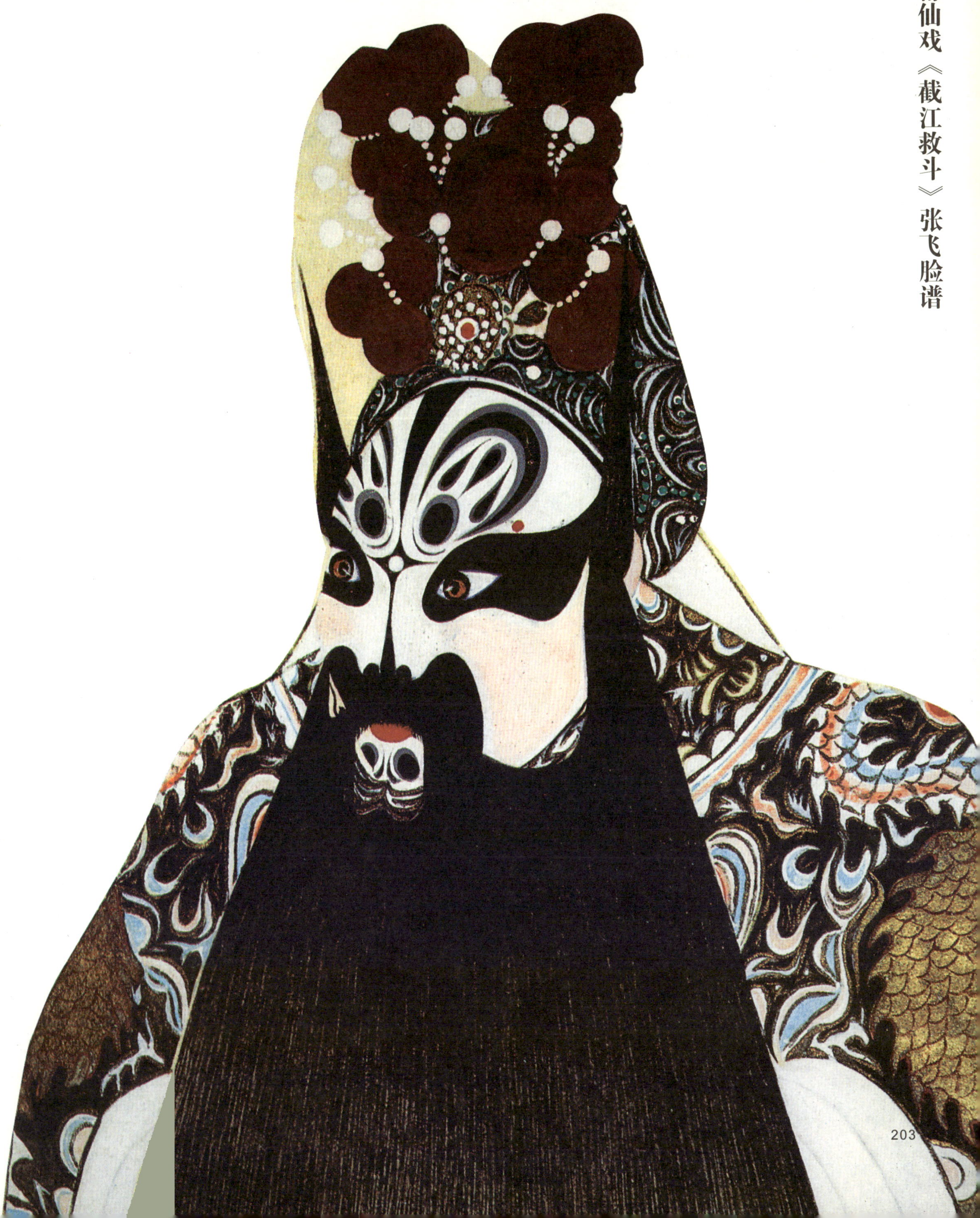

莆仙戏《截江救斗》张飞脸谱

京剧《辕门斩子》孟良脸谱

孟良是《杨家将》中的一员猛将。孟良的脸谱用肉红色涂脸膛，他的脑门正中被固定为一只红葫芦，这是因为孟良除善使板斧之外，还有一件内装『三味真火』的法宝火葫芦。为强调孟良这一法宝，因此在为孟良造型时，就以红葫芦作为重点渲染。勾绘『凤翅开赤眉』，眉眼间的色彩即象征火势，这样既突出了孟良使用的法宝，又固定了孟良的脸谱。

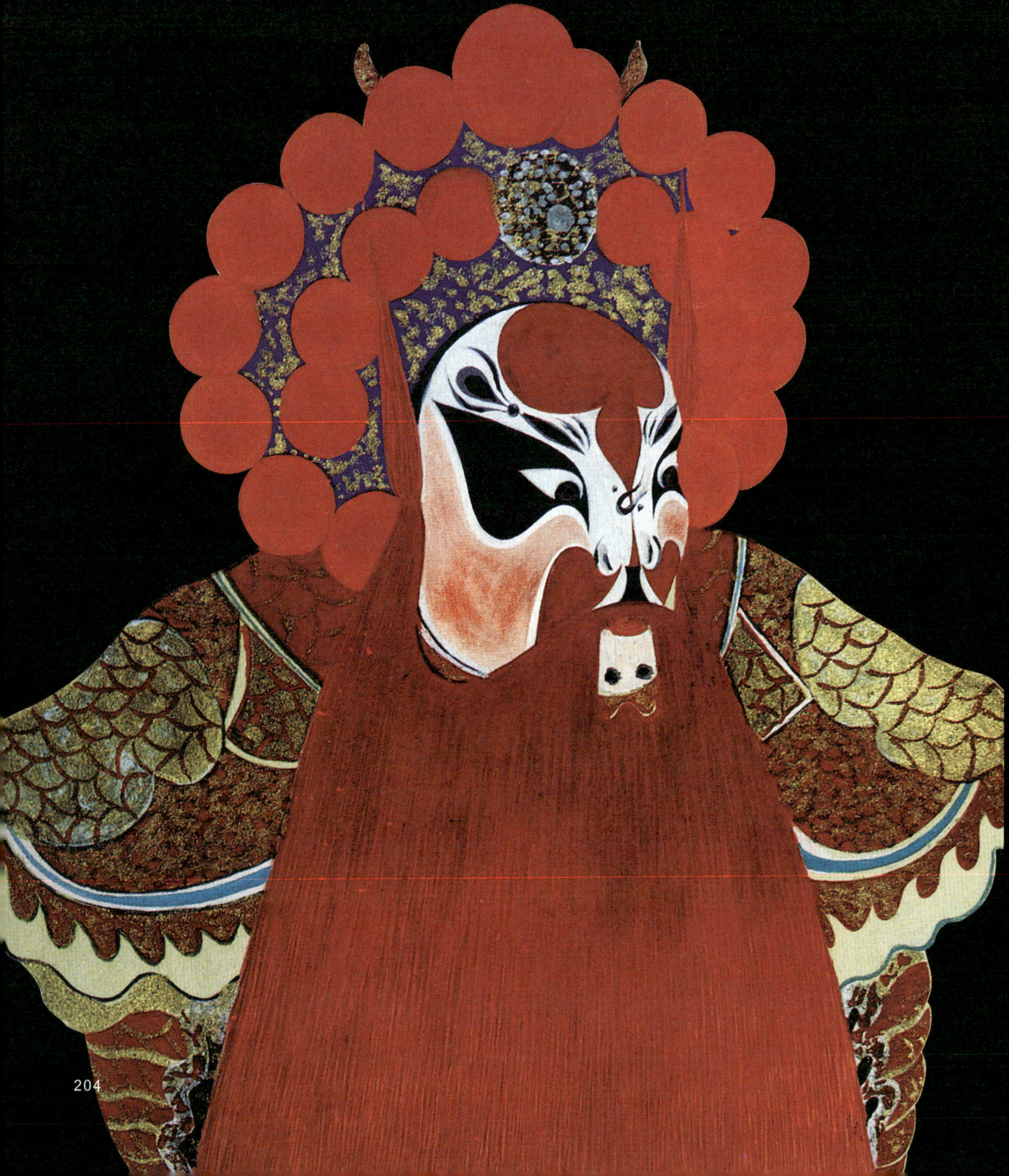

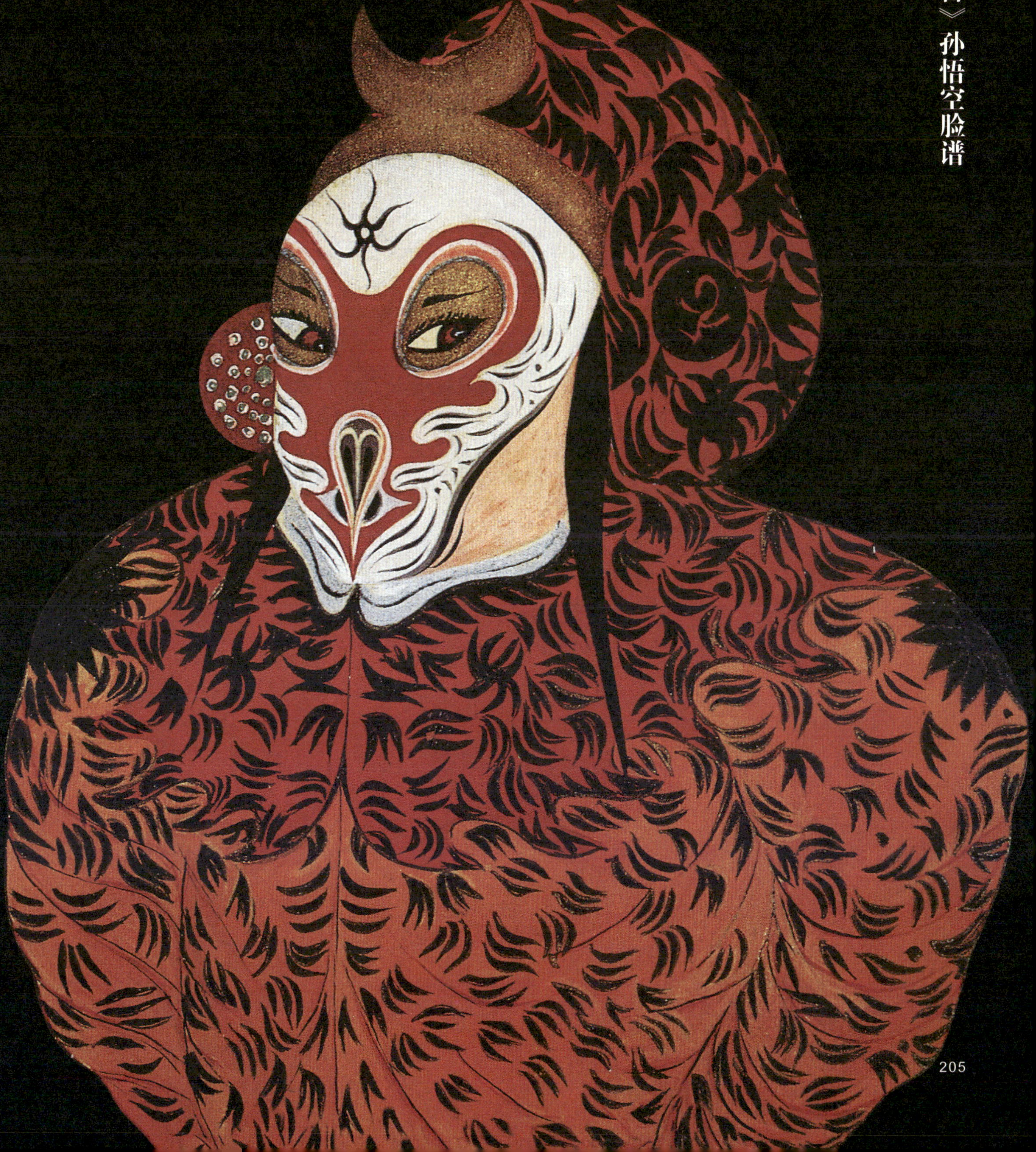

京剧《闹天宫》孙悟空脸谱

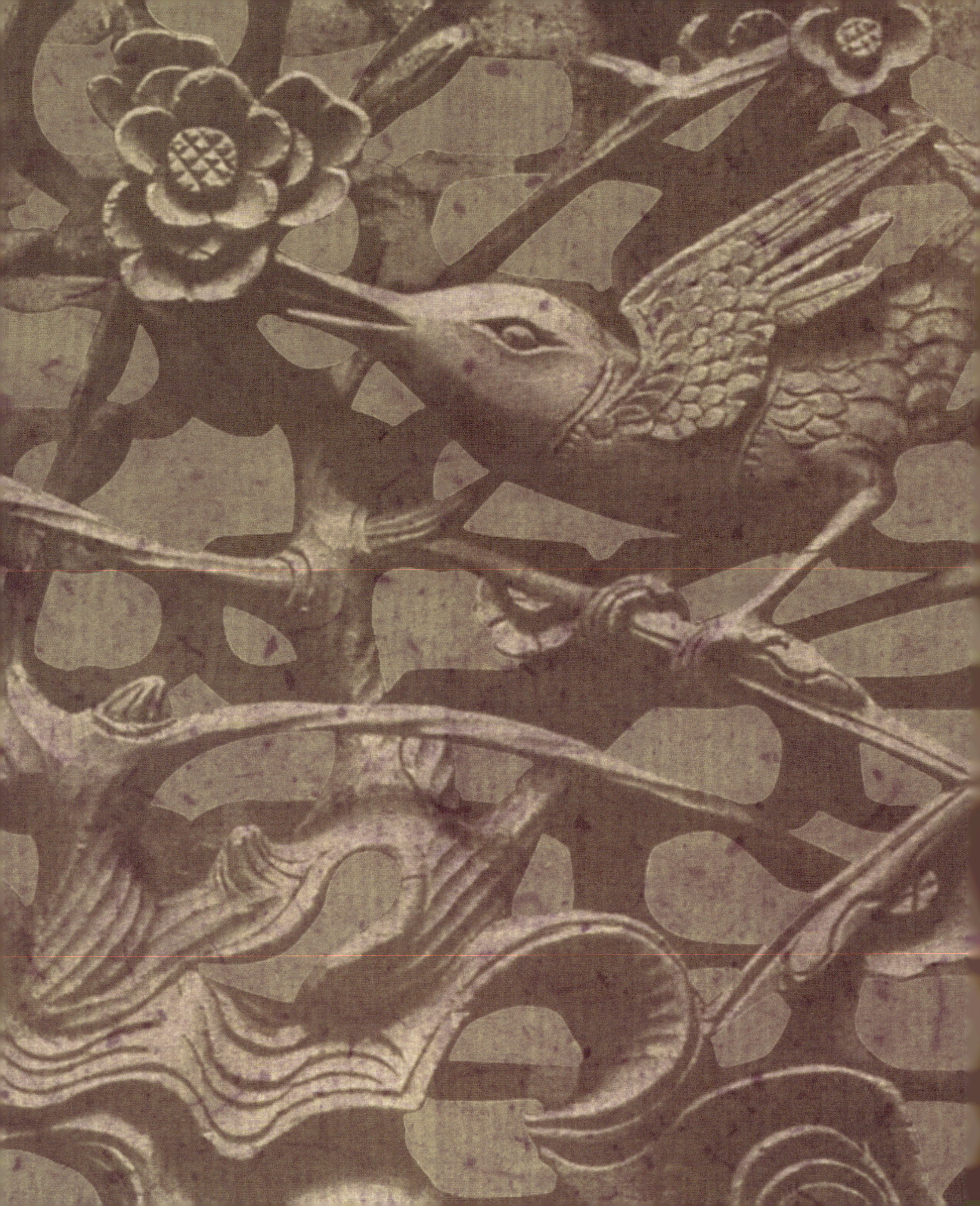

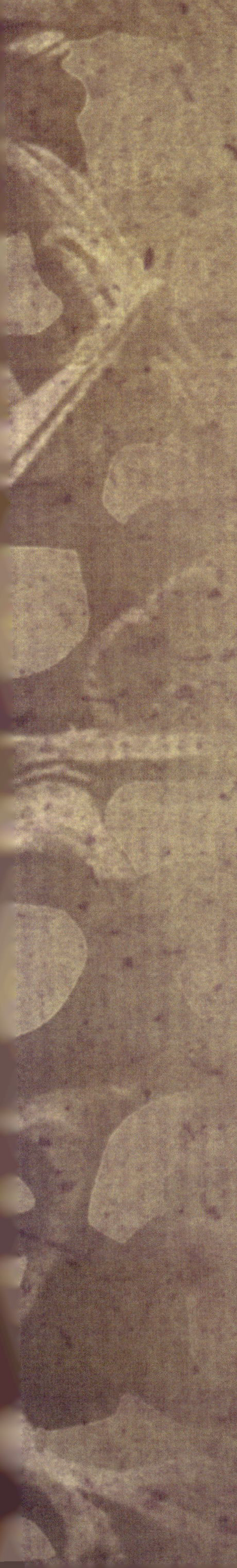

木

WOOD CARVING

雕

木雕
Wood Carving

木雕起源

中国的木雕艺术源远流长，目前发现最早的木雕艺术品——浙江余姚河姆渡遗址中出土的木雕鱼，可追溯到新石器时代，距今约7000～5000年。这些木雕艺术品用横线、斜线和直线雕刻，造型简单，做工粗放，完全凭借原始的动物骨、齿和硬质的石块来磨刻，制作的艰难程度可以想象，但已较为熟练地掌握了阳线雕阴线刻的浅浮雕技法。

木雕发展

商周时期，随着青铜器的出现，木雕艺术也有了长足的进步，商代设有专门从事木件雕刻的工种。建筑构件、车辆制作都需要“木工”，而这时的木雕艺术与青铜艺术息息相关，出现了大量仿制青铜器形制、纹饰的木雕艺术品，木雕得到大力发展。殷代王室的“六工”和周代的“八才”，说明木雕已纳入国家管理范畴。

至春秋战国时期，木雕艺术已分成建筑装饰木雕、礼祭木雕、宗教造像、木俑等不同木雕行业。装饰方法有漆绘、镶嵌、雕花等多种。

汉代墓葬出土大量木雕，动物有栩栩如生的猪、狗、牛、羊、马、鸡、鸭等，人物有体态生动的说唱俑、仪仗俑、武士俑、骑马俑等，另外也有车、船等器物，在雕刻技巧方面创造了形神兼备的艺术形象。

晋、隋至五代随着佛教文化兴盛，木雕艺术也得到进一步发展，出现了大量表现佛教题材的木雕艺术，这一时期的木雕佛、菩萨、罗汉等寺院造像特别引人注目。

唐宋以来，木雕艺术应用到社会生活的方方面面，木雕不仅仅是人们的艺术追求，也是人们的生活需要，木雕成为一种生活中最主要的雕刻工艺，越来越多的木雕用于殿堂楼阁、庙宇民居的建筑装饰。日用品上的雕刻更为丰富多彩。唐代是中国工艺技术大放光彩的时期，雕刻技艺也日趋完美。

明清时期是我国木雕的鼎盛时期，木雕题材多为生活风俗、神话故事，呈多样化趋势，表现内容多是龙凤呈祥、平安如意、松鹤延年、吉庆有余、五谷丰登等。

木雕分布

木雕种类纷繁复杂，按产地归类可分为四地：东阳木雕、江苏木雕、福建木雕、广东木雕。这四个木雕产地经过数百年的发展，逐渐形成各自的工艺风格和特点，影响全国。东阳，东汉时称吴宁，唐朝时改为东阳县，地域在浙江中部。在唐朝时东阳出过很多高官，为争显门第高贵，大兴土木建造奢华私宅，雕梁画栋极尽豪华之能事，从而在当地培养了大量从事木雕工艺的工匠，形成独特的木雕文化，这些能工巧匠代代相传，东阳成了知名的木雕之乡。东阳木雕图案优美，结构精巧，一般以人物、花鸟、虫草、山水为主要题材，选用木材种类较多，有黄杨、花梨、乌木、紫檀等，至清代乾隆年间，东阳被称为“雕花之乡”。

明清皇宫在修建中，大量征召全国各地的能工巧匠，在征召的木雕匠人中，以东阳籍最多，从而也促进了东阳木雕的整体水平，东阳籍的匠人艺术造诣修养素质得到了全面提高。

江苏地区古来一向人文荟萃，自唐宋至明清逐渐形成对全国文化艺术较有影响的区域。江苏木雕以其精湛的工艺、严谨的造型、细腻丰富的表现层次享誉海内外。苏作明式家具的发展，明清苏作家具的兴盛，文人思想在文化领域的逐步渗透，带动了江苏地区文人木雕的空前发展。江苏木雕的笔筒文玩、如意、插屏、龙舟、楼台极具地方特色，是木雕中的精品。

明初福建地区利用天然疤痕树根进行雕刻，形成了独特的艺术风格，福建龙眼木雕特有的传统工艺被世人重视，留下无数精美的木雕作品。

广东木雕主要指潮安、潮阳、揭阳、饶平、普宁、汕头、海丰等地用于建筑装饰、家具装饰的木质雕刻，现代一般称为潮州木雕。潮州木雕刀法简练，技法主要有浮雕、圆雕、阴刻、通雕等，内容包括人物、花鸟、山水，题材丰富。

东阳木雕、江苏木雕、福建木雕的后期处理方法多为保留木质原有纹色，称为白木雕；广东潮州木雕完成后要在表面髹红漆，再贴金箔，所以又称为“金漆木雕”。潮州木雕多用樟木雕刻，加上上漆贴金，金碧辉煌，具有非常强烈的艺术效果。白木雕与金漆木雕呈现出不同的艺术特点，一般也把它们归为不同的艺术流派。

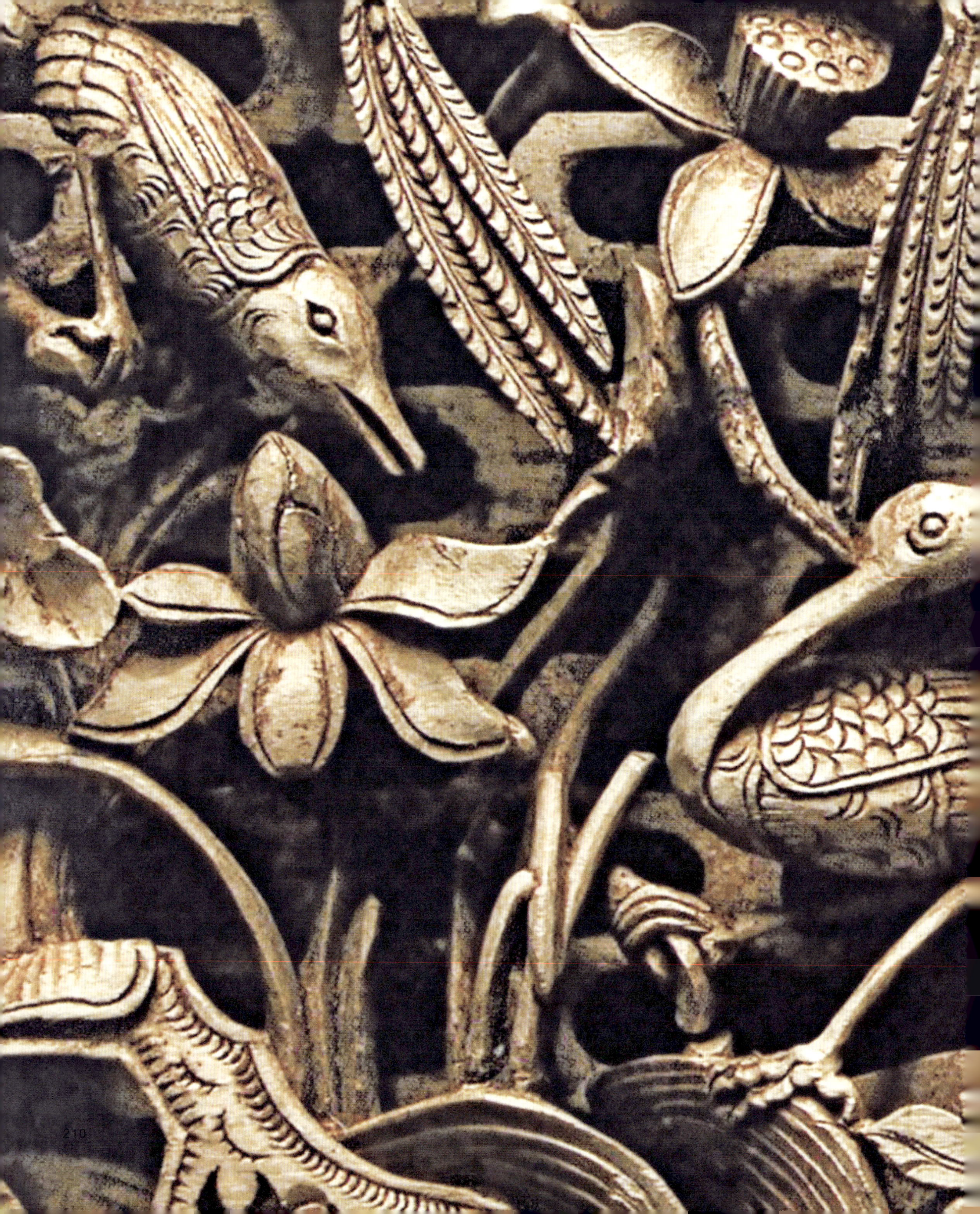

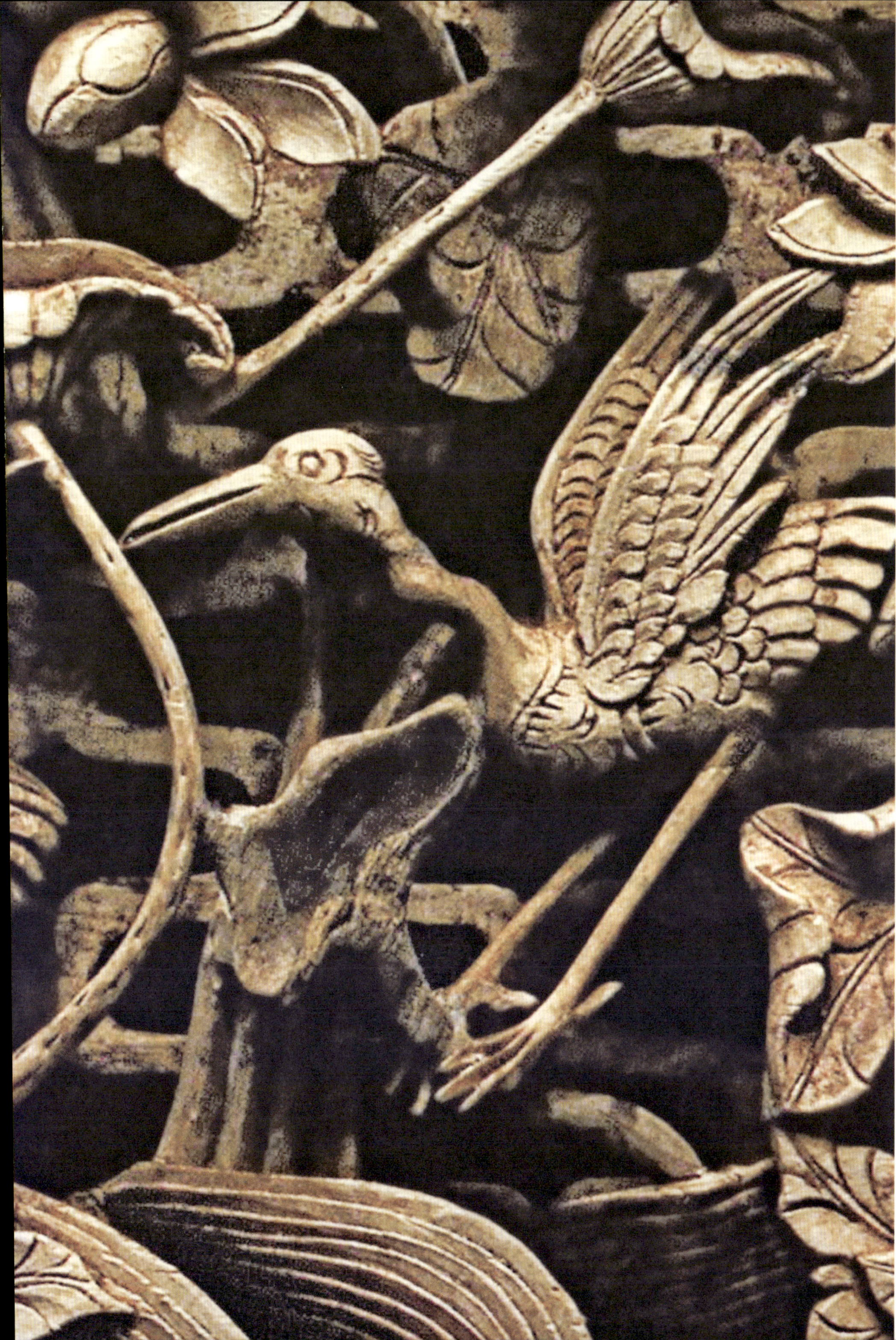

春水雕

清 樟木

这幅木雕采用通体镂雕的手法，模仿春水玉的题材，勾勒出海东青准备搏杀水鸟的场景。构图繁缛，刀工粗犷，挥洒随意。

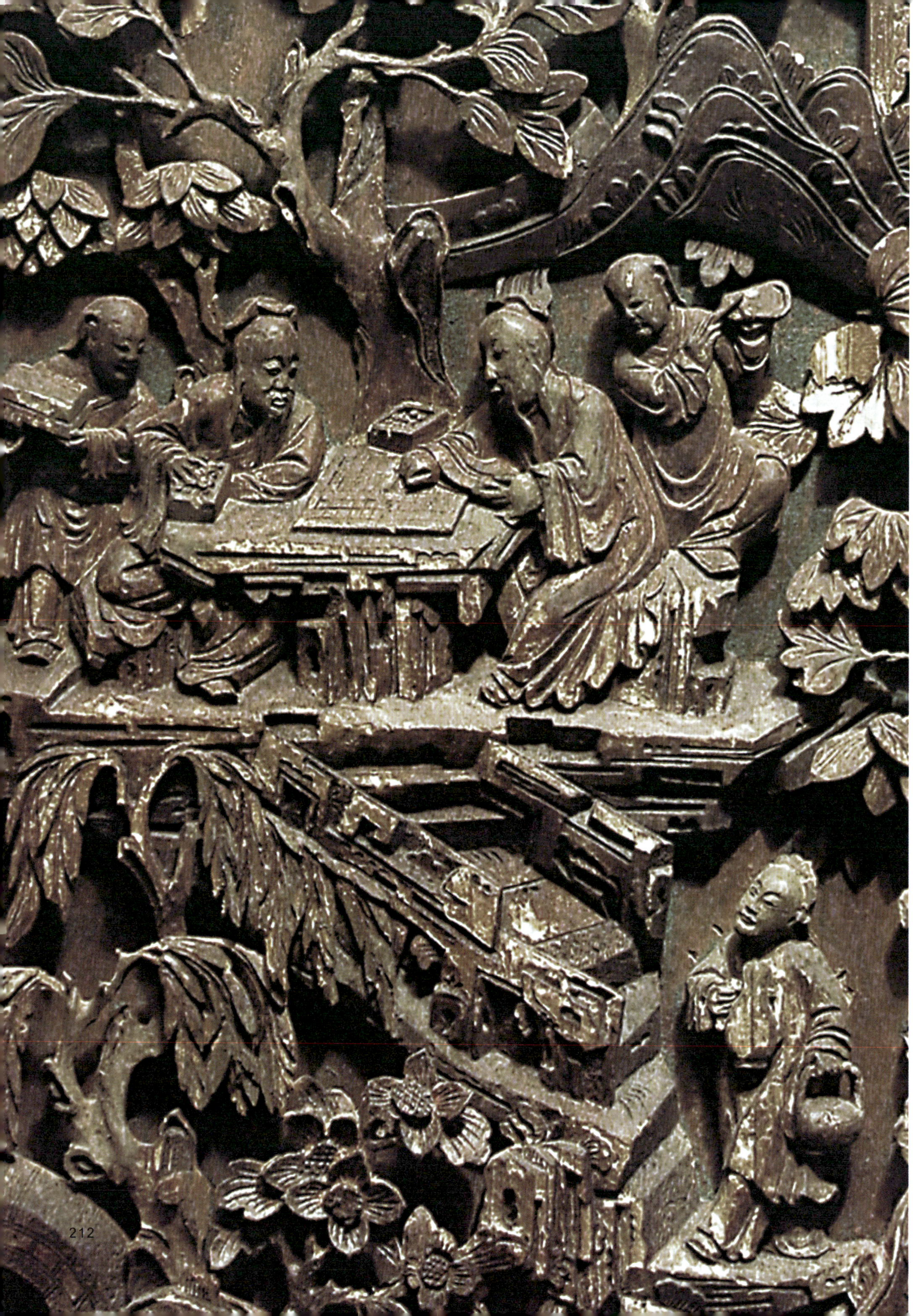

煮石山农

清　榉木

潮州金漆木雕，平面镂空。通过『叩』、『托』、『批』、『轫』等手法凿制粗坯，再采用沉雕、浮雕、圆雕、镂空等手法精致加工。层层叠叠，纵横捭阖，交错穿插，景色凝重。

煮石山农是元代画家王冕的号。王冕善诗画，尤工于墨梅，万蕊千花，自成一家。他曾自题咏梅诗：『吾家洗砚池头树，个个花开淡墨痕。不要人夸好颜色，只流清气满乾坤。』

多喜

清 樟木

古梅粗拙盘弯。花蕊平展或浅突，分别饰蒲纹和阴线束纹。三只喜鹊，或盘旋、或停落、或飞翔，多姿多态，灵动隽逸。

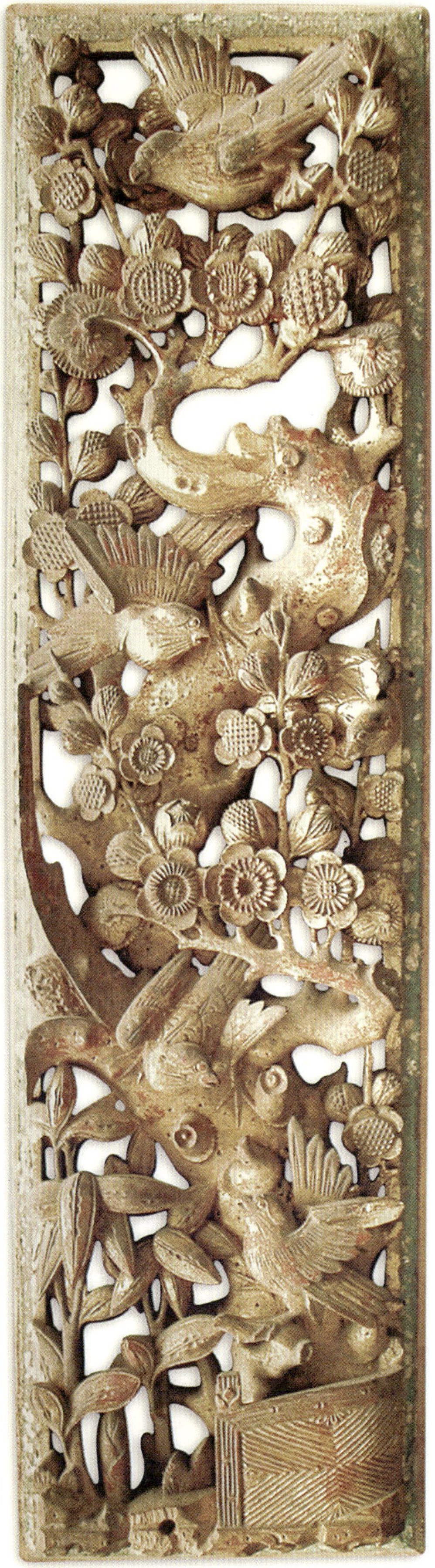

多喜

清 樟木

梅干奇峭，梅枝挺劲。层次丰富，刀工娴熟。四只喜鹊，布位巧妙。

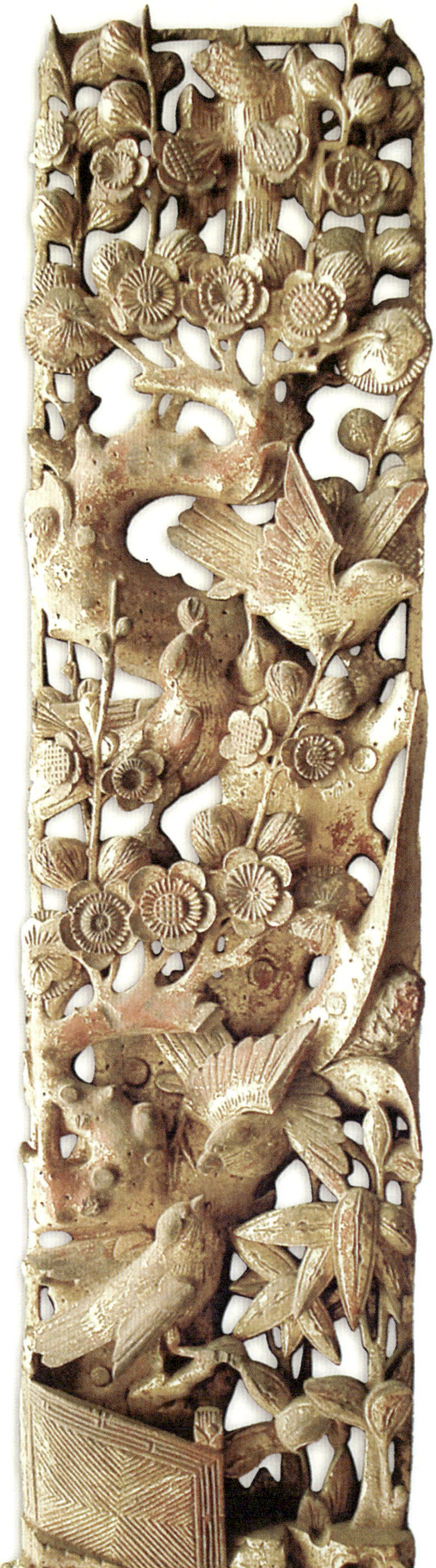

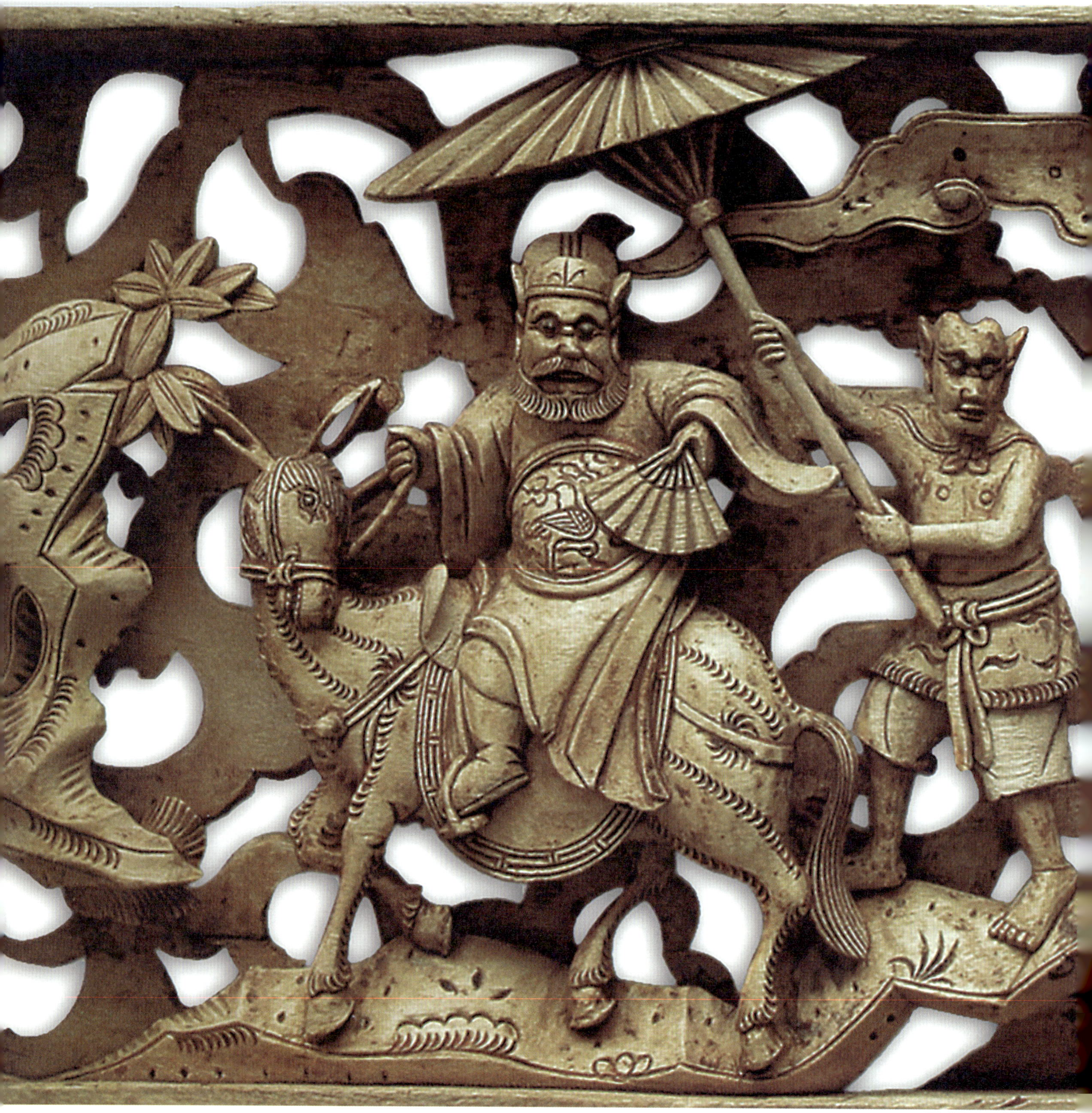

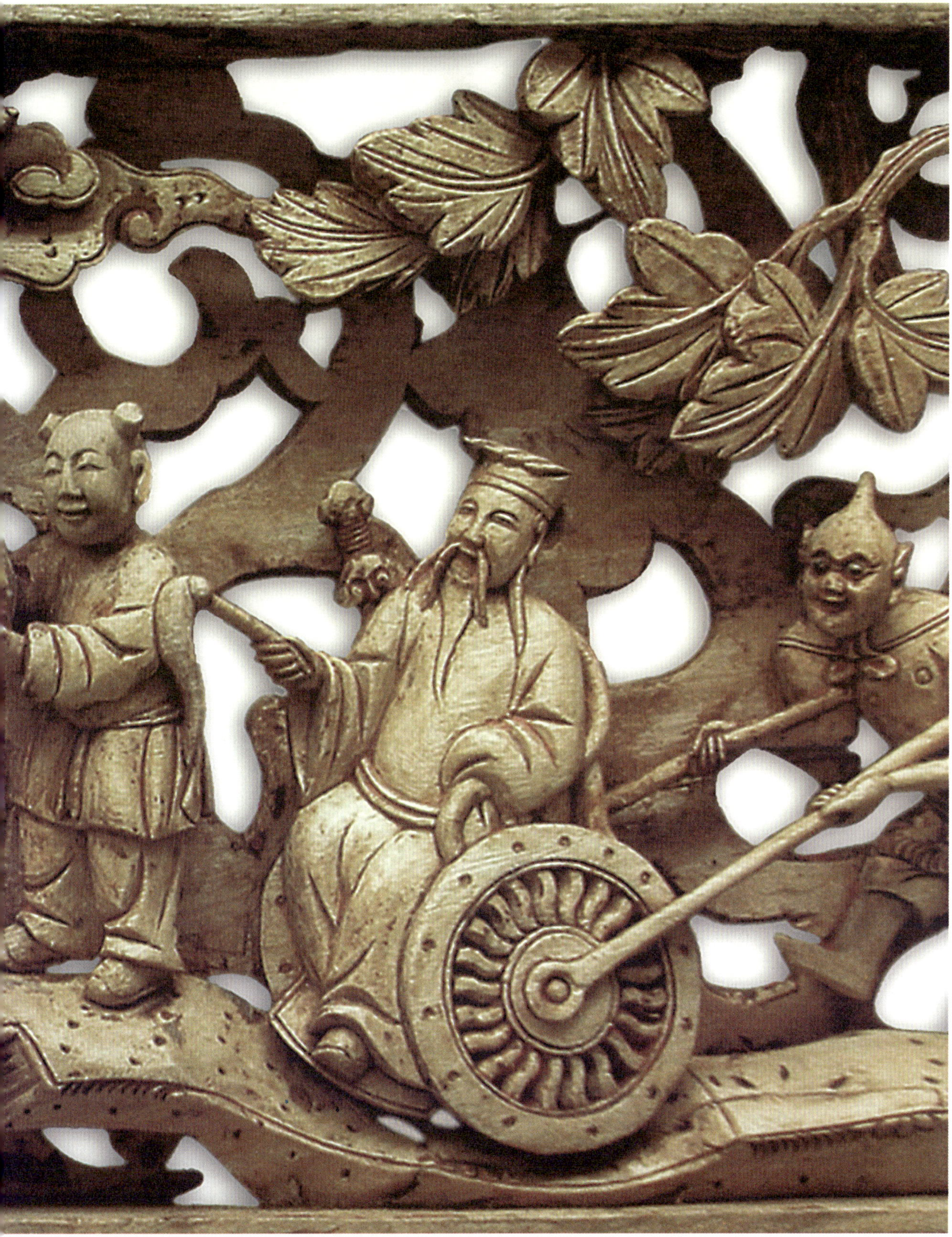

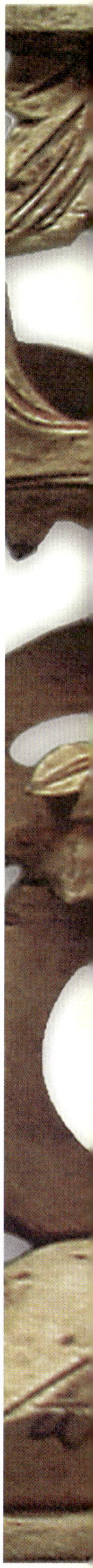

死诸葛能走生仲达

清 樟木

《三国演义》中有一首诗：『长星半夜落天枢，奔走还疑亮未殂。关外至今人冷笑，头颅犹问有和无。』说的是司马懿中了诸葛亮的遗计，魏兵魂飞魄散，奔甲丢盔，抛戈撇戟，自相残杀，死者无数。司马懿策马狂奔五十余里后，用手摸头问部下：『我有头否？』由此，蜀中多了一句谚语：『死诸葛能走生仲达。』仲达是司马懿的字。

双喜

清 樟木

刀锋刚硬，线条顿挫，通体透雕，无一不化腐朽为神奇。

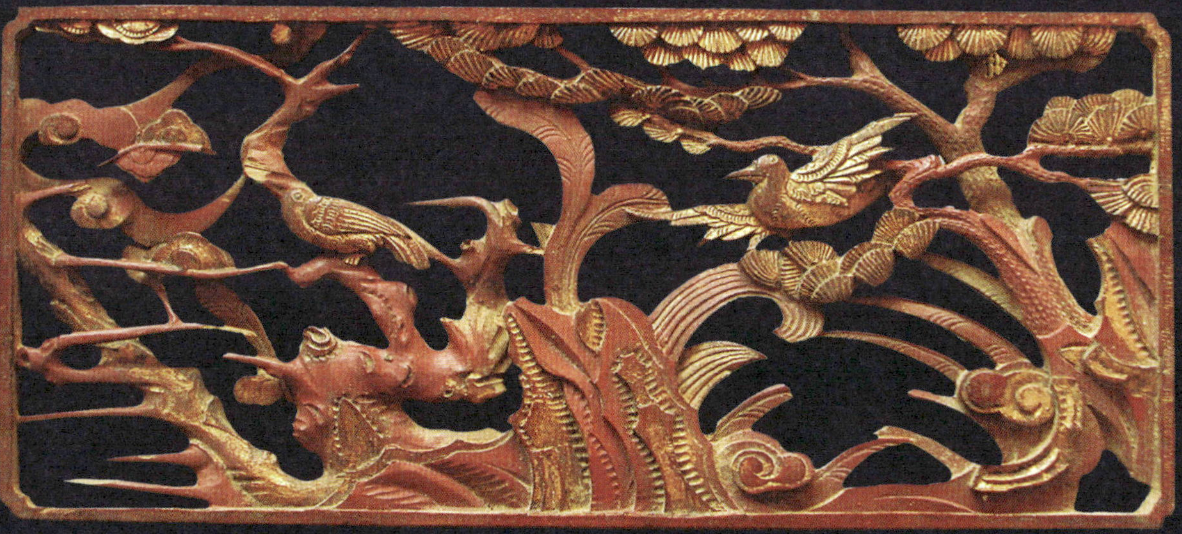

喜上梅梢

清 榆木

构图繁密，线条劲练，转折顿挫中有流畅洒脱的势韵。两只喜鹊一乍翅、一敛翼，一翘尾、一垂尾，一张嘴、一闭嘴，一为橄榄眼、一为重圈水滴眼，细节处理精微入骨。整体布局粗简豪放。

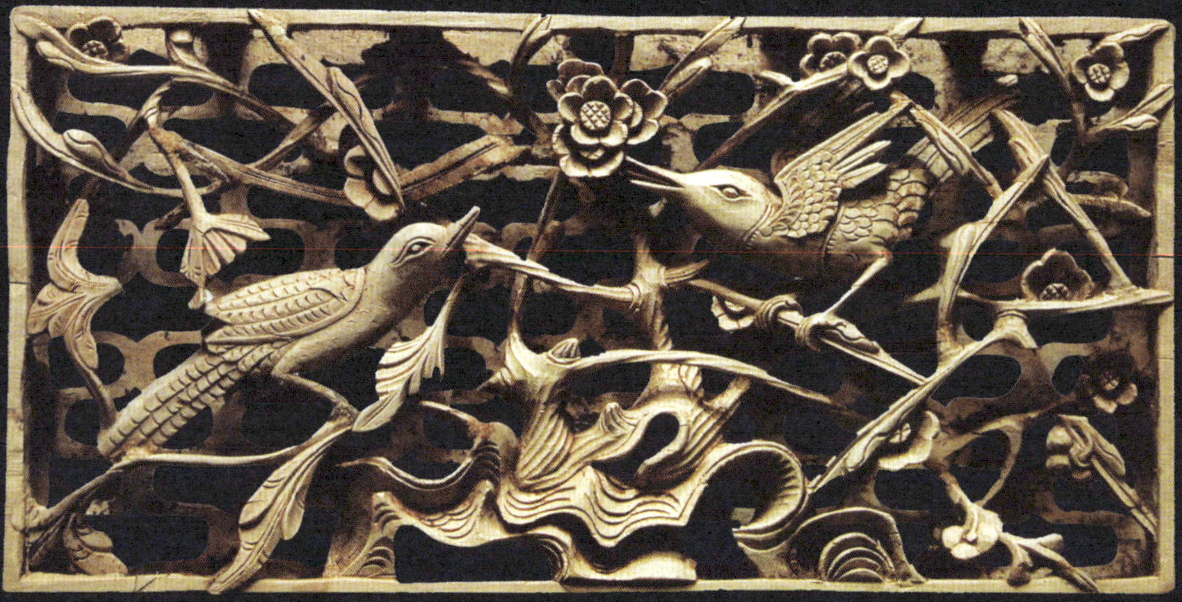

喜上梅梢

清 樟木

枝柯纠结，曲折可通，密不嫌迫塞，疏不嫌空松，磬控纵送之际丰姿跌宕。运刀粗重，意趣古拙。

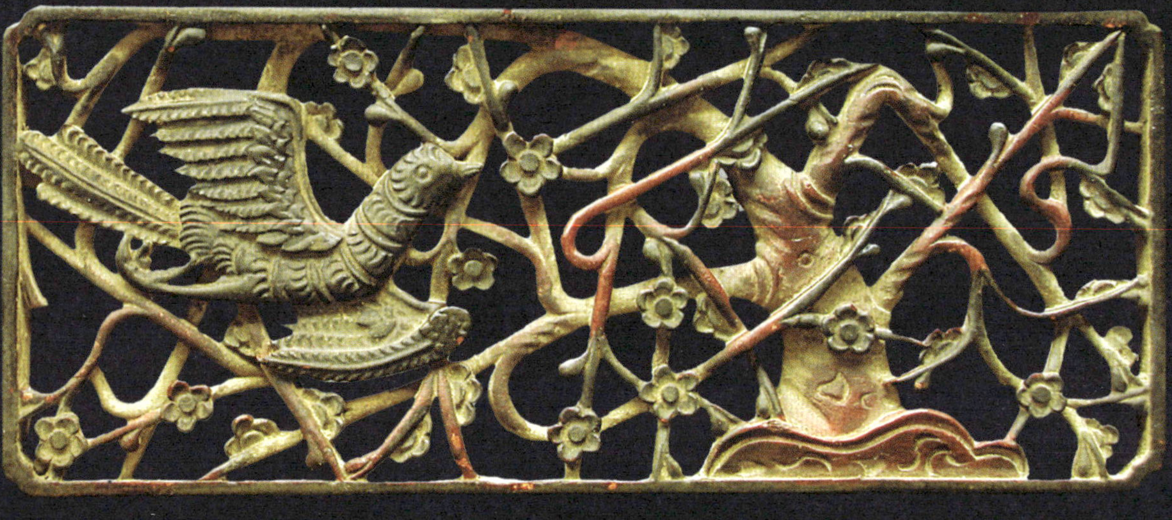

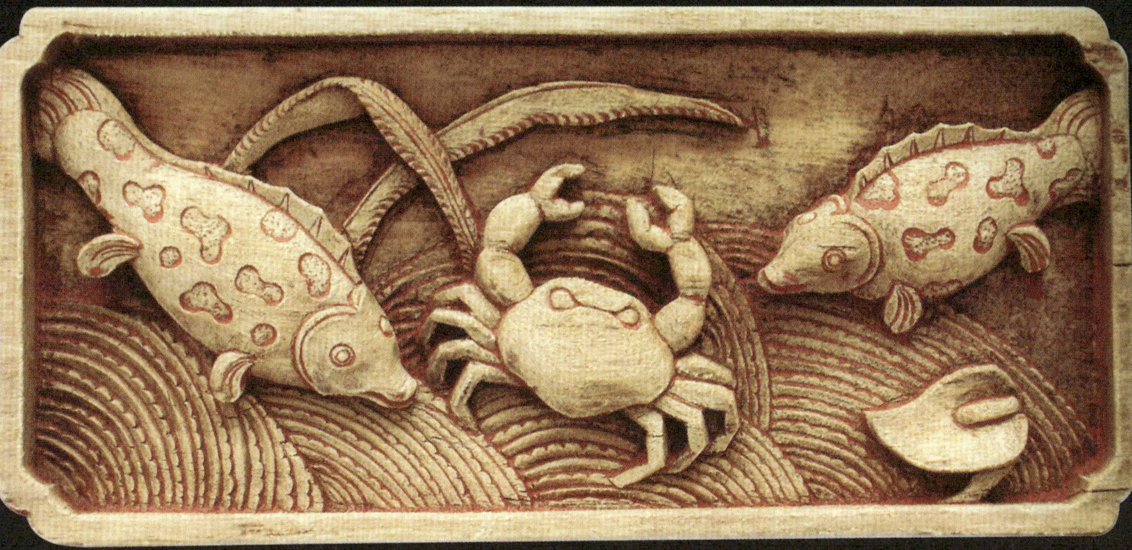

二甲登贵

清 槐木

珠蚌形水波，苔点边水草极富装饰功能。宋代之前，被三甲录职的进士没有传胪的称呼，一般称为『登贵』。鳜鱼俗称桂鱼，『桂』与『贵』谐音。『二甲登贵』寓意高中登榜。

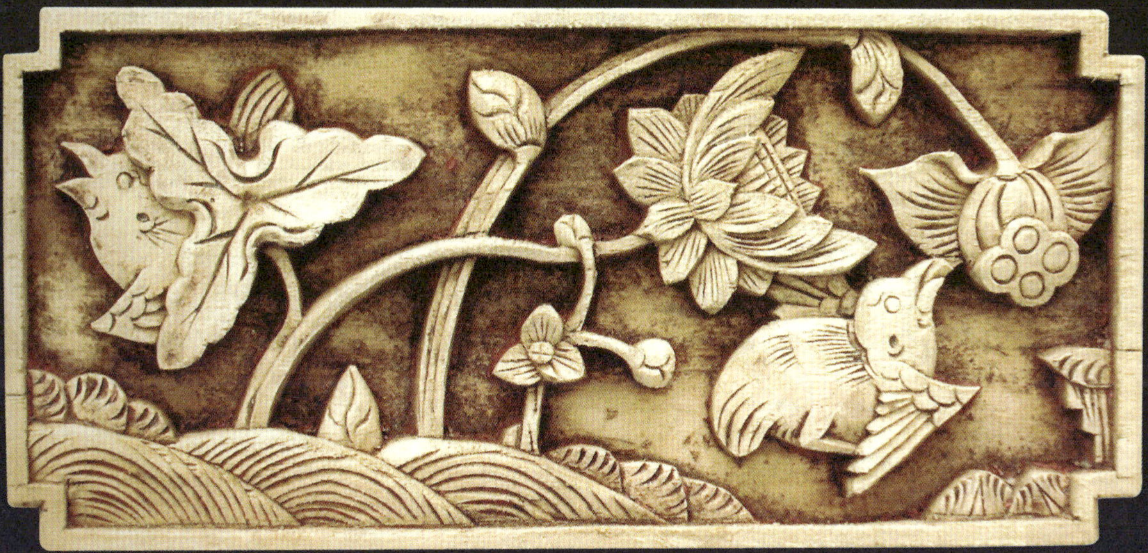

安居和合

清 榆木

平面浮雕：鹌鹑、荷花。寓意安居和合。明代永乐朝的水波一般为推涌式波涛纹，浪潮间迸出飞白浪花。此幅木雕较好地利用弧阴线表达水势，既壮观又有序。荷花有苞有实，老枝新芽，灵机妙绪，意境淡远。

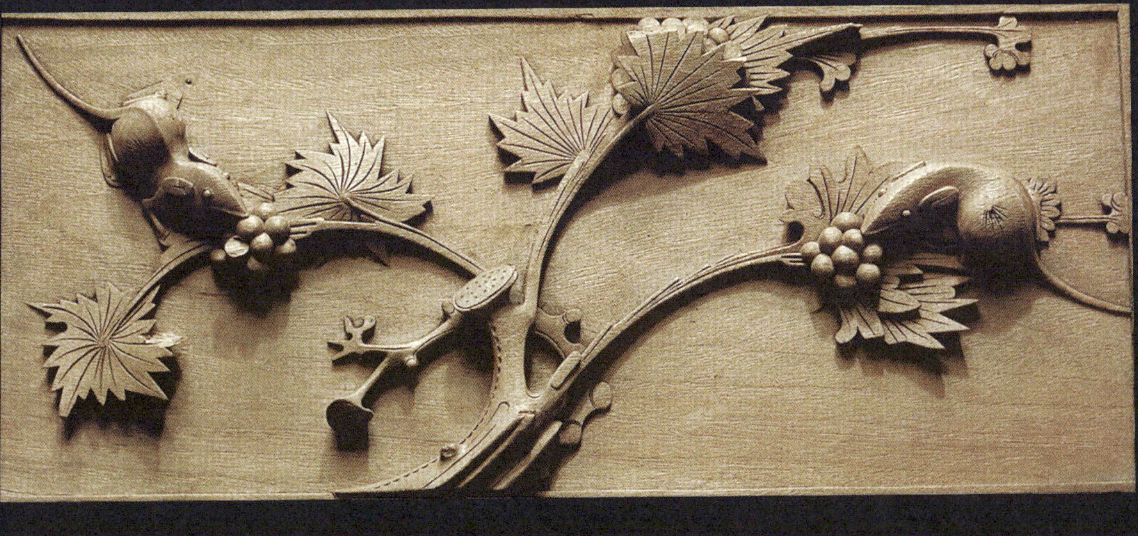

松鼠葡萄

清 樟木

两只松鼠，尾巴细长，叶形耳朵，乳突小眼睛，嘴巴尖，臀部鼓，警惕而贪婪地偷吃葡萄，鼠性刻画生动准确。整幅木雕构图空灵，刀工隽爽。

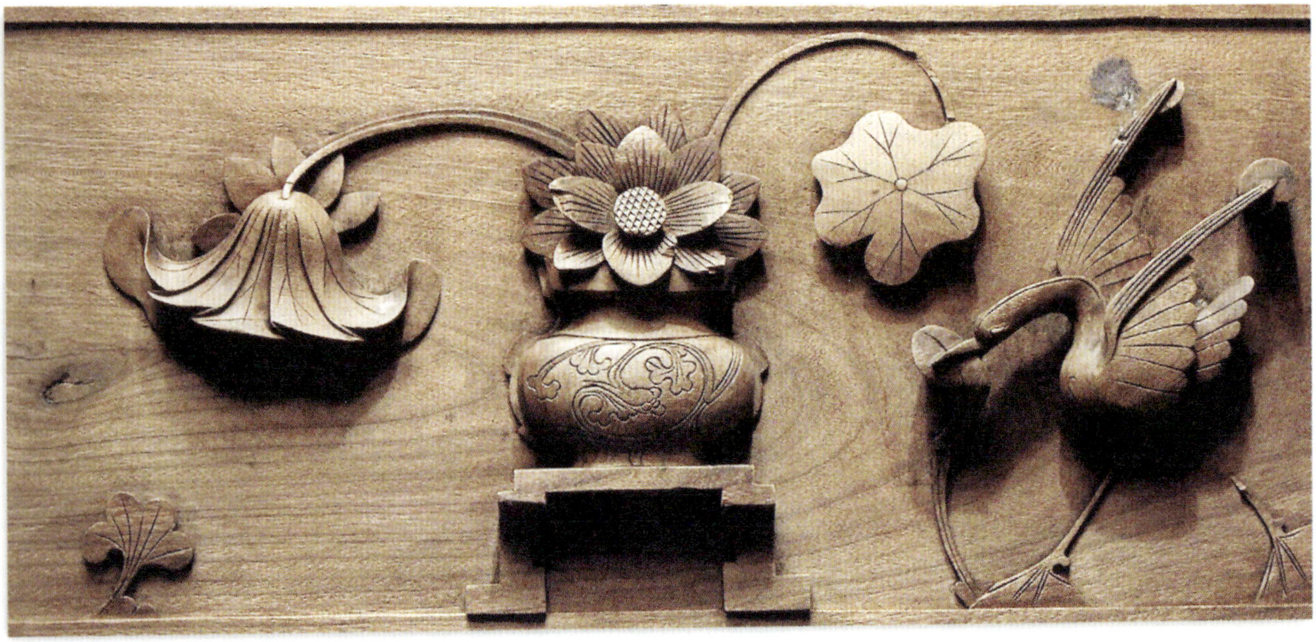

和合如意
清 榆木

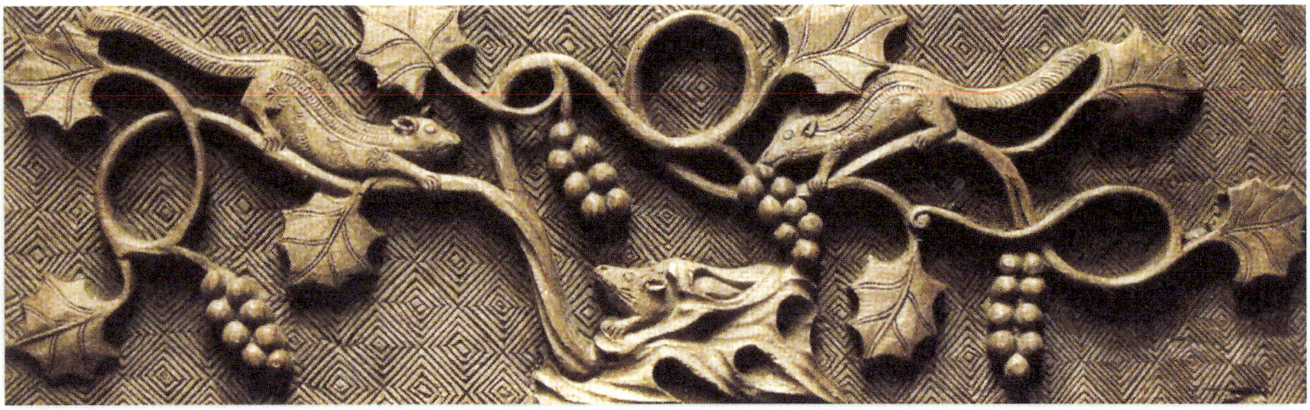

松鼠葡萄
清 杂木

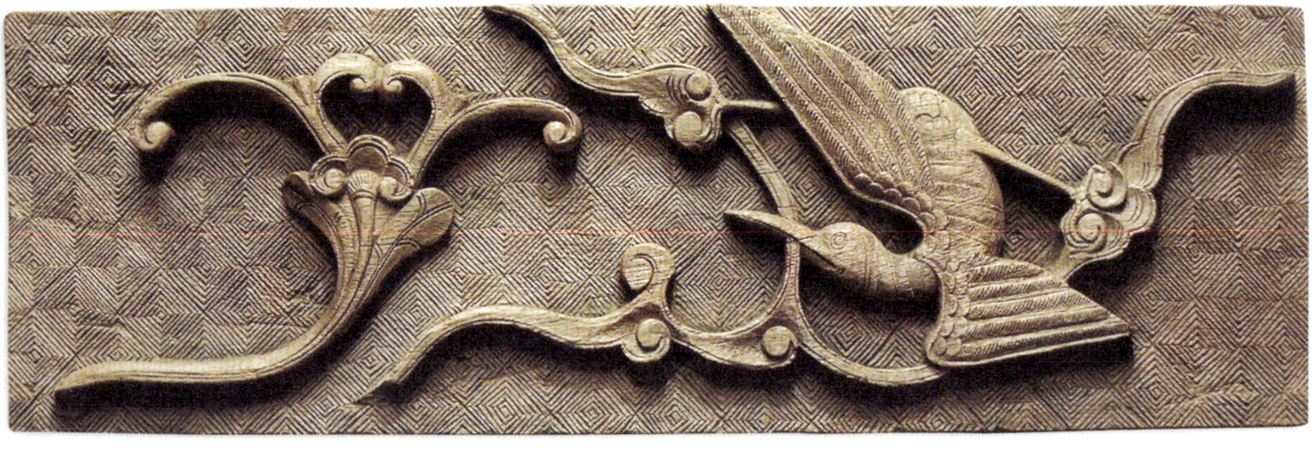

喜庆如意
清 楠木

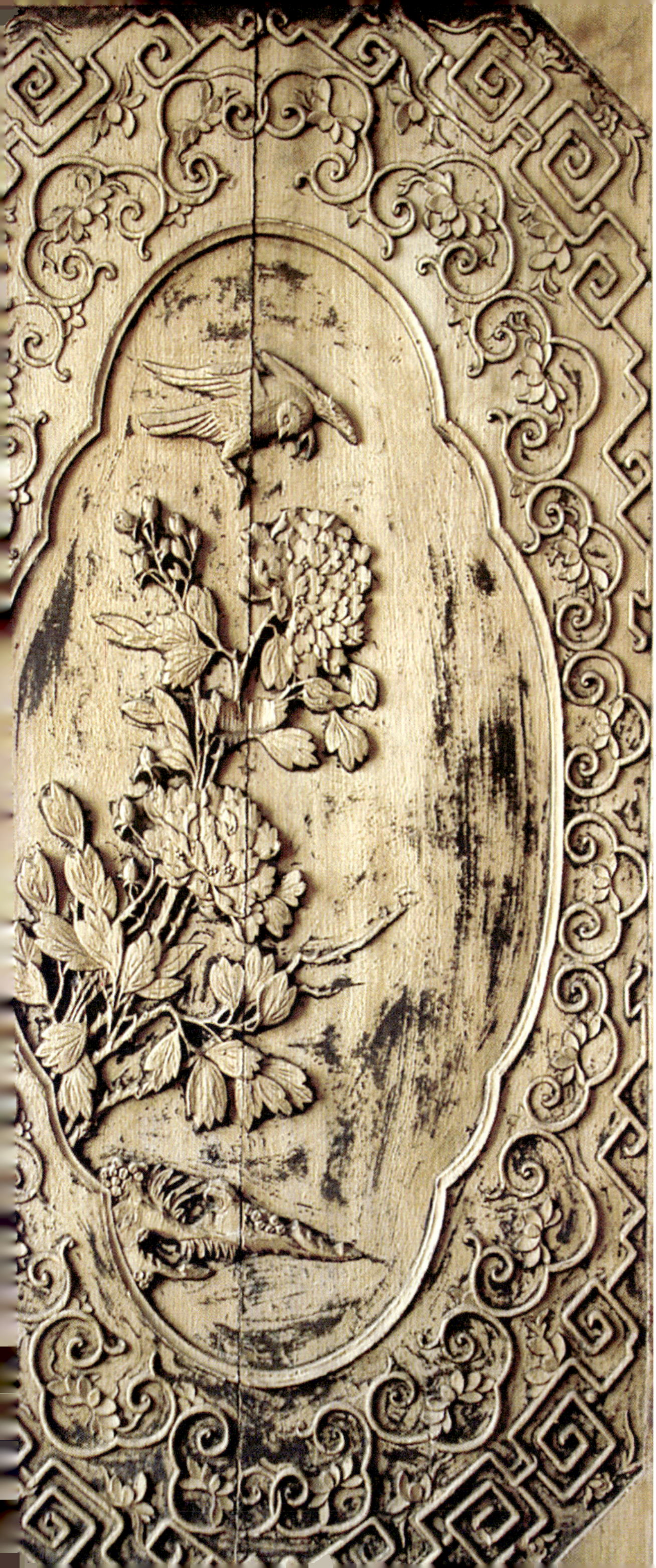

富贵白头

清 榉木

平面浮雕。长方六边形外框，中央立边如意形内框。外框与内框之间，饰回折纹和如意头折枝莲纹。线条隽秀，构图明逸。内框中央浅浮雕折枝牡丹和白头翁。牡丹枝叶婆娑，花团锦簇。白头翁飞临花梢，曲爪盘旋。花底饰岸坡沙渚，拓宽画面空域。雕工细腻，刀法旖旎。

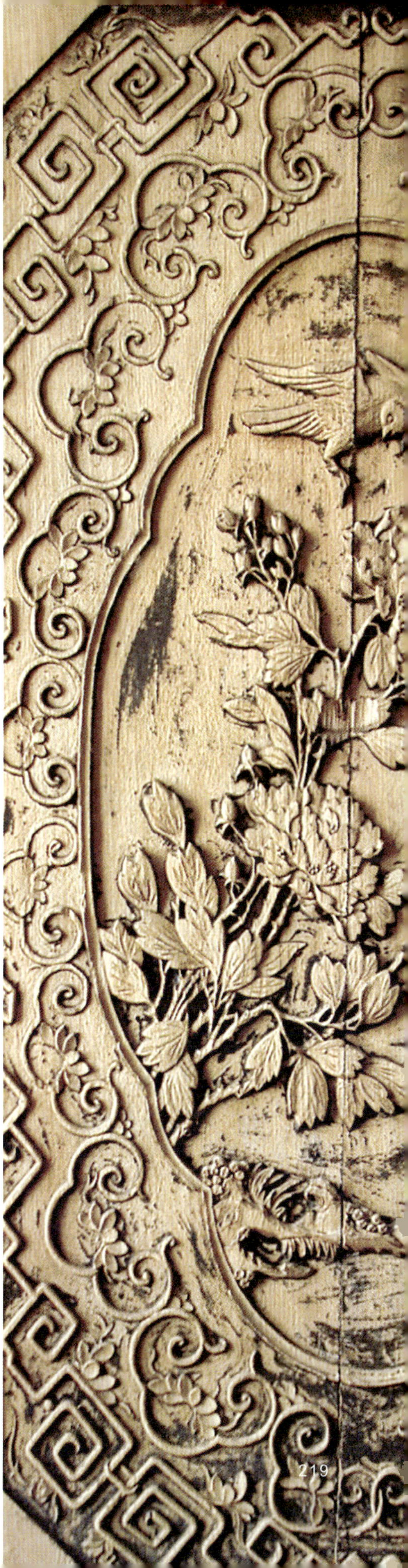

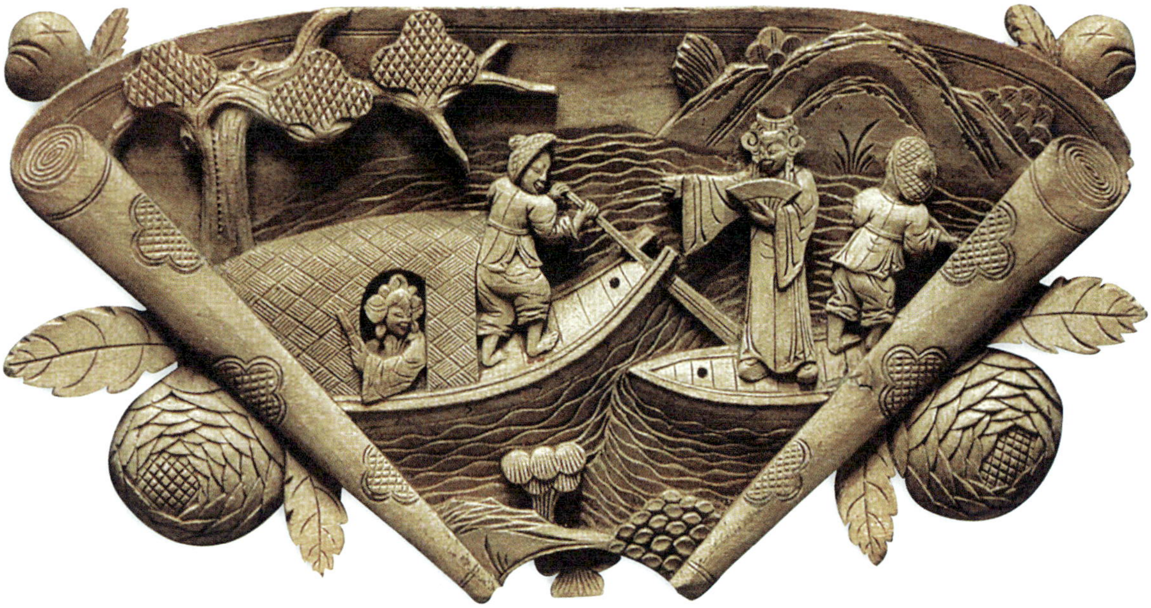

花舫缘

清末 樟木

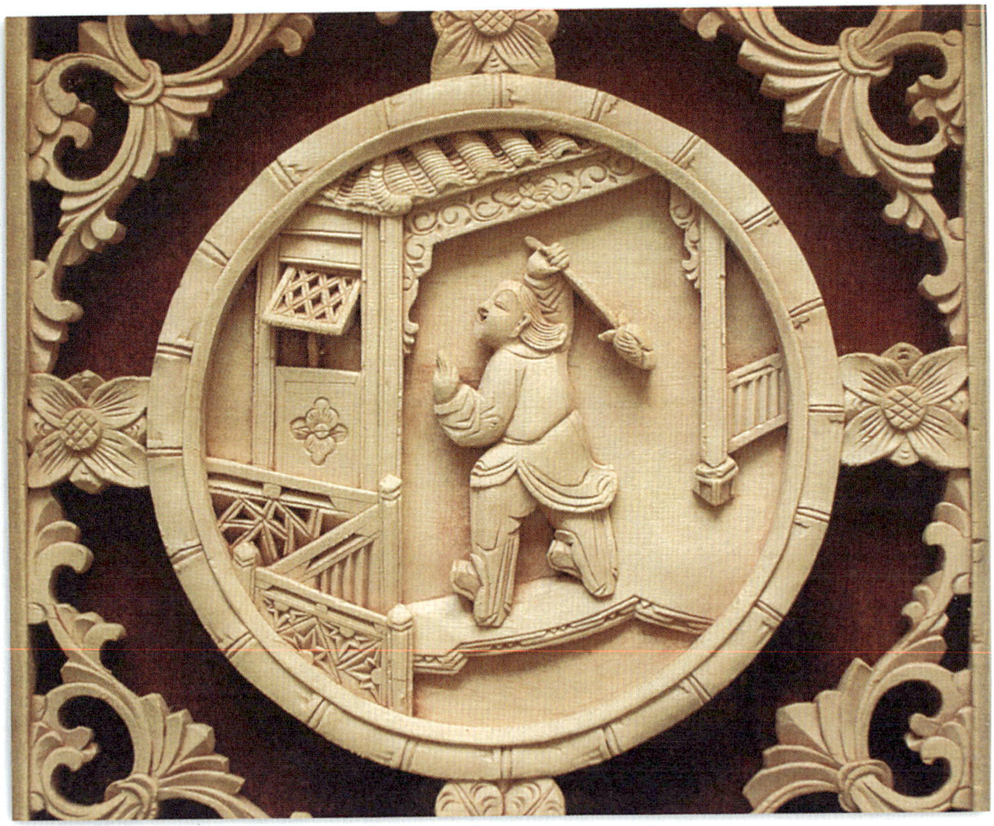

持荷童子

清 榉木

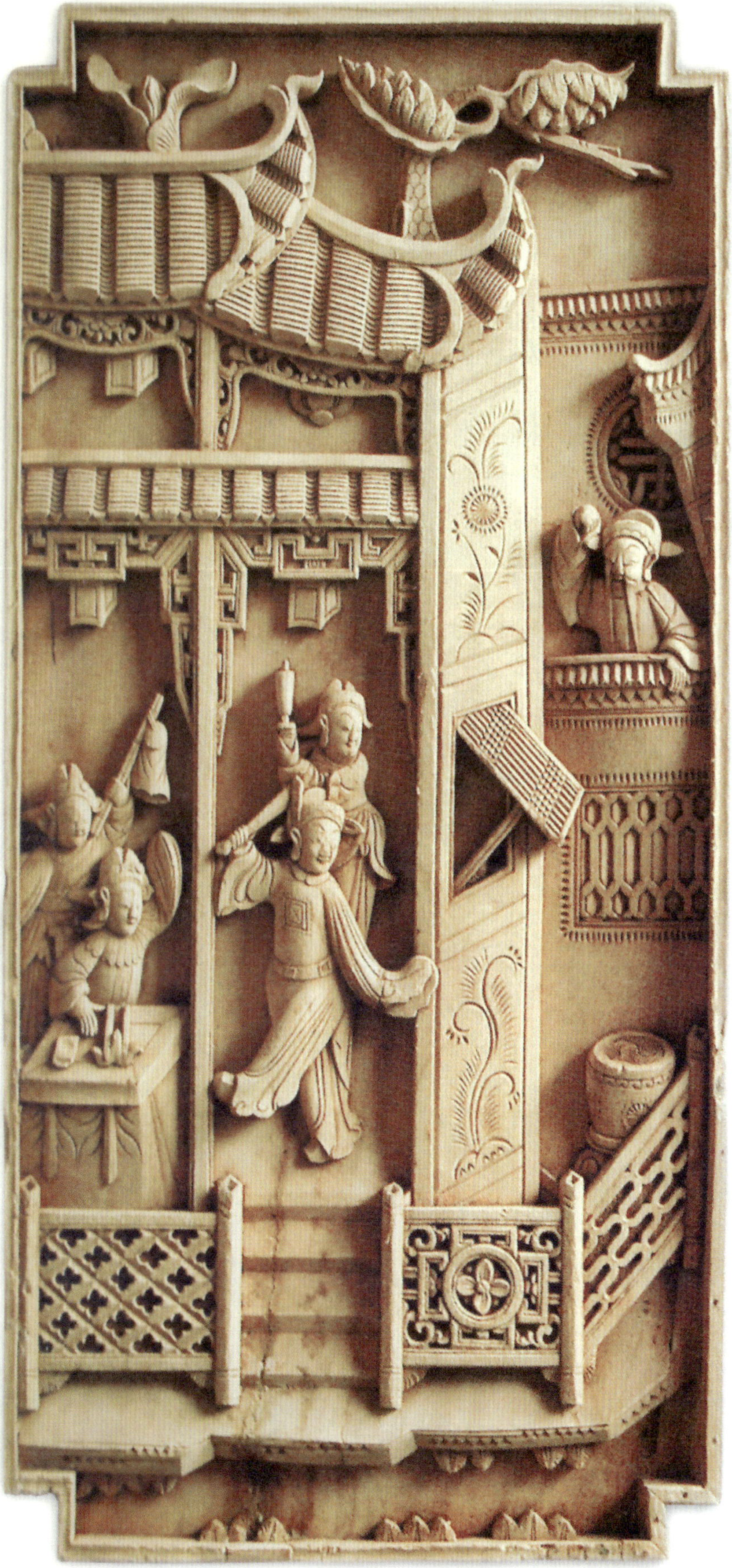

苏小妹三难新郎

清 樟木

这是幅闲情清俊、纤细秀雅的木雕。作者抓住夜半惊声的一刹那。通过秉烛巡视、拍案起立等细微末节处理，仿佛使秦少游从无声处听到了声音，于无奈的焦躁中注进了激情。雕工非常华丽细腻，特别是阴刻短横束丝纹和浅阴弧线勾勒的云龙纹和宝相花纹，在同期木雕中较为少见。檐瓦密集有序，镂雕围栏图案丰富，造型旖旎。

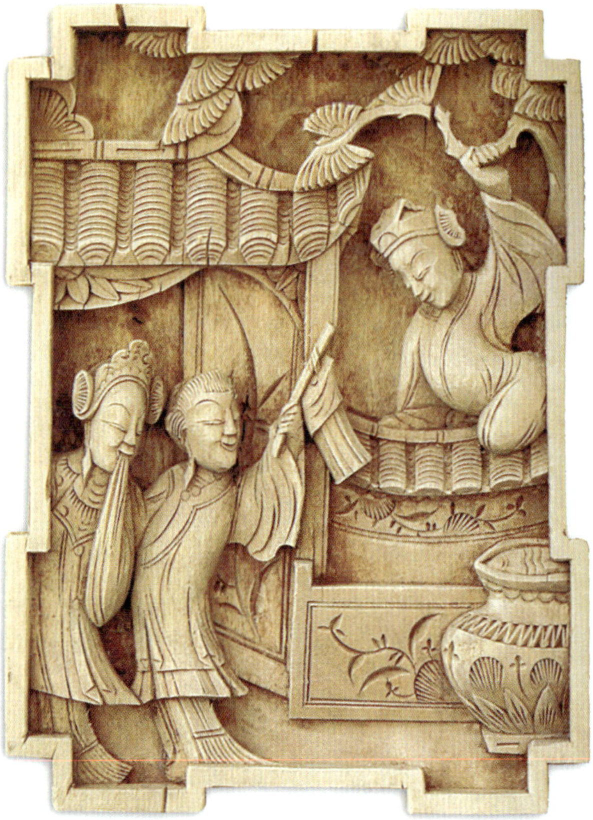

绣襦记

清 楠木

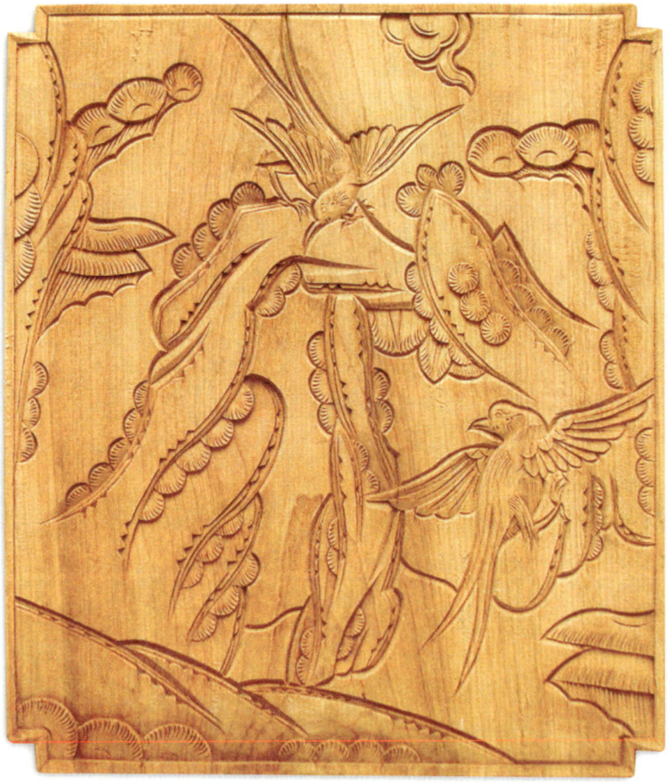

双喜

清 梨木

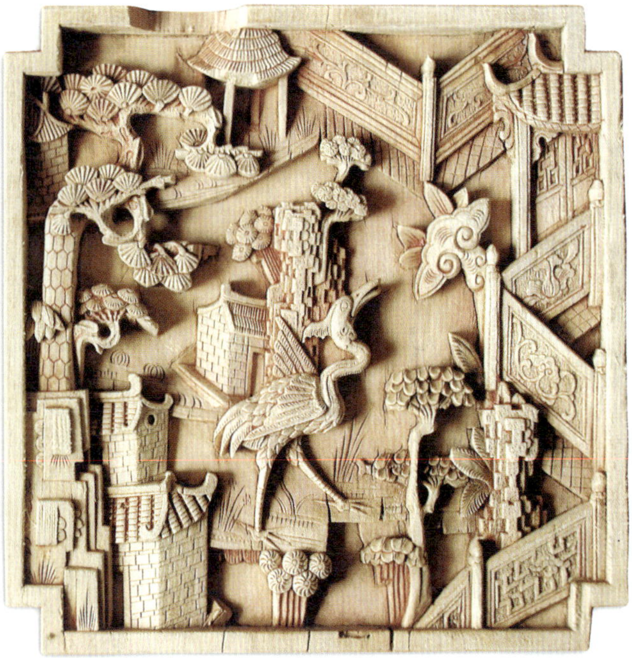

有凤来仪

清 樟木

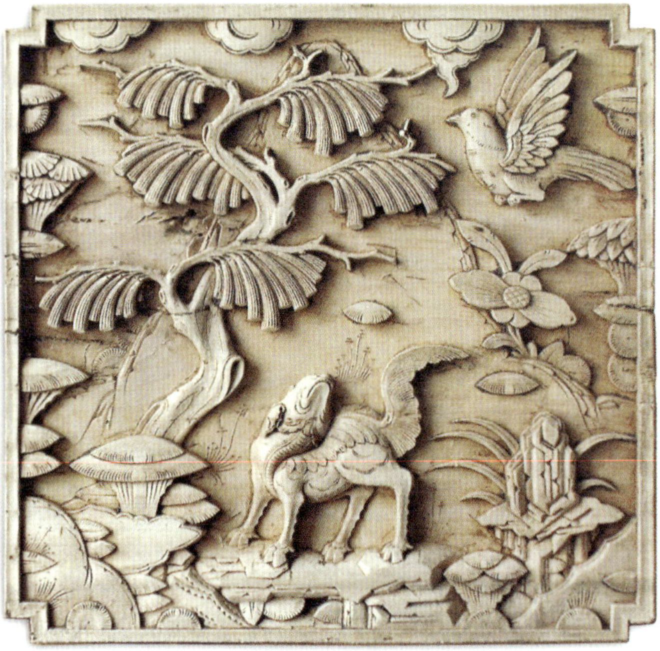

欢天喜地

清 樟木

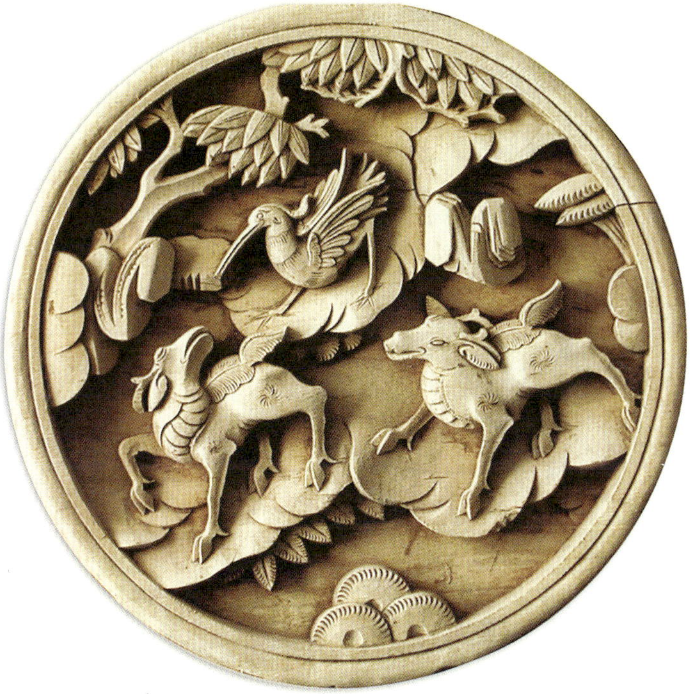

鹤鹿同春

清 楠木

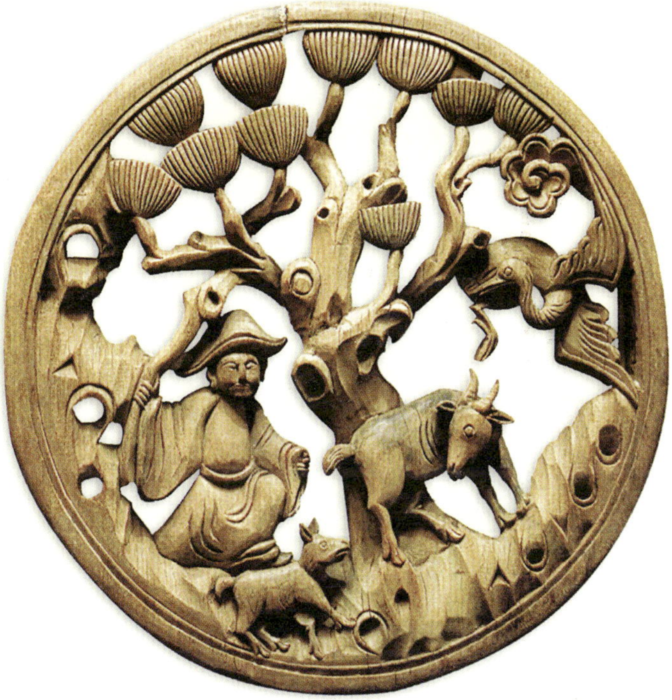

苏武牧羊

清 樟木

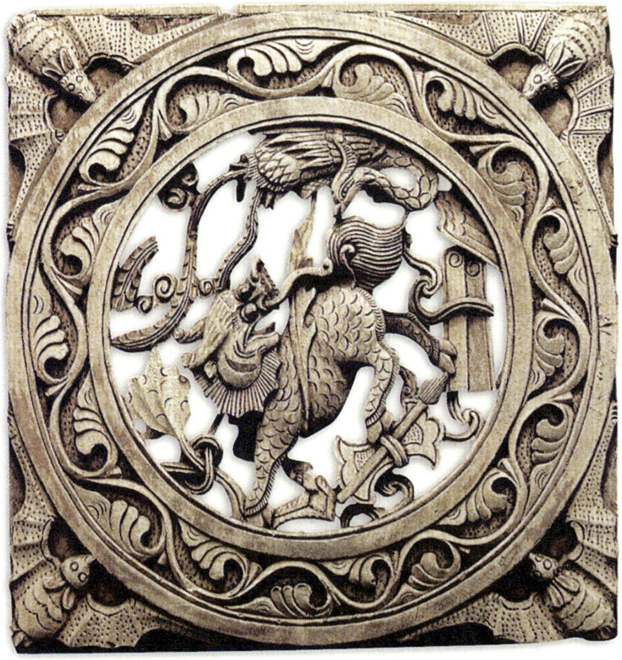

飞黄腾达

清 楠木

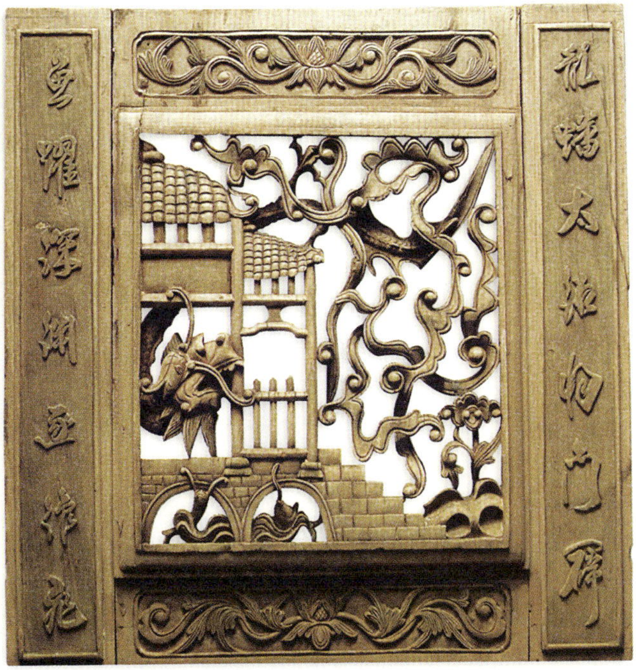

龙蟠太清

清末 樟木

吹箫引凤

清　榉木

吹箫引凤，有的书上称为弄玉吹箫或肖史弄玉。相传秦穆公有个女儿，名字叫弄玉，酷爱吹箫，也有非常高超的箫艺。有一天她做了一个梦，梦见一个戴羽冠、披鹤氅、骑彩凤的英俊青年，由天而降，自称华山之主，要求弄玉嫁给他。弄玉央求父亲去华山寻觅她梦中的年轻人。秦穆公在华山果然遇见了相貌出众、箫艺超凡绝俗的肖史。弄玉非常心仪，中秋之夜完婚之后，肖史乘龙，弄玉骑凤，双双穿云而去。乘龙快婿、引凤新娘等名讳即由此而来。这幅木雕瑰丽堂皇，祥云万千，竭尽奢靡铺张能事，应该是乾隆盛世之作。

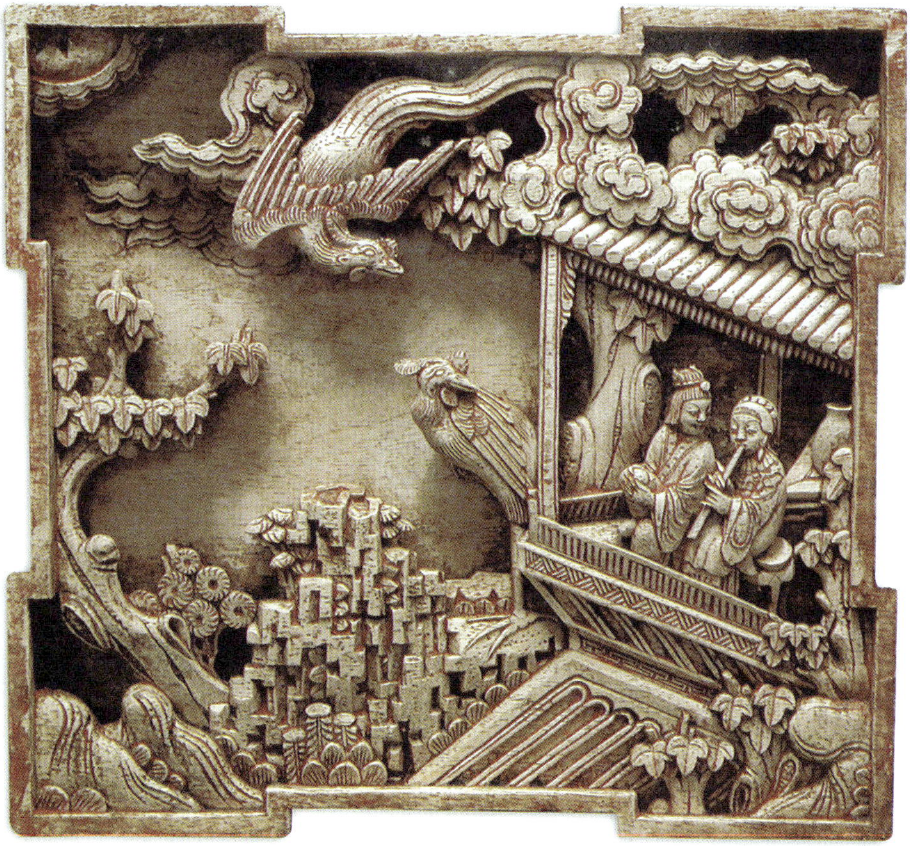

鼎峙春秋

清　樟木

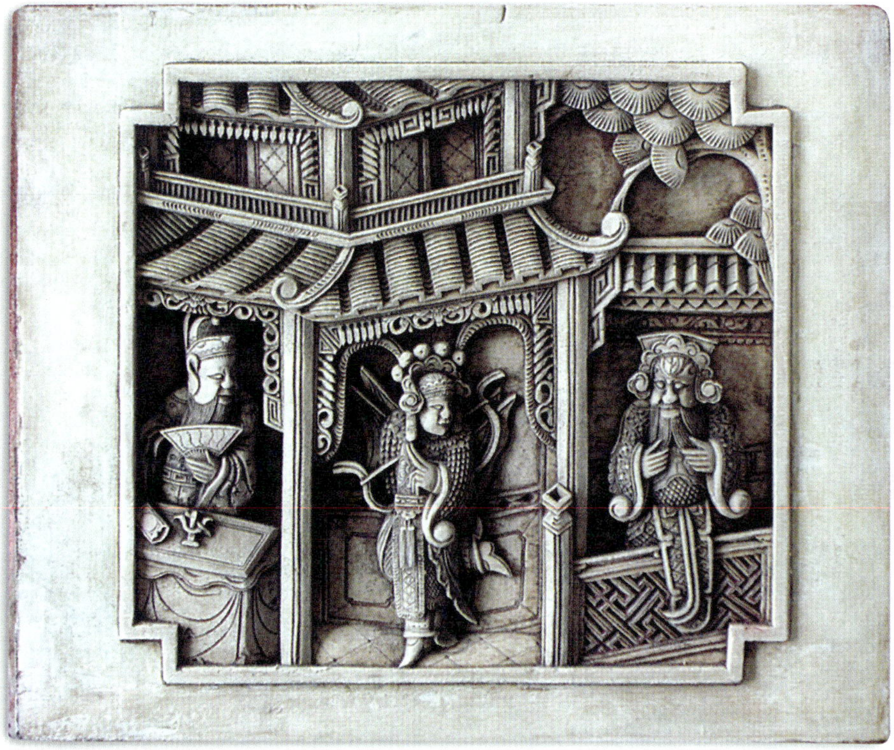

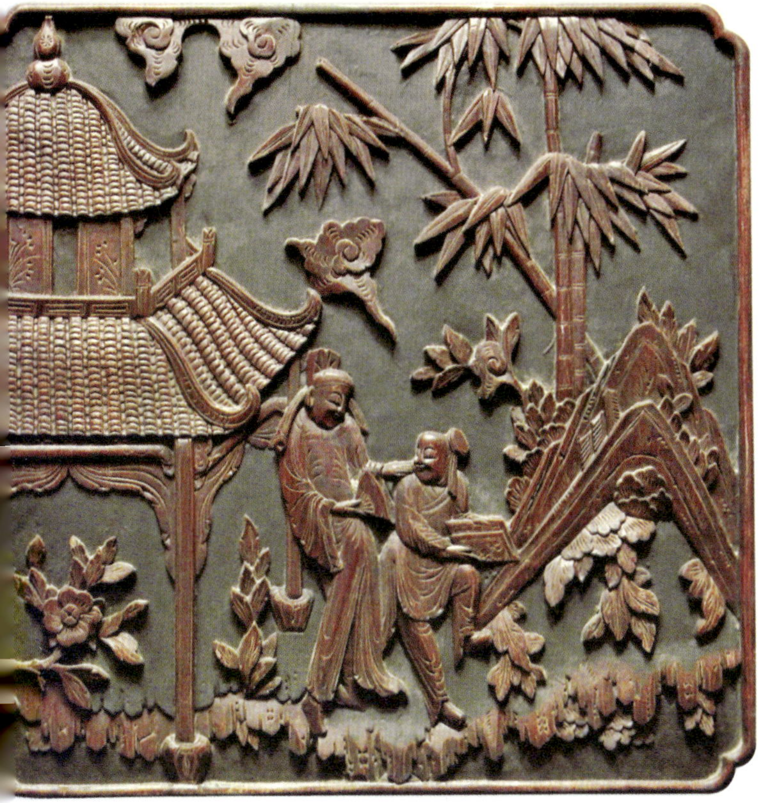

踏雪寻梅

清 楠木

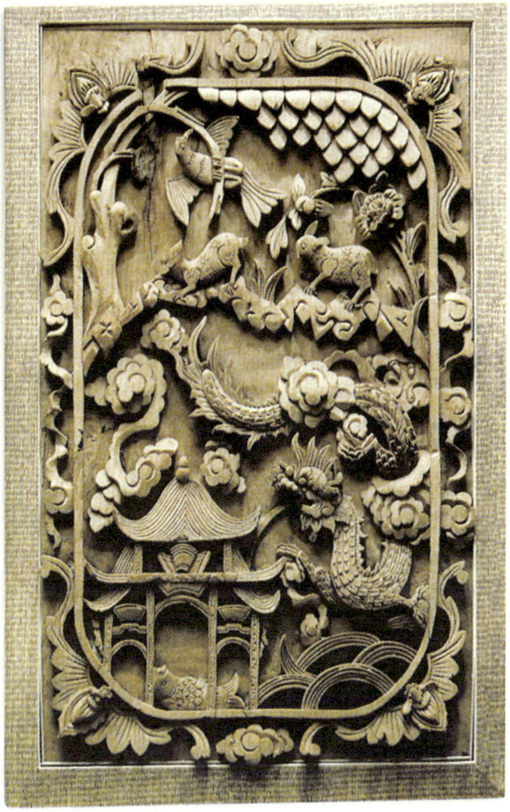

穿花龙

清 樟木

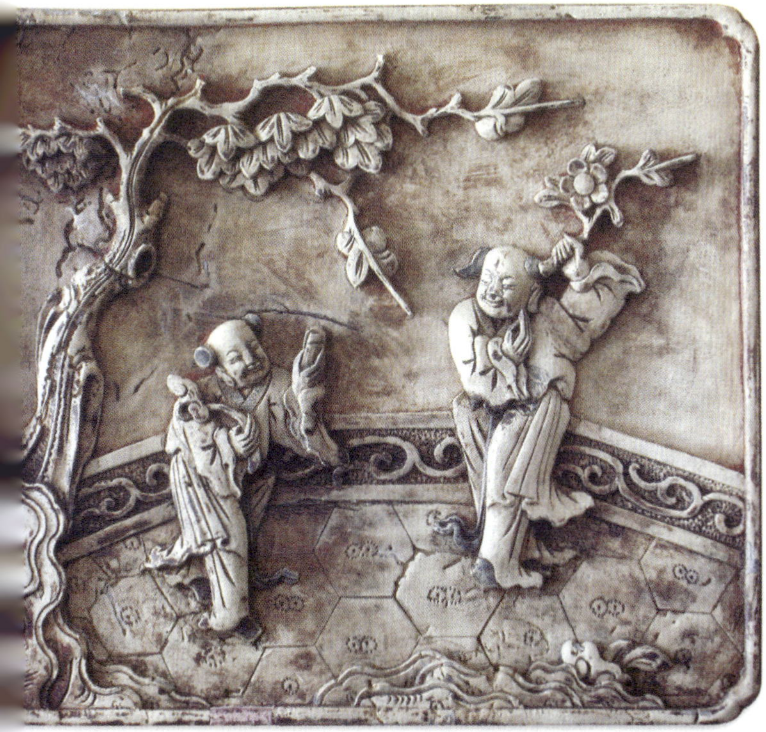

和合二仙

清 楠木

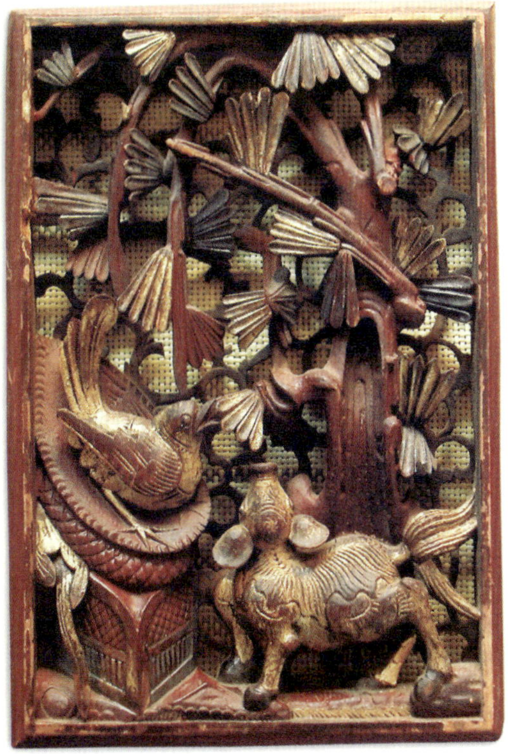

欢天喜地

清 樟木

主要参考书目

顾　森，龚继先．中国民间艺术．上海人民美术出版社．

王朝文．中国民间美术全集．济南：山东教育出版社，山东友谊出版社．

陈原川．汉字设计．北京：中国建筑工业出版社．

左汉中．民间剪纸木版画．长沙：湖南美术出版社．

王念祥．民间老剪纸．北京：北京工艺美术出版社．

吕胜中．意匠文字．北京：中国青年出版社

左汉中．库淑兰．剪花娘子传奇．长沙：湖南美术出版社．

董洪全．明清木雕鉴赏．杭州：西泠印社出版社．

由于种种原因，对本书书中引用的资料未与原作者联系，特致以歉意，并表示衷心的感谢！